Jornadas.cie

Caderno de Atividades 7

Ciências

Organizadora:
Editora Saraiva

Obra coletiva organizada e produzida pela Editora Saraiva

Editora responsável:
Isabel Rebelo Roque

Bacharel em Medicina Veterinária pela Faculdade de Medicina Veterinária e Zootecnia da Universidade de São Paulo. Editora.

Elaboração das atividades: Julia Silva Beneti

Edição: Daniela Muramatsu
Fabíola Bovo Mendonça (Coord.)

Editora Saraiva

APRESENTAÇÃO

Caro(a) estudante,

Você já experimentou a sensação de encontrar tantas informações sobre um assunto que mal consegue relacioná-las ou selecionar as mais relevantes?

Estamos em constante contato com as mais diversas informações e pontos de vista, e tudo isso nos chega por diferentes meios – conversas com familiares e amigos, aulas, redes sociais na internet, programas de televisão ou rádio, filmes, jornais, revistas, livros etc.

Já se sabe, entretanto, que a facilidade de acessar as informações que nos interessam não é suficiente para nos tornar sujeitos ativos e autônomos na construção dos saberes que queremos.

Para possibilitar que você construa – individualmente ou em grupo – aprendizagens significativas, elaboramos este *Caderno de Atividades*. Aqui apresentamos um conjunto de atividades relacionadas aos conteúdos estudados nas suas aulas de Ciências. Essas atividades têm como principal objetivo ajudar você a desenvolver suas habilidades e competências para que possa atuar com liberdade e segurança na sociedade do conhecimento em que vivemos.

Seu *Caderno de Atividades* está dividido em unidades, acompanhando a organização do Livro do Estudante. Em cada unidade, você encontra as seções: *Reveja a jornada*, que propõe atividades de revisão e avaliação dos principais conteúdos conceituais da unidade; *Outro olhar*, que retoma uma seção do livro e sugere diferentes formas de ver ou diferentes dimensões de abordagem do conteúdo ou objeto de estudo da seção, e *Leitura do mundo*, que propõe uma atividade reflexiva acerca de temas presentes na sua vida de estudante e cidadão, como convívio social, sustentabilidade, tecnologia e cultura de povos tradicionais. Nessas três seções, você encontrará práticas de leitura e de interpretação de textos e imagens, pesquisas, debates, vídeos, reflexão crítica e expressão escrita, entre outros desafios. Caso tenha dúvidas, poderá contar com a mediação do(a) professor(a) para solucioná-las e esclarecê-las.

As práticas propostas neste *Caderno de Atividades*, somadas às do seu livro ***Jornadas Ciências***, vão ajudar você a construir seu próprio conhecimento sobre Ciência e a avaliar criticamente as consequências da aplicação do conhecimento científico na sociedade em que vive, ampliando sua compreensão sobre processos, fenômenos e conceitos biológicos.

Convidamos você a fazer conosco mais esta jornada!

Os editores

SUMÁRIO

UNIDADE 1

Seres vivos

Reveja a jornada

1. Identifique nas figuras a seguir as organelas do quadro.

Parede celular	Ribossomos	Vacúolo
Membrana plasmática	Mitocôndria	Lisossomos
Citoplasma	Retículo endoplasmático	Plastos
Núcleo	Complexo golgiense	Centríolos

A

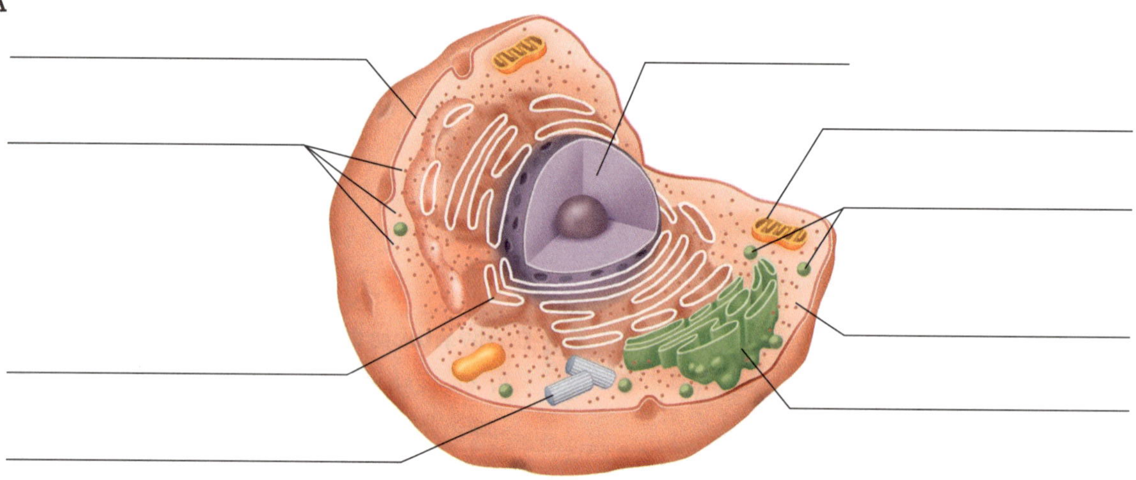

PAULO MANZI

B

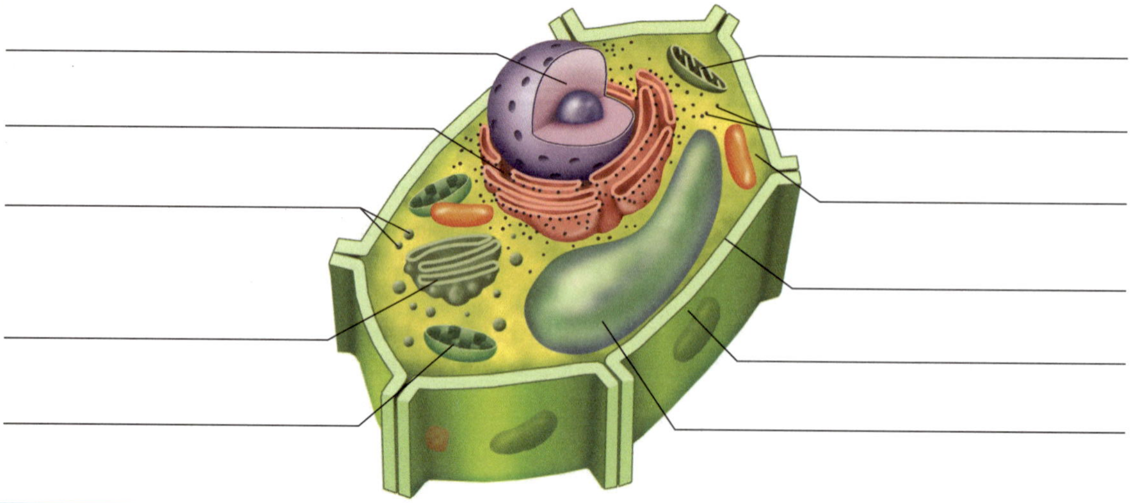

PAULO MANZI

• Qual das células é autotrófica? Justifique sua resposta relacionando-a com a organela adequada.

2. Circule nas figuras da questão anterior as organelas que estão presentes nas células dos seres procariontes e descreva duas principais diferenças entre as células procariontes e eucariontes.

3. Identifique a que reino biológico pertencem as células e organismos a seguir.

a) 

THINKSTOCK/GETTY IMAGES

Alga verde.

d) 

NAYPONG/SHUTTERSTOCK

Árvores.

b) 

HANS ENGBERS/SHUTTERSTOCK

Cogumelos.

e) 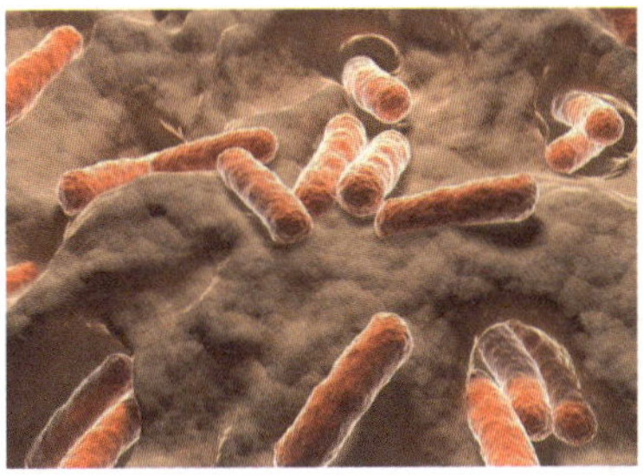

JUAN GAERTNER/SHUTTERSTOCK

Bactérias.

c) 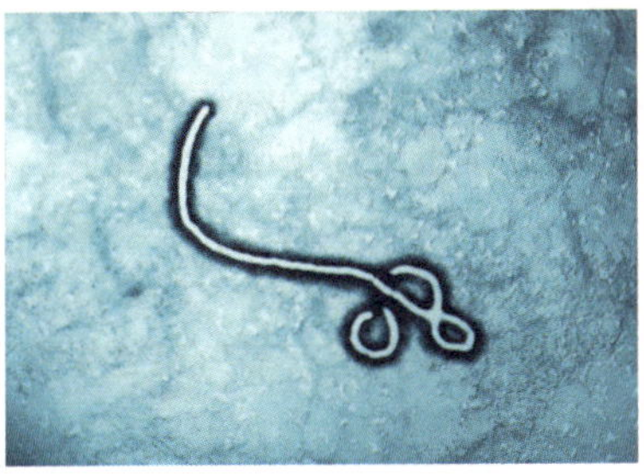

NIXX PHOTOGRAPHY

Vírus ebola.

f) 

LAURAD/SHUTTERSTOCK

Tartaruga-verde.

4. Leia as afirmações a seguir e responda.

I) Todo ser procarionte é unicelular, mas nem todo unicelular é procarionte.

II) Todo ser eucarionte é pluricelular, mas nem todo pluricelular é eucarionte.

- Qual das afirmações é falsa? Explique.

______

______

______

5. Classifique as frases listadas a seguir (1 a 8) em dois grupos: **grupo 1** – cientistas cujos experimentos e ideias estão relacionados ao surgimento dos seres vivos; **grupo 2** – cientistas cujas ideias estão relacionadas ao surgimento das diferentes espécies. Depois, faça o que se pede.

1. Wallace (1823-1913): estudou mecanismo de transformação dos seres vivos e predominância das formas mais favorecidas pelo ambiente.
2. Francesco Redi (1626-1691): fez experimentos com pedaços de carne em frascos abertos e em frascos cobertos por uma gaze fina.
3. Louis Pasteur (1822-1895): fez experimentos com caldo nutritivo fervido em um frasco com gargalo retorcido.
4. Lamarck (1744-1829): constatou que o ambiente é essencial na transformação dos organismos.
5. Lázaro Spallanzani (1729-1779): fez experimentos com caldo nutritivo fervido em frascos hermeticamente fechados.
6. Aristóteles (384 a.C.-322 a.C.): acreditava na geração espontânea.
7. Darwin (1809-1882): defendeu as evidências de um ancestral comum entre as espécies e o conceito de seleção natural.
8. John Needham (1713-1781): fez experimentos com caldo nutritivo aquecido em frascos de vidro.

a) Dentro de cada grupo, ordene cronologicamente os acontecimentos e ideias propostas por cada cientista.

______

______

b) Com base na sua resposta ao item anterior, observe o período em que viveram os cientistas. O que você pode dizer sobre o tempo que levou para a evolução do conhecimento a respeito do surgimento da vida e das diferentes espécies?

______

______

______

______

______

______

6. Observe a lista de organismos da tabela a seguir. Indique as afirmações verdadeiras (V) ou falsas (F) e justifique sua resposta, caso a alternativa seja falsa.

Nome científico	Nome popular
Astyanax paranahybae	Peixe lambari
Astyanax pellegrini	Peixe lambari
H1N1	Subtipo do vírus Influenza A
Clostridium tetani	Bactéria causadora do tétano
Mycobacterium tuberculosis	Bactéria causadora da tuberculose
Araucaria angustifolia	Araucária
Dendrobium formosum	Orquídea
Saccharomyces cerevisae	Levedura
Sargassum ramifolium	Alga sargaço
Paramecium caudatum	Protozoário ciliado

a) ( ) *Astyanax paranahybae* e *Astyanax pellegrini* pertencem a gêneros diferentes.

____

____

b) ( ) *Araucaria angustifolia* e *Dendrobium formosum* pertencem ao mesmo gênero.

____

____

c) ( ) *Clostridium tetani* e *Mycobacterium tuberculosis* pertencem ao mesmo Reino.

____

____

d) ( ) *Saccharomyces cerevisae* pertence ao Reino Protista.

____

____

e) ( ) H1N1 não é considerado ser vivo.

____

____

f) ( ) *Sargassum ramifolium* e *Paramecium caudatum* pertencem ao Reino Protista.

____

____

7. Observe o gráfico a seguir e faça o que se pede.

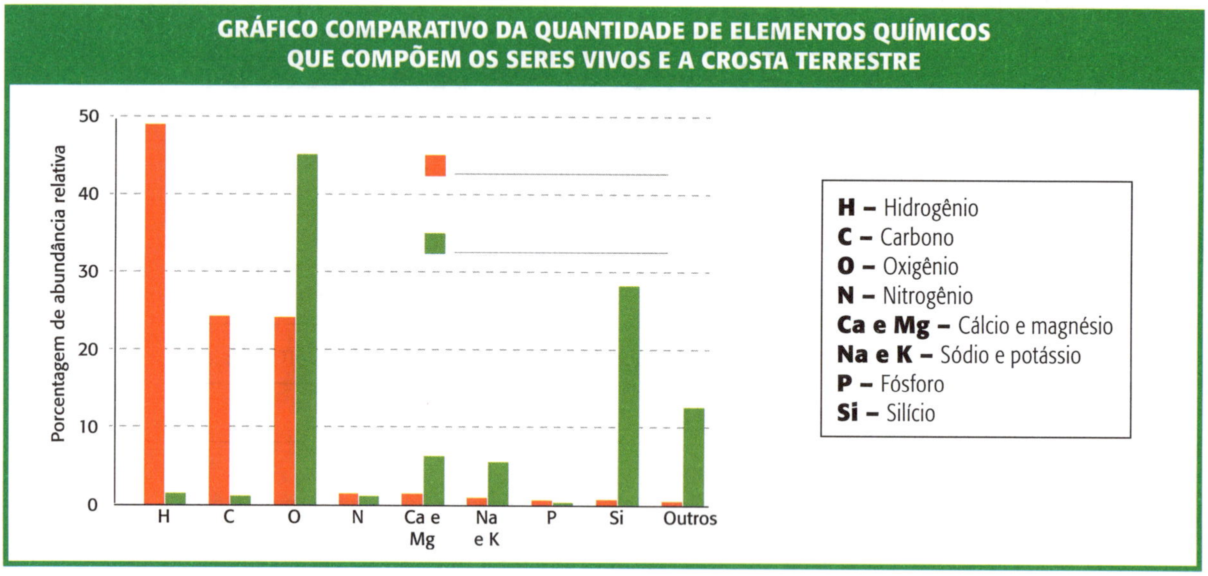

SELAVI CONTEÚDO CRIATIVO

Fonte: ALBERTS, B.; BRAYD, L. J. et al. *Molecular Biology of the Cell*. Nova York: Garland Science, 1994.

a) Indique que cor representa os seres vivos e a crosta terrestre, identificando a legenda.

b) Explique por que você chegou a essa conclusão com base na seguinte afirmação: *"A célula é a unidade funcional e estrutural da vida e é composta predominantemente por substâncias orgânicas"*.

c) Quais são as características comuns a todos os seres vivos? Enumere-as e explique brevemente cada uma delas.

Outro olhar

Na seção *Conhecimento Interligado* "Museu Nacional apresenta maior réplica de dinossauro carnívoro do Brasil" (páginas 40 e 41 do Livro do Estudante), conhecemos um pouco a respeito dos fósseis de dinossauros que ajudaram a entender melhor esses grandes répteis que viveram há 65 milhões de anos bem como o contexto onde viviam. Leia o texto a seguir que explica como os fósseis são formados. Em seguida, responda às questões.

"Fósseis são restos ou vestígios de animais e vegetais preservados em rochas. Restos são partes de animal (ex.: ossos, dentes, escamas) ou planta (ex.: troncos) e vestígios são evidências de sua existência ou de suas atividades (ex.: pegadas).

Geralmente ficam preservadas as estruturas mais resistentes do animal ou da planta, as chamadas partes duras (como dentes, ossos e conchas). As partes moles (como vísceras, pele e vasos sanguíneos) preservam-se com muito mais dificuldade. Pode ocorrer também o caso ainda mais raro de ficarem preservadas tanto as partes duras quanto as moles, como no caso de mamutes lanudos que foram encontrados intactos no gelo e de alguns insetos que fossilizam em âmbar.

Considera-se fóssil aquele ser vivo que viveu há mais de 11 mil anos, ou seja, antes do Holoceno, que é a época geológica atual. Restos ou evidências antigas, mas com menos de 11 mil anos, como os sambaquis, são classificados como subfósseis.

A paleontologia, o estudo dos fósseis, divide-se em: paleozoologia (estudo dos fósseis animais), paleobotânica (estudo dos fósseis vegetais) e paleoicnologia (estudo dos icnofósseis, estruturas resultantes das atividades dos seres vivos, como pegadas, sulcos, perfurações ou escavações). [...]

A fossilização resulta da ação combinada de processos físicos, químicos e biológicos. Para que ela ocorra, ou seja, para que a natural decomposição e desaparecimento do ser que morreu seja interrompida e haja preservação são necessárias algumas condições, como rápido soterramento e ausência de ação bacteriana, que é a responsável pela decomposição dos tecidos. Também influenciam na formação dos fósseis o modo de vida do animal e a composição química de seu esqueleto.

Entre os restos animais passíveis de preservação incluem-se as estruturas formadas de sílica (óxido de silício), como as espículas das esponjas; a calcita (carbonato de cálcio), como as conchas de muitos moluscos e os corais; a quitina, substância que forma o esqueleto dos insetos; e a celulose, encontrada na madeira.

É interessante observar que folhas, caules, sementes e polens podem ser preservados, mas normalmente não aparecem juntos. [...]

Algumas estruturas parecem-se muito com fósseis, mas não o são. Exemplo típico são os dendritos, depósitos de óxido de manganês (menos comumente de outra substância), de forma ramificada com todo o aspecto de uma planta, encontrados, por exemplo, em rochas vulcânicas do Sul do Brasil. Essas estruturas são chamadas de pseudofósseis. [...]"

Pércio de Moraes Branco. *O que são e como se formam os fósseis?* Serviço Geológico do Brasil – CPRM. Disponível em: <http://www.cprm.gov.br/publique/Redes-Institucionais/Rede-de-Bibliotecas---Rede-Ametista/Canal-Escola/O-que-sao-e-como-se-formam-os-fosseis%3F-1048.html>. Acesso em: jan. 2016.

Em muitos livros didáticos e *sites* de atividades para crianças existem sugestões de atividades de como "fazer um fóssil". Em geral, as atividades seguem os passos ilustrados a seguir. Observe as imagens e com base nelas e no texto responda às questões.

Inicialmente, o gesso deve ser preparado e derramado em um recipiente (**A**). Antes que endureça, uma concha deve ser levemente colocada sobre o gesso (**B**). Após algum tempo, a concha precisa ser retirada (**C**). O gesso endurecido deve ser retirado do recipiente e, com o martelo, o molde pode ser desgastado (**D**).

1. Você diria que o fóssil sugerido na atividade é um resto ou um vestígio? Explique.

2. Se, em vez de usar a concha, tivéssemos usado as vísceras do molusco, o que teria acontecido?

3. Na etapa **D**, o molde é desgastado para parecer "envelhecido". Por quê?

Leitura do mundo

A área da Ciência que estuda e descreve espécies e as classifica é denominada taxonomia. Os taxonomistas são, em geral, biólogos especialistas em estudar um determinado grupo de seres vivos. O trabalho de conhecer esses seres vivos e os dividir em categorias de acordo com suas características é complicado e pode levar anos. Tendo em vista essas informações, leia os textos a seguir e responda às questões.

“Depois de quatro décadas de pesquisa e mais de 40 mil quilômetros de andanças coletando material de mar, rios, lagos e barragens, o biólogo Carlos Bicudo está perto de concluir o mapeamento das algas do território paulista. Esse feito começou a tornar-se realidade em julho do ano passado, com o início do projeto temático Flora Ficológica do Estado de São Paulo, financiado pela FAPESP, coordenado por Bicudo e do qual participam 42 pesquisadores de 27 centros do Brasil e do exterior.

Até o final do projeto, o número de espécies de água doce conhecidas do Estado poderá chegar facilmente ao dobro. As *Zygnemaphyceae*, por exemplo, devem passar de 1 053 para 1 500 ou 1 600 e as 61 *Bacillariophyceae* devem chegar a 900.”

Algas em Profundidade, 2000. *Revista Pesquisa Fapesp*, Ciência, Botânica. p. 49-51.

“[...] as causas principais do nosso desconhecimento da biodiversidade são: falta de taxonomistas e infraestrutura inadequada. O fomento para formação de recursos humanos na área de Taxonomia ainda é tímido para o enorme desafio de identificar e descrever novas espécies.”

COLLEVATTI, R.G. 2011. *Nós Realmente Precisamos de DNA* Barcoding? Natureza e Conservação 9(1): 105-110.

a) No que consiste o trabalho de um taxonomista?

____

____

____

b) Qual é a importância da taxonomia para a preservação da biodiversidade brasileira?

____

____

____

____

____

____

UNIDADE 2

Vírus, bactérias, protistas e fungos

Reveja a jornada

1. Leia o texto a seguir e assinale a alternativa **incorreta**.

> "[...] O ciclo de transmissão da dengue se inicia quando o mosquito *Aedes aegypti*, vetor da doença no Brasil, pica uma pessoa infectada. O vírus multiplica-se no intestino médio do vetor e infecta outros tecidos chegando finalmente às glândulas salivares. Uma vez infectado, o mosquito é capaz de transmitir enquanto viver. Não existe transmissão da doença através do contato entre indivíduos doentes e pessoas saudáveis. Após a picada do mosquito, inicia-se o ciclo de replicação viral nas células [...], a seguir ocorre a viremia, com a disseminação do vírus no organismo do indivíduo. Os primeiros sintomas como febre, dor de cabeça e mal-estar surgem após um período de incubação que pode variar de 2-10 dias. Uma vez infectada por um dos sorotipos do vírus, a pessoa adquire imunidade para aquele sorotipo específico. [...]"
>
> *Dengue* – vírus e vetor. Instituto Oswaldo Cruz. Disponível em: <http://www.ioc.fiocruz.br/dengue/textos/sobreovirus.html>. Acesso em: jan. 2016.

a) O mosquito *Aedes aegypti* precisa picar uma pessoa infectada para contrair o vírus da dengue.

b) O vírus da dengue tem o mosquito *Aedes aegypti* como hospedeiro intermediário do seu ciclo de vida.

c) A transmissão da dengue pode ocorrer pelo contato com secreções de pessoas infectadas.

d) Os sintomas, como febre, dor de cabeça e mal-estar, ocorrem devido à replicação viral nas células da pessoa picada.

2. Observe a imagem a seguir e responda às questões.

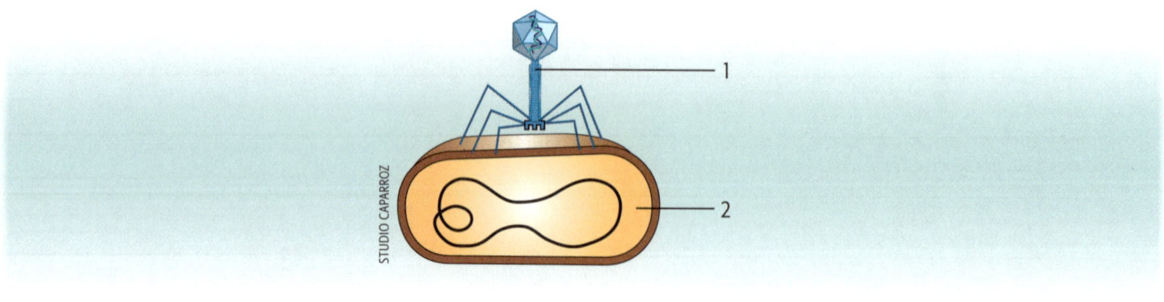

a) O que representam as figuras **1** e **2**?

____

____

b) Que estruturas mostradas na imagem ajudaram você a identificar essas figuras?

____

____

____

____

c) Descreva as principais diferenças entre os modos de reprodução das figuras **1** e **2**.

____

____

____

____

____

____

3. "Cientistas descobrem fungo que pode 'comer' o plástico" é o título de uma reportagem (*site* eCycle. Disponível em: <http://www.ecycle.com.br/component/content/article/38/1253-cientistasdescobrem-fungo-amazonico-que-qcomeq-plastico.html>. Acesso em: maio 2016.) sobre a descoberta feita por um grupo de pesquisadores estadunidenses de um fungo na Amazônia equatoriana, que seria capaz de se alimentar do plástico. As pesquisas mostraram que esse fungo foi capaz de secretar uma enzima que degradou o plástico tanto na presença como na ausência de oxigênio. Dessa forma, o fungo também poderia ser usado em aterros sanitários, onde uma grossa camada de terra e rejeitos diminui a oxigenação e dificulta a decomposição dos materiais, inclusive do plástico.

a) Ao contrário do que está escrito no título da reportagem, os fungos não comem (ingerem) os alimentos. Por quê?

____

____

____

b) A capacidade de obter energia na ausência de oxigênio é uma característica já conhecida de outros fungos. Qual é o nome desse processo? Dê um exemplo.

____

____

____

____

c) Por que essa descoberta pode reduzir o impacto ambiental do lixo que descartamos?

4. Observe as imagens e faça o que se pede.

URSULAMEA/SHUTTERSTOCK

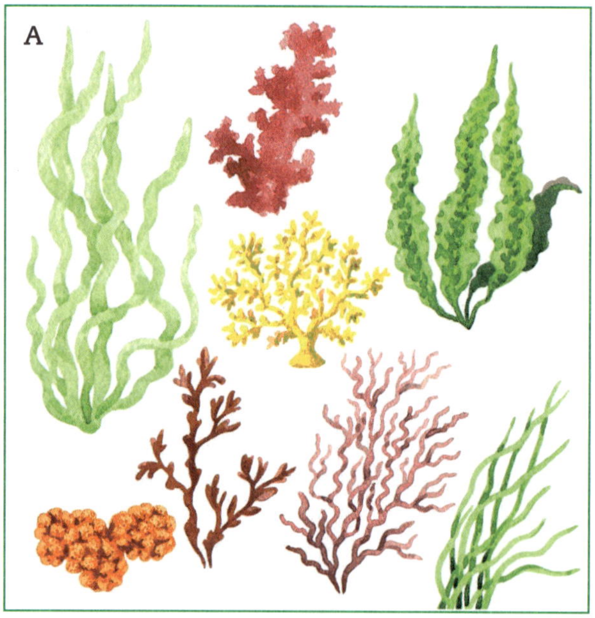

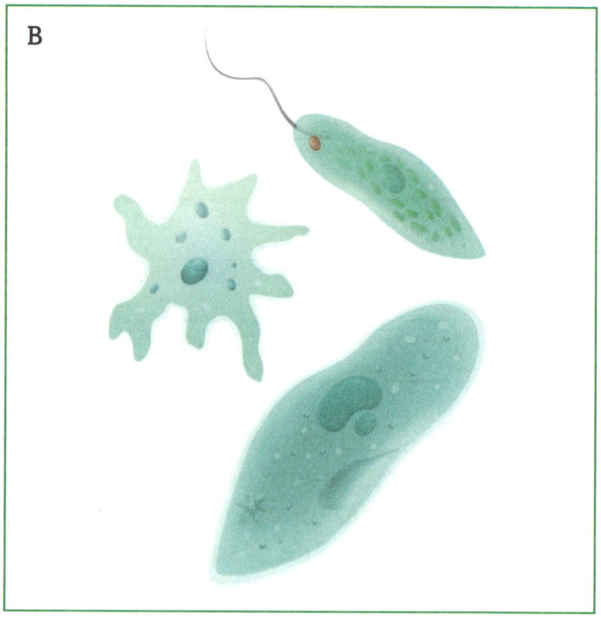

AMPLION/SHUTTERSTOCK

a) Quais são os seres vivos representados nos quadros **A** e **B**? Quais características permitiram a identificação?

b) Relacione as alternativas a seguir ao grupo **A** ou **B**.

( ) Eucariontes unicelulares ou pluricelulares.

( ) Eucariontes unicelulares heterótrofos.

( ) Eucariontes autótrofos.

( ) Apresentam representantes que são possíveis ancestrais das plantas.

( ) Apresentam representantes que são parasitas de células humanas.

5. Leia o texto a seguir e responda às questões.

> Em 2014, cientistas do Instituto Oswaldo Cruz encontraram bactérias resistentes a antibióticos nas águas do Rio Carioca, que atravessa diversos bairros da capital fluminense [Rio de Janeiro]. Essas bactérias produziam uma enzima chamada KPC que as tornava resistentes aos principais antibióticos utilizados no combate a algumas infecções. Apesar das bactérias que produzem essas enzimas fazerem parte de um grupo de bactérias encontradas frequentemente no corpo humano – ou seja, vivendo normalmente no intestino e transitoriamente sobre a pele e as mucosas, em alguns indivíduos, esses microrganismos também podem ser agentes de doenças comuns, como infecções urinárias, gastrointestinais e pneumonias.

a) As bactérias encontradas pelos cientistas podem dificultar o controle de algumas infecções? Por quê?

b) Seria correto afirmar que todas as bactérias que produzem a enzima KPC são nocivas ao ser humano? Justifique.

6. Assinale a alternativa que identifica o causador do fenômeno da maré vermelha. Depois, explique brevemente como esse fenômeno ocorre.

a) Proliferação de bactérias.

b) Crescimento de fungos.

c) Proliferação de vírus.

d) Proliferação de dinoflagelados (algas unicelulares).

e) Proliferação de amebas.

7. Liquens são uma associação entre dois organismos. Identifique a que grupos pertencem esses organismos e descreva o papel de cada um nessa associação.

Outro olhar

Na seção *Em Ação* das páginas 60 e 61 do Livro do Estudante, conhecemos um pouco sobre as superbactérias. O uso indiscriminado de antibióticos é uma das causas apontadas para o desenvolvimento dessas bactérias.

Leia o texto a seguir e responda às questões.

"Infecção resistente é crise global, diz OMS

As bactérias multirresistentes a antibióticos deixaram de ser problemas regionais para tornarem-se uma crise global. Para solucioná-la é preciso incluir no debate o setor agropecuário e a indústria farmacêutica, diz Carmem Lúcia Pessoa-Silva, chefe do programa que cuida da área na OMS (Organização Mundial da Saúde).

Um relatório divulgado pela entidade anteontem afirma que o problema é tão grave que ameaça levar a medicina a uma era 'pós-antibiótico', na qual 'infecções comuns e pequenos ferimentos podem matar'. O documento lista as sete bactérias multirresistentes que mais preocupam os sanitaristas e culpa o uso indiscriminado desses remédios pelo fenômeno.

O emprego de antibiótico sem necessidade faz com que bactérias desenvolvam resistência a essas drogas em escala de poucos anos, por meio de seleção natural.

'Fizemos uma análise minuciosa de toda a literatura médica existente e demonstramos que o risco de morte para muitas das bactérias resistentes é pelo menos duas vezes maior quando comparado com uma bactéria susceptível a antibióticos', diz Pessoa-Silva. 'O tratamento que resta são combinações tóxicas de drogas caras, e ainda assim o risco de morte continua elevado.'

Impacto econômico

O aumento do custo de terapias, segundo a OMS, representa só um quarto do impacto econômico do problema. O resto se dá por meio da incapacitação de vítimas para trabalhar. O Fórum Econômico Mundial estima que infecções resistentes podem reduzir o PIB de um país em até 1,6%.

Para a OMS, o abuso dos antibióticos em humanos pode ser reduzido com melhores políticas de diagnóstico, que previnam o uso da droga quando ela não é necessária.

Sanitaristas também precisam intensificar programas de prevenção. Se uma droga é usada com menor frequência, infecções resistentes demoram mais a aparecer, e laboratórios ganham mais tempo para desenvolver uma nova molécula que a substitua.

Para cessar o uso indiscriminado de antibióticos em animais, porém, será preciso levar o debate para fora do meio médico, e trazer a agropecuária para a negociação.

'A OMS já está discutindo isso com a FAO (Organização das Nações Unidas para Alimentação e Agricultura)', diz Pessoa-Silva. 'O uso de antibiótico em animais, principalmente o uso não terapêutico, para crescimento, precisa ser evitado. Existe um uso maciço hoje na ração e na água de animais de corte e também na piscicultura.'

Segundo a epidemiologista, um dos problemas do uso para engorda é que ele é feito em baixas doses, e isso cria o ambiente ideal para o desenvolvimento de novas bactérias resistentes.

Outro problema que compromete o tratamento de infecções causadas por novas bactérias é o desinteresse da indústria farmacêutica em produzir drogas para uso conta problemas agudos, como infecções, que têm menos potencial rentável do que doenças crônicas, diz a OMS.

O próprio surgimento de bactérias resistentes desencoraja laboratórios a investirem em pesquisa e desenvolvimento para novos tipos antibióticos, que podem se tornar obsoletos antes de dar retorno financeiro.

'Além disso, quando se produz um antibiótico eficaz, o ideal é preservá-lo, e não fazer marketing para que ele seja usado maciçamente, pois quanto mais intensamente ele é usado, mais rápido vamos perdê-lo', diz Pessoa-Silva. 'O antibiótico, então, não pode mais ser visto como um bem comercial. Tem de ser visto como um bem público.'

A OMS tem contatado executivos da indústria farmacêutica para discutir soluções, diz.”

Rafael Garcia. Infecção resistente é crise global, diz OMS. *Folha de S. Paulo*. Disponível em: <http://www1.folha.uol.com.br/equilibrioesaude/2014/05/1448387-infeccao-resistente-e-crise-global-diz-oms.shtml>. Acesso em: mar. 2016.

1. Segundo o relátorio da OMS, por que podemos viver uma era na qual "infecções comuns e pequenos ferimentos podem matar"?

____

____

____

____

2. Segundo Carmem Lúcia Pessoa-Silva, que outros setores além do meio médico deveriam ser incluídos para solucionar o problema das superbactérias? Por quê?

____

____

____

____

____

____

____

3. Quais são os riscos da proliferação das superbactérias para o indivíduo e para a sociedade?

____

____

____

____

Leitura do mundo

Há muitos anos o ser humano aprendeu a usar em seu benefício algas e fungos, como na alimentação, na agricultura, em medicamentos e cosméticos. Leia os trechos a seguir e responda às questões.

"'Uma parcela considerável das algas marinhas colhidas anualmente é utilizada como bioestimulante na agricultura. A alga [*Ascophyllum*] *nodosum* destaca-se dentre as espécies comumente empregadas para esta finalidade', explica Márcia [pesquisadora da Esalq]. Seu extrato possui hormônios, proteínas e outros compostos que podem melhorar o desempenho vegetal por intermédio de alterações fisiológicas, bioquímicas e da expressão de genes nas plantas."

Rúvila Magalhães. *Extrato de alga favorece agricultura*. Agência USP de Notícias. Disponível em: <http://www.usp.br/agen/?p=142865>. Acesso em: jan. 2016.

"Os herbicidas correspondem a mais ou menos 30% de todos os químicos empregados na agricultura e, em geral, são aplicados na base das plantas ou direto no solo. Isso os torna mais eficientes, matando as ervas daninhas logo quando germinam, mas também aumenta a possibilidade de contaminação da terra e das águas, superficiais ou subterrâneas. [...]

Posto o problema, a engenheira de alimento Luciane Maria Colla tratou de pesquisar uma biossolução [...]. Seu objetivo era avaliar os melhores processos de produção de enzimas capazes de digerir esses químicos. Produzidas por fungos filamentosos, essas enzimas dão origem a produtos tecnicamente chamados de biossurfactantes."

Liana John. *Fungos para curar nossos solos*. Planeta Sustentável. Disponível em: <http://planetasustentavel.abril.com.br/blog/biodiversa/fungos-para-curar-nossos-solos/>. Acesso em: jan. 2016.

"A produtividade das culturas nos solos tropicais, como os de Cerrado, pode ser melhorada com aplicação de fertilizantes, principalmente fosfatados. Outra opção é o manejo de insumos e culturas vinculado à micorriza, uma associação benéfica e natural entre fungos específicos do solo e raízes das plantas.

Com esse mecanismo biológico, os filamentos dos fungos passam a funcionar como sistema radicular adicional da planta. Isso permite a utilização de maior volume do solo para a absorção de nutrientes pela cultura, principalmente do fósforo. [...]"

Micorriza na agricultura. Embrapa. Disponível em: <http://hotsites.sct.embrapa.br/diacampo/programacao/2003/micorriza-na-agricultura>. Acesso em: jan. 2016.

1. Segundo os textos, de que modo algas e fungos estão sendo usados em benefício das práticas agrícolas?

2. Você diria que o uso de algas e fungos pode diminuir o impacto ambiental das práticas agrícolas? Por quê?

3. Além do potencial uso nas práticas agrícolas, cientistas brasileiros estão pesquisando, por exemplo, a eficácia das algas contra o câncer, a trombose e as bactérias e os vírus patogênicos. No entanto, apesar de muito promissor, segundo pesquisadores "falta um elo importante para que o potencial de todas essas substâncias seja aproveitado em grande escala e chegue ao consumidor: o interesse da indústria". Por que você acha que isso acontece? Qual é a consequência dessa falta de interesse?

UNIDADE 3

O reino das plantas

Reveja a jornada

1. A representação esquemática a seguir mostra uma hipótese de evolução das plantas. Observe a figura e responda às questões.

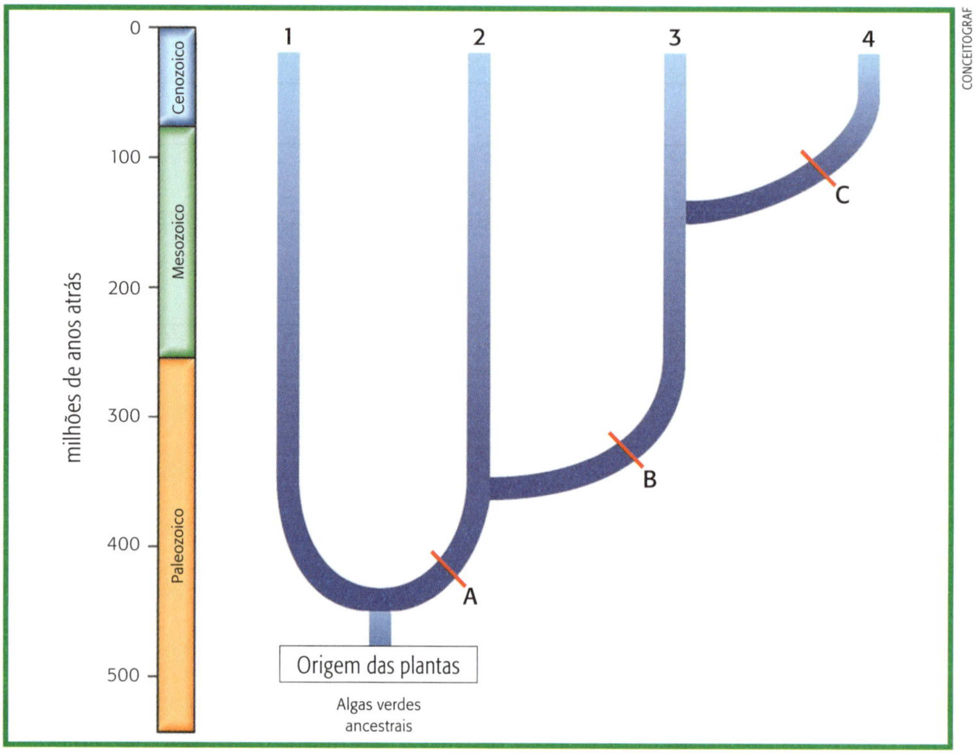

Representação esquemática de uma hipótese de evolução das plantas.

a) Que grupos estão representados pelos números **1**, **2**, **3** e **4**?

b) As letras **A**, **B** e **C** indicam características que surgiram ao longo da evolução das plantas e que se mantiveram em determinados grupos. Com base nisso, indique:

- o que representam as características **A**, **B** e **C**.

- que grupos apresentam cada característica

Os esquemas a seguir representam o ciclo de vida dos quatro grandes grupos de plantas. Observe-os e responda às questões de 2 a 5.

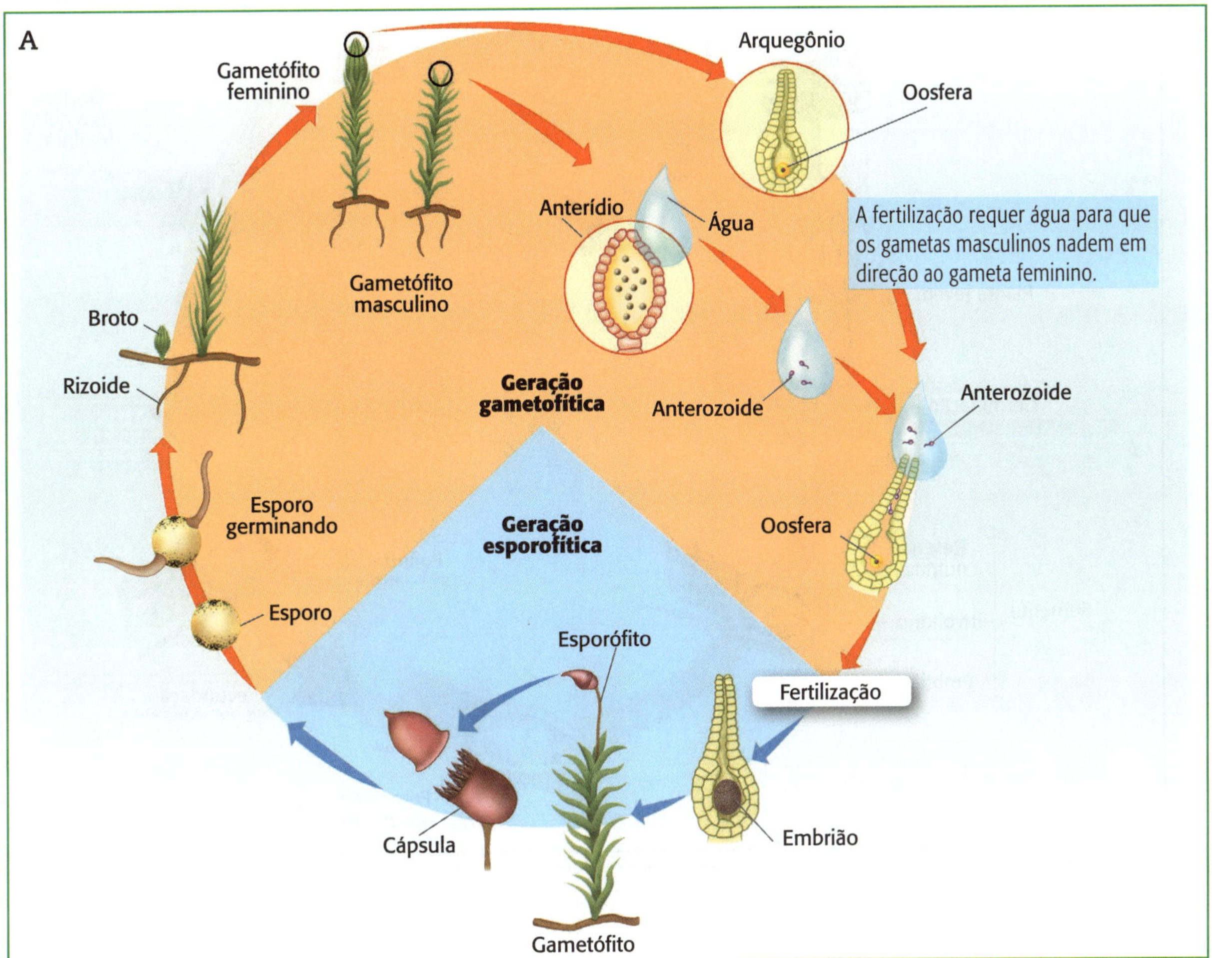

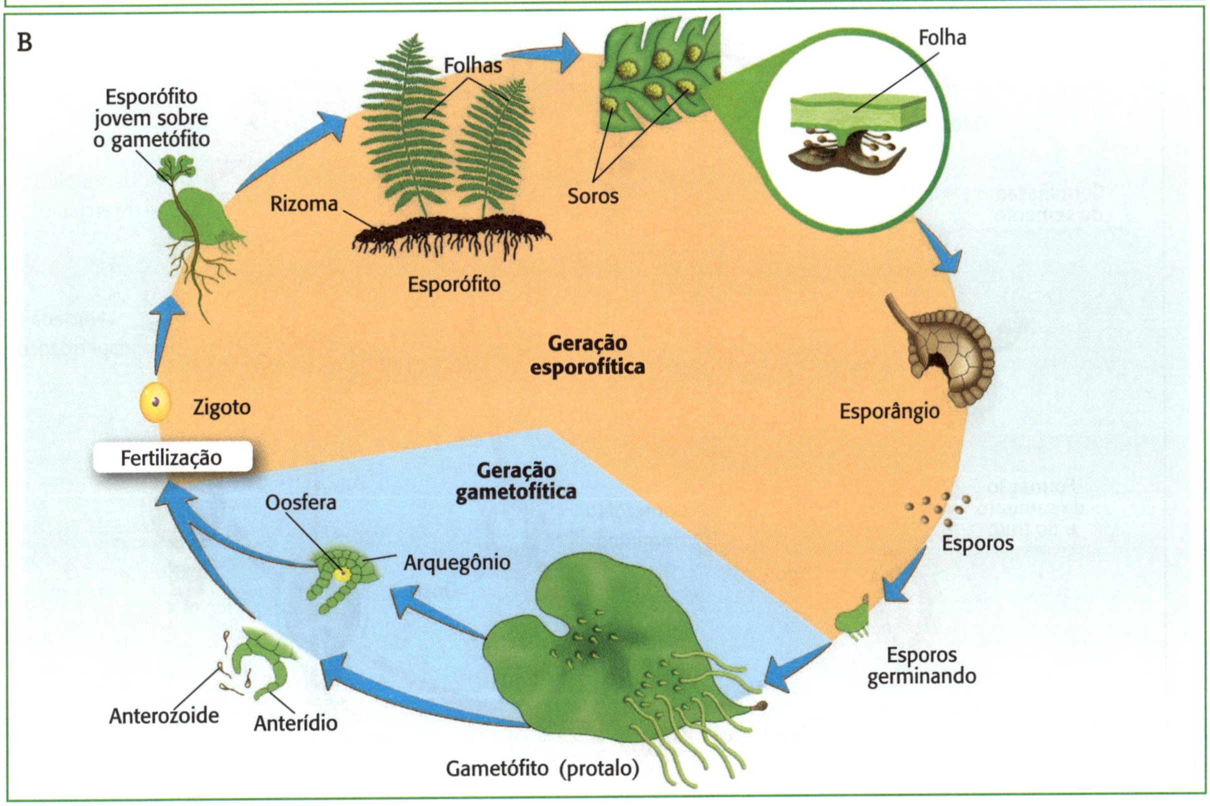

ILUSTRAÇÕES: CONCEITOGRAF

C

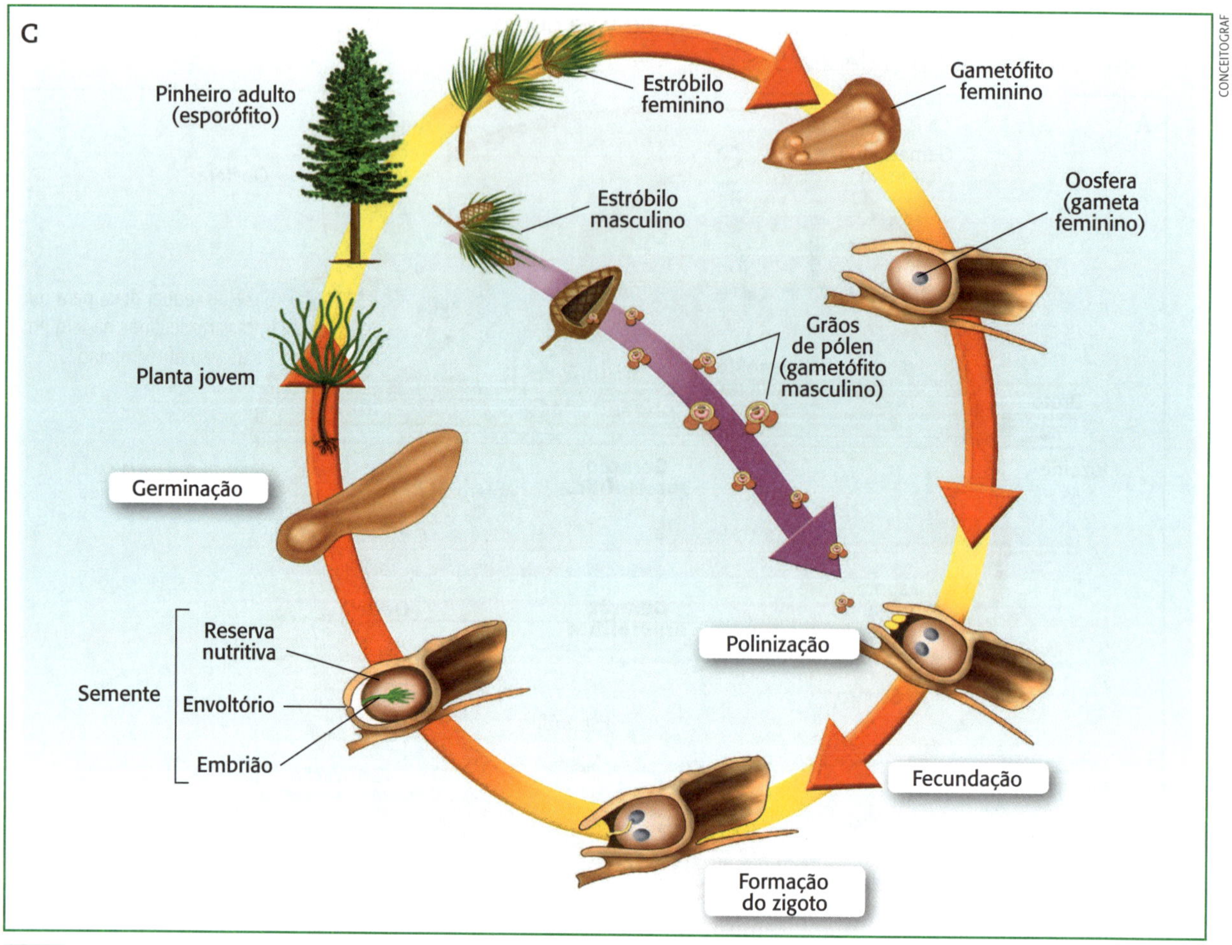
Pinheiro adulto (esporófito)
Estróbilo feminino
Gametófito feminino
Estróbilo masculino
Oosfera (gameta feminino)
Grãos de pólen (gametófito masculino)
Planta jovem
Germinação
Polinização
Semente
Reserva nutritiva
Envoltório
Embrião
Fecundação
Formação do zigoto
CONCEITOGRAF

D

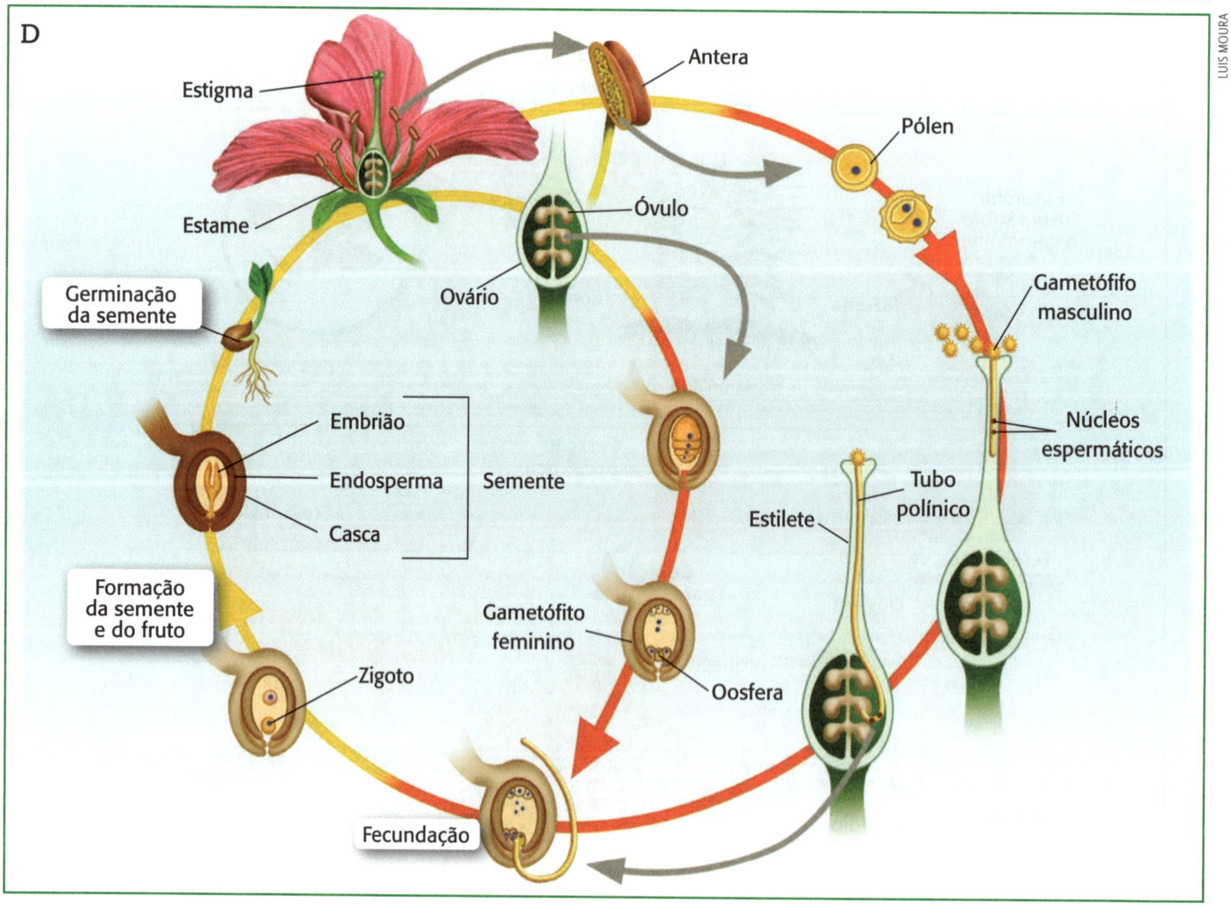
Estigma
Antera
Pólen
Estame
Óvulo
Ovário
Germinação da semente
Gametófifo masculino
Núcleos espermáticos
Embrião
Endosperma
Casca
Semente
Estilete
Tubo polínico
Formação da semente e do fruto
Gametófito feminino
Oosfera
Zigoto
Fecundação
LUIS MOURA

2. O ciclo de vida de qual grupo de plantas está representado nos esquemas **A**, **B**, **C** e **D**? Indique que elementos de cada esquema ajudaram você a identificá-los.

____

____

____

____

3. Considerando cada um desses grupos de plantas, explique a dependência da água para a reprodução ao longo da evolução das plantas.

____

____

____

____

____

4. Observe o esquema **C** e indique que estrutura contribuiu para o sucesso reprodutivo do grupo no meio terrestre. Por que ela foi importante?

____

____

____

____

5. O esquema **D** representa o grupo mais numeroso de plantas na Terra. Indique duas características do grupo que contribuíram para isso. Use pelo menos uma estrutura que aparece no esquema para responder à questão.

____

____

____

____

____

____

6. O que é o cotilédone? De que maneira ele está relacionado com a sobrevivência da planta?

____

____

____

Outro olhar

No *Infográfico* "A vida na árvore" (páginas 78 e 79 do Livro do Estudante), aprendemos que uma árvore pode abrigar centenas de espécies de animais, de plantas e de fungos. Agora imagine um conjunto de árvores, milhares delas de diferentes espécies formando uma grande floresta, quanta vida ela não abriga! Nesse caso, não só os seres vivos que vivem nas copas das árvores dependem da floresta para sobreviver, mas também os que estão distantes, como os seres humanos que muitas vezes vivem a quilômetros de distância das florestas. Vamos ver como isso acontece. Leia os textos a seguir e depois responda às questões.

"Bens e serviços que a floresta fornece

O conceito de bens e serviços tem origem nas ciências econômicas. Bens são definidos como tudo aquilo que seja útil ao homem, com ou sem valor econômico – ex.: madeira, alimentos, fármacos, resinas, óleos, água e outros. Os serviços são prestações de assistência ou realização de tarefas que contribuem para satisfazer as necessidades humanas, sejam elas individuais ou coletivas – ex.: sequestro de carbono, regulação do clima, regulação do ciclo hidrológico, controle de erosões e outros. Os principais bens e serviços que os ecossistemas florestais fornecem são:

- fonte de matérias-primas – madeira, combustíveis e fibras;
- fonte de material genético;
- controle biológico;
- alimento – pesca, caça, frutos, sementes;
- produtos farmacêuticos;
- recreação, ecoturismo e lazer;
- recurso educacional;
- valor cultural – estético, artístico, científico e espiritual;
- controle de erosão, enchentes, sedimentação e poluição;
- armazenamento de água em bacias hidrográficas, reservatórios e aquíferos;
- controle de distúrbios climáticos, como tempestades, enchentes e secas;
- proteção de hábitats utilizados na reprodução e migração de espécies;
- tratamento de resíduos e filtragem de produtos tóxicos;
- regulação dos níveis de gases atmosféricos poluentes;
- regulação de gases que afetam o clima;
- ciclagem de minerais.

Atualmente, devido às taxas de desmatamento e às preocupações com mudanças climáticas, existe uma forte tendência de valorar e remunerar economicamente esses bens e serviços, uma tarefa nada simples por seu valor subjetivo (ex.: valor cultural) e pelas limitações metodológicas e práticas para mensurá-los.

É importante ressaltar que bens e serviços não são exclusivos de florestas nativas, muitos deles sendo também fornecidos pelas florestas plantadas. Os bens e serviços da floresta refletem sua importância dos âmbitos ecológico, econômico e social."

Serviço Florestal Brasileiro – Sistema Nacional de Informações Florestais. Disponível em: <http://www.florestal.gov.br/snif/recursos-florestais/bens-e-servicos-que-a-floresta-fornece>. Acesso em: jan. 2016.

“Serviços ambientais relacionados à água

Os ecossistemas são necessários para prover serviços ambientais para a manutenção da vida. No caso da relação entre os ecossistemas e a qualidade e quantidade de água, os chamados serviços ambientais hidrológicos, podemos considerar de maneira sucinta que na relação floresta-água as florestas protegem os solos contra a erosão, favorecem a infiltração, reduzindo o escorrimento superficial e garantindo a recarga dos mananciais e aquíferos, assim como ajudam a regular a vazão entre as épocas das cheias e da seca. As florestas, especialmente as matas ciliares, filtram poluentes químicos e produzem condições favoráveis para a biodiversidade aquática. Para além dos benefícios relacionados aos recursos hídricos, as florestas são fundamentais para a conservação da biodiversidade e para a regulação climática do planeta.

De maneira crescente, os serviços ambientais de proteção dos recursos hídricos vêm sendo reconhecidos pelos tomadores de decisões através da implementação de esquemas de Pagamento por Serviços Ambientais – PSA. A partir deles são internalizados os custos e benefícios relacionados aos serviços ambientais na contabilidade de atividades produtivas e de conservação, seguindo o conceito do poluidor-pagador e provedor-recebedor.

No caso da água, os esquemas de Pagamento por Serviços Ambientais remuneram produtores rurais pela proteção e restauração de ecossistemas naturais, notadamente florestais, em áreas estratégicas para a produção de água (nascentes, matas ciliares, áreas de captação). Eles funcionam da seguinte maneira: quando os usuários de água reconhecem o valor ou a importância do serviço ambiental de proteção da quantidade e qualidade dos recursos hídricos, ou seja, das externalidades ambientais positivas geradas pelos produtores rurais quando os mesmos executam ações de restauração e conservação florestal, aos mesmos. Geram, assim, um incentivo econômico real para os produtores rurais, estimulando a execução de atividades que garantem a provisão dos serviços ambientais [...].”

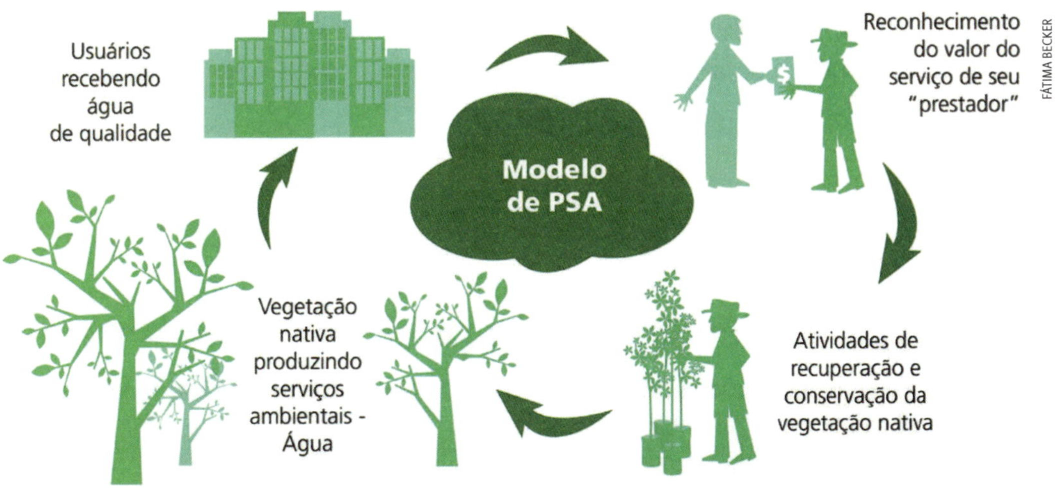

Pagamentos por Serviços Ambientais na Mata Atlântica: lições aprendidas e desafios / Fátima Becker Guedes e Susan Edda Seehusen (Organizadoras). – Brasília: MMA, 2011. Disponível em: <http://www.mma.gov.br/estruturas/202/_arquivos/psa_na_mata_atlantica_licoes_aprendidas_e_desafios_202.pdf>. Acesso em: jan. 2016.

1. O primeiro texto apresenta uma lista com exemplos de bens e serviços que as florestas fornecem. Observe a lista e identifique quais são bens e quais são serviços. Depois, escreva um pequeno texto sobre o que você observou.

2. O segundo texto cita o conceito do poluidor-pagador e do provedor-recebedor. Nesse caso, o Pagamento por Serviço Ambiental (PSA) estaria relacionado a quem: poluidor ou provedor? Por quê?

3. Leia a citação a seguir e responda à questão.

> "Nem tudo o que é muito útil custa caro (água, por exemplo) e nem tudo o que custa caro é muito útil (como o diamante). Este exemplo expressa não um, mas dois dos principais desafios de aprendizagem que a sociedade enfrenta na atualidade. A natureza é fonte de muito valor no nosso dia a dia apesar de estar fora do mercado e ser difícil atribuir-lhe um preço. Essa ausência de valoração está na raiz da degradação dos ecossistemas e da perda de biodiversidade
>
> Fonte: TEEB, 2009."
>
> *Pagamentos por Serviços Ambientais na Mata Atlântica*: lições aprendidas e desafios / Fátima Becker Guedes e Susan Edda Seehusen (Organizadoras). – Brasília: MMA, 2011. Disponível em: <http://www.mma.gov.br/estruturas/202/_arquivos/psa_na_mata_atlantica_licoes_aprendidas_e_desafios_202.pdf>. Acesso em: jan. 2016.

- Com suas palavras, explique o que são os "dois dos principais desafios de aprendizagem que a sociedade enfrenta na atualidade".

Leitura do mundo

Qualquer pessoa apaixonada por plantas ou pela natureza pode desfrutar bons momentos em um Jardim Botânico. Existem centenas deles espalhados pelo mundo, dos quais muitos se localizam em áreas urbanas. Leia o texto a seguir e responda às questões.

> “[...] Os jardins botânicos, impulsionados pela necessidade de remediar a redução da diversidade nos ambientes terrestres, estão convergindo suas linhas de pesquisas para a solução de problemas ambientais. Testes com novas espécies de plantas, como as bioindicadoras de poluição atmosférica [...], ensaio para armazenamento a longo prazo de sementes de espécies ameaçadas [...] e estudos de resgate e reintrodução de espécies de ambientes relictuais ameaçados [...], para citar apenas alguns exemplos, tornam-se pesquisas correntes. As comunidades locais também são beneficiadas por ações que resultam na introdução de novas espécies de plantas econômicas, na criação de ambientes que propiciem bem-estar e segurança, na contribuição para o progresso e o embelezamento das cidades, e na promoção da educação continuada e da conscientização pública [...]. Este último aspecto, sobretudo, tem sido foco das ações dos jardins botânicos brasileiros, que vêm buscando, de várias maneiras, superar as dificuldades que lhes são impostas e, nos últimos anos, promoveram um grande avanço nas ações de conscientização do público, em especial da comunidade escolar, sobre a importância da conservação da biodiversidade. O “Projeto Jardim Botânico vai à escola”, criado pela Rede Brasileira de Jardins Botânicos, é um exemplo bem-sucedido, que teve repercussão nacional ao integrar 22 jardins botânicos na adoção de metodologias e materiais didáticos comuns a todos, enriquecidos, entretanto, com particularidades de cada região. Um grande número de escolas e estudantes foi atendido e os jardins botânicos seguem implantando o projeto, em alguns casos com o apoio das secretarias municipais de educação. [...]”
>
> Pereira, T.S. e Costa, M.L.M.N. 2010. Os Jardins Botânicos brasileiros – desafios e potencialidades. *Ciência e Cultura*, v. 62, n.1, São Paulo. Disponível em: <http://cienciaecultura.bvs.br/scielo.php?script=sci_arttext&pid=S0009-67252010000100010>. Acesso em: jan. 2016.

1. O texto destaca diferentes funções dos Jardins Botânicos. Quais são elas?

____

____

____

2. Em sua opinião, qual a importância de os Jardins Botânicos investirem em projetos que envolvam a comunidade escolar?

____

____

____

____

UNIDADE

4 As partes das plantas

Reveja a jornada

1. Classifique as estruturas a seguir em "partes vegetativas" e "partes reprodutivas" da planta. Depois, responda à questão.

Esporos	Flor	Caule	Raiz	Grão de pólen
Filoide	Semente	Fruto	Folha	Rizoide

- Partes vegetativas:

____

- Partes reprodutivas:

____

____

- De forma geral, qual a diferença entre as funções das estruturas vegetativas e das reprodutivas nas plantas?

____

____

2. O esquema a seguir apresenta uma célula vegetal. Observe a imagem e faça o que se pede.

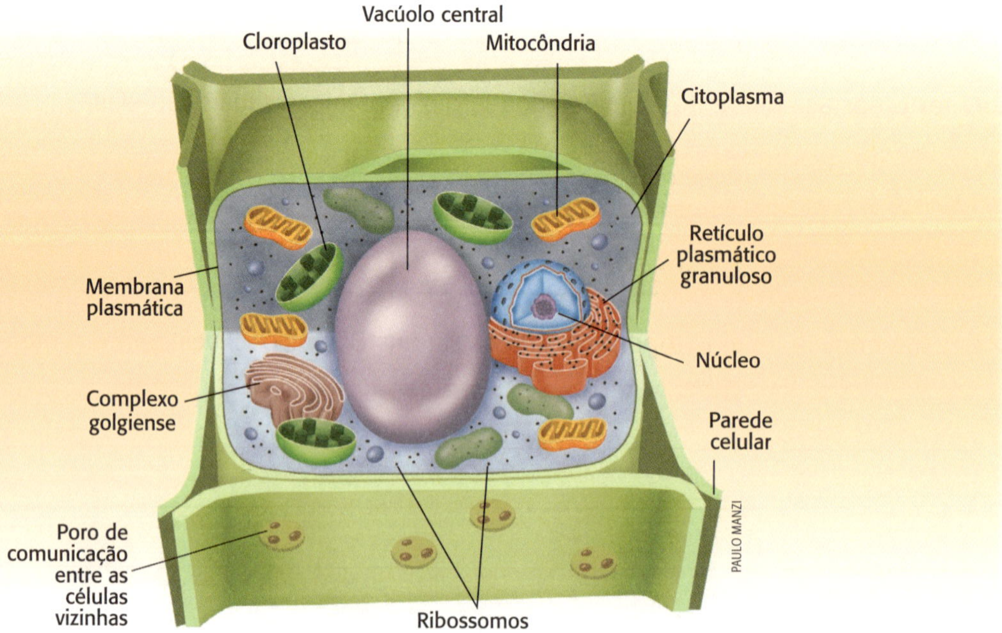

a) Contorne no esquema o nome das estruturas presentes nas células vegetais e ausentes em células animais.

b) Descreva a função dessas estruturas para a planta.

3. Observe as fotos a seguir que mostram estruturas relacionadas com a transpiração da planta e responda.

Fotomicrografia de folha. No detalhe, destaque para algumas estruturas.

a) Que estrutura está sendo mostrada? O que lhe permitiu identificá-la?

b) Se você tivesse de supor o clima do local no momento em que foi tirada a foto, você acha que estaria mais seco ou mais úmido? Por quê?

4. Observe as figuras a seguir e complete a tabela indicando as estruturas da flor e do fruto relacionadas diretamente com os processos descritos.

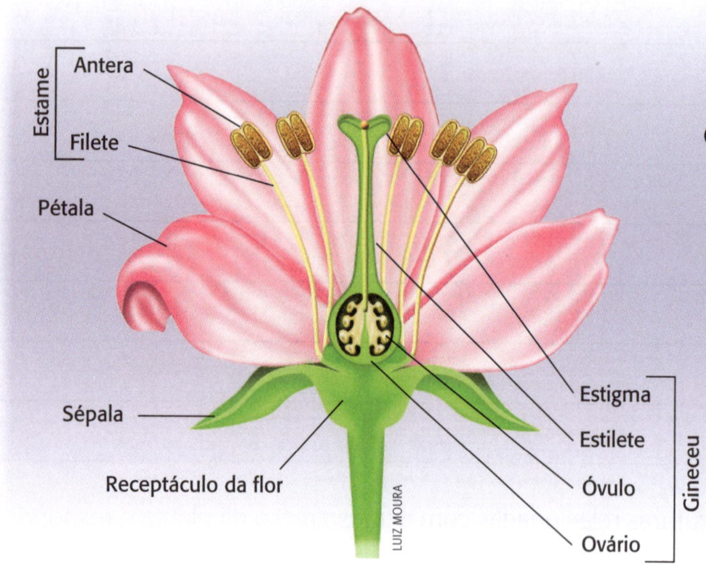

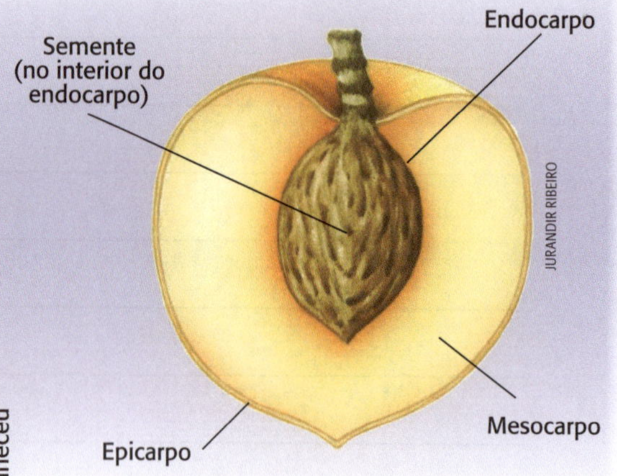

Polinização	
Fecundação	
Dispersão	
Proteção da semente	

5. Complete as frases a seguir com relação aos tecidos adultos vegetais e depois responda à questão.

a) O ______________________ é formado por células mortas que se afastam para fora da camada viva de células. Forma a parte da árvore conhecida como ______________________ ou ______________________.

b) O ______________________ é um tecido de sustentação formado por células vivas e dá resistência e flexibilidade à planta.

c) O ______________________ é um tecido de sustentação formado por células mortas devido à presença de ______________________.

d) O tecido que preenche os espaços entre outros tecidos adultos é chamado de ______________________.

e) A seiva bruta é transportada pelo ______________________, que é formado por células mortas e alongadas.

f) A seiva elaborada é transportada pelo ______________________, que é formado por células vivas e alongadas.

- Assim como outros organismos pluricelulares, os tecidos vegetais adultos têm a mesma origem, no entanto, são diferentes e apresentam funções distintas. Como você explica isso?

____

____

____

____

____

____

6. Ana plantou em seu jardim um pé de mamão que ganhou de seu amigo. Ao contrário dos mamoeiros do vizinho, seu mamoeiro nunca deu frutos, apesar de ela regar e cuidar bem dele há anos. Uma amiga botânica foi a sua casa e, depois de examinar o mamoeiro, sugeriu que ela plantasse outro mamoeiro. O que a amiga deve ter observado para dar esse conselho?

____

____

____

____

____

____

7. Escreva um pequeno texto sobre a interação dos animais com as plantas utilizando as palavras do quadro a seguir.

Animais	Insetos	Aves	Flor	Fruto
Semente	Dispersão	Polinização		

____

____

____

____

____

____

____

____

____

____

Outro olhar

Na seção *Saiba Mais* das páginas 104 e 105 do Livro do Estudante, conhecemos melhor a origem e a importância da batata andina e da mandioca. Ambas estão presentes na alimentação brasileira, mas talvez os grandes protagonistas da nossa dieta sejam o arroz e o feijão. Na abertura desta unidade, vimos que ambos são originalmente plantas exóticas. Vamos conhecer um pouco mais sobre esses alimentos trazidos de fora que se tornaram tão importantes para a alimentação brasileira. Leia os textos a seguir e responda às questões.

“A renda mensal da microempresária Fernanda Laís Almeida, 27 anos, aumentou de R$ 600 para quase R$ 4.000 nos últimos dois anos. Ela saiu da casa da mãe e 'automaticamente' abriu mão do arroz e feijão que comia todos os dias. Fernanda conta que 'compensa' a falta do prato tradicional com pequenas refeições que faz durante o dia, na rua, visitando clientes.

'No meu carro sempre tem frutas e compro salgadinhos, chocolates, para manter o estômago tranquilo, por isso, meu almoço também é rápido', justifica. E, pelo menos duas ou três vezes por semana, o dia termina no *happy hour* com os amigos. 'Tomo cerveja, como pizza e outros salgados e, quando chego em casa, vou direto pra cama'.

A mãe, a aposentada Maria Lúcia, 56 anos, mantém a alimentação que ambas tinham quando moravam juntas. 'Eu continuo comendo o básico, arroz, feijão e uma carne todos os dias', conta a mãe. 'Mas parei de comprar frutas porque só ela gostava'. A renda da aposentada é de aproximadamente R$ 700.

Fernanda e sua mãe confirmam as estatísticas encontradas pela Pesquisa de Orçamento Familiar (POF) feita pelo Instituto Brasileiro de Geografia e Estatística (IBGE). De acordo com o IBGE, o consumo diário de vários itens que constituem uma dieta saudável não acompanha necessariamente o crescimento da renda.

O levantamento revelou queda de 40,5% na ingestão per capita de arroz polido entre 2003 a 2009, e de 26,4% no consumo de feijão. Mas, melhor renda também se reflete no aumento do consumo de várias frutas e verduras, como, por exemplo, banana (de 15,4 g diárias para 24,8 g), maçã (de 5,9 g para 18,3 g) e tomate (de 3,7 g para 10 g). O mesmo acontece com o leite desnatado, que aumentou de 1,8 g para 9,4 g.

Paralelamente, alimentos processados, que indicam uma dieta inadequada, passaram a responder por 18,4% das fontes de energia consumidas, entre eles doces à base de leite (aumentou de 4,8 g diárias para 7,6 g), refrigerantes (de 54,3 g para 135,1 g), pizzas (de 0,7 g para 11,0 g) e salgados fritos e assados (de 6,3 g para 16,6 g).

Muitos desses alimentos são ingeridos em lanches ou refeições fora de casa, hábito que, segundo a POF, já faz parte do dia a dia de 40% dos brasileiros. Como há ausência de grãos integrais e hortaliças no prato dos que têm menor renda e excesso de doces, pizzas e refrigerantes na dieta de quem tem salário maior, o resultado é que o Brasil foi reprovado na qualidade nutricional como um todo. Em geral, faltam ferro, vitaminas, cálcio e fibra para os brasileiros. Sobram açúcares, gordura e sódio.

[...]”

Rogério Ferro. *Consumo de arroz e feijão cai com o aumento da renda*. Instituto Akatu. Disponível em: <http://www.akatu.org.br/Temas/Alimentos/Posts/Consumo-de-arroz-e-feijao-cai-com-o-aumento-da-renda>. Acesso em: jan. 2016.

"Mais do que uma saborosa parceria, o encontro do arroz com o feijão assegura um importante arranjo de nutrientes. O que falta em um, o outro fornece. O arroz possui várias vitaminas do complexo B, carboidratos, cálcio, folato e ferro. O feijão prima pela proteína vegetal, é fonte de ferro, vitaminas do complexo B e de minerais fundamentais para o bom funcionamento do organismo. O arroz contém metionina, o feijão, lisina – aminoácidos que, juntos, são muito eficientes na reparação de tecidos do organismo. Enquanto o arroz sozinho pode aumentar as taxas de açúcar e de insulina na circulação, o feijão tem o poder de brecar esse efeito, mantendo a glicose estabilizada."

Fabiano Dalla Bona. Um, dois: feijão com arroz. *Revista de História*, 1 dez. de 2013. Disponível em: <http://www.revistadehistoria.com.br/secao/capa/um-dois-feijao-com-arroz>. Acesso em: jan. 2016.

1. Muitos nutricionistas veem com preocupação a diminuição do consumo da combinação de arroz com feijão pelos brasileiros. Com base nos textos, por que eles estão preocupados?

2. O segundo texto discute a relação entre a mudança dos hábitos alimentares e o aumento de renda. Que mudanças são essas? Por que elas ocorreram?

Leitura do mundo

As plantas são a base da alimentação humana e são muito importantes para obtenção de nutrientes essenciais e para o bom funcionamento do organismo. Porém, com a industrialização de muitos alimentos, assim como a necessidade de se preparar refeições rápidas, têm surgido muitos problemas relacionados à saúde. Leia os trechos a seguir e depois responda às questões.

"[...] a má alimentação em forma de sobrepeso é, principalmente, um problema da pobreza e do nível educacional. Enquanto na Ásia, por exemplo, o macarrão instantâneo pobre em nutrientes é o que contribui para a má nutrição, em países industrializados, cidadãos mais pobres comem cada vez mais produtos prontos com alto teor de gordura, açúcar e sal, como, por exemplo, hambúrgueres, batatas fritas, cachorros-quentes, sopas instantâneas, torradas e pizzas congeladas. O resultado: muitos obesos também sofrem de subnutrição, já que ingerem poucos nutrientes. [...]"

Dois terços da população mundial se alimentam mal. *Carta Capital*, 18 nov. de 2015. Disponível em: <http://www.cartacapital.com.br/internacional/dois-tercos-da-populacao-mundial-se-alimentam-mal-5890.html>. Acesso em: jan. 2016.

"[...] Milhares de espécies de plantas foram utilizados para a alimentação humana ao longo da história. Atualmente, entre 150 e 200 são cultivadas em massa e não mais do que três espécies, arroz, trigo e milho, suprem quase 60% do consumo global de calorias e proteínas de origem vegetal. A Organização das Nações Unidas para a Alimentação e a Agricultura (FAO) estima que 75% da diversidade genética das plantas cultivadas se perdeu desde o início do século XX.[...]"

E o terreno baldio vira uma horta. *Carta Capital*, 27 nov. de 2015. Disponível em: <http://www.cartacapital.com.br/revista/877/e-o-terreno-baldio-vira-uma-horta-4679.html>. Acesso em: jan. 2016.

1. Em sua opinião, como seria possível reverter o quadro da alimentação "instantânea" cada vez mais comum entre as pessoas?

2. A subnutrição já esteve associada a pessoas de baixo peso, mas hoje está frequentemente relacionada a pessoas obesas. Como isso é possível?

3. Discuta com seus colegas e professor(a) sobre a seguinte questão: Com tantas espécies vegetais que podem ser usadas como fontes de nutrientes, por que a diversidade de plantas cultivadas é tão pequena?

4. Você costuma comer alimentos "instantâneos"? Com que frequência? Os alimentos instantâneos que você conhece costumam ter preço mais baixo do que os frescos?

UNIDADE 5

Os invertebrados

Reveja a jornada

1. O texto a seguir descreve um dos efeitos sentidos pelo corpo humano em grandes altitudes. Leia-o e responda às questões.

> "[...] A diminuição da temperatura e da umidade contribuem também de forma significativa para a degradação da capacidade física. No caso da temperatura, o nosso organismo tem de gerir o fluxo sanguíneo de forma a conseguir levar o sangue a todas as regiões do corpo, mantendo o calor e ao mesmo tempo o trabalho muscular. A diminuição da umidade do ar agrava esta situação porque provoca um aumento da desidratação que dificulta ainda mais a manutenção da temperatura corporal e o "abastecimento" das células: a desidratação acarreta uma diminuição do volume sanguíneo e um aumento da viscosidade do sangue que dificulta a irrigação, especialmente ao nível das extremidades. A irrigação deficiente faz com que as células arrefeçam e/ou deixem de receber o oxigênio e nutrientes necessários, facilitando o aparecimento das congelações. [...]"
>
> *Altitude e Aclimatação*. Extremos – Portal de aventuras. Disponível em: <http://www.extremos.com.br/noticias/130418_altitude_e_aclimatacao_mal_da_montanha_edema_cerebral_e_pulmonar/>. Acesso em: jan. 2016.

a) O texto descreve mecanismos de regulação adotados pelo corpo de que grupos de animais?

____

____

b) Esses mecanismos estão relacionados a uma determinada característica. Que característica é essa? Explique.

____

____

____

____

____

____

2. Como é a forma de sustentação do corpo de vertebrados e invertebrados? Cite exemplos de formas de sustentação dos invertebrados para responder à questão.

____

____

____

____

____

3. Observe as imagens a seguir e classifique as frases em verdadeiras (V) ou falsas (F).

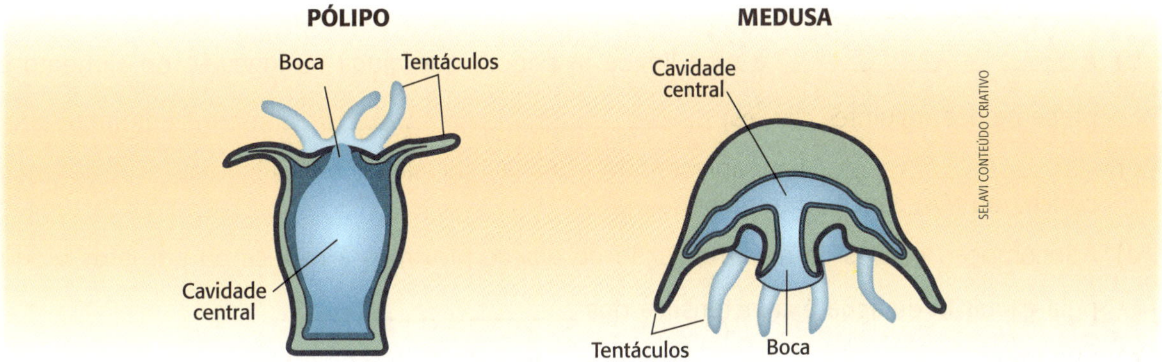

( ) Os pólipos, assim como as medusas, são animais sésseis.

( ) Apenas os tentáculos das medusas apresentam cnidoblastos.

( ) Quando um alimento é capturado pelo pólipo ou pela medusa, ele é empurrado para a cavidade central para ser digerido.

( ) Pólipos e medusas realizam as trocas gasosas por meio da epiderme.

( ) Em algumas espécies, a medusa pode gerar pólipos e vice-versa.

4. Tanto os platelmintos quanto os nematódeos apresentam corpo alongado. Desenhe um representante de cada grupo evidenciando a diferença entre eles. Depois, cite um exemplo de representante de vida livre e parasita para os platelmintos, e parasitas para os nematódeos.

5. Complete as lacunas das frases a seguir sobre os moluscos com as palavras que faltam.

a) As três classes de moluscos são ____________________, ____________________ e ____________________.

b) A ____________________ é uma língua raspadora que ajuda na ingestão do alimento e está presente nas seguintes classes: ____.

c) Os ____________________ apresentam concha espiralada, mas algumas espécies não têm concha ou têm concha interna pequena.

d) A locomoção através da movimentação de braços próximos à cabeça ou por jatos produzidos pela expulsão de água é característica dos ____________________.

e) O nome ____________________ para esta classe de moluscos está relacionado à presença de duas ____________________ ligadas por uma forte musculatura.

f) A ____________________ é uma estrutura bem importante nos moluscos, mas está ausente em alguns representantes, como nas lesmas.

6. *Oligos* e *poli* são termos de origem grega e significam, respectivamente, pouco, pequeno e muito, vários. Com base nessa informação, caracterize os grupos de anelídeos, destacando suas principais características.

7. Escreva um texto sobre as características comuns a todos os artrópodes utilizando os termos a seguir.

Exoesqueleto	Quitina	Apêndices articulados	Muda	
Insetos	Crustáceos	Aracnídeos	Diplópodes	Quilópodes

8. A locomoção e as trocas gasosas dos equinodermos ocorrem por um mesmo sistema de canais. Qual é o nome desse sistema e como ele funciona?

Outro olhar

Na seção *Experimente fazer* das páginas 144 e 145 do Livro do Estudante, você construiu um minhocário e contou o número de minhocas ao longo de 45 dias. Vamos imaginar que você tenha realizado um experimento semelhante, e que inicialmente foram colocadas 100 minhocas. Ao fazer a contagem a cada 5 dias, você obteve os seguintes resultados:

- Dia 0 (início do experimento): 100 indivíduos.
- Dia 05: 100 indivíduos.
- Dia 10: 105 indivíduos.
- Dia 15: 110 indivíduos.
- Dia 20: 125 indivíduos.
- Dia 25: 145 indivíduos.
- Dia 30: 170 indivíduos.
- Dia 35: 200 indivíduos.
- Dia 40: 235 indivíduos.
- Dia 45 (fim do experimento): 275 indivíduos.

Agora vamos trabalhar com diferentes formas de visualizar os resultados que você obteve.

1. A seguir, monte uma tabela para organizar os dados.

2. Agora monte um gráfico de linha no espaço a seguir. Use o eixo vertical para colocar o número de minhocas e o horizontal para colocar os dias. Não se esqueça de dar um título ao gráfico.

Com base na tabela e no gráfico que você elaborou, responda às questões.

a) Qual das formas de organizar os dados foi mais difícil de elaborar? Por quê?

b) Qual das formas você achou melhor para analisar os resultados? Por quê?

c) Compare o intervalo entre as observações da tabela que você elaborou na seção *Experimente fazer* da página 145 e compare com o da que você fez nesta atividade. Que diferença você observa? O que ela acarreta para a análise dos resultados? Por quê?

Leitura do mundo

Você já ouviu falar em entomofagia? Entomofagia é o uso de insetos como fonte de alimento. Estima-se que até 2050, o consumo global de carne de boi, porco e cabra deverá aumentar, e que esse tipo de alimento se tornará cada vez mais caro e raro. Por causa disso, a Organização das Nações Unidas para Alimentação e Agricultura (FAO) iniciou uma campanha de inclusão de insetos na dieta humana e criou um programa com o objetivo de promover a criação de insetos para o combate da fome. Já se sabe que, proporcionalmente, os insetos contêm quantidades satisfatórias e às vezes até maiores de proteínas, vitaminas (principalmente a B) e minerais (como ferro e cálcio) quando comparados às carnes que estamos acostumados a consumir.

DAN LOEI TAM LOEI/SHUTTERSTOCK

Grilos e besouros fritos em prato da culinária tailandesa

Apesar de causar estranheza para muitos de nós, os insetos já são comumente utilizados como alimento em diversas partes do mundo. Em alguns países asiáticos, por exemplo, há povos que se alimentam de gafanhotos. Alguns povos tradicionais africanos se alimentam não somente de gafanhotos, mas também de formigas, cupins, larvas de besouro e lagartas.

No Brasil, há cerca de 100 espécies de insetos que são utilizados como alimento, especialmente por povos indígenas. O país ainda não tem uma regulamentação a respeito da criação de animais para o consumo em larga escala, mas já existem empresas que criam animais para a produção de ração animal.

AEDKA STUDIO/SHUTTERSTOCK

Formigas e ovos de formigas fritos com molho picante.

1. Faça uma pesquisa sobre o hábito de comer formiga tanajura. Em que parte do país esse alimento é comumente utilizado? Como ele é preparado?

2. Para alguns povos da Índia, a vaca é considerada um animal sagrado e por isso comer sua carne é algo impensável. Já para nós, brasileiros, ir a uma churrascaria ou comer um bife de boi é visto com naturalidade por algumas pessoas. Você acha que a naturalidade ou a estranhaza com que é vista a ingestão de insetos também é uma questão cultural? Por quê?

3. Você já comeu ou comeria algum alimento feito com insetos? O que você acha da proposta de se alimentar de insetos para enfrentar a crise de alimentos no futuro?

UNIDADE

6 Os vertebrados

Reveja a jornada

1. É comum encontrarmos peixes que se fixam ao corpo de tubarões e se alimentam de restos de comida que o tubarão descarta. Observe a foto e responda às questões.

FIONA AYERST/SHUTTERSTOCK

Peixes rêmoras acompanhando tubarão branco.

a) Descreva as características anatômicas externas comuns aos peixes e aos tubarões.

____

____

____

____

____

____

____

b) Se você tivesse que apontar na imagem uma estrutura que diferencia esses dois grupos de animais, qual seria?

____

2. Leia o texto a seguir e responda às questões.

> “A combinação de várias características morfológicas, fisiológicas, ciclo de vida com estágios aquáticos e terrestres, capacidade de dispersão limitada e padrões de distribuição geográfica e/ou área de vida restritos torna os anfíbios um grupo extremamente suscetível às alterações ambientais. Os anfíbios são assim, potenciais indicadores da qualidade de inúmeros ambientes. De fato, os anfíbios, especialmente os anuros, têm sido o foco das atenções de inúmeros estudos sobre os efeitos de alterações ambientais provocadas pelo homem. Este interesse tem se dado em grande parte pela constatação de declínios populacionais em diversas espécies e em diferentes regiões do mundo. [...]”
>
> BORGES-MARTINS, M.; P. COLOMBO; C. ZANK; F.G. BECKER e M.T.Q. MELO. 2007. Anfíbios p. 276-291.In: BECKER,F.G.;R.A.RAMOS e L.A. MOURA (Orgs.) *Biodiversidade*: Regiões da Lagoa do Casamento e dos Butiazais de Tapes, Planície Costeira do Rio Grande do Sul. Ministério do Meio Ambiente, Brasília. 385 p. Disponível em: <http://www.ufrgs.br/herpetologia/Anf%C3%ADbios/anfibios%20probio.htm>. Acesso em: jan. 2016.

a) Que característica morfológica você poderia citar como fator que torna os anfíbios suscetíveis às alterações ambientais?

____

____

____

____

____

b) Que fatores poderiam ameaçar os estágios aquáticos do ciclo de vida dos anfíbios? Explique.

____

____

____

____

____

3. Quais foram as principais novidades evolutivas encontradas nos répteis com relação ao seu modo de vida e estrutura corporal?

____

____

____

____

____

4. Observe a imagem e responda às questões.

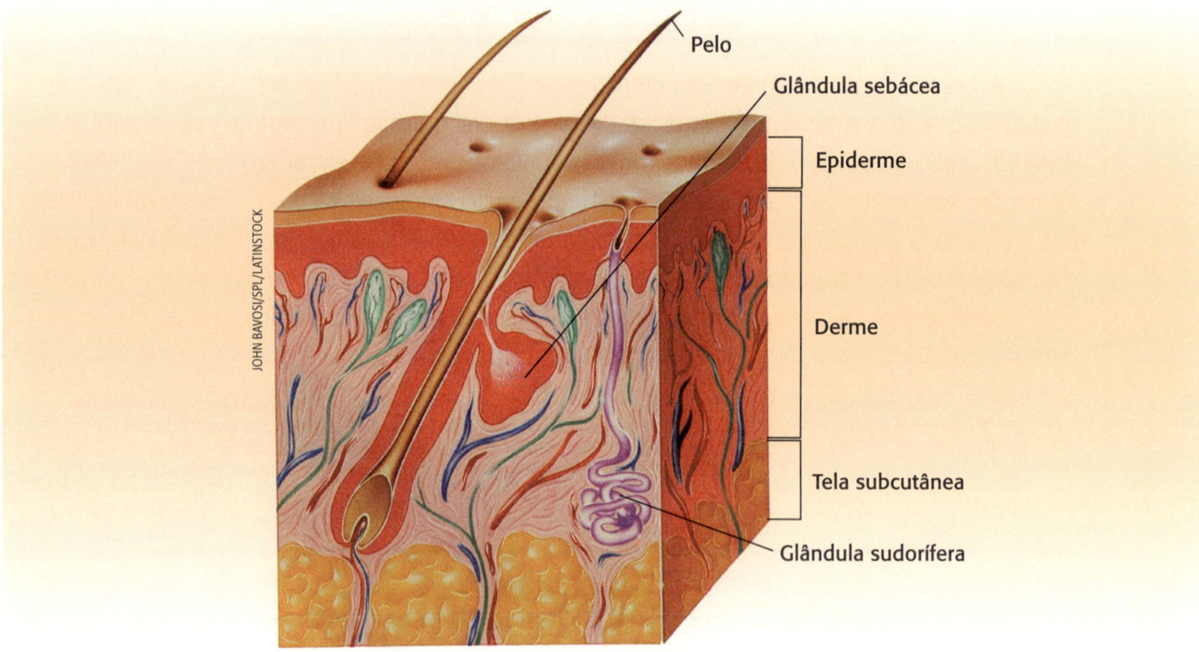

a) O que a imagem está mostrando?

____

b) Indique pelo menos duas estruturas que estão relacionadas com a endotermia. Explique de que forma elas estão relacionadas a esse mecanismo.

____

____

____

____

____

5. Os mamíferos são um grupo muito diversificado que habita praticamente todas as regiões do planeta. Escolha duas ordens desse grupo e descreva brevemente algumas de suas características.

____

____

____

____

____

____

____

6. A ilustração esquemática a seguir mostra simplificadamente a circulação sanguínea de diferentes grupos de vertebrados. Com base na imagem, assinale as alternativas verdadeiras (V) e falsas (F).

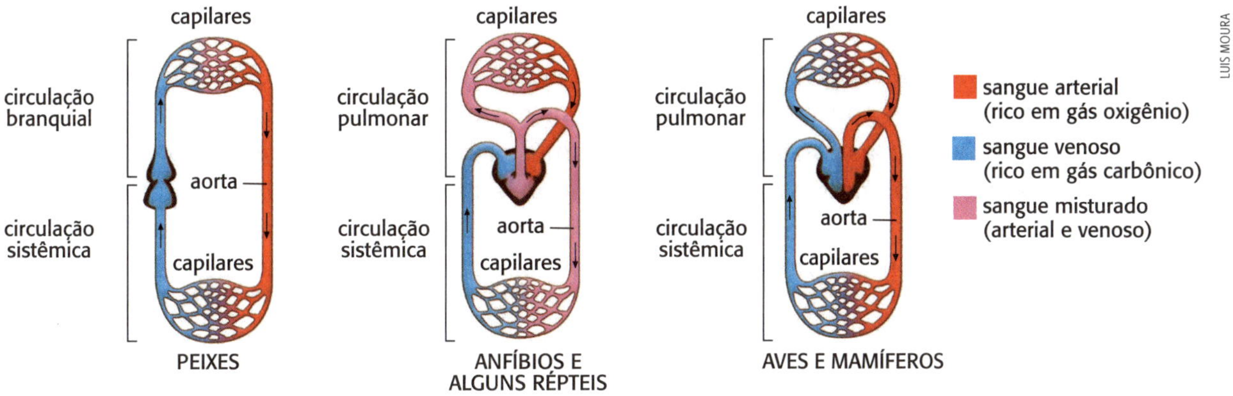

a) ( ) O coração dos peixes bombeia sangue venoso para as brânquias, onde ocorrem as trocas gasosas.

b) ( ) Os anfíbios e alguns répteis têm três câmaras no coração, sendo que uma delas bombeia sangue misturado para os pulmões e o restante do corpo.

c) ( ) As aves e os mamíferos têm uma circulação pouco eficiente já que os sangues arterial e venoso não se misturam.

d) ( ) Os répteis, assim como os anfíbios, realizam as trocas gasosas por meio de outras estruturas, além dos pulmões.

e) ( ) Nas aves e nos mamíferos, o sangue passa duas vezes no coração antes de ser bombeado para o restante do corpo (circulação sistêmica).

7. Na página 179 do Livro do Estudante há o seguinte trecho: "as aves e os répteis atuais possuem um ancestral em comum exclusivo". A imagem abaixo apresenta de forma simplificada o parentesco entre três grupos de vertebrados. Com base nessa informação e na imagem, responda às questões.

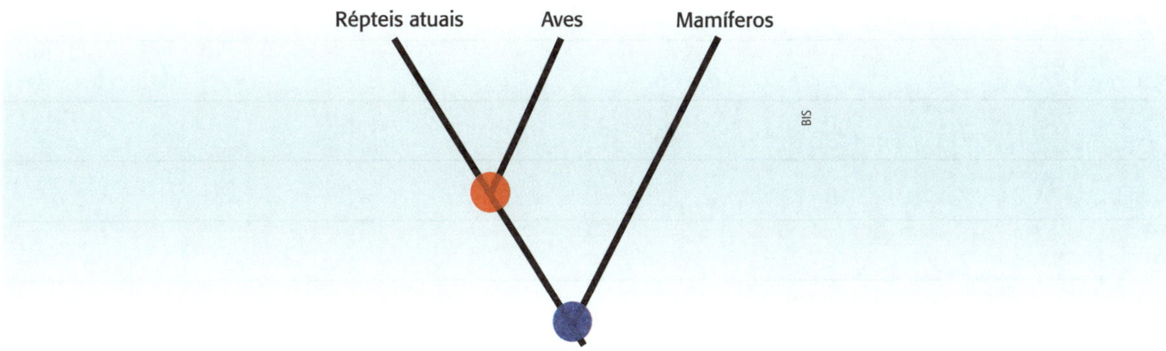

a) Que ponto (azul ou vermelho) representa o ancestral comum exclusivo dos répteis e das aves? Por quê?

____

b) Qual grupo é mais proximamente relacionado às aves: os répteis atuais ou os mamíferos?

____

c) O que representa o ponto azul? Descreva o que você sabe sobre ele.

____

Outro olhar

Na seção *Saiba Mais* "Morcegos, nem tão assombrados assim" (páginas 188 e 189 do Livro do Estudante), aprendemos um pouco sobre esses animais e seus diferentes hábitos alimentares. Vimos que, apesar da fama, poucas espécies se alimentam de sangue, sendo que a maioria se alimenta de diferentes partes de plantas e de animais, como insetos e pequenos vertebrados. Aqueles que se alimentam de plantas exercem um importante papel na polinização das plantas. O pequi, uma planta nativa do cerrado brasileiro, é um exemplo de planta que tem sua polinização realizada por morcegos.

Relembre o que você aprendeu no *Saiba mais* sobre os morcegos e assista aos vídeos a seguir.

- A importância ecológica dos morcegos. Disponível em: <https://www.youtube.com/watch?v=esayT3p2lLM>. Acesso em: jan. 2016.
- Morcego beija-flor. Disponível em: <https://www.youtube.com/watch?v=svsVTki6m9k>. Acesso em: jan. 2016.
- Imagens de morcegos atuando na polinização (1:56 a 2:53). Disponível em: <https://www.youtube.com/watch?v=clvXhAXRIfc>. Acesso em: jan. 2016.

Agora, redija um texto que aborde os seguintes temas sobre os morcegos:

- Diferentes tipos de hábitos alimentares;

- Importância ecológica;

- Exemplos de plantas que são polinizadas por eles;

- Forma com que o morcego obtém o pólen e o néctar das plantas.

Leitura do mundo

As câmeras lentas (ou ultralentas) são muito utilizadas para evidenciar processos que nossos olhos não conseguem captar, como lances esportivos muito rápidos, gotas de água caindo, pipocas estourando etc. Elas também são usadas por pesquisadores para estudar o movimento dos animais. Com o uso dessas câmeras, foi possível observar, por exemplo, que o voo do beija-flor é diferente do de outras aves. Além de a agilidade desse animal ser garantida pela velocidade do batimento de suas asas, o beija-flor não agita as asas para cima e para baixo como a maioria das aves, mas para a frente e para trás. Com base nessas informações, a Darpa (Agência de Projetos de Pesquisa Avançada de Defesa, na sigla em inglês) dos EUA construiu um robô-beija-flor-espião. Para construir esse dispositivo, os pesquisadores filmaram beija-flores e outros vertebrados com asas utilizando câmeras superlentas e se aprofundaram nas questões relativas à biomecânica desse movimento.

WILDPIX 645/SHUTTERSTOCK

Beija-flor em pleno voo batendo as asas para frente.

PAUL TAGGART/BLOOMBERG/GETTY IMAGES

Robô-beija-flor espião.

Assista aos vídeos a seguir e responda às questões.

- O voo dos beija-flores (ver a partir de 3:53). Disponível em: <http://globoplay.globo.com/v/1277183/>. Acesso em: jan. 2016.
- A corrida do guepardo. Disponível em: <https://www.youtube.com/watch?v=ln2rSM-ZAf4>. Acesso em: jan. 2016.
- O desabrochar das flores. Disponível em: <https://www.youtube.com/watch?v=LjCzPp-MK48>. Acesso em: jan. 2016.

1. De que maneira o avanço tecnológico aplicado à captação de imagens pode ser aplicado a diferentes áreas?

2. Os vídeos da corrida do guepardo e do desabrochar das flores são frutos do avanço tecnológico aplicado à captação de imagens. Qual a diferença entre esses movimentos? De que maneira a tecnologia aplicada à captação de imagens contribuiu para elucidar os movimentos?

UNIDADE 7

Ecologia

Reveja a jornada

1. Identifique os níveis de organização ecológica na figura a seguir, descreva cada um deles e depois responda à questão.

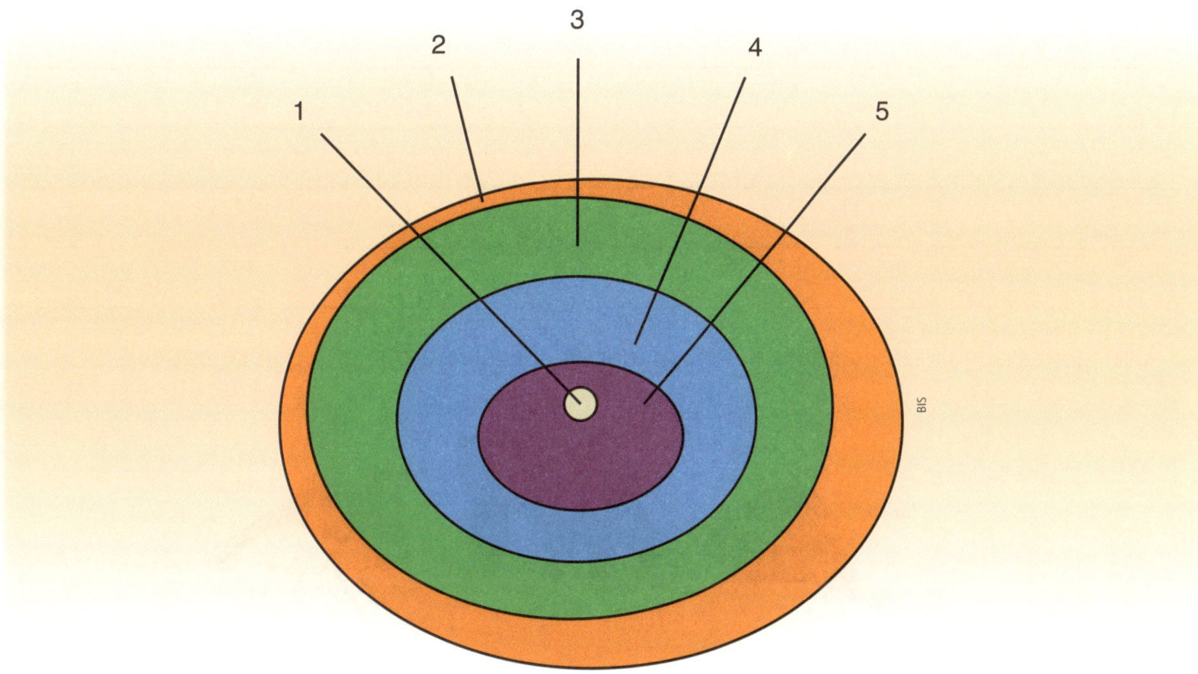

- Por que os níveis de organização são frequentemente representados por círculos contidos uns nos outros?

2. Descreva as relações ecolóogicas que as abelhas estabelecem com indivíduos da mesma espécie e de outras espécies.

Abelha em uma margarida amarela.

____

____

____

____

____

3. A imagem a seguir representa uma teia alimentar. Observe-a e faça o que se pede.

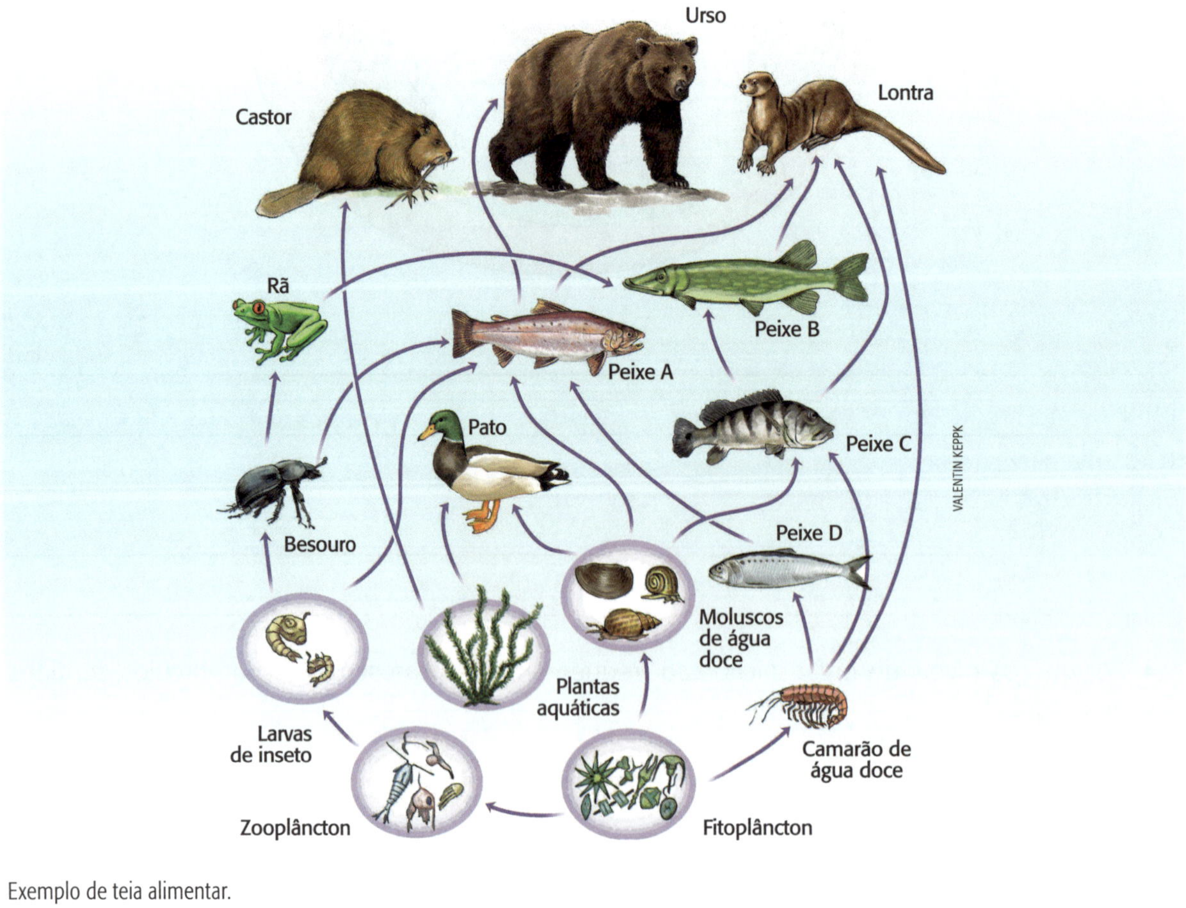

Exemplo de teia alimentar.

a) Escolha uma cadeia alimentar que pode ser destacada dentro da teia e depois escreva a cadeia que escolheu.

b) Agora use um tipo de pirâmide ecológica (de números, de energia ou de biomassa) para representar a energia em cada nível trófico da cadeia alimentar que escolheu. Use números fictícios para representar cada nível de energia. Não se esqueça de relacionar cada elemento da cadeia alimentar aos respectivos níveis de energia.

4. Na teia alimentar da questão anterior está faltando um importante tipo de consumidor, que permite a reciclagem de nutrientes. Que consumidor é esse? Qual sua importância?

Outro olhar

Vimos no infográfico "Biomas brasileiros" (páginas 204 e 205 do Livro do Estudante) a definição de *bioma* e as características dos seis biomas brasileiros. Muitas decisões políticas de conservação e preservação do ambiente são baseadas nessas definições, de acordo com o que se estabelece como sendo essencial para cada tipo de bioma.

O termo *bioma* (*bios* = vida e *oma* = grupo ou massa) foi utilizado pela primeira vez por Frederic Edward Clements, um ecologista americano, em 1949. No entanto, ao longo do tempo, o conceito foi discutido e modificado pelos pesquisadores de acordo com os estudos e entendimentos sobre os ambientes. Vamos discutir e aprofundar um pouco mais o conceito de bioma.

1. Em grupo de quatro estudantes, leiam a definição de bioma usada pelo Instituto Brasileiro de Geografia e Estatística (IBGE) e discutam o que entenderam sobre ele. Existe algum termo que não conhecem? Qual? Comparem esse conceito com o que é dado no capítulo 13 do Livro do Estudante: quais as diferenças e semelhanças? Registrem no caderno as conclusões do grupo. Depois, com a ajuda do(a) professor(a), discutam com a turma o que cada grupo conversou.

> "Bioma é [...] um conjunto de vida (vegetal e animal) constituído pelo agrupamento de tipos de vegetação contíguos e identificáveis em escala regional, com condições geoclimáticas similares e história compartilhada de mudanças, o que resulta em uma diversidade biológica própria."
>
> Instituto Brasileiro de Geografia e Estatística (IBGE). Disponível em: <http://www.ibge.gov.br/home/presidencia/noticias/21052004biomashtml.shtm>. Acesso em: jan. 2016.

2. Apesar de serem conceitos diferentes, os termos *bioma* e *escossistema* são frequentemente usados como sinônimos. Compare o conceito de bioma discutido na questão anterior com o conceito de ecossistema apresentado na página 201, do Livro do Estudante. Explique esses conceitos.

____

____

____

3. Ao longo do tempo, os conceitos de *bioma* e *ecossistema*, assim como os de *vida*, *espécie*, *biodiversidade*, entre outros, foram e ainda são discutidos e redefinidos. Escreva abaixo qual a importância dessas discussões para a ciência e para a sociedade?

____

____

____

____

____

Leitura do mundo

O Ministério do Meio Ambiente (MMA) e o Instituto Brasileiro do Meio Ambiente e dos Recursos Naturais Renováveis (IBAMA) iniciaram em 2008 o Programa de Monitoramento do Desmatamento nos Biomas Brasileiros por Satélite. Esse programa tem como objetivo monitorar de forma sistemática a cobertura vegetal de diferentes biomas brasileiros. Um dos objetivos é quantificar desmatamentos de áreas com vegetação nativa para embasar ações e políticas de prevenção e controle dos desmatamentos ilegais.

Vamos conhecer simplificadamente alguns passos de como é feito esse monitoramento. Para isso, veremos o caso do Pantanal entre os anos 2008 e 2009.

Passo 1: Identificar a área que se deseja estudar e sobrepô-la com as imagens obtidas com o satélite.

INPE/CPTEC/DSA

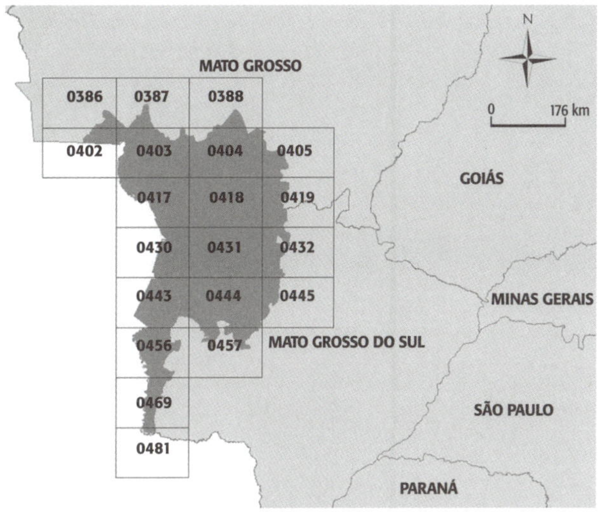

CENTRO DE SENSORIAMENTO REMOTO CSR/IBAMA

Mapa do Brasil com o bioma Pantanal destacado em vermelho (à esquerda). Distribuição das áreas (polígonos) mapeadas pelas imagens de satélite. Diversas imagens são usadas para cobrir toda a área do Pantanal (à direita).

Passo 2: Comparar as imagens de satélite novas (2009) com as antigas (2008). As semelhanças e diferenças são destacadas nas imagens.

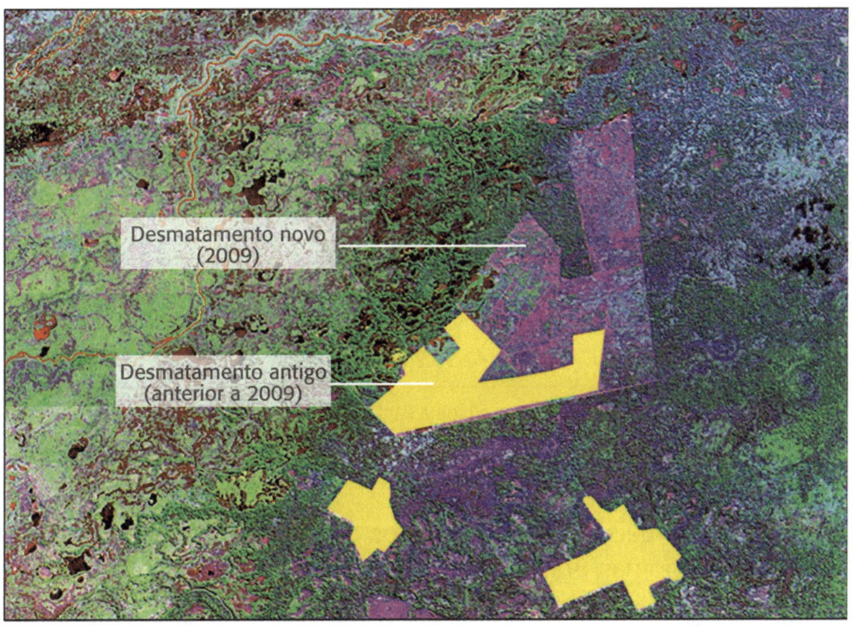

IBAMA/MINISTÉRIO DO MEIO AMBIENTE

Áreas que foram desmatadas antes e depois do período de interesse.

Passo 3: Montar um mapa indicando onde está a vegetação remanescente (cobertura natural) e quais áreas tiveram alteração antrópica.

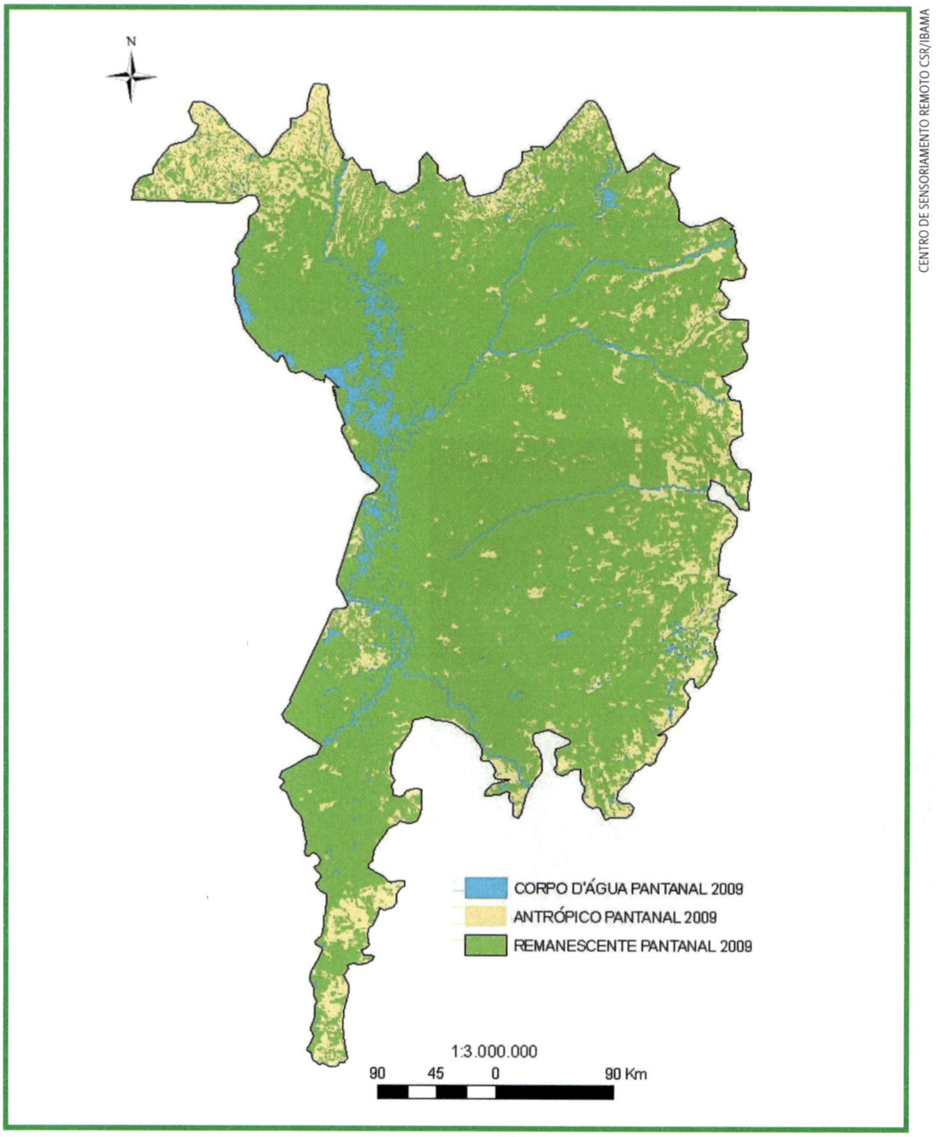

Fonte: IBGE. *Atlas geográfico escolar*. Rio de Janeiro: IBGE, 2009. p. 23.

Passo 4: Sumarizar os dados obtidos a partir dos mapas em tabelas, como a mostrada a seguir:

UF	Área do Pantanal (km²)	Área antropizada 2008-2009 (km²)	% do bioma antropizado 2008-2009
MT	60 831	89,21	0,15%
MS	89 826	99,25	0,11%

Situação do grau de atividades antrópicas nos estados em que ocorre o bioma Pantanal no período de 2008 e 2009.

Fonte: Disponível em: <http://www.mma.gov.br/estruturas/sbf_chm_rbbio/_arquivos/relatrio_tcnico_monitoramento_pantanal_2008_2009_72.pdf>. Acesso em: jan. 2016.

A tabela a seguir apresenta dados reais que foram obtidos dos relatórios do Programa de Monitoramento do Desmatamento nos Biomas Brasileiros por Satélite. Com base neles e no exemplo do Pantanal, responda às questões.

	Classe	Até 2008 (%)	Até 2009 (%)	Área total do bioma (km^2)
Cerrado	Vegetação suprimida	47,84	48,22	2 039 386
	Vegetação remanescente	51,56	51,16	
	Corpos d'água	0,60	0,62	
Pampa	Vegetação suprimida	53,98	54,17	177 767,19
	Vegetação remanescente	36,08	35,89	
	Corpos d'água	9,99	9,99	
Caatinga	Vegetação suprimida	45,39	45,62	826 411,23
	Vegetação remanescente	53,61	53,38	
	Corpos d'água	0,99	1,01	
Mata Atlântica	Vegetação suprimida	75,88	75,90	1 103 961
	Vegetação remanescente	22,25	22,23	
	Corpos d'água	1,87	1,87	

Fonte: Monitoramento do Desmatamento nos Biomas Brasileiros por Satélite (MMA/IBAMA), 2008-2009.

1. O que os dados da tabela mostram a respeito do estado de conservação dos biomas brasileiros?

2. Em 2009, a Mata Atlântica apresentava 75,90% de sua área total de vegetação suprimida. É correto afirmar que esse bioma é o que teve a maior área, em km^2, de vegetação suprimida? Se não, qual dos biomas teve a maior área, em km^2, de vegetação suprimida?

3. Como os dados levantados pelo Programa de Monitoramento do Desmatamento nos Biomas Brasileiros por Satélite podem ajudar na conservação dos biomas?

UNIDADE 8 Ciclos biogeoquímicos e interferências humanas

Reveja a jornada

1. O termo "biogeoquímico" é formado por três partes "bio", "geo" e "químico" que dizem muito sobre o significado da expressão "ciclo biogeoquímico". Explique com suas palavras como cada uma das partes se relaciona com a expressão "ciclo biogeoquímico".

____

____

____

____

____

2. A imagem a seguir mostra uma representação esquemática de ciclos biogeoquímicos. Com base nela, assinale as alternativas verdadeiras (V) e falsas (F)

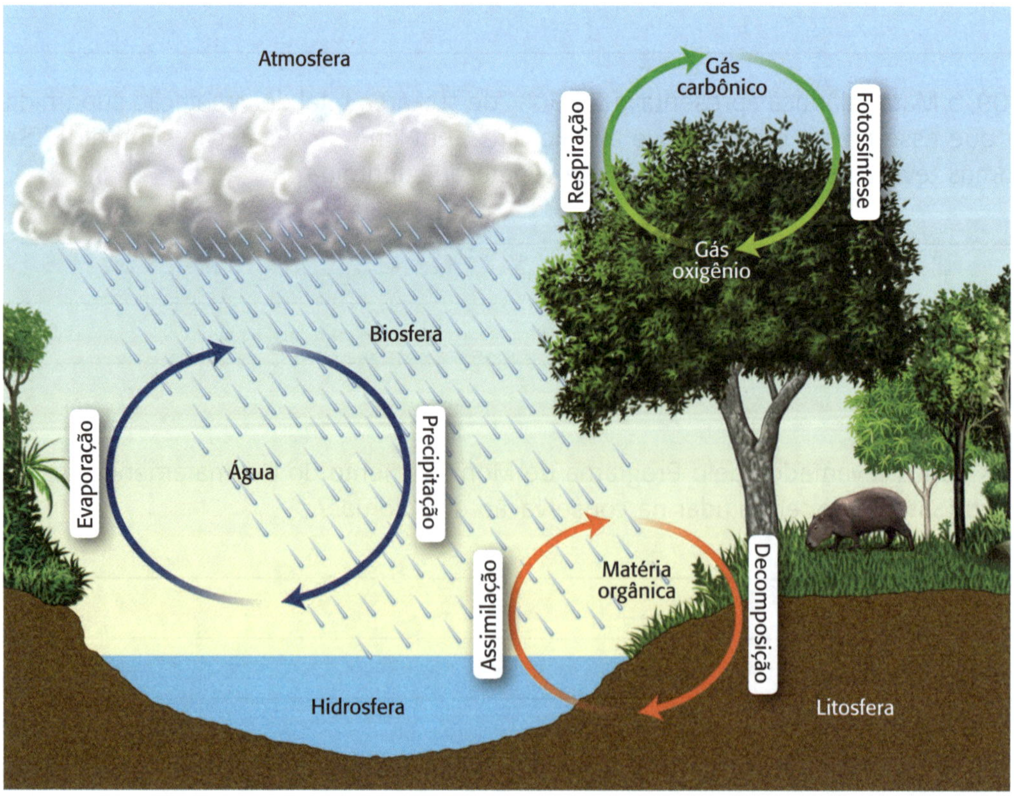

PAULO CÉSAR PEREIRA

Esquema de alguns ciclos biogeoquímicos.

a) ( ) As setas azuis estão relacionadas ao ciclo do oxigênio.

b) ( ) As setas verdes estão relacionadas ao ciclo do carbono e não do oxigênio.

c) ( ) As setas laranjas estão relacionadas ao ciclo do nitrogênio.

d) ( ) A seta laranja relacionada à assimilação indica o processo realizado por microrganismos que vivem no solo.

3. Os elementos químicos constituem todas as substâncias encontradas em nosso planeta. Muitos desses elementos são encontrados normalmente em grandes quantidades na atmosfera ou nas rochas, que dão origem aos solos. Os locais onde predominam são chamados de reservatórios ou depósitos. Com base nessa informação, explique a relação entre o reservatório de nitrogênio e a fixação artificial desse elemento, e quais as consequências decorrentes dessa atividade.

4. Em dezembro de 2015 foi realizada em Paris, na França, a 21ª Conferência do Clima (COP 21) com mais de 190 líderes de todo o mundo. A conferência teve como objetivo discutir os principais problemas ambientais enfrentados atualmente e traçar metas e acordos que permitam a atenuação e solução desses problemas. Ao terminar o discurso de encerramento da conferência, o presidente francês, François Hollande, declarou: "O mundo mudou. Nós entramos na era do baixo carbono, um movimento poderoso e irreversível". Com base no que você aprendeu sobre o ciclo do carbono e as alterações a que ele está submetido atualmente, responda o que o presidente quis dizer com a expressão "baixo carbono".

5. Qual a diferença entre os termos conservação e preservação? Com base na sua resposta, responda: nas Unidades de Conservação, pratica-se a conservação ou a preservação? Justifique.

6. Observe a imagem a seguir que mostra algumas interferências humanas que reduzem a disponibilidade de recursos naturais renováveis, e responda às questões.

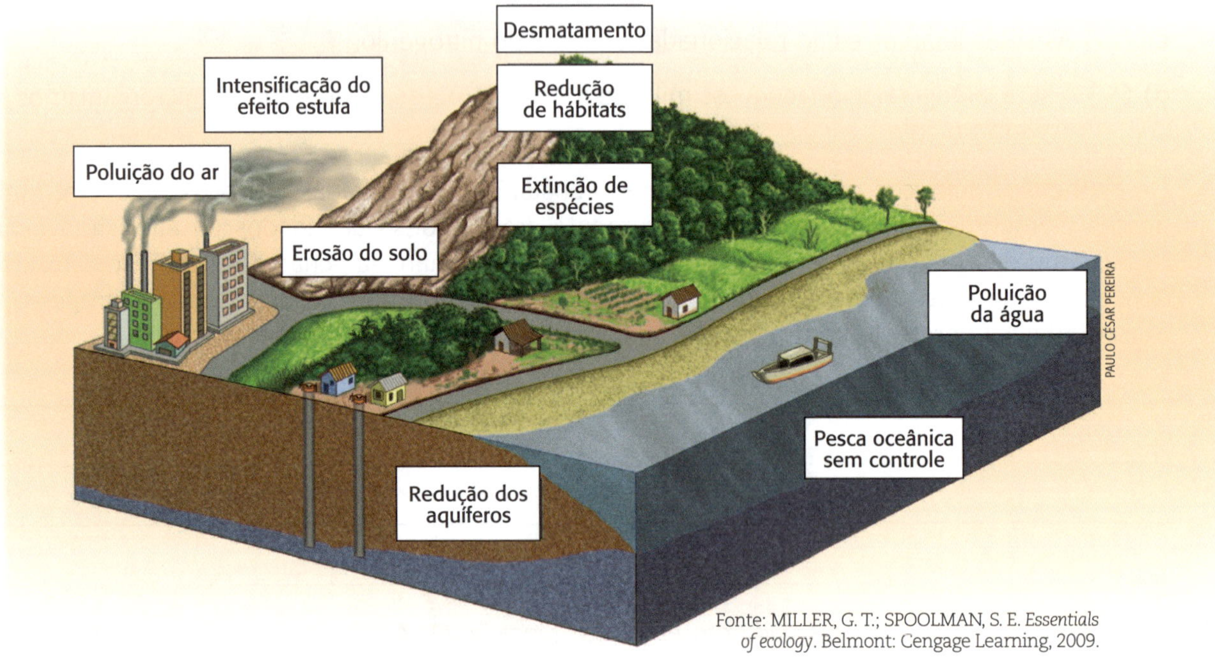

Fonte: MILLER, G. T.; SPOOLMAN, S. E. *Essentials of ecology*. Belmont: Cengage Learning, 2009.

Esquema mostrando algumas interferências humanas no ambiente.

a) A quais recursos naturais renováveis a imagem está fazendo referência?

____

b) Escolha um dos recursos e explique por que as interferências humanas retratadas na imagem reduzem sua disponibilidade.

____

____

____

____

____

7. Hoje a maioria das pessoas que moram nas cidades dá valor aos ambientes naturais e defende a preservação e a conservação da natureza. No entanto, os recursos naturais, como a água, o solo, o ar e os seres vivos ainda sofrem muitas ameaças. Uma das atitudes para colaborar com a preservação dos recursos é adotar hábitos de consumos saudáveis, fazer a reciclagem do lixo e preferir o uso de fontes renováveis de energia e não poluentes. Quais dessas atitudes você acha mais difícil de ser adotada? Por quê? Você adota alguma delas? Se sim, qual?

____

____

____

____

____

Outro olhar

Na seção *Em Ação* "Escola sustentável" (página 254 e 255 do Livro do Estudante), vocês fizeram um diagnóstico do uso da água e da luz, do tratamento do lixo e da presença e conservação de áreas verdes na escola e propuseram algumas práticas para fazer desse ambiente um lugar mais sustentável. Agora vamos refletir sobre como foi esse processo. Quais as dificuldades e desafios que enfrentaram? Reúnam-se nos mesmo grupos da atividade da seção *Em Ação* e respondam às questões.

1. Voltem ao item 2 da página 255 do Livro do Estudante e relembrem como vocês organizaram o grupo para fazer a pesquisa sobre um dos itens escolhidos: Como distribuíram as tarefas? Os funcionários da escola colaboraram com a pesquisa? O que foi mais difícil: distribuir as tarefas, levantar os dados, organizar os dados etc.? Conversem com os colegas.

2. Agora avaliem como se deram as ações que visavam colocar em prática atitudes sustentáveis na escola: Como o grupo determinou que ações deveriam ser tomadas? Que estratégias vocês utilizaram para colocar em prática as ações? Quais foram os principais desafios na implementação das ações? O que fariam diferente?

3. O Instituto Akatu, dedicado a promover ações educativas para o consumo consciente, realizou em 2015 uma pesquisa entitulada "Caminhos para Estilos Sustentáveis de Vida", que tinha como principal objetivo entender o que facilitava ("gatilhos") e o que dificultava ("barreiras") a mudança de comportamento das pessoas. Leiam a lista com as "barreiras" e os "gatilhos" apresentados na pesquisa e depois respondam às questões.

"Barreiras – O que dificulta a mudança?

A partir da análise do discurso e da prática dos entrevistados foi possível concluir que são barreiras para a mudança de comportamento:

1. Percepção de desconforto que as escolhas e práticas sustentáveis geram, na medida em que as pessoas tendem a permanecer na sua 'zona de conforto' e nas suas práticas habituais, evitando um eventual desconforto causado pela mudança.
2. Obstáculos físicos encontrados em função de idade, saúde ou condição física tornam mais difícil a adoção de práticas sustentáveis.
3. Obstáculos para a adaptação do espaço em ambientes da casa e, em alguns casos, a falta de espaço podem tornar mais difícil a adoção de práticas sustentáveis.
4. Preço mais alto. A crença de que o que é mais sustentável é mais caro – o que não é necessariamente verdade – atrapalha a mudança.
5. Valorização da limpeza e higiene na cultura brasileira pode levar à resistência em adotar práticas que envolvam alteração na forma de uso (quantidade e frequência) e a redução do consumo de água, energia elétrica e produtos que atendem a essas finalidades.
6. Percepção de impotência, isolamento e desconexão diante do tamanho dos problemas ambientais a serem resolvidos – com a sensação de que a atitude individual pode não impactar o todo.

“Gatilhos – O que facilita a mudança?

A pesquisa também indicou, a partir da análise do discurso e da prática dos entrevistados, gatilhos que disparam a mudança de comportamento nas pessoas, facilitando a opção por caminhos mais sustentáveis.

1. Mudar é bom. A mudança é percebida como uma possibilidade de evolução, especialmente se for expressa como uma exemplaridade positiva.
2. Simplicidade é a máxima sofisticação. Práticas sustentáveis podem ser simples de adotar e tornar a vida mais fácil, podendo ser até mais divertida.
3. 'Moeda' de troca. Toda mudança envolve uma troca ou negociação: abre-se mão de alguma coisa e tem-se um ganho claro e perceptível. É preciso ficar claro o balanço positivo dos impactos reais derivados da mudança de comportamento.
4. Bom para o bolso. A economia financeira é uma importante moeda de troca e, por si só, um poderoso gatilho.
5. Praticidade e conforto. Produtos e serviços associados a práticas sustentáveis serão mais atraentes se deixarem claros a praticidade e o conforto na sua utilização.
6. Toda viagem começa com o primeiro passo. Adotar apenas algumas práticas sustentáveis, mesmo que com pequenos resultados de cada uma, é melhor do que tentar fazer todas e desistir.
7. Oportunidade de contribuição. Muitas pessoas querem contribuir para um mundo melhor, mas não sabem como. O engajamento individual e a percepção de que a mudança coletiva tem início na contribuição de cada um são oportunidades observadas na adoção de práticas sustentáveis.
8. Experiência e vivência. A prática é mais inspiradora do que o discurso. As pessoas se motivam ao participar diretamente da criação da mudança e da vivência de seus impactos.
9. Faço parte de algo maior. Entender que os praticantes são os protagonistas da mudança, que são parte de algo maior e estão interconectados com o coletivo, facilita a adoção de práticas sustentáveis.”

Instituto Akatu. *Laços afetivos são estímulos para práticas sustentáveis, revela nova pesquisa do Akatu.* Disponível em: <http://www.akatu.org.br/Temas/Consumo-Consciente/Posts/Lacos-afetivos-sao-estimulo-para-praticas-sustentaveis-revela-nova-pesquisa-do-Akatu>. Acesso em: jan. 2016.

a) Converse com os colegas a respeito das seguintes questões: Vocês conseguem identificar algumas das "barreiras" apresentadas pela pesquisa na atividade que fizeram? Quais? E os "gatilhos"?

b) Agora pense no seu comportamento: você se identifica com quais "barreiras" e "gatilhos" na mudança do seu comportamento? Compartilhe com seus colegas e depois escreva abaixo.

Leitura do mundo

Vimos na unidade 8 do Livro do Estudante que as interferências humanas no ambiente podem provocar sérias consequências não só para o solo, a água, os animais e as plantas, como também para o próprio homem. Prova disso é o que aconteceu no dia 5 de novembro de 2015 em Minas Gerais, quando uma das barragens de uma mineradora da região se rompeu liberando uma quantidade enorme de lama e rejeitos de mineração sobre o rio Doce e sobre todas as cidades do entorno. A lama percorreu quilômetros de distância e causou grande impacto por onde passou, por isso foi considerado um dos maiores desastres socioambientais do país. A empresa mineradora responsável pelo desastre explorava e beneficiava o minério na região, aumentando seu teor de ferro, para depois exportar para outros países. Ela foi fundada em 1977 e é controlada por uma empresa acionista anglo-australiana e uma brasileira. Os rejeitos dessa exploração eram estocados nas barragens, e foram esses os rejeitos que atingiram o rio Doce e a foz do rio que deságua no estado do Espírito Santo.

Leia, a seguir, notícias que apresentam algumas consequências decorrentes do rompimento da barragem e depois responda à questão.

“Uma análise por amostragem feita pelo Instituto Chico Mendes de Conservação da Biodiversidade (ICMBio) descartou a possibilidade de as mortes de peixes no rio Doce, conforme registrado após o rompimento da barragem da mineradora Samarco, no início do mês, terem sido causadas por contaminação das águas. A necropsia realizada nos animais apontou asfixia como a razão das mortes dos peixes.

A hipótese é que a lama que tomou conta do rio tenha bloqueado as brânquias dos peixes, impedindo-os de captar o pouco oxigênio presente na água turva. [...]

Somente no trecho entre as usinas de Aimorés e Mascarenhas, na divisa de Minas Gerais com o Espírito Santo, o ICMBio estima que tenham morrido 7,5 mil peixes.”

Peixes do Rio Doce morreram por asfixia, não por contaminação. Portal do Brasil. Disponível em: <http://www.brasil.gov.br/meio-ambiente/2015/11/peixes-do-rio-doce-morreram-por-asfixia-nao-por-contaminacao>. Acesso em: jan. 2016.

“[...] 'Ali tomamos um susto e vimos que era muito mais feio do que imaginávamos. Começamos a ver milhares de peixes mortos, camarões, caramujos que saíam da água para morrer queimados em pedras quentes, só para não ficar na água. Vimos peixes de 10 kg mortos e moradores desavisados recolhendo tudo para consumo', relata [o fotógrafo Leonardo Merçon]. [...]

O impacto, diz o fotógrafo, não se restringe a ambientes aquáticos. 'Jacarés, capivaras, lontras, mas também bois, cachorros, aves migratórias – todos foram afetados.' [...]”

Thiago Guimarães. *Lama, lágrimas e morte*: a jornada de um fotógrafo no rio Doce. BBC Brasil. Disponível em: <http://www.bbc.com/portuguese/noticias/2015/11/151125_fotografo_riodoce_tg>. Acesso em: jan. 2016.

"Impacto mínimo da lama, de Mariana (MG) a Linhares (ES):

- 500 mil pessoas tiveram o abastecimento de água comprometido nos 2 estados.
- 263,1 km^2 é a área mínima de espelho d'água afetada pela lama.
- 379,73 km^2 de áreas de agricultura e pastagens estão a até 2 km do rio.
- 1.469 ha foram completamente devastados antes mesmo que a lama chegasse ao rio Doce.

Fonte: CBH Doce, Marcos Ummus, IBAMA."

Camilla Costa. *O que já se sabe sobre o impacto da lama em Mariana?* BBC Brasil. Disponível em: <http://www.bbc.com/portuguese/noticias/2015/12/151201_dados_mariana_cc>. Acesso em: jan. 2016.

"Rompimento das barragens de Mariana completou dois meses nesta terça. Pescadores pararam atividades de pesca e turismo está comprometido. [...]

Para evitar incômodos e contaminação, a praia continua interditada. De acordo com o especialista, isso acontece porque a grande concentração de ferro, alumínio e manganês pode provocar alguma irritação em pessoas alérgicas a esses sedimentos. O local, que antes era repleto de turistas, surfistas e pescadores, está vazio. [...]

Elizeu, que também é vice-presidente da Associação de Pescadores de Regência, contou que esta época de verão é a mais lucrativa para os pescadores. 'Antes eu conseguia fazer R$ 8 mil por semana, eu chegava a pagar R$ 3 mil para um pescador que trabalhava pra mim. Agora, muita gente vai ter que se virar com o salário mínimo dado pela [...] [mineradora] e esses R$ 300. Os peixes no verão vinham em maior quantidade e qualidade', completou. [...]

Os moradores de Regência também sofreram com as mudanças ocasionadas pela chegada da lama. 'Logo que a barreira se rompeu, em Mariana, o comércio e os pescadores já tiveram prejuízo. As pousadas começaram a ter cancelamentos. O impacto econômico está visível', disse o presidente da Associação de Moradores de Regência, Carlos Sangália."

Viviane Machado. *Lama de rejeitos ainda muda rotina e paisagens de Regência, ES.* G1 Globo. Disponível em: <http://g1.globo.com/espirito-santo/desastre-ambiental-no-rio-doce/noticia/2016/01/lama-de-rejeitos-ainda-muda-rotina-e-paisagens-de-regencia-no-es.html>. Acesso em: jan. 2016.

- De acordo com as notícias, escreva um pequeno texto relacionando esse desastre com o que você aprendeu na unidade.

____

Organizadora:
Editora Saraiva
Obra coletiva organizada e produzida pela Editora Saraiva

Editora responsável:
Isabel Rebelo Roque
Bacharel em Medicina Veterinária pela Faculdade de Medicina Veterinária e Zootecnia da Universidade de São Paulo. Editora.

Jornadas.cie Ciências 7

Editora Saraiva

Jornadas.cie – Ciências – 7º ano (Ensino Fundamental)

Direitos desta edição:
Saraiva Educação Ltda., São Paulo, 2016

Dados Internacionais de Catalogação na Publicação (CIP)
(Câmara Brasileira do Livro, SP, Brasil)

Jornadas.cie : ciências, 7º ano : ensino fundamental / organizadora Editora Saraiva ; obra coletiva organizada e produzida pela Editora Saraiva ; editora responsável Isabel Rebelo Roque. – 3. ed. – São Paulo : Saraiva, 2016.

Suplementado pelo manual do professor.
Bibliografia.
ISBN 978-85-472-0085-5 (aluno)
ISBN 978-85-472-0086-2 (professor)

1. Ciências (Ensino fundamental) I. Roque, Isabel Rebelo.

15-08276 CDD-372.35

Índices para catálogo sistemático:

1. Ciências: Ensino fundamental 372.35

Desenvolvimento dos conteúdos

Rosicler Martins de Almeida Rodrigues
Bacharel e licenciada em Ciências Biológicas pelo Instituto de Biociências da Universidade de São Paulo.
Mestre em Zoologia pela Universidade de São Paulo.
Pesquisadora na área de Zoologia no Laboratório de Biologia Marinha da Universidade de São Paulo.
Pesquisadora e professora no Centro de Ciências de São Paulo, MEC-USP, e na Funbec.
Professora da rede pública.
Editora e autora de livros.

Fabíola Bovo Mendonça
Bacharel e licenciada em Ciências Biológicas pelo Instituto de Biociências da Universidade de São Paulo.
Mestre em Botânica pela Universidade de São Paulo.
Editora.

Gerente editorial	M. Esther Nejm
Editor responsável	Isabel Rebelo Roque
Editor	Fabíola Bovo Mendonça
Assistentes editoriais	Anderson T. Tamakoshi, Mayra S. Hatakeyama Sato, Melina Frederico
Consultores técnicos	Roberta Smania Marques, Julia Silva Beneti
Coordenador de revisão	Camila Christi Gazzani
Revisores	Izabel Bueno, Maria Luiza Simões
Produtor editorial	Roseli Said
Coordenador de iconografia	Cristina Akisino
Pesquisa iconográfica	Roberto Silva, Priscilla Liberato Narciso, Isabela Genaro e Enio Rodrigo Lopes
Licenciamento de textos	Erica Brambila e Carolina Carmini
Gerente de artes	Ricardo Borges
Coordenador de artes	Narjara Lara
Design	Casa Paulistana de Comunicação
Capa	Sérgio Cândido, com imagem de Mint Images RM/Frans Lanting/Diomedia
Diagramação	AGA Estúdio
Edição de arte	Felipe Consales
Assistente	Camilla Felix Cianelli
Ilustrações	BIS, Conceitograf, Cris Alencar, Evandro Bertol, Everton Silva Prudêncio, Jurandir Ribeiro, Leo Teixeira, Luis Moura, Paulo Cesar Pereira, Paulo Manzi, R2 Editorial, Rodval Matias, Selavi Conteúdo Criativo, Studio Caparroz, Valentim Keppk
Cartografia	Mário Yoshida
Tratamento de imagens	Emerson de Lima
Produtor gráfico	Thais Mendes Petruci Galvão
Impressão e acabamento	Brasilform Editora e Ind. Gráfica

075168003001

Nos livros desta coleção são sugeridos vários experimentos. Foram selecionados experimentos seguros, que não oferecem riscos ao aluno. Ainda assim, recomendamos que professores, pais ou responsáveis acompanhem sua realização atentamente.

Editora Saraiva

SAC 0800-0117875
De 2ª a 6ª, das 8hs às 18hs
www.editorasaraiva.com.br/contato

Avenida das Nações Unidas, 7221 – 1º andar – Setor C – Pinheiros – CEP 05425-902

APRESENTAÇÃO

Cara aluna, caro aluno,

Você vive em uma sociedade que valoriza o conhecimento científico e depende, em menor ou maior grau, dos avanços tecnológicos. Em seu dia a dia, quando você vai ao médico, faz compras no supermercado, pesquisa na internet ou toma uma série de decisões, os conhecimentos científicos lhe dão suporte para analisar o que ouve, vê e lê.

Esta coleção vai compartilhar com você conhecimentos importantes na compreensão do mundo e das transformações pelas quais ele vem passando. Ao longo dos livros que a compõem, você entrará em contato com os principais conteúdos sobre Terra e Universo, ecologia, seres vivos, biodiversidade, ser humano e saúde, matéria e energia e desenvolvimento tecnológico. O trabalho com esses grandes temas, na escola e fora dela, ajudará você a se ver como parte de um contexto maior e como sujeito de suas ações, auxiliando-o no posicionamento diante de questões éticas, ambientais e que envolvem a cidadania.

É também uma preocupação nossa ajudar você no desenvolvimento e na consolidação de estratégias eficientes de aprendizagem. Para garantir isso, propomos seções variadas e dinâmicas. Por meio delas, você será frequentemente chamado a refletir e a se posicionar diante de muitas questões da atualidade, expressando sua criatividade, espírito crítico e autonomia.

Esta obra lhe trará muitas respostas, mas certamente lhe oferecerá também muitas ferramentas para fazer mais e mais perguntas.

Os editores

CONHEÇA SEU LIVRO

Este livro está organizado em oito unidades, as quais estão divididas em temas.

Os temas são desenvolvidos e aprofundados em diferentes seções, cada uma com uma finalidade específica.

Vamos conhecer esta estrutura?

ABERTURA DE UNIDADE

Imagens e textos que introduzem o que será estudado na unidade e buscam despertar a curiosidade do estudante.

As atividades do **Trocando ideias** exploram a leitura da imagem e propõem questões e reflexões, incentivando você e seus colegas a compartilhar ideias sobre o que será visto na unidade. Devem ser realizadas, preferencialmente, com toda a turma e oralmente.

Apresenta os principais conteúdos que serão abordados na unidade.

Os temas são iniciados com textos e imagens que visam introduzir o que será estudado. A seção **Bate-papo** traz questões que estimulam a troca de ideias e devem ser respondidas oralmente.

DESAFIO

Na seção **Desafio**, são propostas reflexões sobre temas que relacionam ciência, sociedade e cidadania. São oito desafios nesse volume, um por unidade. Cada um deles é composto de: *uma introdução*, que apresenta o tema; *três pistas*, que propõem atividades e aprofundam a discussão; e *um desfecho*, que traz uma conclusão do que foi visto.

Não deixe de ...

Aqui você encontra sugestões de livros, filmes e *sites* que ampliam e enriquecem os temas estudados.

EXPERIMENTE FAZER

A proposta das atividades práticas desta seção é fazer com que você, de maneira fácil e com materiais simples, questione, observe, analise e formule hipóteses e conclusões.

Alerta sobre os riscos envolvidos na atividade.

FIQUE DE OLHO

As atividades desta seção colocarão seu aprendizado em ação. Nela você é chamado a realizar pesquisa, entrevista, coleta de dados, análise de imagem e de texto, entre outras propostas de trabalho.

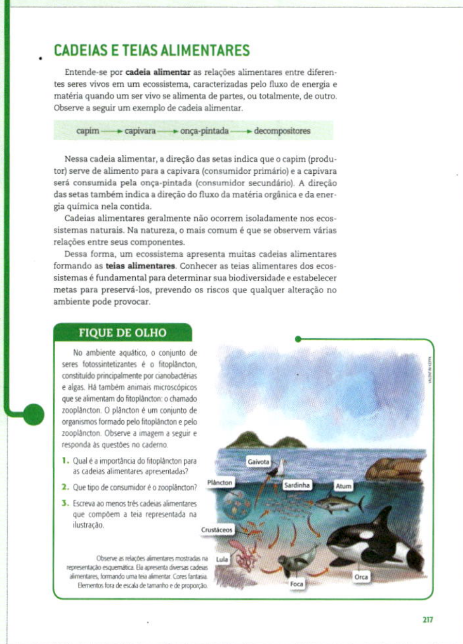

SAIBA MAIS

Textos atuais que aprofundam ou mostram um novo olhar sobre o assunto que está sendo tratado.

Algumas palavras são destacadas e explicadas em pequenos quadros de glossário.

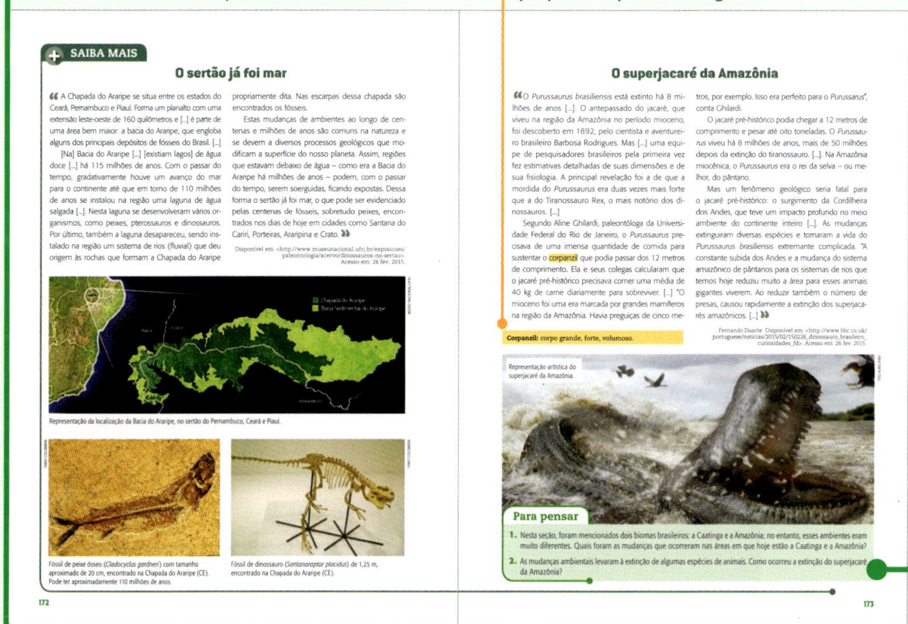

Para pensar

A seção **Para pensar** traz questões que exploram o assunto abordado no texto.

INFOGRÁFICO

Este recurso, que reúne imagens e textos, é utilizado para comunicar de maneira dinâmica e visual o conteúdo trabalhado. Nele, há atividades que estimulam a reflexão sobre o tema.

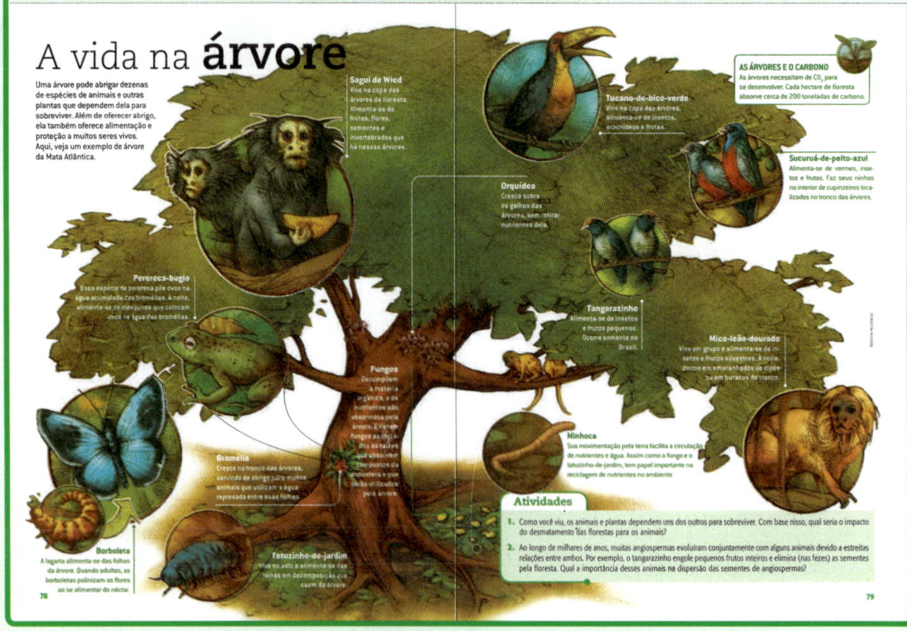
A vida na árvore

Uma árvore pode abrigar dezenas de espécies de animais e outras plantas que dependem dela para sobreviver. Além de oferecer abrigo, ela também oferece alimentação e proteção a muitos seres vivos. Aqui, veja um exemplo de árvore da Mata Atlântica.

Sagui de Wied Vive na copa das árvores da floresta. Alimenta-se de frutas, flores, sementes e invertebrados que há nessas árvores.

Tucano-de-bico-verde Vive na copa das árvores, alimenta-se de insetos, aracnídeos e frutas.

AS ÁRVORES E O CARBONO As árvores necessitam de CO_2 para se desenvolver. Cada hectare de floresta absorve cerca de 200 toneladas de carbono.

Sucuruá-de-peito-azul Alimenta-se de vermes, insetos e frutas. Faz seus ninhos no interior de cupinzeiros localizados no tronco das árvores.

Orquídea Cresce sobre os galhos das árvores, sem retirar nutrientes dela.

Perereca-bugio Essa espécie de perereca põe ovos na água acumulada das bromélias. À noite, alimenta-se de mosquitos que colocam ovos na água das bromélias.

Tangarazinho Alimenta-se de insetos e frutos pequenos. Ocorre somente no Brasil.

Mico-leão-dourado Vive em grupo e alimenta-se de insetos e frutos silvestres. À noite, dorme em emaranhados de cipós ou em buracos do tronco.

Fungos Decompõem a matéria orgânica, e os nutrientes são absorvidos pela árvore.

Minhoca Sua movimentação pela terra facilita a circulação de nutrientes e água. Assim como o fungo e o tatuzinho-de-jardim, tem papel importante na reciclagem de nutrientes no ambiente

Bromélia Cresce no tronco das árvores, servindo de abrigo para muitos animais que utilizam a água represada entre suas folhas.

Borboleta A lagarta alimenta-se das folhas da árvore. Quando adultas, as borboletas polinizam as flores ao se alimentar do néctar.

Tatuzinho-de-jardim Vive no solo e alimenta-se das folhas em decomposição que caem da árvore.

Atividades

1. Como você viu, os animais e plantas dependem uns dos outros para sobreviver. Com base nisso, qual seria o impacto do desmatamento das florestas para os animais?
2. Ao longo de milhares de anos, muitas angiospermas evoluíram conjuntamente com alguns animais devido a estreitas relações entre ambos. Por exemplo, o tangarazinho engole pequenos frutos inteiros e elimina (nas fezes) as sementes pela floresta. Qual a importância desses animais na dispersão das sementes de angiospermas?

78 79

TEIA DO SABER

Este é um momento especial para você utilizar o que aprendeu. As atividades propostas resgatam, organizam e ampliam os conhecimentos trabalhados. Além disso, permitem o desenvolvimento de diferentes habilidades, entre elas as de observar, organizar dados e informações, estabelecer comparações e argumentar.

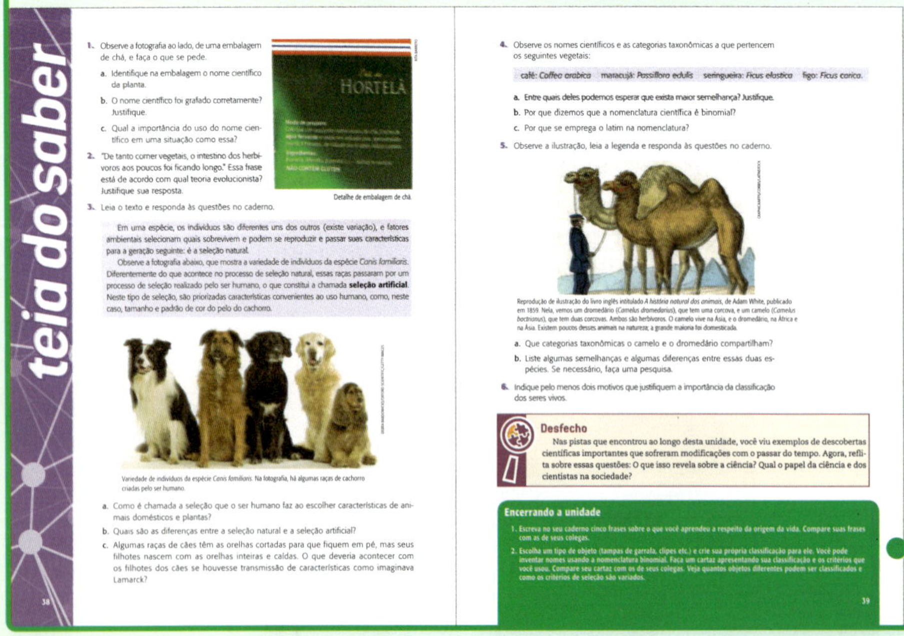
teia do saber

1. Observe a fotografia ao lado, de uma embalagem de chá, e faça o que se pede.
   a. Identifique na embalagem o nome científico da planta.
   b. O nome científico foi grafado corretamente? Justifique.
   c. Qual a importância do uso do nome científico em uma situação como essa?

Detalhe de embalagem de chá

2. "De tanto comer vegetais, o intestino dos herbívoros aos poucos foi ficando longo." Essa frase está de acordo com qual teoria evolucionista? Justifique sua resposta.
3. Leia o texto e responda às questões no caderno.

Em uma espécie, os indivíduos são diferentes uns dos outros (existe variação), e fatores ambientais selecionam quais sobrevivem e podem se reproduzir e passar suas características para a geração seguinte: é a seleção natural.

Observe a fotografia abaixo, que mostra a variedade de indivíduos da espécie *Canis familiaris*. Diferentemente do que acontece no processo de seleção natural, essas raças passaram por um processo de seleção realizado pelo ser humano, o que constitui a chamada **seleção artificial**. Neste tipo de seleção, são priorizadas características convenientes ao uso humano, como, neste caso, tamanho e padrão de cor do pelo do cachorro.

Variedade de indivíduos da espécie *Canis familiaris*. Na fotografia, há algumas raças de cachorro criadas pelo ser humano.

   a. Como é chamada a seleção que o ser humano faz ao escolher características de animais domésticos e plantas?
   b. Quais são as diferenças entre a seleção natural e a seleção artificial?
   c. Algumas raças de cães têm as orelhas cortadas para que fiquem em pé, mas seus filhotes nascem com as orelhas inteiras e caídas. O que deveria acontecer com os filhotes dos cães se houvesse transmissão de características como imaginava Lamarck?

4. Observe os nomes científicos e as categorias taxonômicas a que pertencem os seguintes vegetais:

café: *Coffea arabica* maracujá: *Passiflora edulis* seringueira: *Ficus elastica* figo: *Ficus carica*.

   a. Entre quais deles podemos esperar que exista maior semelhança? Justifique.
   b. Por que dizemos que a nomenclatura científica é binomial?
   c. Por que se emprega o latim na nomenclatura?

5. Observe a ilustração, leia a legenda e responda às questões no caderno.

Reprodução de ilustração do livro inglês intitulado *A história natural dos animais*, de Adam White, publicado em 1859. Nela, vemos um dromedário (*Camelus dromedarius*), que tem uma corcova, e um camelo (*Camelus bactrianus*), que tem duas corcovas. Ambos são herbívoros. O camelo vive na Ásia, e o dromedário, na África e na Ásia. Existem poucos desses animais na natureza; a grande maioria foi domesticada.

   a. Que categorias taxonômicas o camelo e o dromedário compartilham?
   b. Liste algumas semelhanças e algumas diferenças entre essas duas espécies. Se necessário, faça uma pesquisa.

6. Indique pelo menos dois motivos que justifiquem a importância da classificação dos seres vivos.

Desfecho

Nas pistas que encontrou ao longo desta unidade, você viu exemplos de descobertas científicas importantes que sofreram modificações com o passar do tempo. Agora, reflita sobre essas questões: O que isso revela sobre a ciência? Qual o papel da ciência e dos cientistas na sociedade?

Encerrando a unidade

1. Escreva no seu caderno cinco frases sobre o que você aprendeu a respeito da origem da vida. Compare suas frases com as de seus colegas.
2. Escolha um tipo de objeto (tampas de garrafa, clipes etc.) e crie sua própria classificação para ele. Você pode inventar nomes usando a nomenclatura binomial. Faça um cartaz apresentando sua classificação e os critérios que você usou. Compare seu cartaz com os de seus colegas. Veja quantos objetos diferentes podem ser classificados e como os critérios de seleção são variados.

38 39

Encerrando a unidade

Esta seção traz a oportunidade de rever o conhecimento adquirido e refletir sobre ele. Aproveite esse momento de avaliação para retomar os assuntos estudados e tirar suas dúvidas.

CONHECIMENTO INTERLIGADO

Esta seção mostra que os conhecimentos da ciência se relacionam com diversas áreas, como matemática, história, engenharia e medicina, por exemplo.

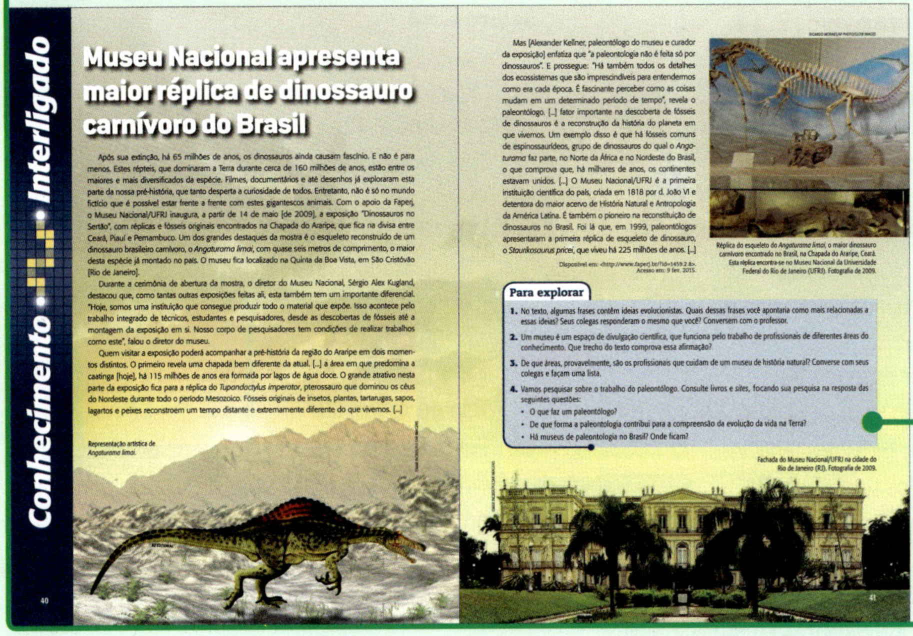

Para explorar

A seção **Para explorar** traz atividades que estimulam a reflexão e propõem pesquisas e ações.

EM AÇÃO

Nesta seção, você será convidado a posicionar-se de maneira crítica e a refletir sobre suas próprias atitudes. Envolve debates, trabalhos em equipe e análise de situações, entre outras atividades.

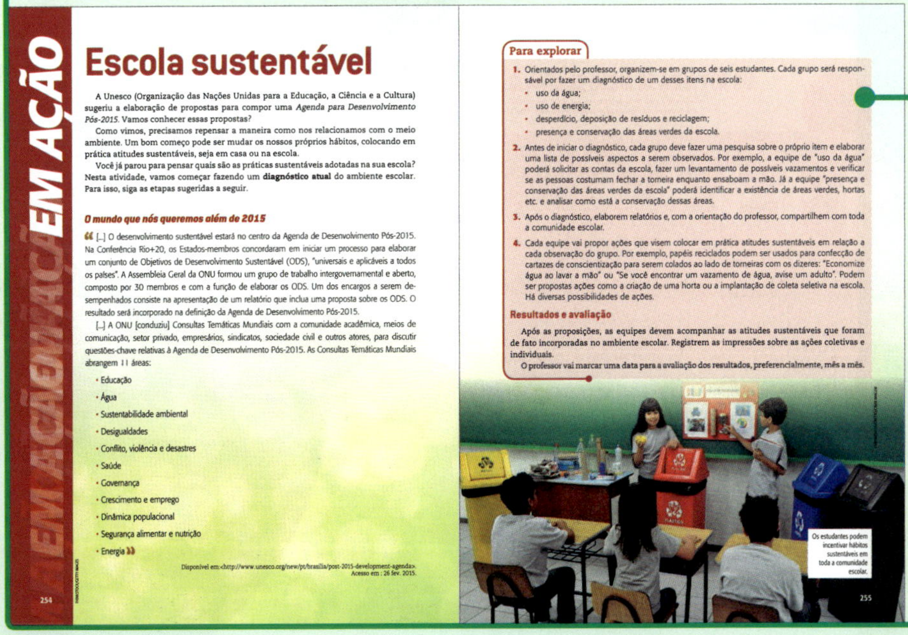

SUMÁRIO

1 Seres vivos

2 Vírus, bactérias, protistas e fungos

RICHARD BIZLEY/SPL/LATINSTOCK

LUIZ CLAUDIO MARIGO/TYBA

5 Os invertebrados

6 Os vertebrados

ALISON WRIGHT/NATIONAL GEOGRAPHIC SOCIETY/CORBIS/LATINSTOCK

7 Ecologia

8 Ciclos biogeoquímicos e interferências humanas

PALÊ ZUPPANI/PULSAR IMAGENS

UNIDADE 1

Seres vivos

ZIG KOCH/OPÇÃO BRASIL IMAGENS

Biodiversidade

O Brasil abriga a maior biodiversidade* do planeta. Esta abundante variedade de vida – que se traduz em mais de 20% do número total de espécies da Terra – eleva o Brasil ao posto de principal nação entre os 17 países megadiversos (ou de maior biodiversidade).

Além disso, muitas das espécies brasileiras são endêmicas [existem somente no Brasil], e diversas espécies de plantas de importância econômica mundial – como o abacaxi, o amendoim, a castanha-do-brasil (ou castanha-do-pará), a mandioca, o caju e a carnaúba – são originárias do Brasil.

Ministério do Meio Ambiente. *Biodiversidade brasileira*. Disponível em: <http://www.mma.gov.br/biodiversidade/biodiversidade-brasileira>. Acesso em: 23 jan. 2015.

* A biodiversidade corresponde aos diversos seres vivos existentes em uma região.

LUIZ CLAUDIO MARIGO/TYBA

Nesta unidade, você vai saber mais sobre:

- As características dos seres vivos
- A classificação dos seres vivos
- A possível origem da vida
- A evolução das espécies

A grande diversidade de ambientes no Brasil reflete-se nos mais variados tipos de plantas e animais que podemos encontrar no país. Alguns representantes dessa biodiversidade são a onça-pintada (tamanho: 1,7 a 2 m de comprimento do corpo), a arara-vermelha (tamanho: 90 a 95 cm de envergadura), a araucária (tamanho: 10 a 35 m de altura), o tucano (tamanho: 55 a 65 cm de altura) e o bicho-preguiça (tamanho: 48 a 70 cm de altura). Os elementos desta página e da anterior estão fora de escala de tamanho.

TROCANDO IDEIAS

1. Por que é importante preservar a biodiversidade brasileira?
2. Você conhece os seres vivos das fotografias? Já viu algum deles? Onde?
3. Existem muitos seres vivos no Brasil, alguns ainda desconhecidos. Ao conhecer uma nova espécie, os cientistas descrevem, classificam e atribuem um nome a ela. Por que é importante que os cientistas descrevam e identifiquem as espécies?

LUIZ CLÁUDIO MARIGO/OPÇÃO BRASIL IMAGENS

THINKSTOCK/GETTY IMAGES

WESTEND61 RF/FOTOFE/DIOMEDIA

1 Como são os seres vivos?

O microscópio e a descoberta da célula

O pesquisador inglês Robert Hooke (1635-1703) estudou diversos campos da ciência. Usando um microscópio composto, ele observou insetos, organismos marinhos e penas de aves. Hooke era também excelente desenhista.

Ao observar ao microscópio uma fina fatia da casca do sobreiro, uma árvore europeia cuja casca tem o nome de cortiça, ele observou que ela era formada por várias cavidades. Hooke chamou cada cavidade de *cell*, que em inglês quer dizer "cela" ou "cavidade". Em seu livro *Micrographia*, publicado em 1665, ele expôs os desenhos que fez da estrutura da cortiça.

As cavidades observadas por Hooke eram, na verdade, estruturas mortas, mas o nome permaneceu para denominar a estrutura básica dos seres vivos: a célula.

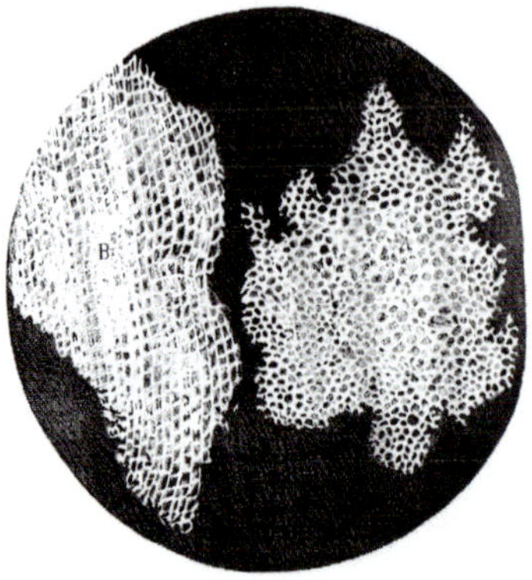

DR JEREMY BURGESS/SPL/LATINSTOCK

Reprodução do desenho que Robert Hooke fez ao observar a fina fatia de cortiça ao microscópio.

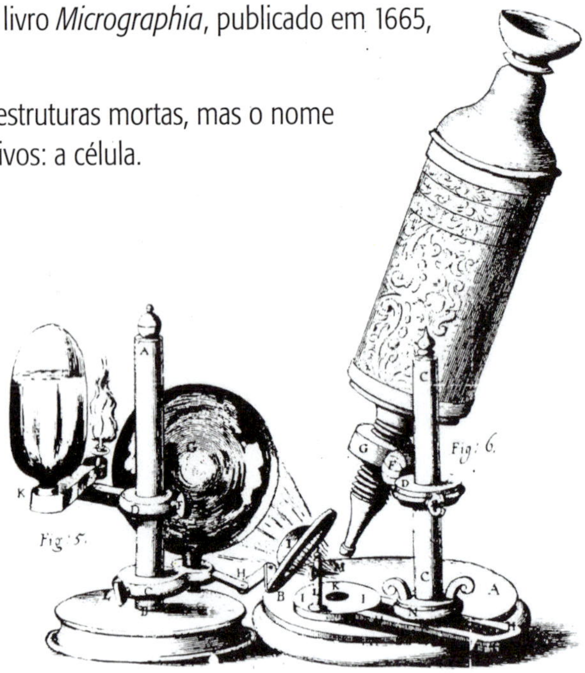

DR JEREMY BURGESS/SPL/LATINSTOCK

Reprodução do desenho que Robert Hooke fez, em 1665, do microscópio que ele usou para observar a cortiça.

BATE-PAPO

- O que há de comum entre a estrutura da cortiça observada por Hooke e a estrutura dos demais seres vivos?

O que é ciência?

Muitos cientistas dedicam a vida a pesquisas que buscam entender o mundo que nos cerca. Você saberia explicar o que faz um cientista? O que é ciência? Será que o conhecimento científico é um acúmulo de informações? A nossa percepção sobre determinados fenômenos muda ao longo do tempo? Nesta unidade, vamos refletir sobre essas questões.

ADRIANO GAMBARINI

Pesquisador de arqueologia em Lagoa Santa (MG), em 2014.

ESTUDO DAS CÉLULAS

Em 1838, o pesquisador alemão Matthias Schleiden (1804-1881) e, um ano depois, o médico alemão Theodor Schwann (1810-1882) chegaram à conclusão de que a estrutura básica de todos os seres vivos é a **célula**. Para isso, eles se basearam em observações feitas por Robert Hooke e por pesquisadores de diversas áreas.

Esses e outros estudos levaram à formulação da **teoria celular**. De acordo com essa teoria, todos os seres vivos são formados por células e toda célula se origina de outra por **divisão celular**.

A **citologia** é a área da Biologia responsável pelo estudo da célula. Em geral, as células têm tamanho muito pequeno, e sua visualização só é possível usando-se um microscópio.

O **microscópio óptico** é o mais comum dos instrumentos usados para a visualização de uma célula. Ele é constituído por dois jogos de lentes: a ocular e a objetiva. Ambas aumentam a imagem do objeto que está sendo observado. Quando multiplicamos o aumento que cada uma delas proporciona, temos o aumento total da imagem. A luz vinda da fonte localizada na base do microscópio atravessa o material (previamente preparado em corte fino), a objetiva, a ocular e chega aos olhos do observador, produzindo a imagem do material observado.

O desenvolvimento dos **microscópios eletrônicos** possibilitou a observação de células e outras estruturas com mais detalhes. A capacidade de aumento desses equipamentos pode chegar a 400 mil vezes. Há três tipos básicos de microscópio eletrônico: de transmissão (para observação de cortes ultrafinos), de varredura (para observação de superfícies) e de tunelamento (para visualização de átomos).

JGI/DANIEL GRILL/GETTY IMAGES

Cientista trabalhando ao microscópio óptico.

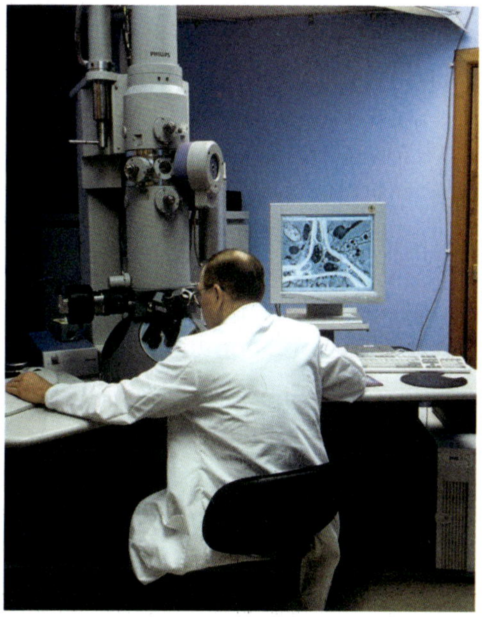

INGA SPENCE, I/VISUALS UNLIMITED/CORBIS/LATINSTOCK

Cientista trabalhando ao microscópio eletrônico de transmissão.

As unidades de medida das células

Quando nos referimos a tamanho, comprimento ou espessura da célula e de seus componentes, usamos as seguintes unidades de medida:

- **micrômetro** (µm): equivale à milésima parte do milímetro, ou 0,001 mm;
- **nanômetro** (nm): equivale à milésima parte do micrômetro, ou 0,001 µm;
- **angström** (Å): equivale à décima parte do nanômetro, ou 0,1 nm.

1Å = 0,1 nm = 0,0001 µm = 0,0000001 mm.

A diferença entre as imagens obtidas pelos microscópios ópticos e eletrônicos está no maior limite de resolução destes últimos, ou seja, na capacidade de distinguir entre dois pontos muito próximos. Enquanto no microscópio óptico o limite de resolução permite observar estruturas de até 0,2 µm de tamanho, no microscópio eletrônico esse tamanho mínimo é de 0,1 µm.

ESTRUTURA DAS CÉLULAS

A unidade funcional dos seres vivos é a célula, porque é dentro dela que ocorre grande parte dos processos necessários à manutenção da vida.

Há seres vivos formados por apenas uma célula, ou seja, são **unicelulares** (do latim: *uni* = um, único). Outros são **pluricelulares** (do latim: *pluri* = muitos), isto é, são formados por várias células agrupadas.

As células têm estrutura básica semelhante: a **membrana plasmática** delimita o **citoplasma**, onde estão as organelas e o material genético. O **material genético** é responsável pelo controle do funcionamento da célula e pela transmissão de características herdáveis por meio da reprodução.

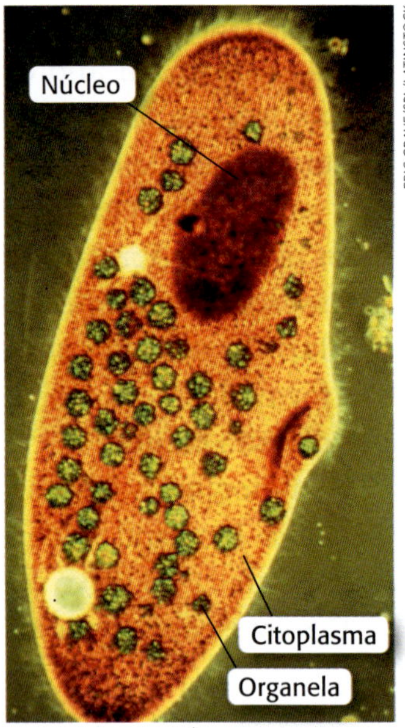

Paramécio visto ao microscópio óptico. O paramécio (*Paramecium caudatum*) é um ser unicelular eucarionte, formado por uma célula eucariótica. Ampliação de 310 vezes. Cores artificiais.

Membrana plasmática

A membrana plasmática envolve a célula, mantendo a integridade celular e protegendo-a contra a entrada de microrganismos.

Com a membrana plasmática, os componentes da célula permanecem juntos, o que favorece o transporte e a troca de substâncias entre eles.

Formada por lipídios e proteínas, a membrana plasmática tem poros que permitem a comunicação entre o meio externo e o meio interno da célula. Ela seleciona as substâncias que entram e saem da célula, ou seja, tem **permeabilidade seletiva**.

Citoplasma

É uma solução gelatinosa constituída por água, proteínas, lipídios, sais minerais e ácidos nucleicos. Nele estão as organelas (mitocôndrias, ribossomos, retículo endoplasmático, complexo golgiense, lisossomos, centríolos, plastos, vacúolo), cada uma delas desempenhando funções específicas.

Material genético

O material genético é composto de **DNA** (ácido desoxirribonucleico).

O DNA forma os cromossomos, onde estão localizados os **genes**, que armazenam as informações para a síntese das proteínas que determinam as características hereditárias (que passam de pais para filhos).

Há células que têm o material genético em um núcleo organizado, delimitado pela **carioteca**. São as células eucarióticas, como as de protistas, animais, vegetais e fungos. Há células em que o material genético não está envolvido por membrana, ou seja, elas não têm núcleo organizado. São as células procarióticas, como as das bactérias.

Síntese: produção.
Eucarióticas: do grego *eu* = verdadeiro; *karyon* = núcleo.
Procarióticas: do grego *pro* = primitivo; *karyon* = núcleo.

Seres eucariontes

Animais, plantas e fungos são exemplos de seres eucariontes.

Os seres eucariontes são aqueles formados por células com núcleo bem definido e delimitado por membrana. Uma célula eucariótica tem diversos tipos de **organelas**, que ficam dispostas no citoplasma.

PAULO MANZI

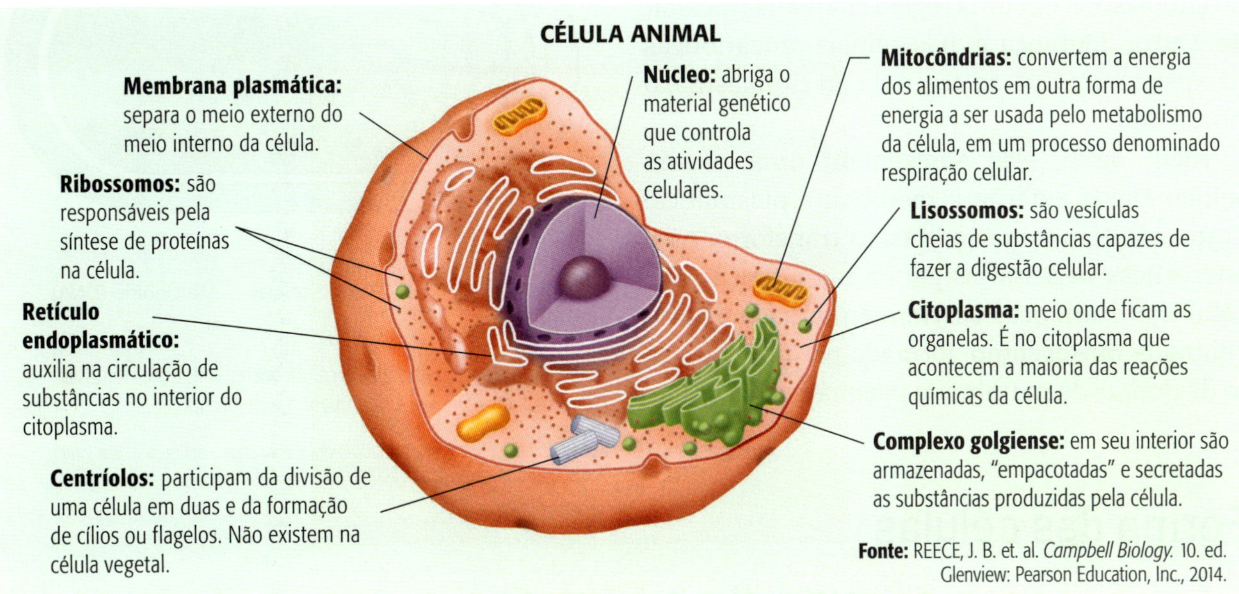

Fonte: REECE, J. B. et. al. *Campbell Biology.* 10. ed. Glenview: Pearson Education, Inc., 2014.

Representação esquemática de célula animal. Cores fantasia. Elementos fora de escala de tamanho e proporção.

PAULO MANZI

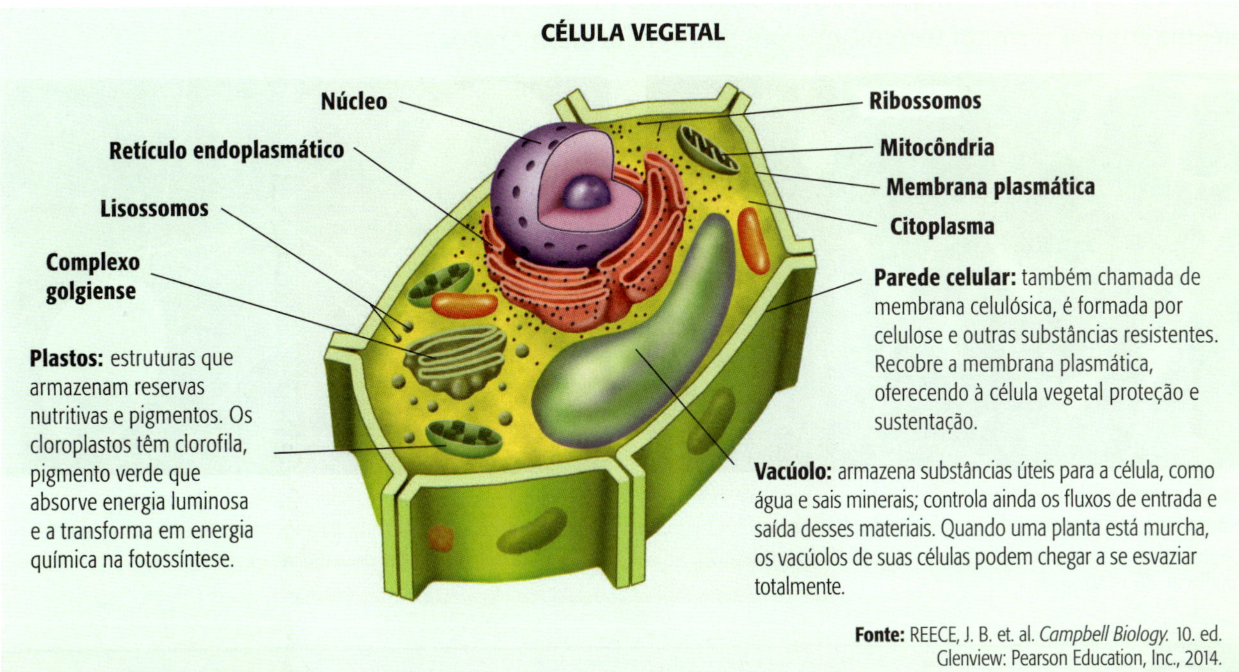

Fonte: REECE, J. B. et. al. *Campbell Biology.* 10. ed. Glenview: Pearson Education, Inc., 2014.

Representação esquemática de célula vegetal. Cores fantasia. Elementos fora de escala de tamanho e proporção.

Organelas exclusivas das células vegetais

Além das organelas presentes na célula animal (com exceção dos centríolos), a célula vegetal apresenta organelas exclusivas: a parede celular, o vacúolo e os plastos.

Seres procariontes

Bactérias e cianobactérias são seres vivos, unicelulares e procariontes, cuja célula, diferentemente da dos eucariontes, não apresenta núcleo. Nelas, o material genético está mergulhado no citoplasma, em uma região chamada **nucleoide**. Outra diferença é: nas células procarióticas há apenas um tipo de organela no citoplasma, o ribossomo.

Além disso, elas apresentam uma parede celular rígida externa à membrana plasmática. Como não têm mitocôndrias, as transformações energéticas necessárias para a manutenção das células procarióticas ocorrem em uma estrutura chamada **mesossomo**, formada por um conjunto de dobras da membrana plasmática.

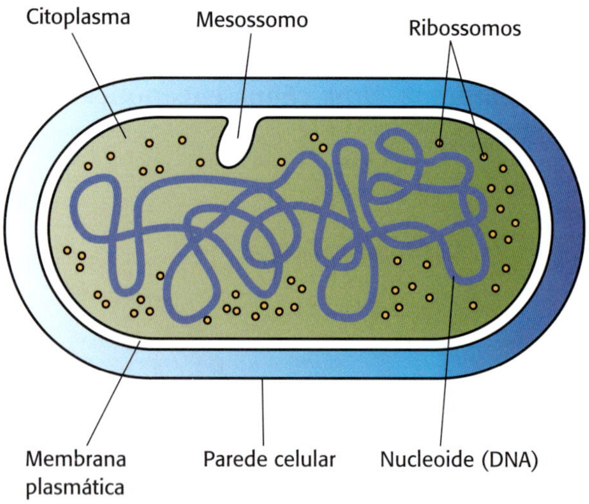

SELAVI CONTEÚDO CRIATIVO

Representação esquemática da célula bacteriana. Cores fantasia. Elementos fora de escala de tamanho e de proporção.

Fonte: PELCZAR, M. J. et al. *Microbiologia*: conceitos e aplicações. São Paulo: Pearson Education do Brasil, 2005.

Forma das células

Existem células com diferentes formas: redondas, alongadas, achatadas, com flagelos, com cílios, com núcleo central ou lateral. Em um mesmo indivíduo pluricelular há células diferentes umas das outras em termos de forma, estrutura e função. Conjuntos de células semelhantes com a mesma função formam tecidos, que por sua vez formam órgãos.

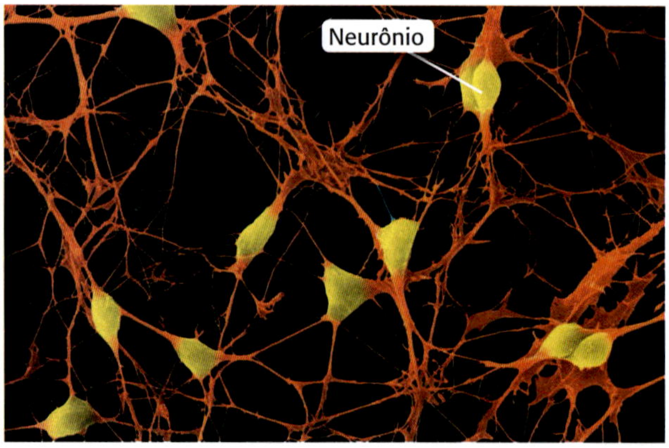

DENNIS KUNKEL MICROSCOPY, INC./VISUALS-UNLIMITED/CORBIS/LATINSTOCK

Células nervosas vistas ao microscópio eletrônico. As células nervosas têm prolongamentos por onde passam os impulsos nervosos. O conjunto dessas células forma o tecido nervoso. Cores artificiais. Ampliação de 1 130 vezes.

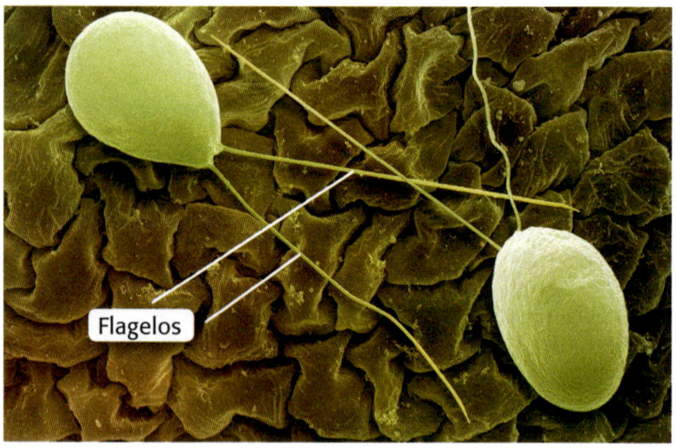

POWER AND SYRED/SPL/LATINSTOCK

Algas verdes vistas ao microscópio eletrônico. São organismos aquáticos unicelulares. Os dois flagelos são utilizados para natação. Cores artificiais. Ampliação de 2 150 vezes.

Pista 1

A concepção de célula que se tinha no século XVII, proposta por Robert Hooke, é diferente do que se conhece hoje por célula. O que mudou no conhecimento tecnológico, desde o século XVII, que tornou possível a concepção atual de célula?

Composição química das células

As células e suas organelas são formadas por diferentes substâncias, que podem ser orgânicas ou inorgânicas.

As **substâncias orgânicas** são formadas pela composição principalmente dos elementos químicos carbono, hidrogênio, nitrogênio e oxigênio. São substâncias complexas e ricas em energia, como carboidratos, lipídios, proteínas e ácidos nucleicos (DNA e RNA).

As **substâncias inorgânicas** são mais simples e menos energéticas que as orgânicas. São exemplos a água, os sais minerais, o oxigênio e o gás carbônico.

SUBSTÂNCIAS ORGÂNICAS E SUAS FUNÇÕES NAS CÉLULAS

Substâncias	Funções destacadas
Carboidratos	Fornecem energia para as atividades das células, principalmente a glicose. A celulose forma a membrana externa das células dos vegetais. Já o amido é um carboidrato de reserva.
Lipídios	Fazem parte da membrana celular. Na forma de óleos e gorduras, constituem reservas de energia para as atividades celulares. As células que armazenam lipídios são isolantes térmicos.
Proteínas	Participam da composição das membranas celulares. Podem atuar como enzimas, regulando o metabolismo celular, ou na coagulação sanguínea. Algumas são responsáveis pelo transporte de gases respiratórios.
Ácidos nucleicos	O DNA (ácido desoxirribonucleico) forma o material genético, que transmite as informações que orientam o funcionamento das células e a determinação das características hereditárias. O RNA (ácido ribonucleico) participa da síntese de proteína.

SUBSTÂNCIAS INORGÂNICAS E SUAS FUNÇÕES NAS CÉLULAS

Substâncias	Funções destacadas
Água	Dissolve outras substâncias; transporta substâncias para dentro e para fora da célula; favorece a ocorrência de reações químicas.
Sais minerais	O ferro faz parte da hemoglobina, que transporta oxigênio e gás carbônico; o cálcio faz parte da composição dos ossos e do esqueleto externo de alguns animais; o magnésio participa da fotossíntese.
Vitaminas	Facilitam a ocorrência de reações do metabolismo; contribuem para o bom funcionamento das defesas do organismo; indispensáveis para a visão, entre outras funções.

Origem dos tipos celulares

No indivíduo pluricelular, os diversos tipos celulares se originam de um mesmo grupo de células: as células-tronco. No ser humano, por exemplo, um indivíduo origina-se do zigoto formado pela união entre a célula reprodutora da mulher (ovócito) e a célula reprodutora do homem (espermatozoide). O zigoto se divide, originando células-tronco embrionárias, que também se dividirão e se diferenciarão em diversos tipos celulares. Assim se formam os **tecidos** do corpo, como o muscular e o nervoso.

PROFESSOR MIODRAG STOJKOVIC/SPL/LATINSTOCK

Células-tronco embrionárias vistas ao microscópio eletrônico. Elas têm potencial para formar todos os tipos de células do corpo humano. Cores artificiais. Ampliação de 1 050 vezes.

CARACTERÍSTICAS DOS SERES VIVOS

Para identificar um ser vivo, é preciso saber quais são as características que os distinguem dos componentes não vivos do ambiente. Vamos apresentar algumas dessas características a seguir.

THINKSTOCK/GETTY IMAGES

O ser humano e o gato são seres pluricelulares, formados por muitas células que mantêm a vida: elas transportam oxigênio, formam reservatório de energia, ajudam a enfrentar doenças, entre muitas outras atividades.

São formados por células

Como vimos, a célula é a unidade funcional e estrutural da vida, pois nela ocorrem os fenômenos que mantêm o organismo vivo, como a síntese de proteínas, a respiração celular ou a fotossíntese.

Os seres vivos podem ser compostos por uma célula (unicelulares) ou mais (pluricelulares).

Têm composição química similar

Os seres vivos têm composição química similar, diferentemente dos componentes não vivos. Nestes, o oxigênio (representado pela letra O), o silício (Si), o cálcio (Ca) e o magnésio (Mg) são encontrados em maior quantidade. Já nos seres vivos, o carbono (C), o hidrogênio (H), o oxigênio e o nitrogênio (N) são abundantes.

GRÁFICO COMPARATIVO DA QUANTIDADE DE ELEMENTOS QUÍMICOS QUE COMPÕEM OS SERES VIVOS E A CROSTA TERRESTRE

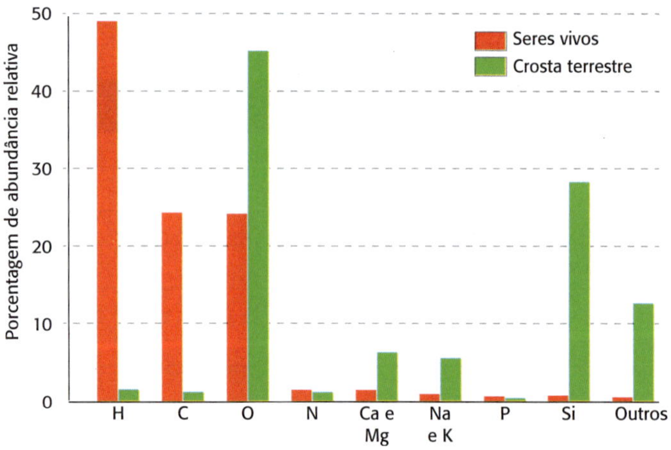

H – Hidrogênio
C – Carbono
O – Oxigênio
N – Nitrogênio
Ca e Mg – Cálcio e magnésio
Na e K – Sódio e potássio
P – Fósforo
Si – Silício

SELAVI CONTEÚDO CRIATIVO

Fonte: ALBERTS, B.; BRAYD, L. J. et al. *Molecular Biology of the Cell*. Nova York: Garland Science, 1994.

Note que há muito mais hidrogênio e carbono em seres vivos. Essa é uma visão geral, a composição varia de acordo com cada ser vivo.

Usam a energia química

Os seres vivos precisam de energia química durante todo o seu tempo de vida. De acordo com a forma como obtêm essa energia, os seres vivos são classificados em dois grupos. Os **autotróficos** ou autótrofos, como as plantas e as algas, produzem seu próprio alimento (substâncias orgânicas) por meio da fotossíntese. Eles retiram do alimento, então, a energia de que precisam para se manter vivos. Já certas bactérias autotróficas obtêm energia de processos que usam diretamente substâncias inorgânicas. Os **heterotróficos** ou heterótrofos, como os animais e fungos, retiram energia dos alimentos (que incluem animais ou plantas) que ingerem do meio externo.

Respondem a estímulos

Estímulo é qualquer modificação do ambiente que pode ser detectada pelo organismo e desencadear uma resposta. Os estímulos mais conhecidos são: modificações de luz, som, composição química do meio, pressão e movimento. A reação pode ser de vários tipos. Entre as plantas, essas respostas são, geralmente, menos visíveis e mais demoradas.

FABIO COLOMBINI

FABIO COLOMBINI

A dormideira (*Mimosa pudica*) é uma planta que reage ao estímulo do toque dos dedos, as folhas se fecham ao serem tocadas.

Reproduzem-se

Quando atinge certa fase de desenvolvimento, o ser vivo pode se reproduzir e originar outro ser, semelhante a ele. A reprodução é um fator decisivo para a continuidade da espécie.

Algumas espécies se reproduzem **sexuadamente**, isto é, a célula reprodutora feminina se une à célula reprodutora masculina, originando um novo indivíduo. Outras espécies reproduzem-se **assexuadamente** – neste processo, não há união de células reprodutoras, e o novo indivíduo se origina de apenas uma célula de um dos genitores.

Genitor: é o indivíduo que gerou; pai ou mãe biológicos.

HAROLDO PALO JR.

ER_09/SHUTTERSTOCK

Plantas, animais e outros seres vivos deixam descendentes para a geração futura, como a pata e seus filhotes e as sementes do feijão que germinaram.

teia do saber

1. Descreva, com suas palavras, os pontos básicos da teoria celular.

2. A membrana plasmática tem 10 nm de espessura, e uma bactéria mede, aproximadamente, 3 µm. Calcule a espessura da membrana e o tamanho da bactéria em milímetros.

3. Leia o texto a seguir e responda às questões.

Bactérias sob o gelo

Cientistas descobrem milhares de espécies de bactérias vivendo em lago sob o gelo da Antártica

Ao olhar a imensidão de gelo que recobre a Antártica, fica difícil imaginar espécies que sobrevivam no continente mais frio do mundo. No entanto, cientistas acabam de descobrir que quase 4 mil espécies de bactérias habitam o lago Whillans, cujas águas estão sob uma camada de 800 metros de gelo antártico.

[...]

Para sobreviver tão longe da superfície terrestre, as bactérias aproveitam a composição da própria água do lago Whillans para se alimentar. "A maioria das bactérias usa compostos inorgânicos para produzir energia, como amônia, ferro e sulfeto", completa Brent [Brent Christner, da Universidade da Louisiana, nos Estados Unidos, coordenador da pesquisa].

ROCHA, Mariana. *Bactérias sob o gelo*. Disponível em: <http://chc.cienciahoje.uol.com.br/bacterias-sob-o-gelo>. Acesso em: 1º fev. 2015.

a. De acordo com o texto, de que forma essas bactérias obtêm energia? Elas são autotróficas ou heterotróficas? Justifique sua resposta.

b. Por que os resultados dessa pesquisa são surpreendentes?

4. Imagine a seguinte situação: Um pesquisador recebeu em seu laboratório amostras de um material desconhecido para analisar. A fim de identificar o material, ele fez uma análise da sua composição química e chegou ao resultado representado no gráfico a seguir.

AMOSTRA

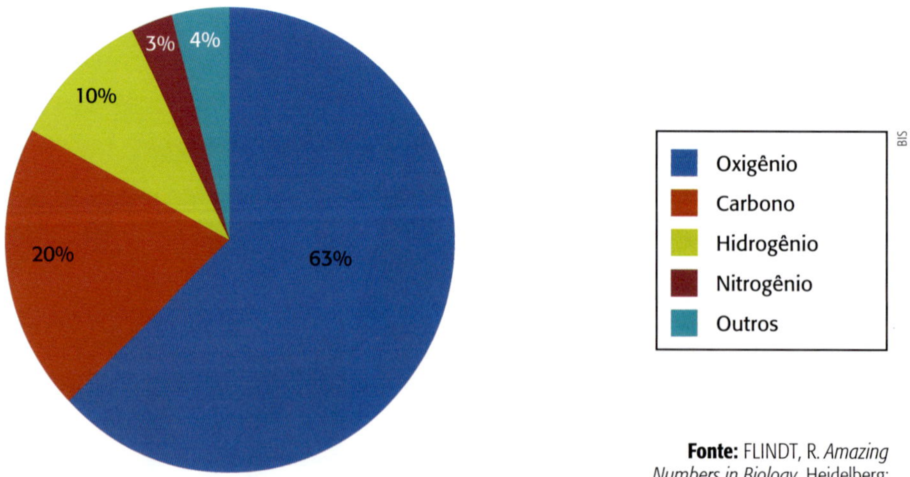

Proporção dos elementos químicos encontrados na amostra.

Fonte: FLINDT, R. *Amazing Numbers in Biology*. Heidelberg: Springer-Verlag, 2006.

- Com base nas proporções dos elementos químicos encontrados, a amostra poderia ser de matéria de um ser vivo ou de um componente não vivo? Justifique sua resposta.

5. Robert Hooke, em suas observações ao microscópio, percebeu espaços vazios na casca da árvore chamada sobreiro. Considerando que a casca é uma estrutura composta de células vegetais mortas, que estrutura ele observou?

6. Que organela é responsável pela respiração celular nas células animais e vegetais? Qual é a estrutura nas células procarióticas que desempenha esse papel?

7. No quadro apresentado abaixo, estão listadas cinco substâncias. Faça o que se pede.

proteína	água	carboidrato	ácido nucleico	lipídio

a. Em seu caderno, separe as substâncias em orgânicas e inorgânicas.

b. Quais são as diferenças das substâncias orgânicas em relação às inorgânicas na composição química celular?

c. Reescreva as frases a seguir em seu caderno, substituindo o símbolo por uma das substâncias listadas no quadro.

1. A ■ é o meio de dissolução de substâncias.
2. A ■ é componente de estruturas celulares, podendo atuar como enzima.
3. O ■ contém informações que determinam as características hereditárias.
4. O ■ participa da formação de membranas e da proteção térmica.
5. O ■ é a principal reserva de energia da célula.

8. Observe o esquema abaixo e escreva em seu caderno qual a característica dos seres vivos que ele representa.

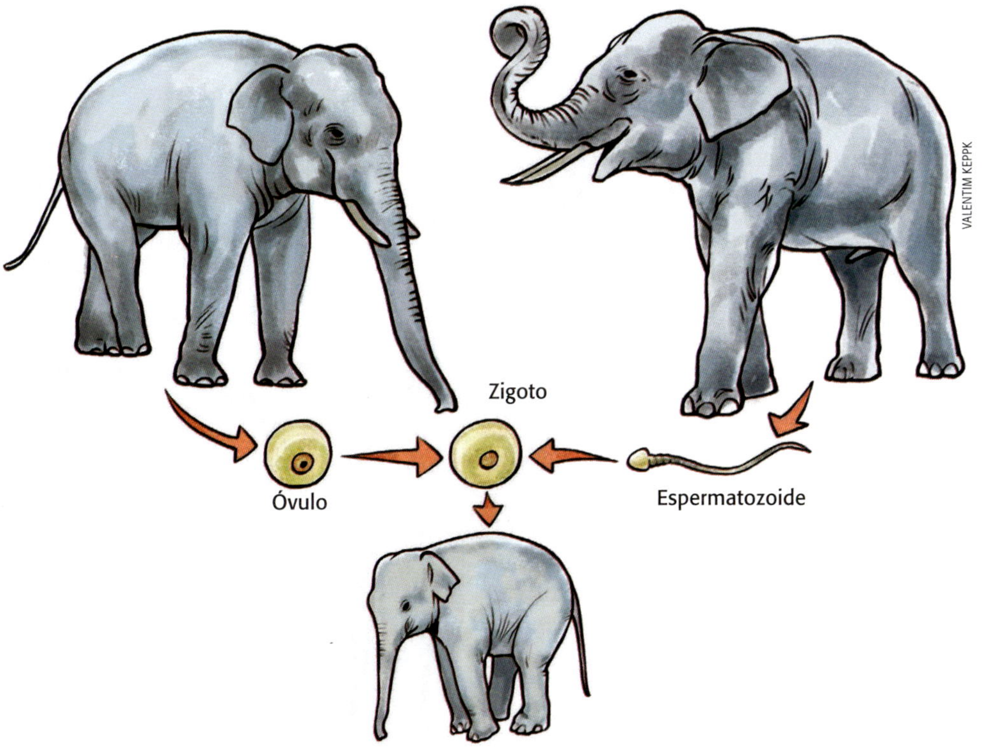

Elementos fora de escala de tamanho e de proporção. Cores fantasia.

9. Em grupo, construam um mural com figuras que ilustrem as características comuns aos seres vivos. Vocês poderão recortar as figuras de revistas ou fazer desenhos.

2 Origem e classificação da vida

Estima-se que a Terra tenha surgido há 4,5 bilhões de anos.

A Terra primitiva era muito diferente do planeta que conhecemos hoje. No início, não existiam seres vivos e a superfície terrestre era formada por rochas em fusão. Os registros mais antigos de vida na Terra são de 3,5 bilhões de anos atrás. Desde então, os seres vivos se diversificaram e ocuparam diferentes regiões do planeta.

A história da vida na Terra tem sido estudada por muitos pesquisadores, que elaboram hipóteses para explicar a origem e a diversidade dos seres vivos.

Representação artística de algumas das etapas de transformação da Terra, até os dias atuais. No início, a Terra era uma esfera composta de material vulcânico derretido. Ao longo do processo de mudança, houve o resfriamento da lava, originando as rochas, e também a formação de água líquida e da atmosfera. Aos poucos, os continentes adquiriram os contornos atuais. A Terra ainda continua a se transformar. Cores fantasia.

RICHARD BIZLEY/SPL/LATINSTOCK

BATE-PAPO

1. De acordo com o que você já sabe, quais condições são necessárias para que exista vida tal como a conhecemos?
2. Como você imagina que teriam sido os primeiros seres vivos? Como eles se originaram? Anote suas hipóteses no caderno. Depois de estudar o tema, compare suas hipóteses com as dos pesquisadores.

ABIOGÊNESE E BIOGÊNESE

Diferentes hipóteses e teorias foram formuladas e defendidas, ao longo da história, até que a construção do conhecimento sobre a origem da vida chegasse ao momento atual. Uma dessas teorias foi a da **geração espontânea**, de Aristóteles (384 a.C.-322 a.C.), segundo a qual certos materiais teriam um "princípio" capaz de gerar a vida. Também conhecida como abiogênese (do grego *a* = negação; *biós* = vida; *genes* = originar-se), essa teoria propunha a existência de dois princípios nos materiais: um passivo (a matéria) e outro ativo (a "força vital"). Sob certas condições, esses dois princípios se combinariam, originando a vida.

É importante lembrar que nessa época as técnicas e recursos disponíveis eram bastante limitados, e não se conhecia a existência de células nem de microrganismos. Portanto, por muito tempo a teoria da abiogênese permaneceu como a explicação mais aceita para o surgimento dos seres vivos.

Ao longo do tempo, porém, diversos estudiosos, que dispunham de diferentes recursos para realizar observações e experimentos, questionaram ou defenderam a proposta da geração espontânea. Veremos a seguir alguns dos principais pensamentos que contribuíram para o entendimento da origem da vida.

Francesco Redi

Francesco Redi (1626-1691), um médico italiano contrário à teoria da abiogênese, realizou experiências para tentar provar que a vida não poderia surgir de algo não vivo.

Redi colocou pedaços de carne em frascos abertos e em frascos cobertos por uma gaze fina, como mostra a figura abaixo.

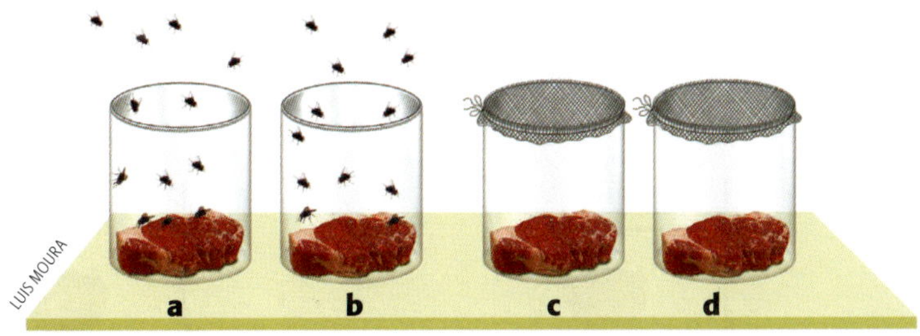

Nos primeiros frascos, **a** e **b**, Redi colocou pedaços de carne e deixou-os abertos. Nos outros frascos, **c** e **d**, também colocou pedaços de carne, mas cobriu a boca dos frascos com uma gaze fina. Representação esquemática dos experimentos de Redi. Cores fantasia. Elementos fora de escala de tamanho.

Em pouco tempo, ele observou que moscas começaram a voar sobre os frascos. Naqueles que estavam abertos, as moscas entravam e saíam, tendo acesso à carne, enquanto nos frascos fechados com gaze elas não conseguiam entrar. Passados alguns dias, Redi começou a observar que larvas de moscas se moviam em grande quantidade nos frascos abertos, alimentando-se da carne. Nos frascos fechados, nenhuma larva foi vista.

Com o passar dos dias, surgiram novas moscas nos frascos abertos, semelhantes àquelas que haviam sobrevoado a carne. Redi concluiu que as larvas eram apenas um dos estágios da vida das moscas e que elas nasciam somente de outras moscas adultas.

Mesmo depois dos trabalhos de Redi, a teoria da geração espontânea persistiu entre muitos estudiosos da época.

John Needham e Lázaro Spallanzani

Com o uso do microscópio e a descoberta dos microrganismos, a crença na geração espontânea ressurgiu.

John Needham (1713-1781), um naturalista inglês, realizou algumas experiências para testar a abiogênese. Ele colocou caldo nutritivo em frascos de vidro e aqueceu-os, fechando-os em seguida com rolhas. Depois de alguns dias, Needham notou que microrganismos tinham se desenvolvido nos caldos.

Alguns anos mais tarde, Lázaro Spallanzani (1729-1779) repetiu as experiências de Needham. No entanto, em vez de simplesmente aquecer os caldos nutritivos, ele os ferveu por uma hora. Os frascos, ainda quentes, foram hermeticamente fechados. Os líquidos permaneceram estéreis e não houve o desenvolvimento de microrganismos.

Needham, entretanto, foi contra o resultado de Spallanzani, dizendo que a fervura prolongada destruiu a "força vital" das substâncias presentes nos caldos.

Naturalista: especialista em ciências naturais, como o estudo das plantas e dos animais.

Hermeticamente fechado: completamente fechado, não permitindo a entrada de ar.

Estéril: sem contaminação ou proliferação de organismos.

Louis Pasteur e o fim da abiogênese

Louis Pasteur (1822-1895), físico e químico francês, aperfeiçoou o método utilizado por Spallanzani. Preparou caldos nutritivos e despejou-os em frascos de vidro de gargalo longo. Aqueceu um deles até a fervura e, com auxílio de um maçarico, amoleceu o vidro do gargalo e o esticou, dando-lhe uma curvatura. Alguns dias depois, não havia desenvolvimento de microrganismos no frasco. Então, Pasteur quebrou o gargalo, e os microrganismos se desenvolveram. Assim, o pesquisador demonstrou que os microrganismos estavam no ar e não surgiam no caldo por geração espontânea, reforçando a teoria da biogênese.

Representação esquemática do experimento de Louis Pasteur, refutando a teoria da abiogênese. Cores fantasia. Elementos fora de escala de tamanho e de proporção.

LUIS MOURA

EXPERIMENTO DE PASTEUR

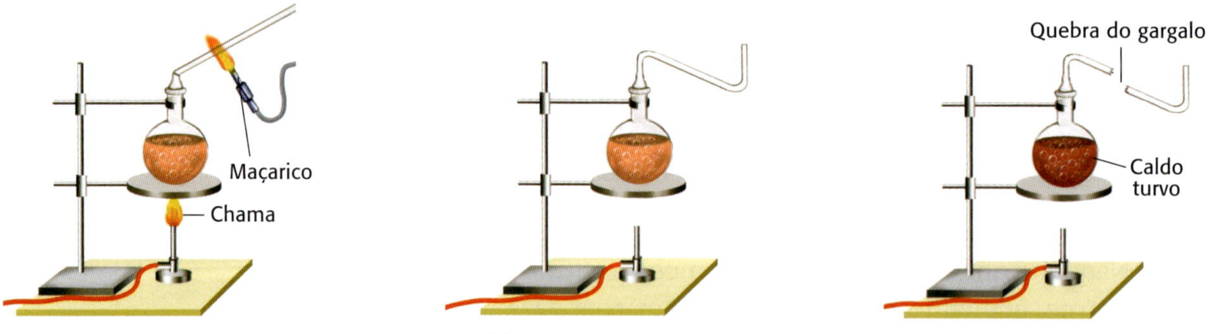

1. Fervura do caldo e aquecimento do gargalo para dobrá-lo no formato de um pescoço de cisne.
2. Caldo intacto mesmo com o balão aberto, ou seja, não se desenvolveram microrganismos.
3. Após quebrar o gargalo, apareceram microrganismos.

A contribuição de Pasteur para a ciência foi enorme. Hoje usamos métodos de conservação de alimentos, como a esterilização e o isolamento do ar, baseados nos princípios de suas descobertas.

A técnica de **pasteurização**, especificamente, recebeu esse nome em homenagem a ele. Ela consiste no aquecimento do alimento por um tempo, seguido do resfriamento brusco.

SAIBA MAIS

Quando a vida surgiu no Universo?

“A origem da vida na Terra é uma questão ainda em aberto. [...] No entanto, sabemos que, há cerca de 3,5 bilhões de anos, já havia na Terra primitiva atividade de organismos unicelulares (cianobactérias), como atestam estruturas sedimentares de origem orgânica (os chamados estromatólitos) encontradas, por exemplo, na Austrália.

Vários processos químicos antecederam a vida unicelular. Primeiramente, foi preciso que ingredientes químicos básicos [...] formassem compostos de interesse biológico, como os monômeros, e que estes dessem origem aos aminoácidos, que são estruturas básicas das proteínas, moléculas essenciais para a vida.

Em uma segunda etapa, os monômeros teriam produzido gorduras (lipídios e fosfolipídios) que formam a membrana celular. [...]

CH'IEN LEE/MINDEN PICTURES/BIOSPHOTO/AFP

Os estromatólitos são resultado da ação de cianobactérias; essas estruturas são formadas ainda hoje. Na fotografia, estromatólitos em *Shark Bay* (Baía dos Tubarões), na Austrália, 2014.

Qual a origem das moléculas orgânicas que são a base do fenômeno da vida?

Uma primeira resposta sugere que aminoácidos poderiam ter sido criados a partir de moléculas presentes na atmosfera terrestre expostas à radiação ultravioleta e a descargas elétricas, como sugeriu um experimento clássico ainda na década de 1950. Mais recentemente, tem-se especulado que as fontes geotermais submarinas poderiam ter sido a origem desses processos químicos.

[...]

Outra possibilidade, no entanto, é a origem extraterrestre desses componentes. No início do século passado, o químico sueco Svante Arrhenius (1859-1927) propôs a teoria da panspermia: a vida teria se desenvolvido fora da Terra e aqui chegado sob a forma de esporos. Essa teoria – inicialmente abandonada – foi retomada por dois astrofísicos, o britânico Fred Hoyle (1915-2001) e o cingalês Nalin Wickramasinghe, na década de 1970, que passaram a defender que compostos orgânicos necessários para o aparecimento da vida foram trazidos para a Terra por cometas que colidiram com nosso planeta.

Em 2004, a sonda espacial Stardust coletou material da cauda do cometa P/Wild, e sua análise mostrou a presença de glicina (aminoácido presente em proteínas), bem como compostos à base de dois elementos essenciais à vida como a conhecemos, nitrogênio e carbono. O meteorito Murchison, que caiu na Austrália em 28 de setembro de 1969, apresentou, em sua análise química, um conteúdo orgânico ainda mais surpreendente: cerca de 70 tipos de moléculas, muitas delas, como adenina, guanina, uracilo e purinas, essenciais para a constituição das duas moléculas do material genético, o RNA e o DNA.”

PACHECO, J. A. F. Disponível em: <http://cienciahoje.uol.com.br/revista-ch/2014/318/quando-a-vida-surgiu-no-universo/?searchterm=panspermia>. Acesso em: 26 maio 2015.

Monômeros: unidades capazes de se combinar entre si ou com outras para formar estruturas maiores.
Aminoácidos: são os componentes das proteínas.
Esporo: estrutura unicelular, em geral resistente, capaz de gerar um novo indivíduo.

Para pensar

1. De acordo com o texto, como podem ter surgido as moléculas orgânicas que compõem os seres vivos?
2. Pesquise sobre a hipótese de Oparin e Haldane, que explica como moléculas inorgânicas deram origem a moléculas orgânicas. Em seguida, compare as ideias desses cientistas às presentes nesse texto.

A EVOLUÇÃO DAS ESPÉCIES

Há muito tempo os seres humanos buscam entender a origem da diversidade de espécies de organismos do planeta. Diversos estudos levaram à elaboração de uma explicação para esse fenômeno, conhecida como **teoria da evolução**, segundo a qual os seres vivos que hoje conhecemos, incluindo o ser humano, compartilham um **ancestral comum** e são resultado de mudanças sofridas por outras gerações ao longo de milhões e até bilhões de anos.

Alguns dos primeiros evolucionistas – estudiosos da evolução – foram Lamarck, Wallace e Darwin.

Lamarck

Lamarck (1744-1829) foi um dos precursores do estudo da evolução. Em 1809, publicou o livro *Filosofia zoológica*, explicando suas hipóteses a respeito da transformação das espécies.

Segundo Lamarck, o ambiente exercia papel fundamental na transformação dos organismos. As constantes mudanças do ambiente externo obrigariam os seres vivos a mudar para adaptar-se às novas condições ambientais. Essa noção da influência do ambiente externo no desenvolvimento e na diferenciação dos organismos foi fundamental para se desenvolver o conceito de **adaptação**. Como veremos melhor adiante, adaptação, dentro do contexto da evolução, é entendida como uma característica (uma estrutura, uma forma anatômica, um comportamento etc.) comum entre indivíduos de uma mesma espécie e que desempenha uma função importante para que esses organismos possam sobreviver e se reproduzir em determinado ambiente.

MICHAEL NICHOLSON/CORBIS/LATINSTOCK

Reprodução artística do retrato de Jean-Baptiste Lamarck, naturalista francês.

As ideias de Lamarck baseavam-se em dois princípios:

- **Lei do uso e do desuso**: o uso de uma estrutura poderia ocasionar seu desenvolvimento; e o desuso, sua atrofia. Por exemplo, peixes que vivem em cavernas escuras perdem a habilidade de enxergar pela falta de necessidade de uso.
- **Transmissão das características adquiridas**: as características adquiridas ao longo da vida de um organismo passariam para sua descendência. Por exemplo, peixes que perderam a capacidade de enxergar durante a vida passam a seus descendentes essa característica.

Veremos adiante que os princípios propostos por Lamarck não explicam como se deu a transformação dos seres vivos e a diversificação das espécies ao longo do tempo, na Terra. No entanto, esse estudioso foi importante por reconhecer a influência do ambiente sobre os seres vivos e também por ter confrontado as ideias evolucionistas com o fixismo, predominante no meio científico na época.

Fixismo: propõe que todas as espécies permanecem iguais ao longo do tempo, têm as mesmas características desde o momento em que surgiram na Terra.

Wallace

Em 1858, Alfred Wallace (1823-1913) propôs que haveria um mecanismo de transformação que atuaria nos seres vivos, e as formas mais favorecidas pelo ambiente passariam a existir em maior número. Com o tempo, os indivíduos "transformados" predominariam no ambiente. Depois de algum tempo, essas formas acabariam perdendo lugar para outras, em um processo contínuo.

Antes da publicação do artigo, Wallace enviou seus manuscritos a Charles Darwin (1809-1882), que se sentiu estimulado a publicar suas ideias, já que eram similares às de Wallace.

SPL/LATINSTOCK

Alfred Russel Wallace (1823-1913), naturalista inglês que organizou uma expedição à Amazônia.

Darwin

No ano de 1859, a publicação do livro *Origem das espécies*, de Charles Darwin, provocou uma verdadeira revolução no conceito evolucionista. Este naturalista defendia a origem e a diversidade das espécies como decorrência dos seguintes princípios centrais:

- os indivíduos apresentam, naturalmente, variações entre si com relação a determinada característica, mesmo pertencendo à mesma espécie;
- parte dessa variação pode ser herdada;
- parte dessa variação ocorre em características que aumentam as chances de sobrevivência e reprodução dos indivíduos, por serem vantajosas na obtenção de recursos num dado ambiente.

Os estudos de Darwin revelavam, ainda, a existência de muitas **evidências** que comprovavam que todas as espécies compartilhavam um **ancestral comum**.

Wallace e Darwin elaboraram de maneira independente o conceito de **seleção natural**, exemplificado no esquema abaixo.

SPL/LATINSTOCK

Charles Robert Darwin (1809-1882), naturalista inglês e autor da obra *Origem das espécies*, publicada em 1859.

STUDIO CAPARROZ

Modelo didático de um exemplo de **seleção natural**. Inicialmente, há besouros verdes e outros marrons em uma população. Por serem mais visíveis, os besouros verdes tendem a ser comidos por pássaros; logo, poucos sobrevivem. Os besouros marrons, como não são predados, reproduzem-se mais e deixam mais descendentes. Dessa forma, a característica "coloração marrom" se torna mais comum na população. Se esse processo continuar, todos os indivíduos da população poderão ser marrons.

Fonte: Disponível em: <http://evolution.berkeley.edu/evolibrary/article/evo_25>. Acesso em: 4 fev. 2015.

A teoria de Darwin deixou a seguinte questão sem resposta: qual a origem da variação de características entre indivíduos de uma mesma população? Essa questão só foi respondida com o avanço de outra ciência – a genética.

A viagem de Darwin

Darwin participou de uma expedição à América do Sul e a diversas ilhas do Pacífico e da Oceania. No arquipélago das ilhas Galápagos, a bordo do navio *Beagle*, o naturalista obteve um rico material e grandes evidências para a elaboração de sua teoria sobre a origem das espécies. A viagem durou quase cinco anos e deu a volta ao mundo.

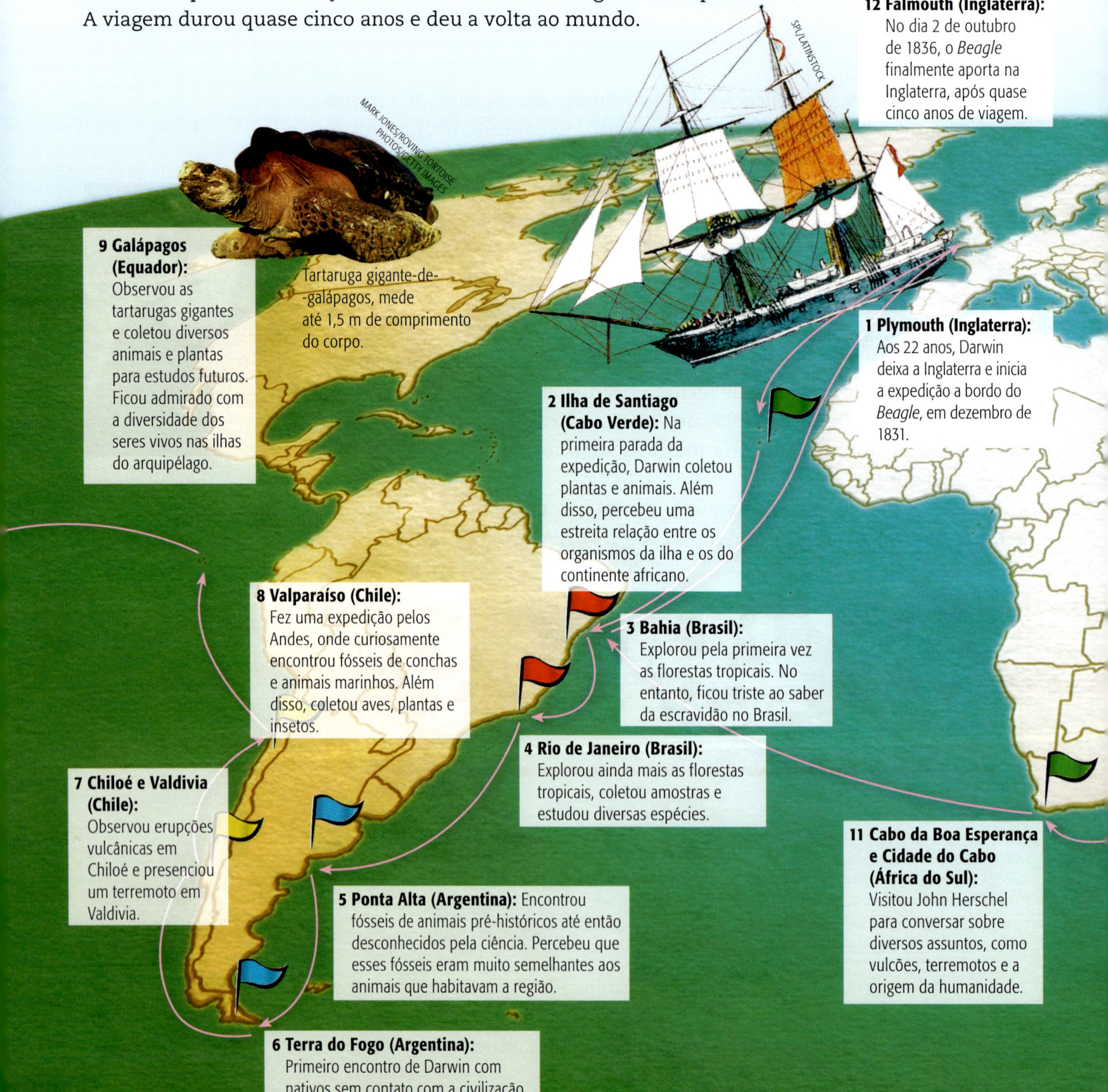

Pista 2

Após a publicação de *A origem das espécies*, algumas pessoas não concordaram com as ideias de Darwin. O que você acha que ajudou a maioria dos cientistas a adotar, hoje, as ideias de Darwin para explicar a evolução dos seres vivos?

Na viagem, Charles Darwin utilizou um diário para anotar suas observações e coletou muitas espécies de seres vivos e rochas, para estudar após a volta à Inglaterra.

Depois de estudar os organismos que encontrou durante a expedição, ele tentou responder a muitas das questões sobre a variabilidade e a origem dos seres vivos.

Anos mais tarde, publicou a teoria da evolução no livro *A origem das espécies*, provocando uma revolução no que se pensava a respeito da evolução dos seres vivos naquela época.

EVERTON PRUDÊNCIO

10 Sidney (Austrália): O naturalista ficou intrigado com as características dos ornitorrincos.

AUSCAPE/UIG EDUCATION/DIOMEDIA

Ornitorrinco, mede cerca de 50 cm de comprimento.

Atividades

Reunidos em grupos, conversem com os colegas sobre as questões.

1. O que Darwin observou durante a viagem no *Beagle*?

2. Essa viagem foi importante para que Darwin propusesse a teoria da evolução? Por quê?

Fontes de pesquisa: Disponível em: <http://darwin-online.org.uk>; <http://www.amnh.org>. Acessos em: 4 fev. 2015.

SAIBA MAIS

Os bicos dos tentilhões

“Poucas pessoas têm a paciência dos ecologistas Peter e Rosemary Grant, que passaram parte de cada ano, desde 1973 [durante 20 anos], no acampamento de uma pequena ilha vulcânica nas Galápagos. E ainda menos pessoas teriam a paciência de capturar, pesar, medir e identificar centenas de pequenos pássaros e registrar o tipo de semente que comiam.

Mas a recompensa dos Grants foi boa: eles viram provas da Teoria da Evolução de Darwin acontecerem diante de seus olhos. Esse fato surpreenderia Darwin, que imaginava a ação da seleção natural apenas por períodos tão longos que seria impossível observar esse acontecimento. Mas, em seu laboratório da natureza, [...] os Grants e sua equipe viram acontecer a luta pela sobrevivência entre espécies de aves pequenas, chamadas de tentilhões de Darwin.

A luta dos tentilhões é pelo alimento – diferentes tipos de sementes –, disponível de acordo com o clima. Os Grants queriam ver a força da seleção natural em ação, observando que tipos de pássaros sobreviviam com as mudanças do ambiente [...].

Tentilhões com tamanho do corpo e do bico mais bem adaptado ao ambiente sobrevivem e passam suas características aos descendentes. [...]

A seleção natural agiu poderosamente sobre os tentilhões na seca que ocorreu em 1977. Nesse ano, a vegetação secou e sementes de todos os tipos se tornaram raras. As sementes menores logo acabaram, restando as maiores e duras, que os tentilhões normalmente ignoravam. Na luta pela sobrevivência, foram favorecidos os tentilhões maiores, com bicos fortes, capazes de abrir sementes duras. Muitos tentilhões pequenos morreram. Os vencedores do jogo da sobrevivência viveram e se reproduziram. A população desses pássaros aumentou na geração seguinte. [...]

No entanto, a adaptação ao ambiente pode ir para todos os lados, como os Grants descobriram quando o tempo chuvoso de 1984 favoreceu as plantas com sementes pequenas e macias, e não aquelas com sementes maiores e duras. Então, os tentilhões adaptados a esse alimento passaram a ser os que tinham bicos menores. Nessa estação chuvosa, foram eles que sobreviveram em maior número e deixaram mais descendentes.”

Finch Beak Data Sheet. Disponível em: <http://www.pbs.org/wgbh/evolution/library/01/6/l_016_01.html>. Acesso em: 4 fev. 2015. Traduzido do inglês para fins didáticos.

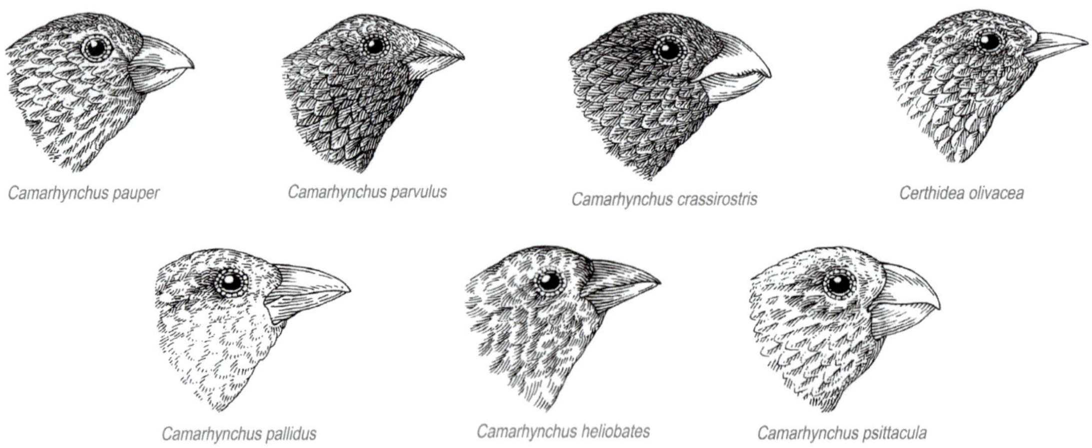

GARY HINCKS/SPL/LATINSTOCK

Representação esquemática das variações das espécies de tentilhões das ilhas Galápagos e seus diferentes tipos de bico. Esses pássaros foram estudados por Charles Darwin quando ele passou pelas ilhas Galápagos ainda na juventude. Elementos fora de escala de tamanho.

Para pensar

- Para a teoria evolucionista, as espécies se modificam e o ambiente seleciona os indivíduos mais aptos à sobrevivência. No caso dos tentilhões, quais foram as características selecionadas e qual foi o papel do ambiente?

CLASSIFICAÇÃO DOS SERES VIVOS

Até agora, cerca de 2 milhões de espécies foram identificadas no mundo, mas se supõe que existam cerca de 200 milhões de tipos diferentes de seres vivos em nosso planeta. São tantos que seria impossível estudá-los, descobrir relações entre eles e comunicar essas descobertas se não houvesse um modo de dar um nome a cada espécie e classificá-la.

Mas o que é classificar? É agrupar os semelhantes segundo uma ou mais características escolhidas.

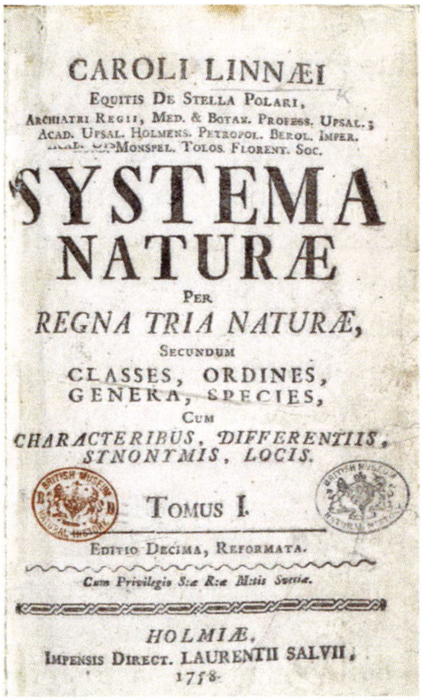
CAROLI LINNÆI
EQUITIS DE STELLA POLARI,
ARCHIATRI REGII, MED. & BOTAN. PROFESS. UPSAL.;
ACAD. UPSAL. HOLMENS. PETROPOL. BEROL. IMPER.
LOND. MONSPEL. TOLOS. FLORENT. SOC.
SYSTEMA
NATURÆ
PER
REGNA TRIA NATURÆ,
SECUNDUM
CLASSES, ORDINES,
GENERA, SPECIES,
CUM
CHARACTERIBUS, DIFFERENTIIS,
SYNONYMIS, LOCIS.
TOMUS I.
EDITIO DECIMA, REFORMATA.
Cum Privilegio S:æ R:æ M:tis Sveciæ.
HOLMIÆ,
IMPENSIS DIRECT. LAURENTII SALVII,
1758.

NATURAL HISTORY MUSEUM, LONDON, UK/DIOMEDIA

Reprodução da primeira página do volume 1 do livro *Systema Naturae*, de Lineu, que iniciou a aplicação da nomenclatura binomial zoológica. Lineu descreveu cerca de 4 400 espécies animais e 7 700 espécies vegetais, além de ter realizado inúmeras expedições científicas.

A nomenclatura binomial

O primeiro grande passo para elaborar um sistema de classificação científico foi dado no século XVIII pelo pesquisador sueco Carl von Linnaeus, ou Lineu. Isso aconteceu em 1730, quando, aos 20 anos, ele começou a criar um sistema para classificar espécies de plantas e de animais.

Lineu propôs a **nomenclatura binomial**, que estabelece regras para nomear as espécies. De acordo com essa nomeclatura, o **nome científico** de uma espécie deve ser composto de duas palavras: uma para o **gênero** e outra para o **nome específico**.

A língua usada para escrever o nome científico é o latim, uma língua "morta", que não tem falantes nativos nos dias atuais. O latim foi escolhido por ser um idioma comum nas comunidades científicas da época.

Destaca-se o nome científico de um ser vivo escrevendo o primeiro com inicial maiúscula e o segundo com inicial minúscula, ambos em itálico, sublinhados ou com outro destaque. Por exemplo, no caso da onça-pintada, o nome da espécie pode ser expresso das seguintes formas: *Panthera onca* ou Panthera onca.

J.L. BULCÃO/OLHAR IMAGEM

A vitória-régia também é conhecida pelos **nomes populares** aguapé-açú, rainha-dos-lagos, uapé, entre outros. No entanto, o seu **nome científico** é *Victoria amazonica*.

Os níveis taxonômicos

Lineu também propôs uma classificação dos seres vivos em **categorias taxonômicas**, isto é, agrupamentos que têm diferentes níveis de abrangência de acordo com as semelhanças entre os indivíduos.

Taxonomia é a parte da Biologia que trata da classificação dos seres vivos. É uma palavra derivada do grego (*tassein* = arranjo, ordem; *nomos* + *ia* = qualidade de).

As principais categorias taxonômicas são: **reino**, **filo** ou **divisão** (termo usado em botânica), **classe**, **ordem**, **família**, **gênero** e **espécie**.

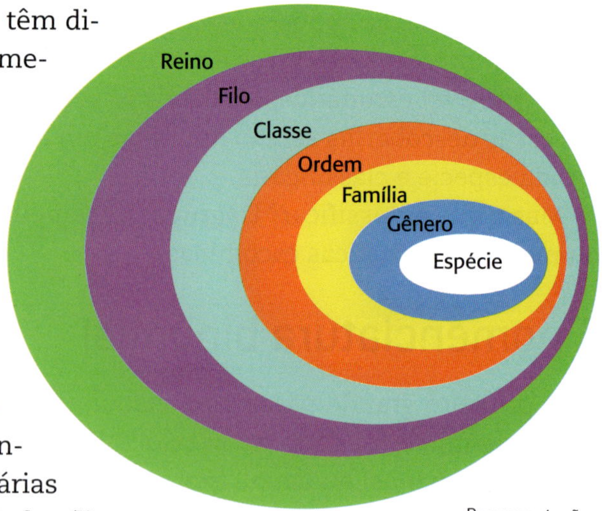

SELAVI CONTEÚDO CRIATIVO

Representação esquemática dos níveis taxonômicos. Cores fantasia.

O reino é a categoria mais abrangente, e é um conjunto de vários filos. O filo ou divisão é um conjunto de várias classes. A classe é um conjunto de várias ordens. A ordem é um conjunto de várias famílias. A família é um conjunto de vários gêneros. E um gênero, por sua vez, é um conjunto de várias espécies.

A onça-pintada, por exemplo, pertence ao reino **Animalia**, filo **Chordata**, classe **Mammalia**, ordem **Carnivora**, família **Felidae**, gênero *Panthera* e espécie *Panthera onca*.

DOIS REPRESENTANTES DO GÊNERO *PANTHERA*

THINKSTOCK/GETTY IMAGES

Panthera pardus ou leopardo. Vive nas florestas da África e da Ásia. Chega a viver 30 anos. Em média, seu comprimento da cabeça à cauda é de 1,50 metro.

RICARDO AZOUR/PULSAR IMAGENS

Panthera onca ou onça-pintada. Vive em regiões de floresta da América Central e do Sul. Vive até 25 anos. Difere visualmente do leopardo por apresentar uma pinta preta no centro das manchas e por ser maior. Seu comprimento da cabeça à extremidade da cauda é de 2 metros.

As categorias taxonômicas são usadas até hoje. No entanto, atualmente os cientistas usam outros critérios para agrupar os seres vivos.

FIQUE DE OLHO

A classificação dos seres vivos auxiliou bastante a organização e o estudo das espécies.

- Faça uma pesquisa e liste ao menos outros dois motivos pelos quais é importante classificar os organismos.

Classificando palitos

Para pensar

Os seres vivos poderiam ser classificados de uma maneira diferente da que conhecemos hoje? Que critérios podem ser levados em consideração para o agrupamento dos seres vivos?

Objetivos

- Analisar, comparar e compreender possíveis formas de classificação.

Materiais

- palitos de madeira pequenos
- canetas hidrográficas nas cores azul e vermelha
- cartolina
- cola ou fita adesiva transparente para prender o palito na cartolina

Procedimentos

1. Criem 10 diferentes "espécies", de acordo com as características a seguir.

   Espécie 1: tirar uma ponta do palito.

   Espécie 2: tirar as duas pontas do palito.

   Espécie 3: pintar a metade do palito de azul.

   Espécie 4: tirar uma ponta do palito e pintar a outra metade de azul.

   Espécie 5: tirar as duas pontas do palito e pintar uma das metades do palito de azul.

   Espécie 6: tirar uma ponta do palito e pintar a outra de vermelho.

   Espécie 7: cortar o palito ao meio.

   Espécie 8: fazer uma marca azul no meio do palito.

   Espécie 9: tirar uma ponta e fazer uma marca azul no meio do palito.

   Espécie 10: não mudar nada no palito.

2. Listem as diferenças entre as espécies de palitos.

3. Partindo da ideia de que os palitos da atividade pertencem ao mesmo reino, ao mesmo filo e às mesmas classe e ordem, agrupem as espécies em grupos equivalentes às categorias taxonômicas: família, gênero e espécie. Discutam entre si quais serão os critérios que utilizarão para subagrupá-las. Atentem para a forma e a cor dos palitos. Os gêneros formados poderão ter uma ou mais espécies.

4. Anotem os critérios usados pelo grupo.

5. Colem os palitos agrupados na cartolina, indicando os agrupamentos feitos.

Resultados

1. Quais características são compartilhadas por todos os palitos? O que eles têm em comum?
2. Todos os membros do grupo pensaram da mesma forma para classificar os palitos?
3. Quantos tipos de famílias e gêneros diferentes foram criados?

Conclusões

1. Comparem os resultados com os outros grupos da turma.
2. Classificar seres vivos deve ser mais fácil ou mais difícil do que classificar palitos? Por quê?

OS REINOS

Lineu propôs a divisão dos seres vivos em dois grandes reinos: o animal e o vegetal. Essa divisão foi aceita e usada durante vários séculos. No entanto, agrupava seres com importantes diferenças, como, por exemplo, os fungos, que são heterótrofos, e as plantas, que são autótrofas.

Os instrumentos de pesquisa e estudo foram aperfeiçoados, permitindo outros agrupamentos. No final do século XIX, o evolucionista alemão Ernst Haeckel (1834-1919) sugeriu a criação do Reino Monera. No começo do século XX, Herbert Copeland (1902-1968) sugeriu a divisão do Reino Monera, criado por Haeckel, em Protista (células eucarióticas) e Monera (células procarióticas). Em 1969, Robert Whittaker (1920-1980) sugeriu a criação do Reino Fungi, por considerar os fungos fundamentalmente diferentes das plantas.

Muitos biólogos usam essa classificação de cinco reinos (**Monera**, **Protista**, **Plantae**, **Animalia** e **Fungi**), embora já existam outras.

Bactérias *Escherichia coli* vistas ao microscópio eletrônico. Essas bactérias são comuns no intestino humano e podem causar diarreia. Cores artificiais. Ampliada 4 mil vezes.

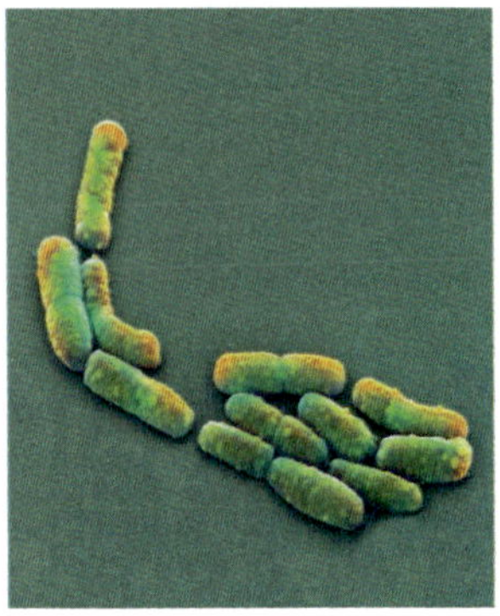

STEVE GSCHMEISSNER/SPL/LATINSTOCK

Reino Monera

Formam esse reino milhares de espécies de bactérias e cianobactérias, que são seres unicelulares e sem núcleo (procariontes). Há espécies que formam colônias.

Reino Protista

Nesse reino estão seres vivos pluricelulares ou unicelulares que têm núcleo delimitado por membrana (eucariontes).

Fazem parte do Reino Protista as algas (seres autotróficos, pluricelulares ou unicelulares) e os protozoários (seres heterotróficos e unicelulares).

POWER AND SYRED/SPL/LATINSTOCK

Paramécios sobre algas filamentosas vistos ao microscópio eletrônico. O paramécio é coberto de cílios, que, ao serem agitados, promovem sua locomoção na água. Tem como boca uma fenda; é comum em poças de água, onde se alimenta de bactérias. Cores artificiais. Ampliação de 280 vezes.

ANDREW J. MARTINEZ/SS/DIOMEDIA

A alga verde alface-do-mar (*Ulva lactuca*) pode ter até 50 cm. É uma alga pluricelular encontrada em oceanos. Utilizada na alimentação, além de produzir substâncias para a produção de sorvetes, fármacos e cosméticos.

Reino Plantae

As plantas são seres eucarióticos (células com núcleo), pluricelulares (muitas células) e autotróficos (produzem os próprios nutrientes).

Reino Animalia

Seus representantes são os animais, seres pluricelulares e heterótrofos. Os animais apresentam diversas formas de corpo, maneiras de locomoção e tamanhos distintos.

DAVID Q. CAVAGNARO/PHOTOLIBRARY/GETTY IMAGES

As plantas apresentam diferentes tipos de tamanho e de tonalidade, mas todas são autotróficas.

THINKSTOCK/GETTY IMAGES

ROBERT MARIEN/CORBIS/LATINSTOCK

LOOK-FOTO/LOOK-FOTO/LATINSTOCK

RICARDO AZOURY/PULSAR IMAGENS

São exemplos de animais o ser humano, a borboleta, a lula e o pássaro. Elementos fora de escala de tamanho e proporção.

Reino Fungi

Os representantes desse reino são os fungos, como os cogumelos, os bolores e as leveduras. São eucarióticos e heterotróficos, e a maioria é pluricelular. Além disso, têm parede celular composta de quitina.

EDSON GRANDISOLI/PULSAR IMAGENS

Fungo macroscópico orelha-de-pau. O diâmetro do fungo é de cerca de 10 cm.

Os vírus

Você deve ter notado que os vírus ficaram fora dessa classificação. Normalmente, eles são classificados em um grupo à parte, por não serem constituídos por células. Os vírus não sobrevivem fora de outro organismo. Não há consenso entre os cientistas se os vírus podem ser considerados seres vivos.

Pista 3

Lineu dividiu os seres vivos em dois reinos: animal e vegetal. Em 1969, Robert Whittaker propôs a classificação dos seres vivos em cinco reinos. Atualmente, alguns cientistas contestam a classificação em cinco reinos. Você acha que existe uma classificação correta ou definitiva?

teia do saber

1. Observe a fotografia ao lado, de uma embalagem de chá, e faça o que se pede.
   a. Identifique na embalagem o nome científico da planta.
   b. O nome científico foi grafado corretamente? Justifique.
   c. Qual a importância do uso do nome científico em uma situação como essa?

RITA BARRETO

Detalhe de embalagem de chá.

2. "De tanto comer vegetais, o intestino dos herbívoros aos poucos foi ficando longo." Essa frase está de acordo com qual teoria evolucionista? Justifique sua resposta.

3. Leia o texto e responda às questões no caderno.

Em uma espécie, os indivíduos são diferentes uns dos outros (existe variação), e fatores ambientais selecionam quais sobrevivem e podem se reproduzir e passar suas características para a geração seguinte: é a seleção natural.

Observe a fotografia abaixo, que mostra a variedade de indivíduos da espécie *Canis familiaris*. Diferentemente do que acontece no processo de seleção natural, essas raças passaram por um processo de seleção realizado pelo ser humano, o que constitui a chamada **seleção artificial**. Neste tipo de seleção, são priorizadas características convenientes ao uso humano, como, neste caso, tamanho e padrão de cor do pelo do cachorro.

DEBRA BARDOWICKS/OXFORD SCIENTIFIC/GETTY IMAGES

Variedade de indivíduos da espécie *Canis familiaris*. Na fotografia, há algumas raças de cachorro criadas pelo ser humano.

   a. Como é chamada a seleção que o ser humano faz ao escolher características de animais domésticos e plantas?
   b. Quais são as diferenças entre a seleção natural e a seleção artificial?
   c. Algumas raças de cães têm as orelhas cortadas para que fiquem em pé, mas seus filhotes nascem com as orelhas inteiras e caídas. O que deveria acontecer com os filhotes dos cães se houvesse transmissão de características como imaginava Lamarck?

4. Observe os nomes científicos e as categorias taxonômicas a que pertencem os seguintes vegetais:

café: *Coffea arabica* maracujá: *Passiflora edulis* seringueira: *Ficus elastica* figo: *Ficus carica*.

a. Entre quais deles podemos esperar que exista maior semelhança? Justifique.

b. Por que dizemos que a nomenclatura científica é binomial?

c. Por que se emprega o latim na nomenclatura?

5. Observe a ilustração, leia a legenda e responda às questões no caderno.

GRAPHICAARTIS/CORBIS/LATINSTOCK

Reprodução de ilustração do livro inglês intitulado *A história natural dos animais*, de Adam White, publicado em 1859. Nela, vemos um dromedário (*Camelus dromedarius*), que tem uma corcova, e um camelo (*Camelus bactrianus*), que tem duas corcovas. Ambos são herbívoros. O camelo vive na Ásia, e o dromedário, na África e na Ásia. Existem poucos desses animais na natureza; a grande maioria foi domesticada.

a. Que categorias taxonômicas o camelo e o dromedário compartilham?

b. Liste algumas semelhanças e algumas diferenças entre essas duas espécies. Se necessário, faça uma pesquisa.

6. Indique pelo menos dois motivos que justifiquem a importância da classificação dos seres vivos.

Desfecho

Nas pistas que encontrou ao longo desta unidade, você viu exemplos de descobertas científicas importantes que sofreram modificações com o passar do tempo. Agora, reflita sobre essas questões: O que isso revela sobre a ciência? Qual o papel da ciência e dos cientistas na sociedade?

Encerrando a unidade

1. Escreva no seu caderno cinco frases sobre o que você aprendeu a respeito da origem da vida. Compare suas frases com as de seus colegas.

2. Escolha um tipo de objeto (tampas de garrafa, clipes etc.) e crie sua própria classificação para ele. Você pode inventar nomes usando a nomenclatura binomial. Faça um cartaz apresentando sua classificação e os critérios que você usou. Compare seu cartaz com os de seus colegas. Veja quantos objetos diferentes podem ser classificados e como os critérios de seleção são variados.

Museu Nacional apresenta maior réplica de dinossauro carnívoro do Brasil

Após sua extinção, há 65 milhões de anos, os dinossauros ainda causam fascínio. E não é para menos. Estes répteis, que dominaram a Terra durante cerca de 160 milhões de anos, estão entre os maiores e mais diversificados da espécie. Filmes, documentários e até desenhos já exploraram esta parte da nossa pré-história, que tanto desperta a curiosidade de todos. Entretanto, não é só no mundo fictício que é possível estar frente a frente com estes gigantescos animais. Com o apoio da Faperj, o Museu Nacional/UFRJ inaugura, a partir de 14 de maio [de 2009], a exposição "Dinossauros no Sertão", com réplicas e fósseis originais encontrados na Chapada do Araripe, que fica na divisa entre Ceará, Piauí e Pernambuco. Um dos grandes destaques da mostra é o esqueleto reconstruído de um dinossauro brasileiro carnívoro, o *Angaturama limai*, com quase seis metros de comprimento, o maior desta espécie já montado no país. O museu fica localizado na Quinta da Boa Vista, em São Cristóvão [Rio de Janeiro].

Durante a cerimônia de abertura da mostra, o diretor do Museu Nacional, Sérgio Alex Kugland, destacou que, como tantas outras exposições feitas ali, esta também tem um importante diferencial. "Hoje, somos uma instituição que consegue produzir todo o material que expõe. Isso acontece pelo trabalho integrado de técnicos, estudantes e pesquisadores, desde as descobertas de fósseis até a montagem da exposição em si. Nosso corpo de pesquisadores tem condições de realizar trabalhos como este", falou o diretor do museu.

Quem visitar a exposição poderá acompanhar a pré-história da região do Araripe em dois momentos distintos. O primeiro revela uma chapada bem diferente da atual. [...] a área em que predomina a caatinga [hoje], há 115 milhões de anos era formada por lagos de água doce. O grande atrativo nesta parte da exposição fica para a réplica do *Tupandactylus imperator*, pterossauro que dominou os céus do Nordeste durante todo o período Mesozoico. Fósseis originais de insetos, plantas, tartarugas, sapos, lagartos e peixes reconstroem um tempo distante e extremamente diferente do que vivemos. [...]

Representação artística de *Angaturama limai*.

ISMAR INGBER/PULSAR IMAGENS

Mas [Alexander Kellner, paleontólogo do museu e curador da exposição] enfatiza que "a paleontologia não é feita só por dinossauros". E prossegue: "Há também todos os detalhes dos ecossistemas que são imprescindíveis para entendermos como era cada época. É fascinante perceber como as coisas mudam em um determinado período de tempo", revela o paleontólogo. [...] fator importante na descoberta de fósseis de dinossauros é a reconstrução da história do planeta em que vivemos. Um exemplo disso é que há fósseis comuns de espinossaurídeos, grupo de dinossauros do qual o *Angaturama* faz parte, no Norte da África e no Nordeste do Brasil, o que comprova que, há milhares de anos, os continentes estavam unidos. [...] O Museu Nacional/UFRJ é a primeira instituição científica do país, criada em 1818 por d. João VI e detentora do maior acervo de História Natural e Antropologia da América Latina. É também o pioneiro na reconstituição de dinossauros no Brasil. Foi lá que, em 1999, paleontólogos apresentaram a primeira réplica de esqueleto de dinossauro, o *Staurikosaurus pricei*, que viveu há 225 milhões de anos. [...]

Disponível em: <http://www.faperj.br/?id=1459.2.8>. Acesso em: 9 fev. 2015.

RICARDO MORAES/AP PHOTO/GLOW IMAGES

Réplica do esqueleto do *Angaturama limai*, o maior dinossauro carnívoro encontrado no Brasil, na Chapada do Araripe, Ceará. Esta réplica encontra-se no Museu Nacional da Universidade Federal do Rio de Janeiro (UFRJ). Fotografia de 2009.

Para explorar

1. No texto, algumas frases contêm ideias evolucionistas. Quais dessas frases você apontaria como mais relacionadas a essas ideias? Seus colegas responderam o mesmo que você? Conversem com o professor.

2. Um museu é um espaço de divulgação científica, que funciona pelo trabalho de profissionais de diferentes áreas do conhecimento. Que trecho do texto comprova essa afirmação?

3. De que áreas, provavelmente, são os profissionais que cuidam de um museu de história natural? Converse com seus colegas e façam uma lista.

4. Vamos pesquisar sobre o trabalho do paleontólogo. Consulte livros e *sites*, focando sua pesquisa na resposta das seguintes questões:
- O que faz um paleontólogo?
- De que forma a paleontologia contribui para a compreensão da evolução da vida na Terra?
- Há museus de paleontologia no Brasil? Onde ficam?

ISMAR INGBER/PULSAR IMAGENS

Fachada do Museu Nacional/UFRJ na cidade do Rio de Janeiro (RJ). Fotografia de 2009.

UNIDADE

2 Vírus, bactérias, protistas e fungos

Microrganismos, como o nome diz, são organismos minúsculos, representados por fungos, bactérias, vírus, algas e protozoários. Geralmente, associamos esses seres microscópicos às doenças que eles podem causar em humanos, [outros] animais e lavouras.

[...] Os microrganismos estão em toda parte: solo, água, pedras, no interior e na superfície de seres vivos (humanos, plantas, [outros] animais, insetos etc.), entre outros locais.

[...]

Ao longo do tempo, o homem conseguiu cultivar microrganismos em laboratório, bem como isolar e identificar quimicamente os produtos naturais microbianos, aplicando-os na medicina como medicamentos.

Os processos fermentativos envolvidos no desenvolvimento microbiano também passaram a ser explorados para o benefício humano em diversas áreas.

Os microrganismos são amplamente usados em indústrias químicas e na produção de pães, [...] vinagre, queijos e iogurtes.

Lopes, A.; Guimarães, D.; Pupo, M. *Quando os microrganismos salvam vidas*. Disponível em: <http://cienciahoje.uol.com.br/revista-ch/2011/286/quando-os-microrganismos-salvam-vidas>. Acesso em: 10 fev. 2015.

Nesta unidade, você vai saber mais sobre:

- Os vírus
- O Reino Monera
- O Reino Protista
- O Reino Fungi

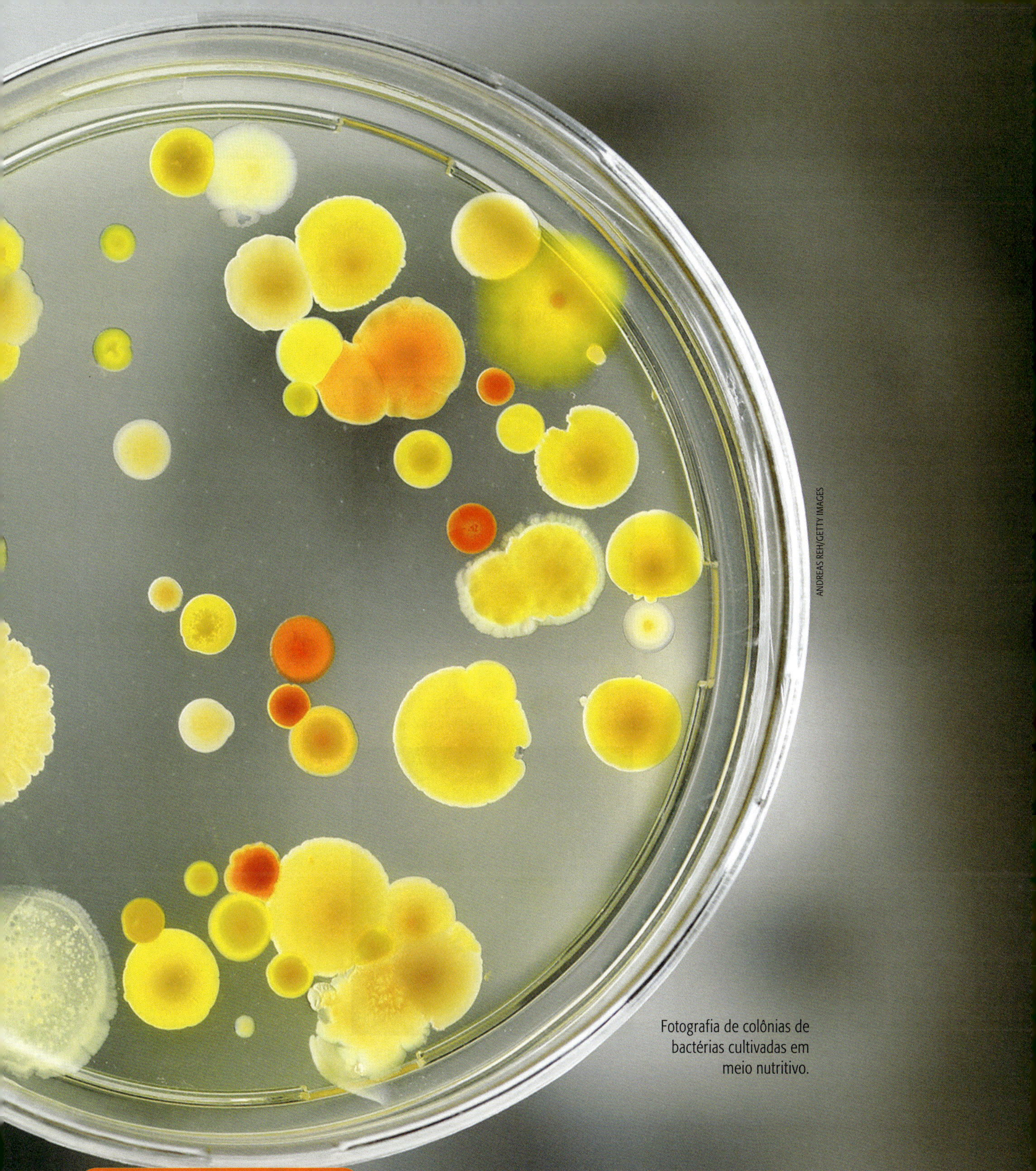

ANDREAS REH/GETTY IMAGES

Fotografia de colônias de bactérias cultivadas em meio nutritivo.

TROCANDO IDEIAS

1. O texto afirma que os microrganismos estão em toda parte. Que papel você acha que eles desempenham no ambiente?
2. Observe a fotografia acima. Qual a importância do cultivo de microrganismos em laboratórios?

3 Vírus

Muitas doenças são causadas por seres microscópicos chamados vírus, entre elas: gripe, sarampo, catapora, dengue, Aids. Desde que esses microrganismos foram descobertos, há cerca de 100 anos, milhares de tipos de vírus já foram identificados.

Os vírus são tão pequenos que não podem ser observados ao microscópio óptico. A maioria dos vírus é menor do que as bactérias. Veja nas imagens dois tipos de vírus observados ao microscópio eletrônico e como são ilustrados em computador com base nessas observações.

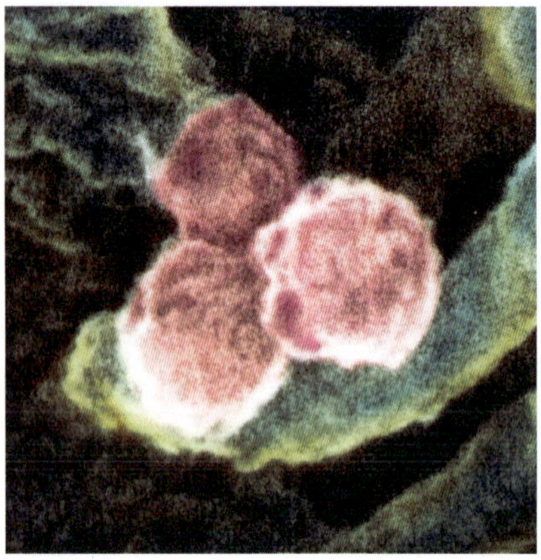

ROBERT BECKER/CUSTOM MEDICAL STOCK PHOTO/SPL/LATINSTOCK

Vírus da Aids (rosa) visto ao microscópio eletrônico. Cores artificiais. Aumento de 205 mil vezes.

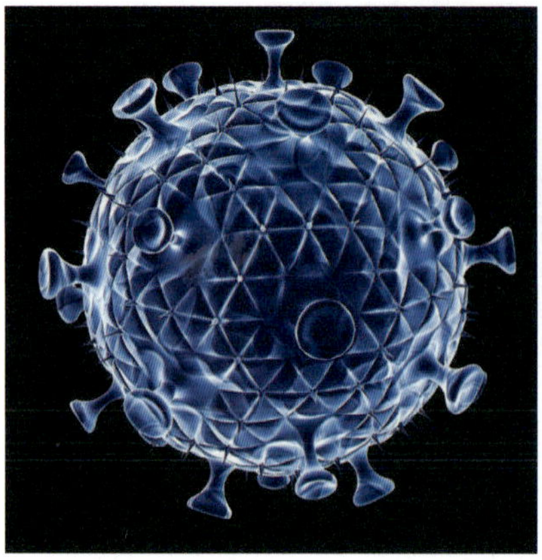

SPL/DIOMEDIA

Representação esquemática do vírus da Aids, que ataca células do sistema de defesa do corpo. Cores fantasia. Elementos fora de escala de tamanho.

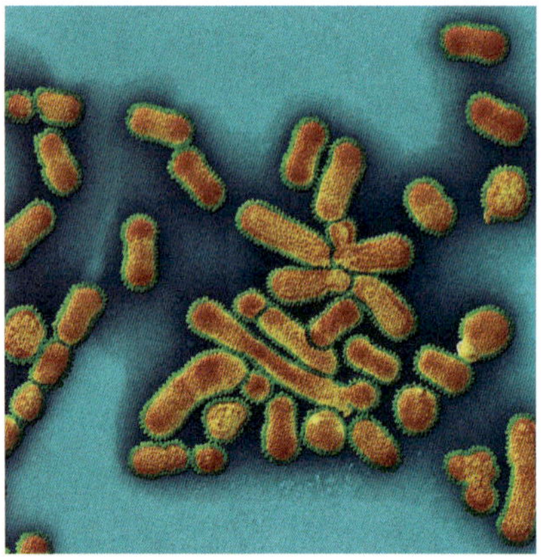

EYE OF SCIENCE/SPL/LATINSTOCK

Vírus da gripe visto ao microscópio eletrônico. Cores artificiais. Aumento de 39 000 vezes.

RUSSEL KIGHTLEY/SPL/LATINSTOCK

Representação esquemática do vírus da gripe, que ataca células do sistema respiratório. Cores fantasia. Elementos fora de escala de tamanho.

BATE-PAPO

1. Quais são as diferenças entre as imagens obtidas por microscópios eletrônicos e as representações dos vírus?
2. Qual é a importância de produzir representações dos vírus?
3. A maioria dos pesquisadores não considera os vírus como seres vivos. Qual é a sua opinião a esse respeito?

Vacinação e saúde pública

Além de atuar na imunização de cada indivíduo, as vacinas são importantes para a saúde pública ao impedir o alastramento de doenças. Mas você sabe em que situações as vacinas são necessárias e devem ser usadas?

JOSE LUIS PELAEZ/CORBIS/LATINSTOCK

Profissional de saúde aplicando vacina em menina.

A DESCOBERTA DOS VÍRUS

Em 1892, o cientista russo Dimitri Ivanovski (1864-1920), ao pesquisar uma doença que atacava as folhas do tabaco, descobriu que seus agentes eram menores que as bactérias, mas não conseguiu identificá-los. Atualmente, esse agente é chamado de **vírus do mosaico do tabaco** (TMV, sigla em inglês). Ele foi o primeiro vírus a ser identificado.

Com a invenção dos microscópios eletrônicos, em 1932 o TMV pôde ser observado pela primeira vez.

NIKO GRIGORIEFF/VISUALS UNLIMITED/CORBIS/LATINSTOCK

NIGEL CATTLIN/VISUALS UNLIMITED/CORBIS/LATINSTOCK

À direita, uma planta jovem de tabaco com manchas amareladas em suas folhas, provocadas pelo vírus do mosaico do tabaco. No destaque, representação esquemática da estrutura desse vírus. Cores fantasia. Elementos fora de escala de tamanho.

Em 1901, o cientista Walter Reed (1851-1902) descobriu que a febre amarela era causada por um tipo de vírus e transmitida quando o mosquito *Aedes aegypti* picava as pessoas. Esse foi o primeiro vírus parasita de seres humanos a ser descoberto.

Além de plantas e animais, há vírus que parasitam bactérias: os chamados **bacteriófagos** (do grego *fagos* = comer). Eles foram descritos por dois cientistas que trabalhavam de maneira independente: o pesquisador inglês Frederick Twort (1877-1950), em 1915, e o franco-canadense Félix d'Herelle (1873-1949), em 1917.

Eles notaram que algumas partículas que atacavam as bactérias cultivadas se reproduziam rapidamente. Como era prático cultivar bactérias e relativamente simples conduzir experimentos com bacteriófagos, essa nova técnica facilitou os estudos em virologia.

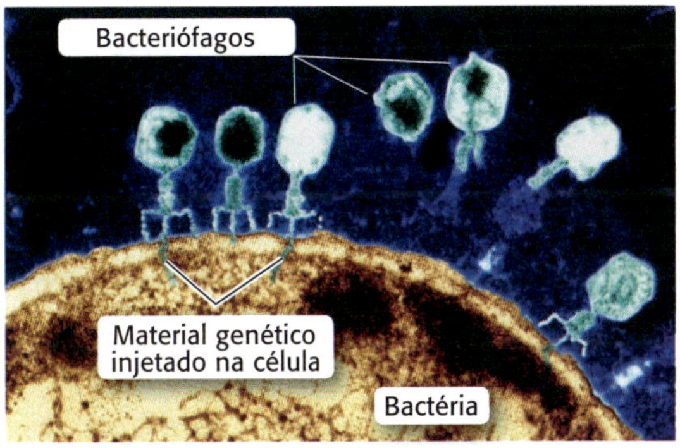

EYE OF SCIENCE/SPL/LATINSTOCK

Fotografia feita em microscopia eletrônica de vírus bacteriófagos atacando uma bactéria. Cores artificiais. Ampliação de 57 500 vezes.

A origem da palavra "vírus"

Antes de saber da existência dos microrganismos, os cientistas supunham que as doenças infecciosas eram causadas por venenos presentes no ambiente. A esses venenos deu-se o nome de *vírus*, termo que, em latim, significa *veneno*.

No final do século XIX, os cientistas descobriram que as bactérias eram retidas por filtros finos, mas os parasitas causadores da doença do tabaco, por serem muito pequenos, passavam por esses filtros. Então chamaram esses parasitas de *vírus filtráveis*, ou seja, venenos que passam por filtros. Com o passar do tempo, a palavra *filtrável* deixou de ser usada, permanecendo apenas a palavra **vírus** para nomear essas partículas.

CARACTERÍSTICAS DOS VÍRUS

Os vírus diferem das bactérias, dos fungos, das algas e de outros seres vivos por não compartilharem a mesma estrutura básica: a célula. Portanto, eles não têm núcleo nem organelas.

Os vírus são **parasitas obrigatórios** e não têm movimento próprio. No ambiente, são levados pelo vento, pela água, por insetos ou outros vetores.

Todos os vírus apresentam a mesma estrutura básica: material genético envolvido por uma cápsula de proteínas (capsídeo). A cápsula pode ser oval, esférica, cilíndrica, poliédrica ou em forma de bastonete. Dentro dela está o material genético, composto de ácido desoxirribonucleico (DNA) ou ácido ribonucleico (RNA), que contém as informações para a produção de novos vírus na reprodução.

ALGUMAS FORMAS DOS VÍRUS

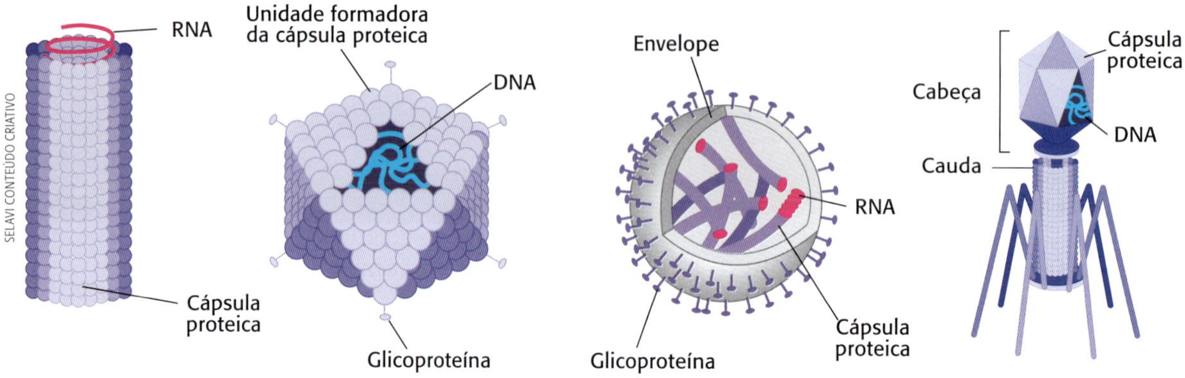

Representação esquemática das formas dos vírus. Elementos fora de escala de tamanho e de proporção. Cores fantasia.

Reprodução dos vírus

Os vírus não têm organelas e, por isso, também não apresentam metabolismo. Para se reproduzir, precisam infectar uma célula obrigatoriamente, assumir o controle de suas organelas e alterar os processos fisiológicos celulares. Com isso, a célula infectada fornece "matéria-prima" para a produção de várias cópias da estrutura viral.

O processo de reprodução dos vírus é denominado **replicação**. Observe na ilustração a seguir as etapas de replicação de um tipo de vírus.

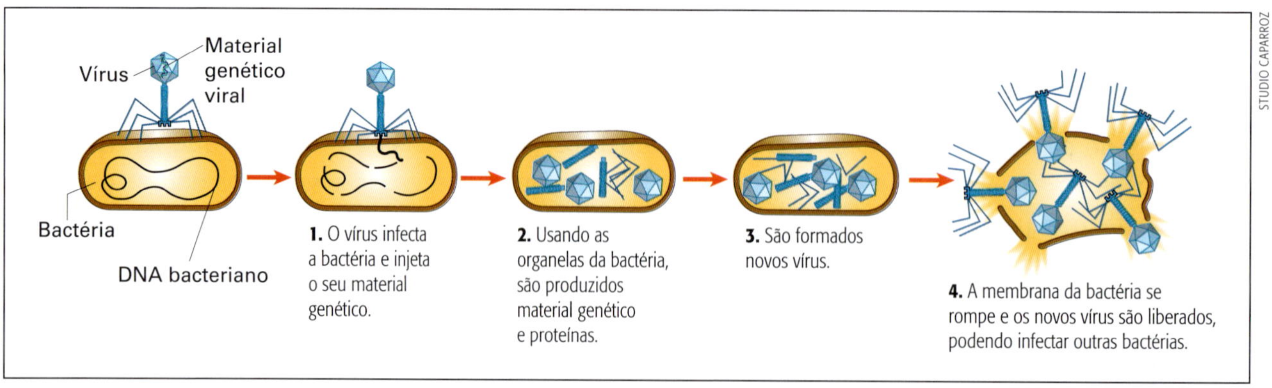

Representação esquemática da reprodução de um bacteriófago. Cores fantasia. Elementos fora de escala de tamanho.

Fonte: REECE, J. B. et. al. *Campbell Biology*. 14. ed. Glenview: Pearson Education, Inc., 2014.

AS VIROSES

Viroses são doenças causadas por vírus. O ser humano pode ser infectado por vírus que causam doenças como Aids, dengue, hidrofobia (ou raiva), caxumba, febre amarela, gripe, hepatite infecciosa, poliomielite, rubéola, sarampo, varíola, herpes, entre outras. As células do corpo atacadas variam de acordo com o vírus. O modo de transmissão de cada doença viral também pode ser diferente.

Dengue

A dengue é uma doença causada por um vírus. Ele entra no organismo humano por meio da picada da fêmea do mosquito *Aedes aegypti*. Assim, o vírus entra na corrente sanguínea e ataca as células do sangue.

A dengue pode causar febre alta, dor de cabeça, dor atrás dos olhos, dores nas costas, manchas no corpo, entre outros sintomas. Para prevenir essa doença, é necessário evitar a procriação do mosquito, que precisa de água parada e limpa para pôr seus ovos e para suas larvas se desenvolverem.

Hidrofobia (ou raiva)

O vírus da hidrofobia é transmitido pela mordida de animais infectados.

O vírus da raiva provoca a inflamação do cérebro e também ataca as glândulas salivares. Os sintomas incluem ansiedade, agitação, alucinações, salivação excessiva e hidrofobia (aversão a água). A hidrofobia pode matar, caso a pessoa não receba rapidamente o tratamento, que pode incluir administração de vacina e soro antirrábico.

Soro antirrábico: solução que evita ou combate a raiva.

Para prevenir essa doença, os animais domésticos devem ser vacinados.

Prevenção de viroses

As viroses podem ser prevenidas de diferentes formas, e na maioria das vezes há mais de uma forma de prevenção.

Algumas doenças virais podem ser prevenidas com hábitos de higiene, como lavar as mãos e objetos que tocamos – é o caso da gripe e do resfriado.

Certas doenças causadas por vírus e bactérias podem ser prevenidas por **vacinas**, que são soluções de origem biológica e protegem seres humanos e outros animais. As vacinas podem ser produzidas com partes dos vírus ou bactérias atenuadas, isto é, que passaram por um processo em que a capacidade e a velocidade de reprodução são muito reduzidas.

O Ministério da Saúde promove **campanhas de vacinação** durante todo o ano para diversas doenças e oferece vacinas gratuitamente nos postos de saúde.

A campanha nacional da vacinação contra a gripe ocorre anualmente. Mulher idosa recebendo vacina contra gripe.

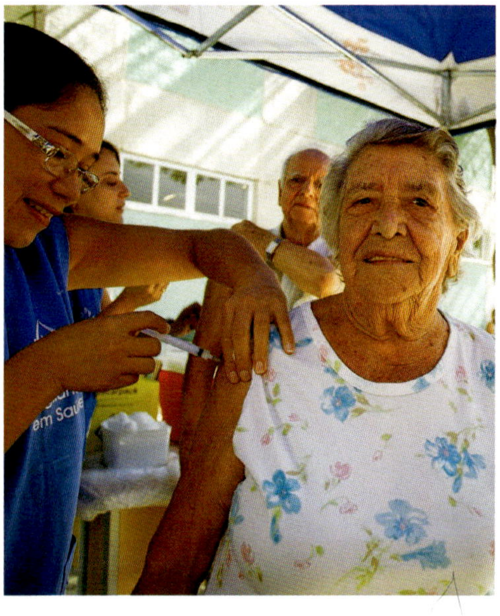

MÁRCIA FOLETTO/AGÊNCIA O GLOBO

teia do saber

1. Observe a ilustração, que mostra a estrutura de um vírus. Depois, faça o que se pede.

HANS-ULRICH OSTERWALDER/SPL/LATINSTOCK

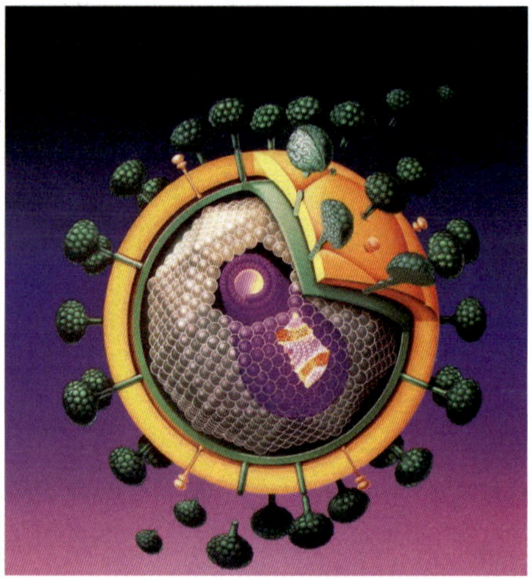

Representação esquemática da estrutura do vírus HIV. Cores fantasia. Elementos fora de escala de tamanho e de proporção.

a. Descreva resumidamente a estrutura desse vírus.

b. Responda: todos os vírus têm a mesma forma do modelo apresentado na ilustração?

2. Como ocorre a reprodução dos vírus se eles não têm organelas?

3. Observe a ilustração e descreva as etapas de 1 a 5 do ciclo de vida de um vírus.

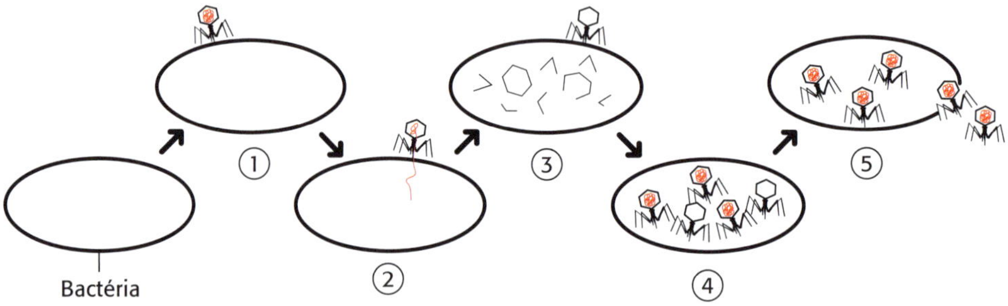

SELAVI CONTEÚDO CRIATIVO

Representação esquemática da replicação viral. Cores fantasia. Elementos fora de escala de tamanho e de proporção.

4. Leia a notícia abaixo, publicada no *Jornal da Paraíba*, e responda às questões.

> Começa no próximo sábado [18 out. 2014] a 32ª Campanha de Vacinação Contra a Raiva Animal realizada pelo Governo do Estado através da Secretaria de Estado da Saúde (SES-PB) e do Núcleo de Controle de Zoonoses. A meta do governo é imunizar 80% dos animais, entre cães e gatos.
>
> [...] De acordo com o chefe do Núcleo de Controle de Zoonoses da SES-PB, [...] devem ser vacinados todos os cães e gatos a partir de três meses de idade.
>
> [...]
>
> Provocada por um vírus, a raiva é transmitida ao ser humano através de mordidas, arranhões ou lambidas em mucosas ou pele lesionada por animais doentes. A doença pode provocar febre, agitação, convulsões e dificuldade de engolir, sendo letal.
>
> [...]
>
> Disponível em: <http://www.jornaldaparaiba.com.br/noticia/136990_comeca-neste-sabado-campanha-de-vacinacao-contra-raiva-em-todo-o-estado>. Acesso em: 6 fev. 2015.

a. Do que trata essa notícia?

b. Qual a importância das campanhas de vacinação?

c. Você tem algum cão ou gato em casa? Pergunte a um adulto se esse animal já foi vacinado contra a raiva.

Imunizar: tornar imune.
Letal: que causa a morte.

5. Observe o esquema e responda à questão: Vírus, bactérias e células eucariontes podem ser observados com os mesmos instrumentos? Explique.

ESCALA COMPARATIVA DE TAMANHO

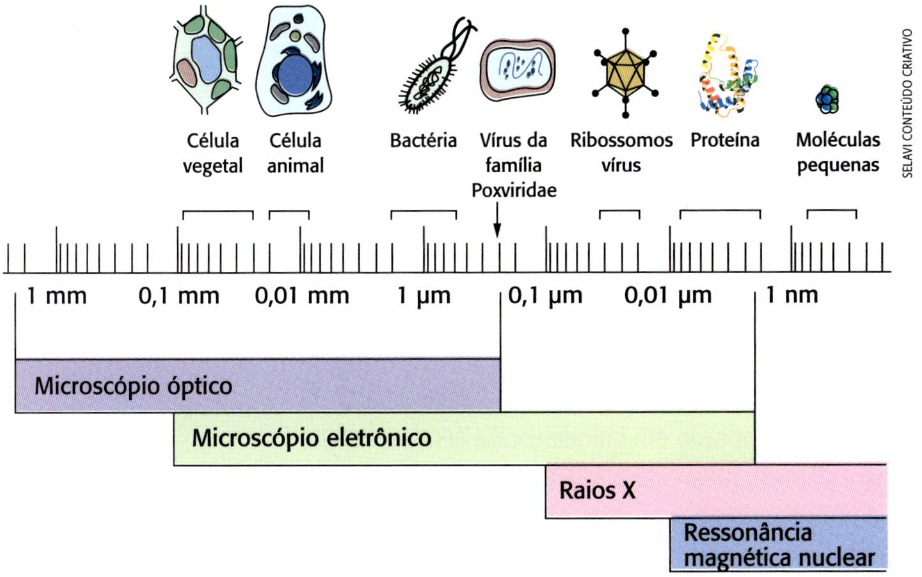

Representação esquemática do tamanho comparativo de células, vírus e algumas moléculas. Elementos fora de escala de tamanho e de proporção. Cores fantasia.

Fonte: FLINT, S. J. et al. *Principles of Virology*: Molecular Biology, Pathogenesis, and Control. Washington: ASM Press, 2004.

6. Leia estas instruções do Ministério da Saúde e responda às questões.

1. Mantenha bem tampados: caixas, tonéis e barris de água.
2. Coloque o lixo em sacos plásticos e mantenha a lixeira sempre bem fechada.
3. Não jogue lixo em terrenos baldios.
4. Se for guardar garrafas de vidro ou plástico, mantenha sempre a boca para baixo.
5. Não deixe a água da chuva acumulada sobre a laje.
6. Encha os pratinhos ou vasos de plantas com areia até a borda.
7. Se for guardar pneus velhos em casa, retire toda a água e mantenha-os em locais cobertos, protegidos da chuva.
8. Limpe as calhas com frequência, evitando que galhos e folhas possam impedir a passagem da água.
9. Lave com frequência, com água e sabão, os recipientes utilizados para guardar água, pelo menos uma vez por semana.
10. Os vasos de plantas aquáticas devem ser lavados com água e sabão, toda semana. É importante trocar a água desses vasos com frequência.

Fonte: Ministério da Saúde.

a. Das doenças estudadas, qual pode ser prevenida com as medidas descritas nos itens acima?

b. Por que essas atitudes previnem a doença?

c. Converse com os adultos da sua casa e pergunte a eles quais dessas medidas são adotadas na sua residência.

7. Os pesquisadores divergem quanto a considerar os vírus seres vivos ou não. Com base no que você aprendeu sobre os vírus, responda: Os vírus podem ser considerados seres vivos? Justifique sua resposta.

4 Bactérias, protistas e fungos

Às vezes, as pessoas associam microrganismos a doenças, mas alguns são úteis para os seres humanos, na fabricação de antibióticos, ou são indispensáveis para a manutenção do ambiente.

A descoberta do primeiro antibiótico: a penicilina

Alexander Fleming (1881-1955), médico e bacteriologista escocês, percebeu que algumas placas onde cultivava bactérias tinham sido contaminadas por um tipo de fungo o *Penicillium notatum*, que produz uma substância que inibe a multiplicação das bactérias.

Décadas depois, surgiu o primeiro **antibiótico** – a penicilina –, feito a partir da substância produzida por esse fungo e fabricado em grande escala, sendo bastante comercializado. Doenças como a sífilis e a tuberculose, que matavam milhares de pessoas todos os anos, puderam ser tratadas e curadas desde então.

ETHEL LEONTINE GABAIN. SIR ALEXANDER FLEMING, 1944.

Alexander Fleming, o descobridor da penicilina. Pintura a óleo sobre tela de Ethel Leontine Gabain, 1944.

DENNIS KUNKEL MICROSCOPY, INC./VISUALS UNLIMITED/CORBIS/LATINSTOCK

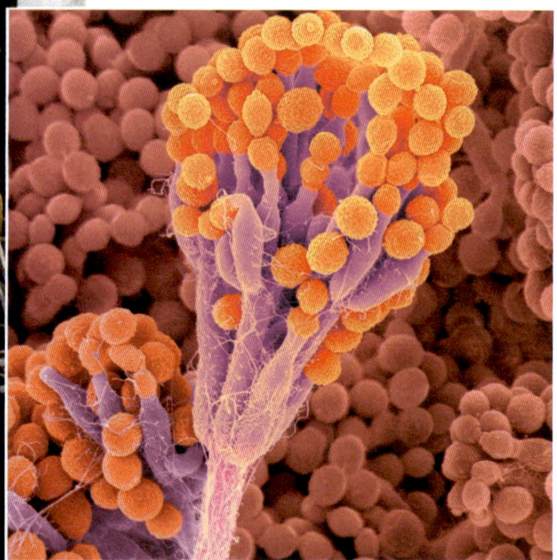

Fungo *Penicillium notatum*. Imagem obtida com microscopia eletrônica de varredura, colorida articialmente, ampliada 12 500 vezes

BATE-PAPO

1. Você conhece alguma doença provocada por microrganismo? Cite uma.
2. O texto destaca uma importante descoberta do pesquisador Alexander Fleming. O que ele descobriu?
3. Você já tomou antibiótico? Recorda-se do nome da doença que teve quando precisou tomar essa medicação?
4. Você conhece algum outro microrganismo que seja utilizado pelos seres humanos? Conte aos colegas.

REINO MONERA

Nesse reino incluem-se as **bactérias**.

As bactérias são os seres vivos mais abundantes na Terra. São formadas por uma célula procarionte, e algumas espécies formam colônias.

SELAVI CONTEÚDO CRIATIVO

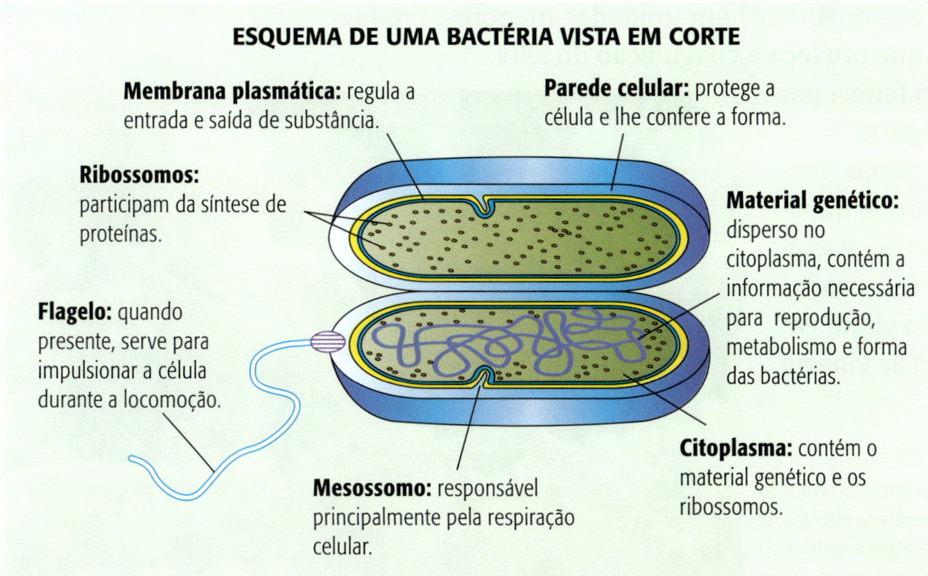

Representação esquemática de uma bactéria vista em corte. Cores fantasia. Elementos fora de escala de tamanho e proporção.

As bactérias podem se apresentar, basicamente, sob quatro formas: **cocos** (isolados ou agrupados), **bacilos** (isolados ou agrupados), **espirilos** e **vibriões**.

SELAVI CONTEÚDO CRIATIVO

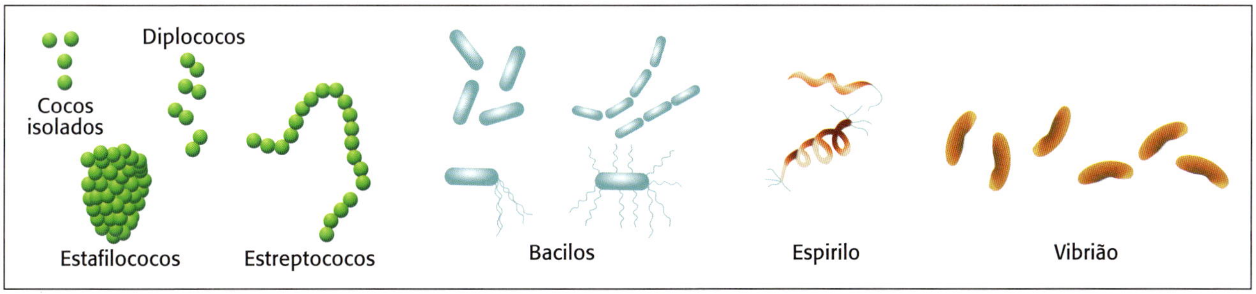

Representação esquemática das formas em que as bactérias podem ser encontradas. Cores fantasia. Elementos fora de escala de tamanho e de proporção.

Reprodução e alimentação

Uma bactéria pode se reproduzir de forma assexuada, dividindo-se em duas, idênticas a ela. Essa divisão dura cerca de 20 minutos; assim em 12 horas, um indivíduo pode gerar bilhões iguais a ele. Quando as bactérias-filhas continuam unidas à bactéria-mãe, forma-se uma **colônia**. Isso é comum em cocos e bacilos.

Na reprodução sexuada, as bactérias genitoras trocam material genético entre si, formando linhagens diferentes. Isso aumenta a diversidade da espécie e sua possibilidade de sobrevivência em diferentes ambientes.

A maioria das espécies de bactérias é heterótrofa, ou seja, alimenta-se de seres vivos ou de restos de seres vivos. Para isso, secretam substâncias que digerem o alimento. Os nutrientes atravessam a parede celular e a membrana plasmática. As bactérias autótrofas produzem seu próprio alimento a partir de matéria inorgânica. As **cianobactérias** realizam fotossíntese.

Bactérias fermentadoras

Certas bactérias realizam **fermentação** – processo de obtenção de energia que ocorre na ausência de oxigênio. Nas bactérias, a fermentação pode ser **láctica** ou **acética**.

A fermentação láctica é feita por *Lactobacillus* e *Streptococcus*. Nela, os açúcares do leite (lactose) são quebrados em unidades menores. Produz-se, então, o ácido láctico, que provoca a coagulação do leite.

Com os lactobacilos são feitos, por exemplo, a coalhada e o iogurte.

Outras espécies de bactérias realizam a fermentação acética, que transforma o álcool em ácido acético. Bactérias do gênero *Acetobacter* são usadas para transformar o álcool do vinho em ácido acético, que dá origem ao vinagre de vinho.

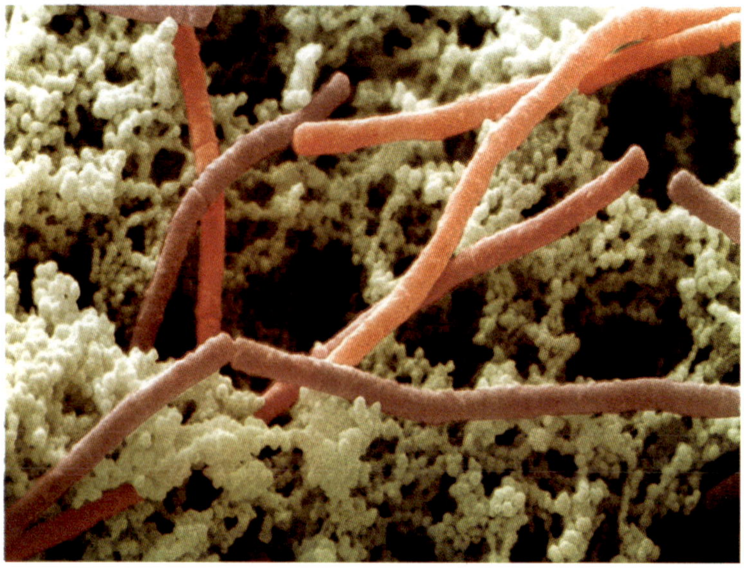

ANDREW SYRED/SPL/LATINSTOCK

Lactobacillus bulgaricus (em rosa) vistos ao microscópio eletrônico. São usados na indústria de iogurte, coalhada e queijos. Essa espécie de bactéria também é encontrada no intestino humano e inibe o crescimento de bactérias patogênicas. Cores artificiais. Ampliação de 8000 vezes.

Bactérias decompositoras

A maior parte das bactérias heterótrofas obtém energia de matéria orgânica em decomposição, como organismos mortos ou dejetos de seres vivos (fezes, folhas, urina etc.).

A decomposição consiste, principalmente, na desintegração de substâncias complexas em outras mais simples.

Com isso, as bactérias decompositoras desempenham uma importante função na reciclagem de nutrientes no ambiente.

Bactérias fixadoras de nitrogênio

Algumas espécies de bactérias que vivem no solo ou nas raízes de plantas leguminosas (feijão, soja, ervilha e outras) absorvem nitrogênio do ar ou dissolvido na água e o transformam em compostos nitrogenados (amônia, nitritos e nitratos). Os nitratos são absorvidos pelas raízes das plantas e usados na produção de proteínas. Por essa razão, muitos agricultores adicionam essas bactérias ao solo ou plantam leguminosas, tornando o solo mais fértil para a lavoura.

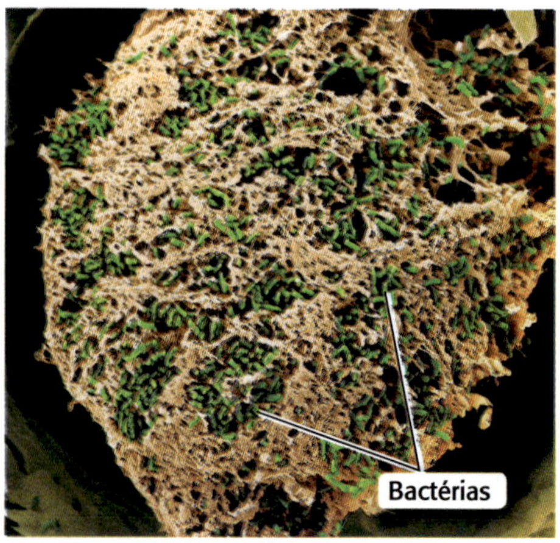

STEVE GSCHMEISSNER/SPL/LATINSTOCK

Bactérias fixadoras de nitrogênio (verde) sobre raiz de soja vistas ao microscópio eletrônico. Cores artificiais. Aumento de 33 vezes.

Cianobactérias

Antigamente, as cianobactérias eram chamadas algas azuis ou cianofíceas. Isso porque elas se assemelham a algumas algas: são verde-azuladas e realizam fotossíntese, produzindo seu próprio alimento. Atualmente, sabe-se que esses organismos são procariontes, e não apresentam cloroplasto.

Elas podem ser encontradas na superfície dos oceanos, rios e lagos, no solo úmido e até em fontes termais. Desempenham importante papel na manutenção desses ambientes, pois, além de liberar gás oxigênio para a atmosfera, servem de alimento a outros seres vivos.

Acredita-se que as cianobactérias estão entre as mais antigas formas de vida.

Fontes termais: locais onde a água subterrânea aquecida brota em pontos da superfície.

SPL/LATINSTOCK

Colônia de cianobactérias vista ao microscópio de luz. Aumento de 75 vezes.

Bactérias do corpo humano

No corpo humano, há mais bactérias que células. Estima-se que há mais de 10 bilhões de bactérias em nosso corpo. A maioria delas não causa mal algum ao organismo, e muitas são benéficas. Um exemplo são as bactérias que compõem a **flora intestinal**, regulando a função do intestino e impedindo que bactérias nocivas se instalem.

No entanto, há bactérias que causam doenças como tétano, pneumonia, tuberculose, leptospirose, coqueluche e cólera.

A seguir, estão descritas algumas bactérias causadoras de doenças.

- O *Streptococcus pneumoniae* é um dos agentes causadores da pneumonia – doença que ataca os pulmões, provocando febre, tosse e dificuldade respiratória.
- O vibrião colérico (*Vibrio cholerae*) é a bactéria causadora da cólera. Ela se instala no intestino, provocando crises de vômito e diarreia. A desidratação é muito rápida e intensa, podendo levar o indivíduo à morte. A doença é transmitida pela ingestão de água e alimentos contaminados com o vibrião.
- O *Clostridium tetani* é o agente causador do tétano. Ele é encontrado principalmente em fezes de animais, no solo ou na poeira. A contaminação pode ocorrer por meio de um ferimento ou queimadura na pele. Por isso, é preciso manter as feridas limpas e, em casos graves, procurar um serviço de saúde. No caso de a pessoa se ferir e não estar imunizada pela vacina, deverá receber soro antitetânico.

STEVE GSCHMEISSNER/SPL/LATINSTOCK

Streptococcus pneumoniae (vermelho) visto ao microscópio eletrônico. Essa bactéria faz parte da flora bacteriana normal dos seres humanos. Porém, pode causar infecções no sistema respiratório e provocar pneumonia. Cores artificiais. Ampliação de 2 300 vezes.

Pista 1

As vacinas são usadas contra doenças causadas por vírus e bactérias. Faça uma pesquisa e escolha duas doenças causadas por vírus e outras duas causadas por bactérias, depois responda: Quais são os meios de transmissão e de contágio dessas doenças? Verifique se há vacinas para as doenças escolhidas.

REINO PROTISTA

O Reino **Protista** é formado por seres vivos que pertencem a dois grupos muito diferentes: o das algas e o dos protozoários. Os protistas são eucariontes unicelulares ou pluricelulares. Os pluricelulares não têm tecidos verdadeiros (células semelhantes agregadas e especializadas, desempenhando uma função em comum).

Fitoplâncton: seres autotróficos que ficam em suspensão na água, principalmente algas unicelulares e cianobactérias.

Algas

As **algas** são encontradas em ambientes aquáticos (marinhos ou de água doce) e em solos úmidos. Algumas são unicelulares, outras são pluricelulares. Como são **fotossintetizantes**, são a base das cadeias alimentares aquáticas. Dessa forma, são importantes como produtoras de matéria orgânica para esses ambientes. As algas que ficam em suspensão na água fazem parte do fitoplâncton.

Os seres humanos usam as algas na fabricação de diversos produtos, como o creme dental, remédios e cosméticos. Algumas algas marinhas são comestíveis, como a alga vermelha *nori*, consumida principalmente no Japão, na China e na Coreia.

GEORGETTE DOUWMA/SPL/LATINSTOCK

A alga marrom *Laminaria digitata* é cultivada em oceanos. Seu extrato é usado na produção de fertilizantes e cosméticos. Mede de 1 a 4 metros de comprimento.

JAN HINSCH/SPL/LATINSTOCK

As diatomáceas são algas unicelulares. Têm parede celular mineralizada, que as protege e lhes confere o formato característico. Fotomicrografia óptica, ampliação de 100 vezes.

ANDRÉ SEALE/PULSAR IMAGENS

Acredita-se que os ancestrais das plantas eram semelhantes às algas verdes atuais. Na fotografia, alga verde (*Caulerpa racemosa*), mede cerca de 10 cm.

EDUARDO MARTINS/A TARDE/FUTURA PRESS

RAUL GONZALEZ/SS/LATINSTOCK

Os dinoflagelados causam o fenômeno conhecido como "maré vermelha". Em desequilíbrio, essas algas unicelulares se multiplicam exageradamente no mar, liberando toxinas e provocando a morte de organismos. Na fotografia, "maré vermelha" em Morro de São Paulo (BA), em 2008. À direita, no detalhe, dinoflagelado com aumento de 160 vezes.

Pista 2

Imagine que as doenças listadas na pista 1 tenham se manifestado em algumas pessoas. Qual seria o tratamento adequado para elas? Essas doenças poderiam ser prevenidas? De que forma?

Protozoários

Os protozoários são eucariontes unicelulares e heterótrofos. Vivem no ambiente aquático, no solo úmido ou no interior de animais.

A célula de um protozoário executa as funções que nos seres pluricelulares são realizadas por células especializadas. Alguns protozoários não se locomovem, já outros têm estruturas que permitem a locomoção, como os pseudópodes (expansões de citoplasma), cílios (filamentos curtos e numerosos) ou flagelos (filamentos longos). Os protozoários flagelados podem ter um ou dois flagelos. Assim como os cílios, eles batem coordenadamente e possibilitam a natação do organismo em determinada direção.

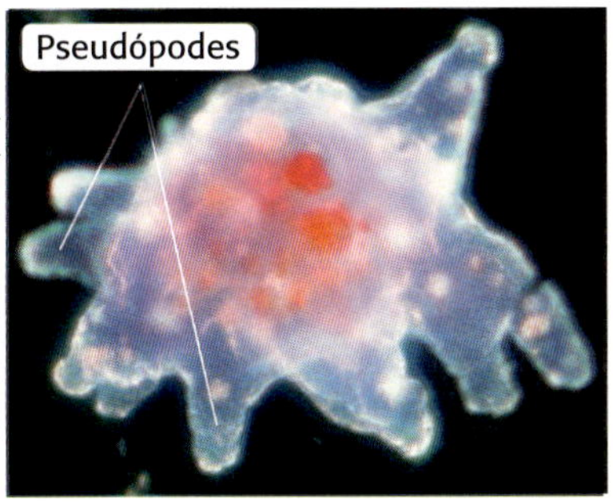

ASTRID & HANNS-FRIEDER MICHLER/SPL/LATINSTOCK

Amoeba proteus vista ao microscópio óptico. É possível observar os pseudópodes. Cores artificiais. Ampliação de 120 vezes.

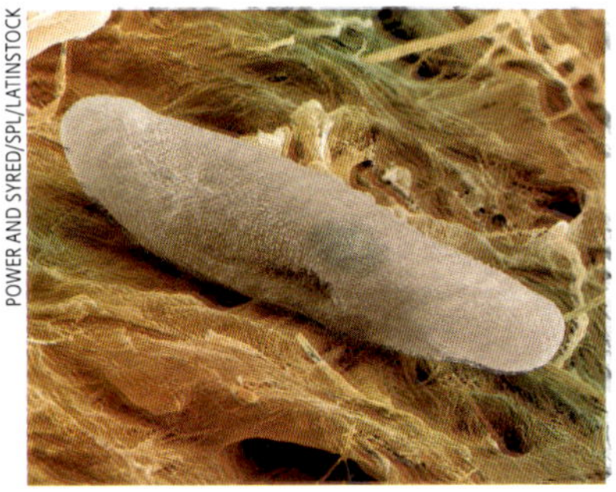

POWER AND SYRED/SPL/LATINSTOCK

Paramecium caudatum visto ao microscópio eletrônico. Vive em água doce. A membrana externa é coberta por cílios. Cores artificiais. Aumento de 390 vezes.

SELAVI CONTEÚDO CRIATIVO

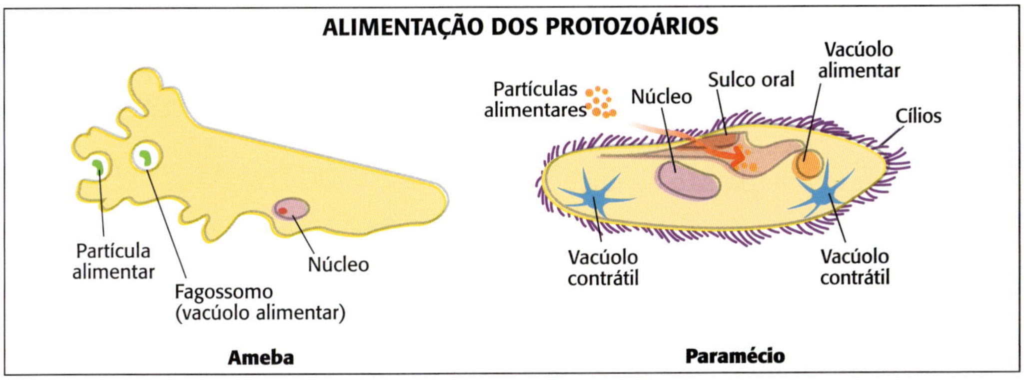

A ameba (à esquerda) se alimenta por **fagocitose** – os pseudópodes englobam as partículas de alimento. No paramécio (à direita), a ingestão de alimento ocorre em uma região da célula. Nos dois casos, formam-se vacúolos alimentares, onde as partículas serão digeridas. Representação esquemática. Cores fantasia. Elementos fora de escala de tamanho.

Alguns protozoários são parasitas de células humanas e causam doenças. No quadro a seguir, são apresentadas algumas delas.

Doenças causadas por protozoários

Espécie	Doença	Sintomas	Transmissão
Entamoeba histolytica	Amebíase	Ulcerações intestinais, diarreia, enfraquecimento.	Ingestão de cistos eliminados com as fezes humanas.
Trypanosoma cruzi	Doença de Chagas	Inflamação do coração, inchaço do baço e fígado, mal-estar.	Fezes do inseto barbeiro (*Triatoma* sp.).
Giardia lamblia	Giardíase	Dores abdominais, diarreia.	Ingestão de cistos eliminados com as fezes humanas.
Plasmodium vivax	Malária	Febres, anemia, lesões no baço e no fígado.	Picada de mosquito-prego (*Anopheles* sp.).

NÃO DEIXE DE ACESSAR

Neste *site* você vai aprender muitas coisas sobre os protozoários.

- **Espionando os protozoários**
  http://www.invivo.fiocruz.br/cgi/cgilua.exe/sys/start.htm?infoid=83&sid=2
  Acesso em: 13 maio 2015.

REINO FUNGI

Orelha-de-pau, bolor, fermento e cogumelo são alguns representantes do Reino **Fungi**. Atualmente os cientistas conhecem cerca de 70 mil espécies. No entanto, acredita-se que esse número seja bem maior.

Os fungos vivem no solo, sobre o tronco de árvores, na água, em alimentos ou no corpo de outros seres vivos.

Eles podem ser unicelulares ou pluricelulares. Nos pluricelulares, as células formam estruturas filamentosas que chamamos de **hifas**. Várias hifas entrelaçadas formam o **micélio**.

A parede celular de certos fungos é constituída por **quitina** – uma substância presente no corpo de alguns animais.

A reprodução dos fungos pode ser tanto sexuada como assexuada.

Os fungos são heterótrofos. Eles não ingerem seus alimentos: eles eliminam substâncias que fazem a digestão para depois absorver os nutrientes. Como decompositores, os fungos exercem papel fundamental nos ciclos da matéria na natureza.

Na fotografia, mofo-preto (*Aspergillus niger*) sobre tomates. No destaque, esse fungo visto ao microscópio eletrônico. Na ponta de cada hifa, forma-se um esporo, que pode ser disperso pelo vento, por exemplo. Cores artificiais. Ampliação de 160 vezes.

Bolores ou mofos

Quando se depositam sobre matéria orgânica úmida, os bolores formam filamentos, que, dependendo da espécie, podem ser de cores diferentes: preto, branco, laranja. Crescem em alimentos, na madeira e em outros materiais. O ressecamento e o frio são condições desfavoráveis à sobrevivência dos bolores.

Leveduras

As leveduras são fungos unicelulares e geralmente se reproduzem por brotamento ou divisão celular.

Para obter energia, as leveduras fazem fermentação: transformam o açúcar (carboidrato) em álcool e gás carbônico. Esse processo é chamado de fermentação alcoólica e é usado na produção de álcool combustível, em que a sacarose (tipo de açúcar presente na cana-de-açúcar) é transformada em etanol.

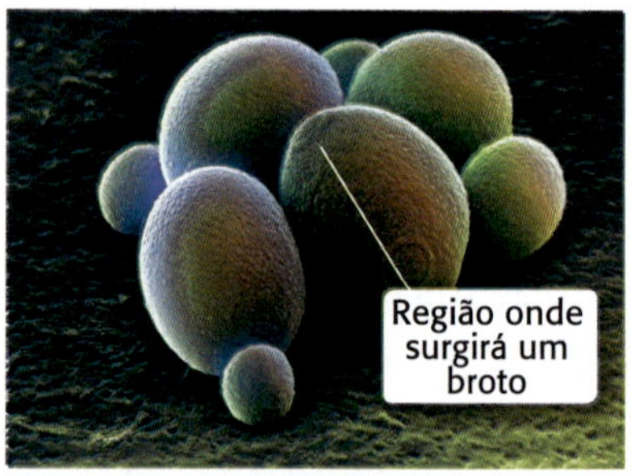

Levedura *Saccharomyces cerevisiae* vista ao microscópio eletrônico. As células se formam por brotamento. Cores artificiais. Aumento de 1 700 vezes.

FIQUE DE OLHO

Para fazer pão misturamos farinha, água, sal e fermento biológico.

- Pesquise do que é feito o fermento biológico e o que faz a massa crescer.

Cubos de fermento biológico, usado para fazer pão.

Cogumelos e orelhas-de-pau

Em certo grupo de fungos, as hifas estão reunidas e formam estruturas complexas chamadas **corpos de frutificação**. Nelas são formados os esporos, que vão originar novos indivíduos. Exemplos desse grupo são os cogumelos e as orelhas-de-pau.

FABIO COLOMBINI

Cogumelos crescendo em tronco. Medem cerca de 3 cm.

J. L. BULCÃO/PULSAR IMAGENS

Orelhas-de-pau crescendo em tronco. Medem cerca de 5 cm.

Os fungos e os seres humanos

Os fungos fazem parte da alimentação humana. Alguns cogumelos são comestíveis, como o *champignon* e o *shiitake*. Outros são usados na fabricação de pães e queijos.

A penicilina, extraída do fungo *Penicillium notatum*, é um importante antibiótico.

Há também fungos que podem ser prejudiciais aos seres humanos. A *Amanita muscaria*, por exemplo, é um cogumelo muito tóxico.

Certos fungos causam doenças, como as micoses de pele e de unha. Manter o corpo limpo, enxugar bem os dedos após o banho, não compartilhar objetos como toalhas e roupas são algumas formas de prevenir micoses.

Liquens: fungos que se associam a algas

Algumas espécies de fungos podem viver associadas a outros seres vivos. É o caso dos **liquens**, resultantes da associação entre fungos e algas. Eles crescem sobre o tronco de árvores, rochas ou no solo, geralmente em locais úmidos. Essa associação é vantajosa para o fungo, que se alimenta dos produtos da fotossíntese realizada pela alga, que, por sua vez, obtém água e sais minerais fornecidos pelos fungos.

EYE OF SCIENCE/SPL/LATINSTOCK

Tronco coberto por liquens. No destaque, a estrutura interna do líquen *Parmelia sulcata* vista ao microscópio eletrônico. Os filamentos são as hifas do fungo. Entre elas estão as algas (esferas verdes). Cores artificiais. Aumento de 1 300 vezes.

VAUGHAN FLEMING/SPL/LATINSTOCK

Pista 3

As campanhas de vacinação contra a varíola praticamente eliminaram essa doença do planeta. No entanto, doenças contagiosas surgem de tempos em tempos, e os cientistas passam a desenvolver novos tratamentos e vacinas. Pesquise a respeito de doenças e produção de vacinas no Brasil nos últimos anos.

EXPERIMENTE FAZER

Xi... mofou!

Você já deve ter visto fungos se desenvolverem em alimentos e até mesmo em paredes. De que condições do ambiente esses seres precisam para se desenvolver?

Objetivo

- Investigar os fatores que favorecem o desenvolvimento de fungos nos alimentos.

Materiais

- 8 recipientes transparentes (placas de Petri, pires ou fundos de garrafa PET)
- filme de PVC
- 4 biscoitos
- sal de cozinha
- água
- etiquetas brancas ou fita-crepe
- caneta
- uma fatia de pão dividida em 4 pedaços

Procedimentos

1. Identifique cada um dos recipientes com as seguintes marcações: **A** – biscoito; **B** – biscoito + sal; **C** – biscoito + água; **D** – biscoito + água + sal; **E** – pão; **F** – pão + sal; **G** – pão + água; **H** – pão + água + sal.
2. Distribua o biscoito, o pão e o sal e umedeça os alimentos de acordo com as marcações.
3. Cubra todos os recipientes com filme de PVC.
4. No caderno, elabore um quadro para registrar o resultado e faça observações diárias por 3 semanas. Anote a aparência dos alimentos ou faça fotografias.

DIAS	A (biscoito)	B (biscoito + sal)	C (biscoito + água)	D (biscoito + água + sal)	E (pão)	F (pão + sal)	G (pão + água)	H (pão + água +sal)

Modelo para o quadro de observação do experimento.

Resultados

1. Levante hipóteses e faça suposições sobre o que vai ocorrer em cada recipiente. Qual alimento mofará primeiro? E por último? Por quê?
2. Após as três semanas, verifique se as suas hipóteses iniciais se confirmaram e responda às questões.
   a. Quais foram as mudanças que você observou?
   b. Que fatores influenciaram o desenvolvimento dos fungos?

Conclusões

- Quais são os fatores testados com esse experimento?

Para ir além

- Como poderíamos testar a influência da luz no crescimento do mofo? E a da temperatura? Escreva duas propostas de experimento, uma para testar a influência da luz e outra para testar a influência da temperatura.

1. Qual é o tipo de nutrição das bactérias? E o das cianobactérias?
2. Explique a importância das bactérias para o ciclo da matéria na natureza.
3. Qual é a importância das cianobactérias para o ambiente aquático?
4. Na produção de pão, o fungo *Saccharomyces cerevisiae* faz fermentação alcoólica e a massa cresce. Que gás faz crescer a massa do pão?
5. Algas e protozoários são incluídos no mesmo reino, mas são muito diferentes. Quais são as principais diferenças entre eles?
6. Observe a fotografia, que mostra o fungo *Penicillium notatum* ao centro, rodeado de colônias de bactérias de coloração vermelha. Repare que, quanto mais próximo da colônia, menor a quantidade de colônias vermelhas.
   a. O que aconteceu com as colônias próximas ao fungo?
   b. De que forma pode ser aproveitada essa propriedade do fungo?

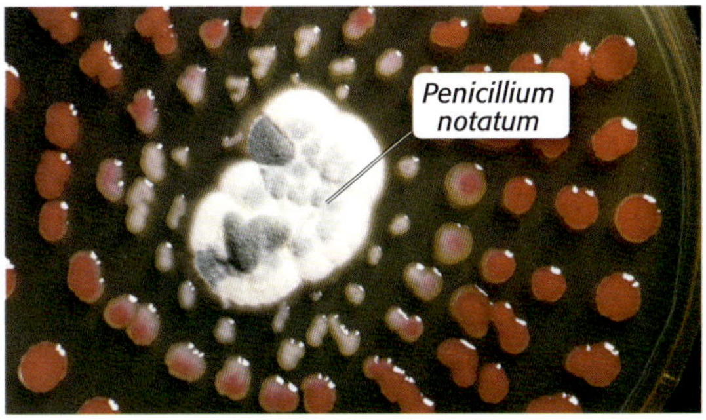

BIOPHOTO ASSOCIATES/SCIENCE SOURCE/GETTY

As bactérias e os fungos cresceram sobre um meio gelatinoso, denominado agarose.

7. No caderno, faça um quadro comparativo dos reinos estudados: Monera, Protista e Fungi. Observe o modelo abaixo.

Reino	Tipo de célula (eucarionte ou procarionte)	Nutrição (autotrófica ou heterotrófica)	Exemplos

Desfecho

Retome as informações aprendidas nesta unidade e reflita a respeito da importância da prevenção de doenças, em nível tanto individual (qualidade de vida do paciente) quanto social (custos com tratamentos, infraestrutura de hospitais etc.). Qual é a sua opinião a respeito da vacinação?

Encerrando a unidade

1. Faça uma pequena ficha de resumo de cada um dos assuntos tratados nesta unidade:
- **características dos vírus;**
- **características do Reino Monera;**
- **características do Reino Protista;**
- **como é o Reino Fungi.**

2. Pesquise em livros ou na internet informações complementares sobre esses assuntos e compartilhe com os colegas. Depois, monte um mural com essas informações para sistematizar o que foi encontrado.

Superbactérias: o problema mundial da resistência a antibióticos

O termo "superbactérias" é atribuído às bactérias que desenvolvem resistência a, praticamente, todos os antibióticos. Vários fatores estão envolvidos na disseminação desses microrganismos multirresistentes, incluindo o uso abusivo de antibióticos, procedimentos invasivos (cirurgias, implantação de próteses médicas e outros) e a capacidade das bactérias de transmitir seu material genético. [...]

Nas últimas décadas, o mundo tem testemunhado uma grande proliferação de bactérias patogênicas, envolvidas em uma variedade de doenças, que apresentam resistência a múltiplos antibióticos. O termo superbactérias, muito usado atualmente, refere-se a bactérias que acumularam vários genes determinantes de resistência, a ponto de se tornarem refratárias a, praticamente, todos os antimicrobianos utilizados nos tratamentos médicos, deixando clínicos e cirurgiões sem muitas opções para combater as infecções. Sem dúvida, um dos mais importantes fatores envolvidos na proliferação de superbactérias é a ampla utilização de antibióticos no ambiente hospitalar, na população extra-hospitalar (comunitária) e na agropecuária.

Fabienne Antunes Ferreira et al. *Superbactérias*. Disponível em: <http://cienciahoje.uol.com.br/revista-ch/2011/287/pdf_aberto/superbacterias287.pdf>. Acesso em: 7 fev. 2015.

ALFRED PASIEKA/SPL/LATINSTOCK

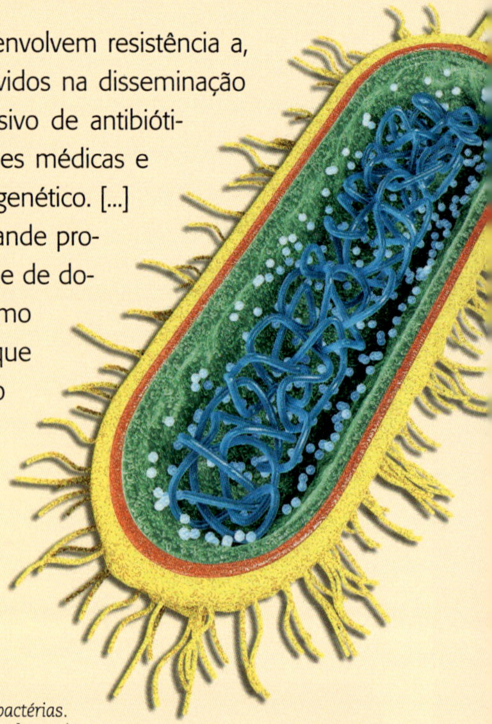

Representação de uma bactéria vista em corte. Cores fantasia. Elementos fora de escala de tamanho e de proporção.

Ameaça de superbactérias é problema sério de saúde pública

Notícia de 23 de abril de 2011

Há cerca de duas semanas, a Organização Mundial da Saúde (OMS) declarou que a incidência de infecções por superbactérias resistentes a drogas atingiu níveis sem precedentes em todo o planeta. O sério problema já ameaça criar um cenário de proliferação de infecções incuráveis, e no Brasil as consequências desta realidade já começam a ser sentidas. [...]

Em 2010, a superbactéria (KPC) causou medo no Brasil após infecções em hospitais espalhados pelo país. A Agência Nacional de Vigilância Sanitária (Anvisa) reforçou o controle sobre receitas médicas de antibióticos, na tentativa de conter o avanço da KPC.

Angela Joenck Pinto. *Ameaça de superbactéria é problema sério de saúde pública*. Disponível em: <http://noticias.terra.com.br/ciencia/ameaca-de-superbacterias-e-problema-serio-de-saude-publica,3d78962f137ea310VgnCLD200000bbcceb0aRCRD.html>. Acesso em: 9 fev. 2015.

PAULO CESAR PEREIRA

As superbactérias são um tema preocupante entre os médicos. Em 2010 foi aprovada uma lei que proíbe a venda de antibióticos sem receita médica.

O que são superbactérias?

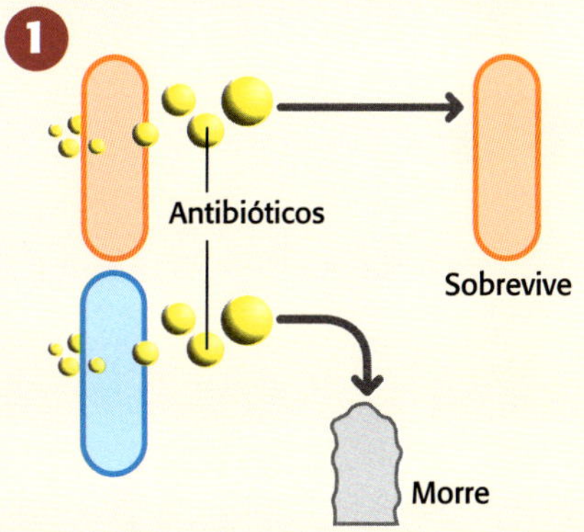

1. Em uma colônia de bactérias, algumas podem ser geneticamente resistentes a determinados antibióticos. Essa resistência natural é causada por modificações no DNA. São as chamadas mutações.

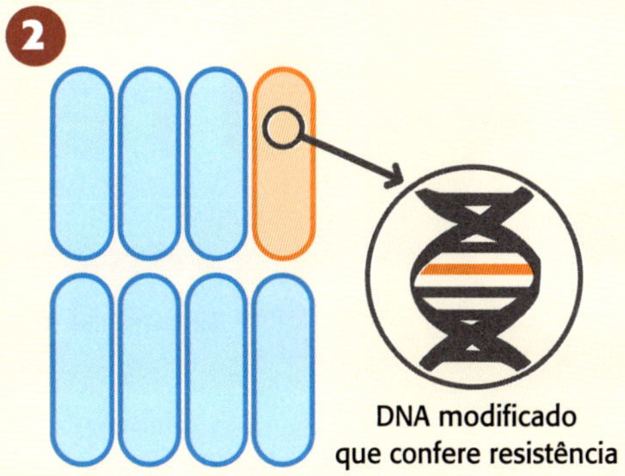

2. Quando a pessoa toma esse antibiótico, a maior parte das bactérias morre. Sobram as resistentes. Elas se multiplicam e transmitem a resistência aos seus descendentes. Isso acontece cada vez que a pessoa toma o antibiótico.

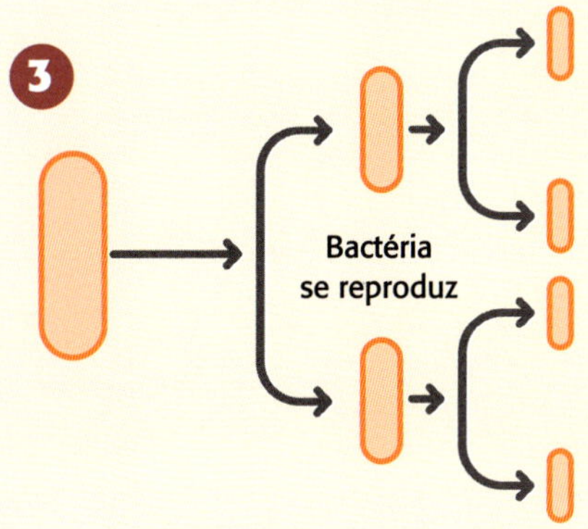

3. Com o passar do tempo, essas bactérias se multiplicam e o antibiótico não faz mais efeito sobre elas. É preciso uma dose maior desse antibiótico ou outro tipo de antibiótico para tratar a doença.

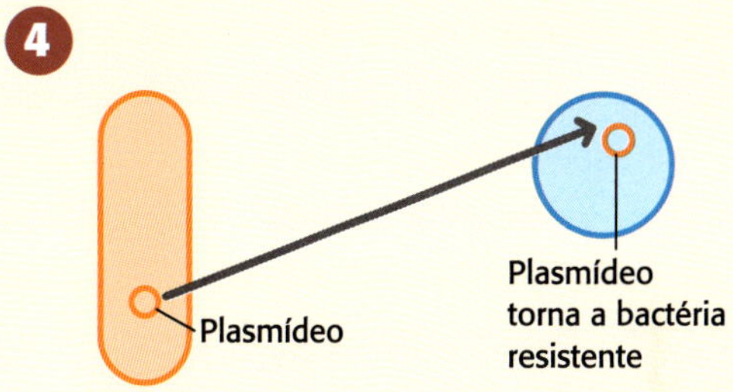

4. As bactérias resistentes podem, inclusive, transmitir seu material genético para outras bactérias, tornando-as também resistentes. Com o uso excessivo e inadequado de antibióticos, estão surgindo bactérias resistentes a praticamente todos os medicamentos: são as **superbactérias**.

SELAVI CONTEÚDO CRIATIVO

Representações esquemáticas da produção de superbactérias. Cores fantasia. Elementos fora de escala de tamanho e de proporção.

Para explorar

1. Converse com seus colegas e analisem a situação a seguir.
   Cristiano tem 3 anos e está com dor de garganta e tosse. Seu pai dá a ele antibióticos, sem consultar o médico. Após 3 dias, o menino melhora, e o pai deixa de dar a medicação. Alguns dias depois, a dor de garganta volta.
   Escolham a resposta que explica corretamente a situação.
   a. Ao tomar o antibiótico, boa parte das bactérias morreu, e Cristiano melhorou. Provavelmente, o antibiótico não era o correto para a doença, a dose era insuficiente ou ele não foi administrado por tempo suficiente para eliminar todas as bactérias. Ao interromper a medicação, a infecção voltou.
   b. O antibiótico provocou melhora na criança por certo período, até que as bactérias presentes no organismo de Cristiano desenvolvessem mutações em seu material genético, de forma a se tornarem resistentes ao medicamento. Quando se tornaram resistentes, a doença voltou e não pôde mais ser tratada com o mesmo antibiótico.
2. Em grupo, preparem um folheto explicativo para ser distribuído aos pais e responsáveis. Ele deve conter informações sobre a importância do uso de antibióticos somente com orientação médica. A partir do que aprenderam sobre as superbactérias, façam ilustrações para facilitar a compreensão do conteúdo. Evitem o uso de termos técnicos, para que a linguagem seja compreendida por todas as pessoas.

UNIDADE 3

O reino das plantas

O Brasil possui a flora mais diversa do mundo, com mais de 55 mil espécies de plantas ou 22% do total mundial. Também se encontra no país a maior riqueza de espécies de palmeiras (390 espécies) e de orquídeas (2 300), além de algas, gimnospermas (como o pinheiro), pteridófitas (samambaias) e briófitas (musgos).

[...]

Para conhecer a biodiversidade e divulgar este conhecimento para a sociedade brasileira, a comunidade botânica do Brasil lançou a *Lista de Espécies da Flora do Brasil* [Programa Reflora], em que são disponibilizados imagens e dados sobre as espécies em diferentes tipos de vegetação, por estados, regiões e domínios fitogeográficos.

[...]

Flora é reconhecida como uma das mais importantes do mundo. Disponível em: <http://www.brasil.gov.br/meio-ambiente/2012/04/flora-brasileira>. Acesso em: 10 abr. 2014.

Nesta unidade, você vai saber mais sobre:

- A evolução das plantas
- As plantas sem sementes
- As plantas com sementes

ANDRE DIB/PULSAR IMAGENS

A Floresta Amazônica cobre praticamente metade do território brasileiro e abriga grande número de seres vivos, tendo cerca de 30 000 espécies de plantas. Na fotografia, vista aérea da Floresta Amazônica em Tefé (AM), em 2014.

NÃO DEIXE DE ACESSAR

- **Reflora**
  O Programa Reflora tem como principal objetivo disponibilizar conhecimento sobre as plantas do Brasil.
  http://reflora.jbrj.gov.br/
  Acesso em: 10 abr. 2015.

TROCANDO IDEIAS

1. Qual a importância do conhecimento sobre a flora brasileira?
2. Mencione o nome de cinco plantas que você conhece. Onde elas são encontradas?
3. Cite três outros usos que o ser humano faz das plantas, além de servir como alimento.

5 Plantas sem sementes

A conquista do ambiente terrestre

Os primeiros seres vivos que faziam fotossíntese viviam no ambiente aquático. Nele, tinham a água necessária à sua sobrevivência e a água fornecia sustentação ao corpo. Eram seres vivos pequenos ou unicelulares.

Em dado momento, algumas espécies de planta passaram a viver no ambiente terrestre. Essa conquista alterou o solo do planeta, mudou o clima e permitiu o desenvolvimento de outras espécies, já que aumentou a quantidade de oxigênio e a disponibilidade de alimento no ambiente terrestre.

E quais seriam as espécies de plantas que iniciaram a conquista do meio terrestre? Em um artigo publicado em 2010, uma equipe de pesquisadores argentinos, coordenada por Claudia Rubinstein, divulgou a descoberta de fósseis de algumas das primeiras plantas a ocupar o ambiente terrestre.

Os pesquisadores estudaram os sedimentos do Rio Capillas, na região noroeste da Argentina, e encontraram esporos (unidades reprodutivas) fossilizados de plantas que têm entre 499 e 488 milhões de anos.

Os esporos de cinco espécies encontradas pertencem à divisão *Marchantiophyta*. Os seres vivos atuais que pertencem a esse grupo apresentam estruturas bastante simples, sem caule e sem raiz. Acredita-se que essas plantas teriam evoluído de um ancestral comum das algas verdes de água doce.

DR JEREMY BURGESS/SPL/LATINSTOCK

Fotografia de planta do gênero *Marchantia*. Essas plantas medem cerca de 1 cm de altura.

MYLOUPE/UIG VIA GETTY IMAGES

Esporos fossilizados de plantas foram encontrados no Rio Capillas, Argentina. Fotografia de 2013.

BATE-PAPO

1. De acordo com o texto, a ocupação do ambiente terrestre pelas plantas possibilitou o desenvolvimento de outros seres vivos. Explique como isso ocorreu.

2. O texto afirma que algumas plantas não apresentam caule nem raiz. Você sabe quais são as funções dessas estruturas?

O que é uma ONG?

Ao longo desta unidade, entenderemos o significado dessa sigla e seu papel na preservação do ambiente.

EVOLUÇÃO DAS PLANTAS

Há plantas com características muito distintas, algumas são diminutas, outras podem atingir vários metros. Embora possam variar muito, as plantas compartilham uma série de características.

As plantas são seres eucariontes, pluricelulares e autotróficos. Elas realizam fotossíntese e possuem o pigmento **clorofila**. Têm parede celular composta de **celulose** (tipo de açúcar). Além disso, as plantas têm ciclo de vida com **alternância de gerações**.

Nas plantas, a água e os sais minerais absorvidos pela raiz formam a **seiva bruta**, que deve ser levada até as folhas. Nas folhas, como resultado da fotossíntese, é produzido um açúcar, que, misturado à água, forma a **seiva elaborada**. O transporte dessas seivas não é feito da mesma maneira em todas as plantas; algumas plantas possuem **vasos condutores** que aumentam a eficiência desse transporte.

Acredita-se que os ancestrais das plantas eram algas verdes de água doce. Há evidências de que as primeiras plantas a ocupar a terra firme foram as **briófitas**, como os musgos. Depois, surgiram as **pteridófitas**, como as samambaias, e posteriormente as **gimnospermas**, como os pinheiros, e as **angiospermas**, como a laranjeira.

As presenças de sementes, flores e vasos condutores são algumas das características usadas para agrupar e entender a evolução das plantas.

EVOLUÇÃO DAS PLANTAS

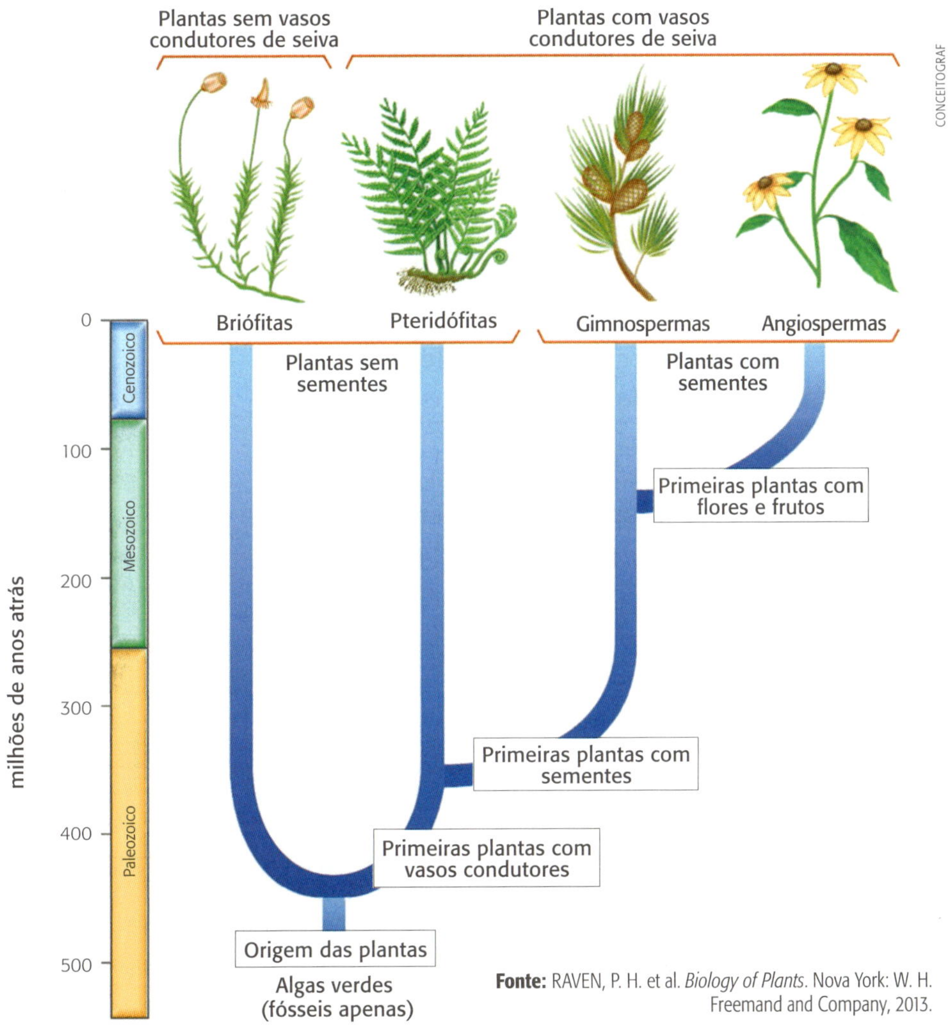

Fonte: RAVEN, P. H. et al. *Biology of Plants*. Nova York: W. H. Freemand and Company, 2013.

Representação esquemática de uma hipótese de evolução das plantas, os principais grupos de plantas e o possível ancestral comum. Elementos fora de escala de tamanho e de proporção.

BRIÓFITAS

As plantas do filo **Briophyta** (do grego *bryon* = musgo; *phyton* = planta) têm pequeno porte e são comuns em lugares úmidos. Algumas espécies flutuam em água doce.

As plantas mais conhecidas desse filo são os musgos, que raramente ultrapassam alguns centímetros de altura.

A maioria dos musgos está no ambiente terrestre, mas, mesmo assim, ainda são muito dependentes da água. A absorção de água se dá pela superfície do corpo dessas plantas e a reprodução sexuada só ocorre se houver água. Por isso, é comum encontrar os musgos em ambientes úmidos e sombreados, muitas vezes recobrindo a superfície formando "tapetes verdes".

MARCIO LOURENÇO/PULSAR IMAGENS

Em ambientes úmidos, os musgos cobrem o solo, as rochas e os troncos. Na fotografia, riacho e mata no Parque Estadual de Intervales, SP.

Estrutura dos musgos

Essas plantas não apresentam raiz, caule e folha verdadeiros, apenas estruturas mais simples, denominadas **rizoides** (que fixam o vegetal ao substrato), **cauloide** (que dá sustentação à planta) e **filoides** (que são responsáveis pela fotossíntese).

Nas briófitas não há vasos condutores, portanto a seiva bruta e a seiva elaborada são transportadas de célula para célula. Trata-se de um processo lento, que não seria possível em plantas grandes.

JURANDIR RIBEIRO

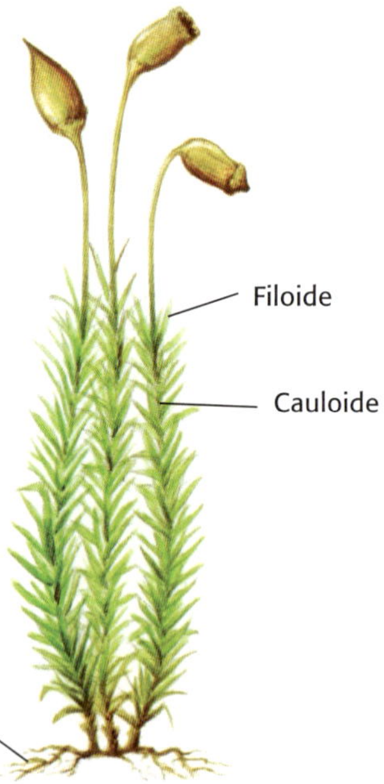

Representação esquemática da estrutura de um musgo. Cores fantasia. Elementos fora de escala de tamanho e de proporção.

Pista 1

Organizações não governamentais (ONGs) são instituições sem fins lucrativos, com atividades relacionadas a políticas públicas no campo social, ambiental, entre outros. O que você imagina que faz uma ONG social? E uma ONG ambiental?

Reprodução das briófitas

Assim como nos demais grupos de plantas, a reprodução das briófitas ocorre em duas etapas, envolvendo reprodução sexuada e reprodução assexuada. Esse processo é chamado de alternância de gerações.

Na fase **assexuada** ou **esporofítica**, as briófitas produzem **esporos**, que se formam no interior das cápsulas. O indivíduo que produz esporos é chamado **esporófito**.

As cápsulas se abrem quando o ambiente está muito úmido, ou quando gotas de chuva as tocam, e lançam os esporos. Ao caírem no solo, os esporos germinam e dão origem a um novo organismo, que é chamado **gametófito**.

A etapa da reprodução **sexuada**, também conhecida como fase **gametofítica**, envolve a produção de gametas. Nas extremidades do gametófito masculino, forma-se o **anterídio**, que produz gametas flagelados: os **anterozoides**, que utilizam o meio aquático para se locomover. No gametófito feminino, forma-se a estrutura chamada **arquegônio**, que produzirá o gameta feminino: a **oosfera**. Após a fecundação, forma-se o esporófito, e o ciclo recomeça.

Nas briófitas, a fase duradoura é a gametofítica.

Na fotografia, hastes de musgo com cápsula de esporo na extremidade. Medem cerca de 3 cm de altura. No detalhe, cápsula de musgo com esporos amarelos vista ao microscópio eletrônico de varredura. Cores artificiais. Ampliação de 120 vezes.

CICLO DE VIDA DE UM MUSGO

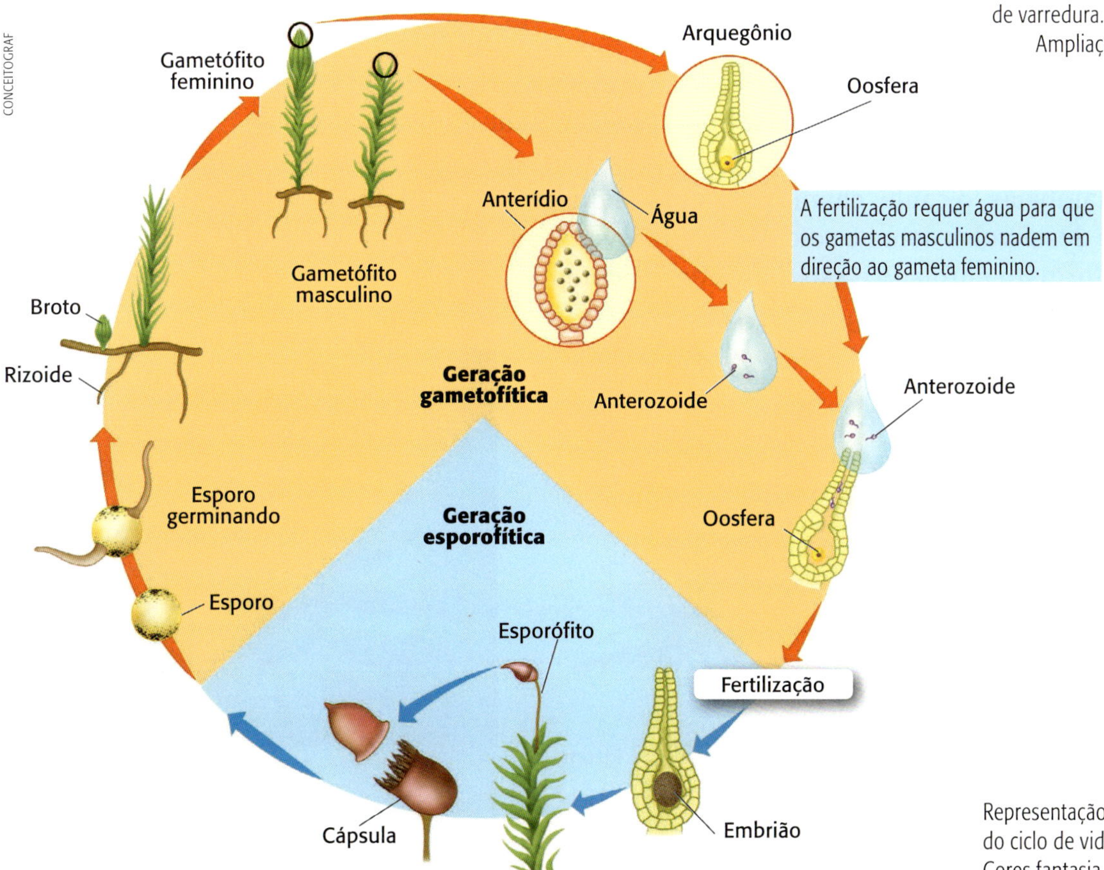

Fonte: RAVEN, P. H. et al. *Biology of Plants*. Nova York: W. H. Freemand and Company, 2013.

Representação esquemática do ciclo de vida das briófitas. Cores fantasia. Elementos fora de escala de tamanho e de proporção.

PTERIDÓFITAS

As pteridófitas (do grego: *pteridon* = feto; *phyton* = planta) são as primeiras **plantas vasculares**, ou seja, que têm vasos condutores de seiva.

Além de auxiliar na sustentação, os vasos condutores possibilitaram uma melhor eficiência no transporte de seiva bruta (água e sais minerais absorvidos pelas raízes) e de seiva elaborada (água e açúcares produzidos na fotossíntese).

Ainda muito dependentes da água para a reprodução, as pteridófitas vivem melhor em ambientes úmidos e pouco iluminados. Geralmente, instalam-se sobre troncos de árvores, sem parasitá-las. As pteridófitas não produzem sementes, flores e frutos.

As pteridófitas mais conhecidas são as samambaias, as avencas e a cavalinha.

Durante o período Carbonífero (entre 285 e 360 milhões de anos atrás), essas plantas formaram florestas imensas, com exemplares que alcançavam vários metros de altura.

LUDEK PESEK/SPL/LATINSTOCK

Representação artística de uma floresta de 350 milhões de anos atrás formada por pequenos musgos e gigantescas samambaias, muitas com 20 metros de altura. Nesse tempo, a fauna era composta principalmente por insetos, caramujos, peixes e anfíbios. Cores fantasia.

Estrutura das pteridófitas

As pteridófitas apresentam estrutura básica: raiz, caule e folha verdadeiros.

Nas samambaias, o caule, chamado rizoma, é quase sempre subterrâneo ou se desenvolve sobre o solo. As folhas jovens, ainda em fase de broto, têm formato enrolado e são chamadas **báculos**.

ESTRUTURA DA SAMAMBAIA

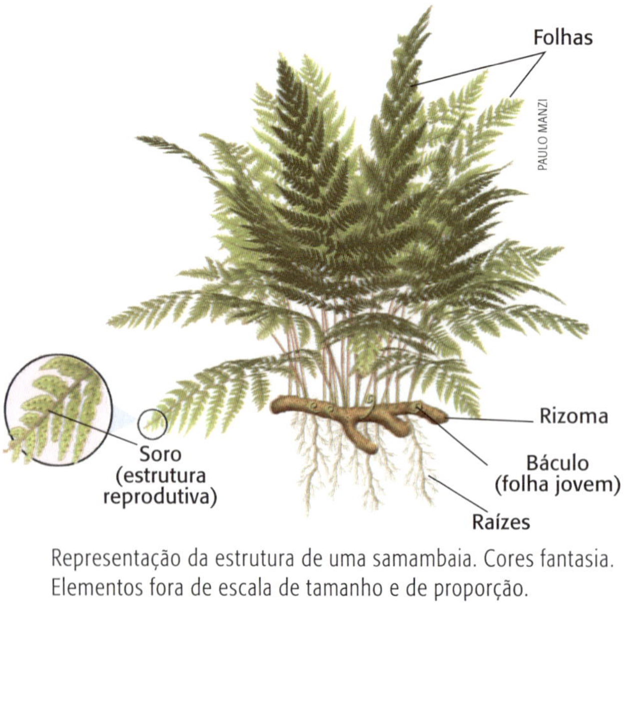

Representação da estrutura de uma samambaia. Cores fantasia. Elementos fora de escala de tamanho e de proporção.

FABIO COLOMBINI

Báculo de samambaia de Mata Atlântica.

Reprodução das pteridófitas

O ciclo reprodutivo das pteridófitas também envolve a alternância de gerações: uma fase assexuada e outra sexuada. Vamos utilizar o ciclo reprodutivo da samambaia como exemplo.

O indivíduo adulto (esporófito) produz **esporos** na face inferior da folha, em estruturas chamadas **esporângios**. Os esporângios agrupam-se em **soros**. Quando maduros, os soros abrem-se e liberam os esporos no ambiente.

Protalo e esporófito jovem. O protalo se forma quando o esporo cai na terra e germina. Imagem ampliada 3 vezes.

Quando caem em terra úmida, os esporos brotam, produzindo uma pequena planta em forma de coração, chamada **protalo**, que é o gametófito. É nessa estrutura que ocorrerá a fase sexuada da reprodução. Assim como nas briófitas, há a formação de **arquegônio** (estrutura que produz os gametas femininos – oosferas) e **anterídio** (que produz o gameta masculino – anterozoide). O protalo, no entanto, é hermafrodita: um mesmo protalo produz os dois tipos de gameta.

Na presença de água, os anterozoides nadam até a oosfera e ocorre a fecundação, formando o embrião que dará origem a um esporófito jovem.

Nas pteridófitas, a fase duradoura é a esporofítica.

CICLO DE VIDA DE UMA SAMAMBAIA

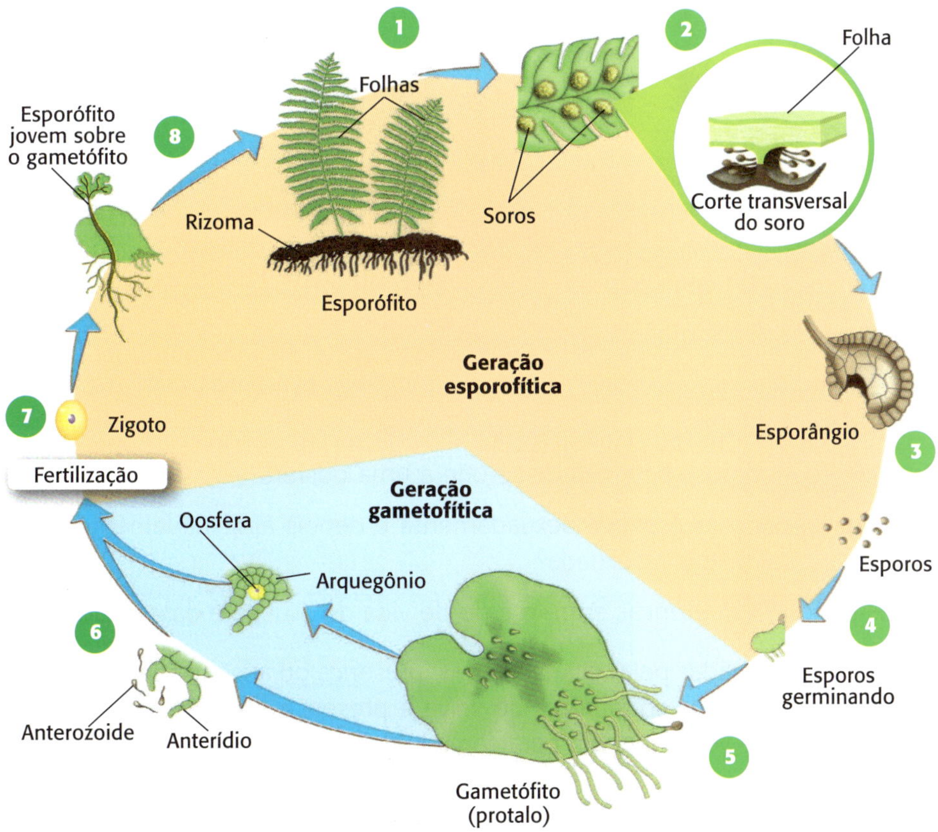

1 O indivíduo adulto produz esporos.
2 Na face inferior das folhas, ocorre a formação de esporos nos soros.
3 Os esporos são liberados para o ambiente.
4 Os esporos caem na terra úmida e germinam.
5 Forma-se o protalo, onde serão produzidos os gametas masculino e feminino.
6 Gotas de água transportam os gametas masculinos até os femininos e ocorre a fertilização.
7 Forma-se a primeira célula de samambaia, que começa a crescer sobre o protalo.
8 O esporófito se desenvolve.

Representação esquemática do ciclo de reprodução da samambaia. Cores fantasia. Elementos fora de escala de tamanho e de proporção.

Fonte: RAVEN, P. H. et al. *Biology of Plants*. Nova York: W. H. Freemand and Company, 2013.

1. Observe novamente a imagem da página 65 e, depois, responda:

a. Quais são, provavelmente, as plantas mais antigas na Terra?

b. Os musgos tiveram como ancestral qual grupo de organismos?

2. Como acontece o transporte de água nas briófitas?

3. Observe a ilustração e responda às questões no caderno.

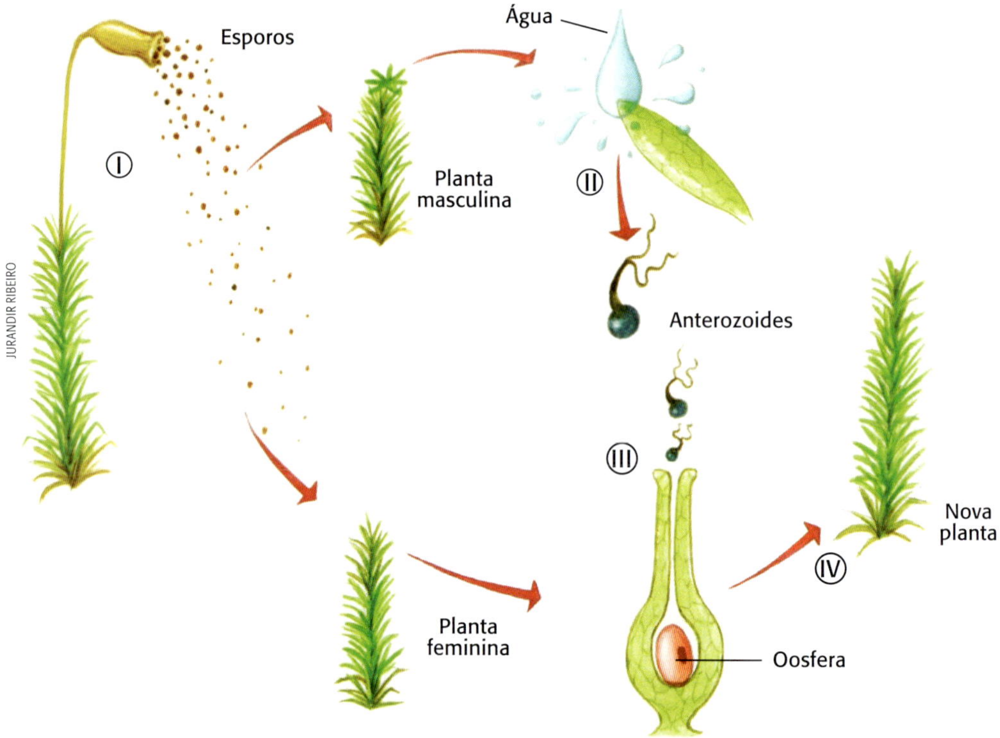

Representação esquemática do ciclo de vida do musgo. Cores fantasia.
Elementos fora de escala de tamanho e de proporção.

Fonte: RAVEN, P. H. et al. *Biologia vegetal.* Rio de Janeiro: Guanabara Koogan, 2014.

a. Elabore pequenos textos descrevendo as etapas **I**, **II**, **III** e **IV**.

b. O que os esporos formam quando germinam?

c. Anterozoides são gametas masculinos, oosferas são gametas femininos. Como ocorre o encontro desses gametas?

d. O que acontece quando um anterozoide se une a uma oosfera?

e. Os musgos se reproduzem primeiro sexuadamente e depois assexuadamente. Qual fase é sexuada e qual fase é assexuada?

f. Quais são as principais diferenças entre o ciclo de vida do musgo e da samambaia?

4. As plantas podem ser agrupadas pelas características: presença ou ausência de sementes; presença ou ausência de vasos condutores de seiva e presença ou ausência de flores. Qual dessas características você utilizaria para separar as briófitas das pteridófitas? Justifique sua resposta.

5. Musgos e samambaias são frequentes em florestas tropicais, mas há poucas espécies em regiões secas, como a Caatinga. Com base no que você aprendeu, elabore uma hipótese para explicar esse fato.

6. Observe as fotografias e depois responda às questões no caderno.

FABIO COLOMBINI

Samambaia crescendo sobre tronco. 1 – 1,5 m de comprimento.

FABIO COLOMBINI

Planta de avenca. Até 50 cm de altura.

a. Essas plantas são briófitas ou pteridófitas?

b. Quais são as principais características desse grupo?

7. A respeito do ciclo reprodutivo das samambaias, responda no caderno.

a. Onde são produzidos os esporos das samambaias?

b. O que são soros? Em que local da planta há soros?

c. Em que fase do ciclo reprodutivo da samambaia a água é importante? Por quê?

8. Leia o texto e faça o que se pede.

Uma pteridófita ameaçada de extinção

Até pouco tempo atrás, o xaxim era usado como substrato para o cultivo de orquídeas e outras plantas.

O xaxim era extraído de uma pteridófita, a samambaiaçu ou samambaia-imperial, encontrada na Mata Atlântica, entre os estados de Minas Gerais, São Paulo e Rio de Janeiro.

Por causa da intensa extração, a espécie entrou para a lista de plantas ameaçadas de extinção.

Desde 2001, a resolução nº 238 do Conama (Conselho Nacional do Meio Ambiente) proíbe a extração e a comercialização do xaxim, a fim de preservar a espécie.

FABIO COLOMBINI

O xaxim é extraído do caule da samambaiaçu, pteridófita que atinge até 5 metros de altura e vive em ambientes sombreados de matas. Vegetação de Mata Atlântica em Urubici (SC), em 2012.

- Pesquise em livros e na internet quais são as alternativas que os cultivadores de orquídeas utilizam para substituir o xaxim.

Pista 2

No Brasil, diversas ONGs atuam na conservação de seres vivos. Pesquise a respeito de alguma ONG em sua região ou cidade. Quais são os principais objetivos dessa instituição?

6 Plantas com sementes

Nas festas juninas, o pinhão não pode faltar!

Esse alimento pode ser consumido cozido, assado na brasa, em forma de paçoca, utilizado para fazer farinha etc. Há diversas receitas com pinhões.

O pinhão vem da *Araucaria angustifolia*, uma árvore conhecida popularmente como araucária ou pinheiro-do-paraná. Essa árvore é muito comum na região Sul do Brasil, e forma a Mata de Araucárias.

FABIO COLOMBINI

Pinha, pinhões e folhas da araucária. As pinhas têm cerca de 20 cm de diâmetro.

JOÃO PRUDENTE/PULSAR IMAGENS

Pinhões cozinhando em tacho em festa tradicional. Nova Resende (MG).

Além dos seres humanos, alguns animais nativos da região da Mata de Araucárias, como a anta, a gralha-azul e o sabiá, alimentam-se do pinhão.

Alguns animais contribuem para a dispersão das sementes de araucária, como é o caso das gralhas-azuis, cutias e esquilos.

FABIO COLOMBINI

Além de pinhões, a gralha-azul se alimenta de insetos e outras plantas. A gralha-azul (*Cyanocorax caeruleus*) atinge 40 centímetros de comprimento do bico à cauda.

BATE-PAPO

1. Em sua cidade acontecem festas juninas? Quais são os alimentos típicos dessa festa em sua região?
2. Você sabe dizer a que parte da planta corresponde o pinhão?
3. Qual é a relação entre o pinheiro-do-paraná e os animais que se alimentam dos pinhões?

GIMNOSPERMAS

As gimnospermas marcam definitivamente a conquista do ambiente terrestre pelas plantas.

Nesse grupo, surgiram pela primeira vez os **grãos de pólen**, os quais possibilitaram uma maior independência da água na reprodução das plantas, já que os mesmos podem ser transportados por diferentes **agentes polinizadores**, como o vento e os animais.

O transporte do pólen até a estrutura reprodutiva feminina é chamado de **polinização**. Com a polinização, os gametas masculinos chegam até o gameta feminino.

Nas gimnospermas, a polinização é geralmente realizada pelo vento.

FABIO COLOMBINI

Também conhecida como palmeira-sagui, as cicas (*Cyca* sp.) são gimnospermas comuns em praças públicas e jardins. Seu porte é baixo, entre 1,5 e 3 metros de altura.

As gimnospermas foram as primeiras plantas com sementes que surgiram. As sementes são estruturas que se desenvolvem após a fecundação; em seu interior está o embrião que dará origem a uma nova planta.

As sementes garantiram maior sucesso reprodutivo, porque são mais resistentes que os esporos e podem ser levadas pelo vento e pelos animais para regiões mais distantes da planta que as originou, além de protegerem e alimentarem os embriões.

As plantas que pertencem a esse grupo geralmente são altas, embora existam gimnospermas de pequeno porte. Assim como as pteridófitas, as gimnospermas apresentam vasos condutores de seiva e possuem folhas, raízes e caule verdadeiros.

Destacam-se entre as gimnospermas as maiores e mais duradouras árvores do mundo, as sequoias, que podem atingir mais de cem metros de altura.

Os cedros, os pinheiros, as cicas, as sequoias e as araucárias são exemplos de gimnospermas.

Na região Sul do Brasil e na Argentina, a araucária ou o pinheiro-do-paraná (*Araucaria angustifolia*) forma a Mata de Araucárias.

No Brasil, a Mata de Araucárias cobria territórios do bioma Mata Atlântica, entre os estados do Rio Grande do Sul e Paraná e também em áreas dos estados de São Paulo e Minas Gerais. Na atualidade, apenas pouco mais de 1% dessa área está preservada, pois a madeira da araucária foi intensamente explorada e a terra, ocupada para cultivo e pastos.

EDU LYRA/PULSAR IMAGENS

Mata de Araucárias em região serrana de Taquara Verde, (SC), 2009.

Reprodução das gimnospermas

Assim como nos demais grupos de plantas, a reprodução das gimnospermas acontece por alternância de gerações. Nas gimnospermas, a fase duradoura é a esporofítica.

Esse grupo de plantas apresenta ramos especializados para a reprodução, os **estróbilos** ou **cones**. Neles, desenvolvem-se os gametófitos, que vão originar os gametas. Após a fecundação, será formado o embrião.

Em volta do embrião, formam-se uma "capa de proteção" e uma reserva de alimento que o nutrirá durante a germinação. Esse conjunto é a **semente**.

As sementes de gimnospermas não são envolvidas por frutos: são chamadas **sementes nuas**. Essa é a origem do nome desse grupo: *gymnos* = nu; *sperma* = semente.

CICLO DE VIDA DE UM PINHEIRO

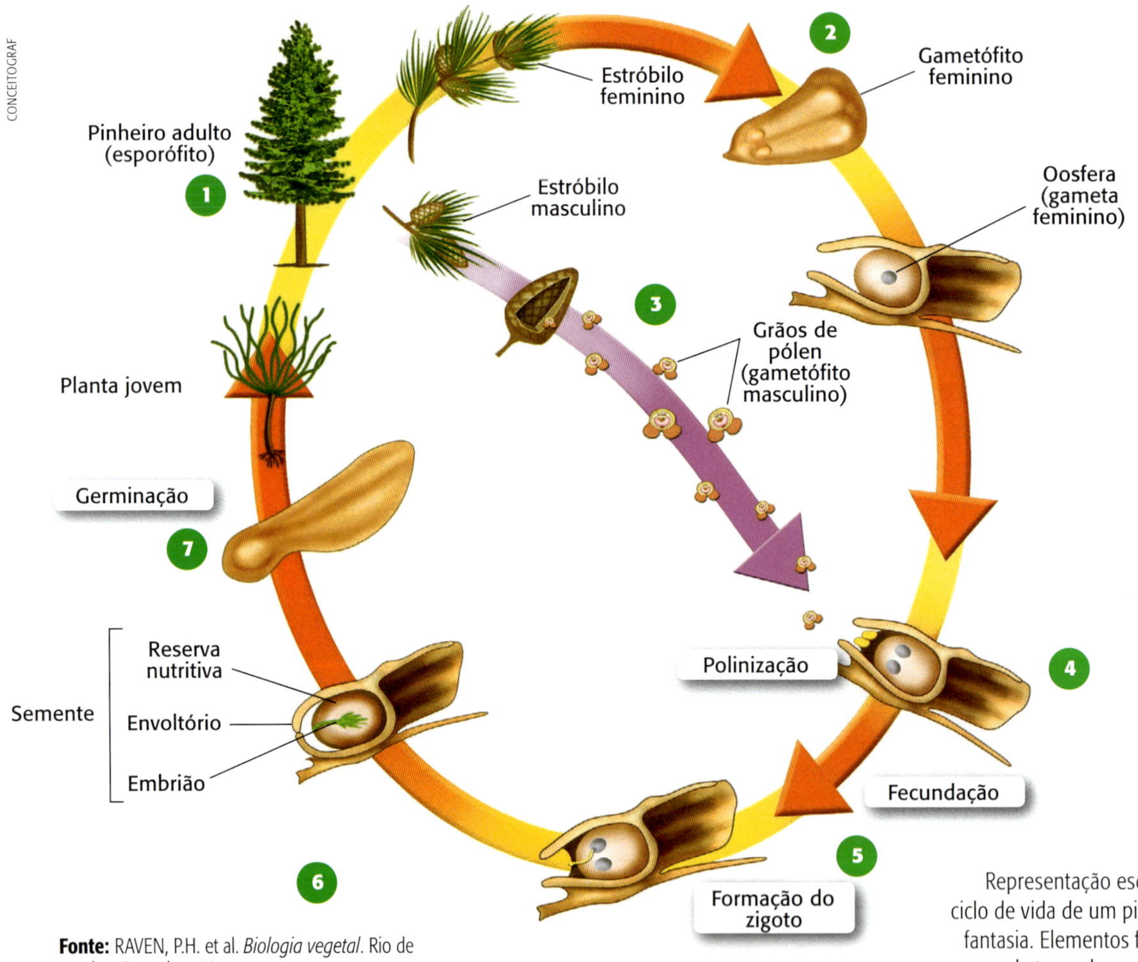

Fonte: RAVEN, P.H. et al. *Biologia vegetal*. Rio de Janeiro: Guanabara Koogan, 2014.

Representação esquemática do ciclo de vida de um pinheiro. Cores fantasia. Elementos fora de escala de tamanho e de proporção.

1. A maioria das gimnospermas adultas produz estróbilos masculinos ou femininos, ou seja, os sexos são separados.
2. Os estróbilos femininos, chamados popularmente de pinhas, desenvolvem o gametófito feminino, que originará a oosfera.
3. Os estróbilos masculinos produzem grãos de pólen (gametófito masculino).
4. Os grãos de pólen são carregados pelo vento até o estróbilo feminino.
5. Do grão de pólen saem dois núcleos espermáticos (gametas masculinos) e apenas um fecundará o gameta feminino, dando origem ao zigoto.
6. O embrião fica protegido dentro da semente.
7. Em condições favoráveis, ocorre a germinação da semente, que originará uma nova planta.

ANGIOSPERMAS

As angiospermas constituem o grupo mais numeroso de vegetais, com um total aproximado de 230 mil espécies. São exemplos de angiospermas: o mamoeiro, o pau-brasil, a bananeira, as palmeiras, as orquídeas, a laranjeira, o limoeiro, o arrozeiro e o feijoeiro. Elas são encontradas por todas as partes do planeta, desde regiões desérticas até lugares muito úmidos, de ambientes quentes a regiões geladas. Existem espécies em ambientes de água doce e poucas de água salgada. Diferentemente dos demais grupos de plantas estudados, as angiospermas apresentam **flores** e **frutos**.

O limoeiro é um exemplo de angiosperma. As flores do limoeiro são polinizadas por abelhas e outros insetos.

As sementes estão dentro do fruto, o limão. Na foto, limão siciliano.

O sucesso das angiospermas em habitar diversos ambientes deve-se a alguns fatores, como:

- apresentarem ciclo de vida mais rápido que as gimnospermas, que em geral levam mais tempo para produzir sementes;
- terem sementes protegidas por frutos;
- não ter o vento como o principal agente de polinização – os grãos de pólen também podem ser levados por insetos (como abelhas, moscas, besouros e borboletas), por aves (como a gralha-azul) e por mamíferos (como os morcegos).

As angiospermas também possuem vasos condutores de seiva, que formam um eficiente sistema de transporte da água, sais minerais e açúcares, por todas as suas partes. Com isso, desenvolveram-se plantas que podem atingir 100 metros de altura.

Mais de 3 mil espécies de angiospermas são aproveitadas pelo ser humano para as mais diversas finalidades. Entre elas se destacam: o uso na alimentação, a produção de medicamentos, a fabricação de móveis, a produção de combustível (exemplo: o etanol), a confecção de tecidos e o uso na arborização urbana.

Ciclo de vida das angiospermas

A reprodução das angiospermas também ocorre por alternância de gerações. Assim como nas gimnospermas, a fase duradoura é a esporofítica.

Na fecundação das angiospermas, o tubo polínico se forma a partir do grão de pólen, que conduz o gameta masculino até a oosfera (gameta feminino), dentro do óvulo, originando o **embrião**. Após a fecundação, o desenvolvimento do óvulo forma a **semente**, e o ovário desenvolve-se em **fruto**.

CICLO DE VIDA DE UMA ANGIOSPERMA

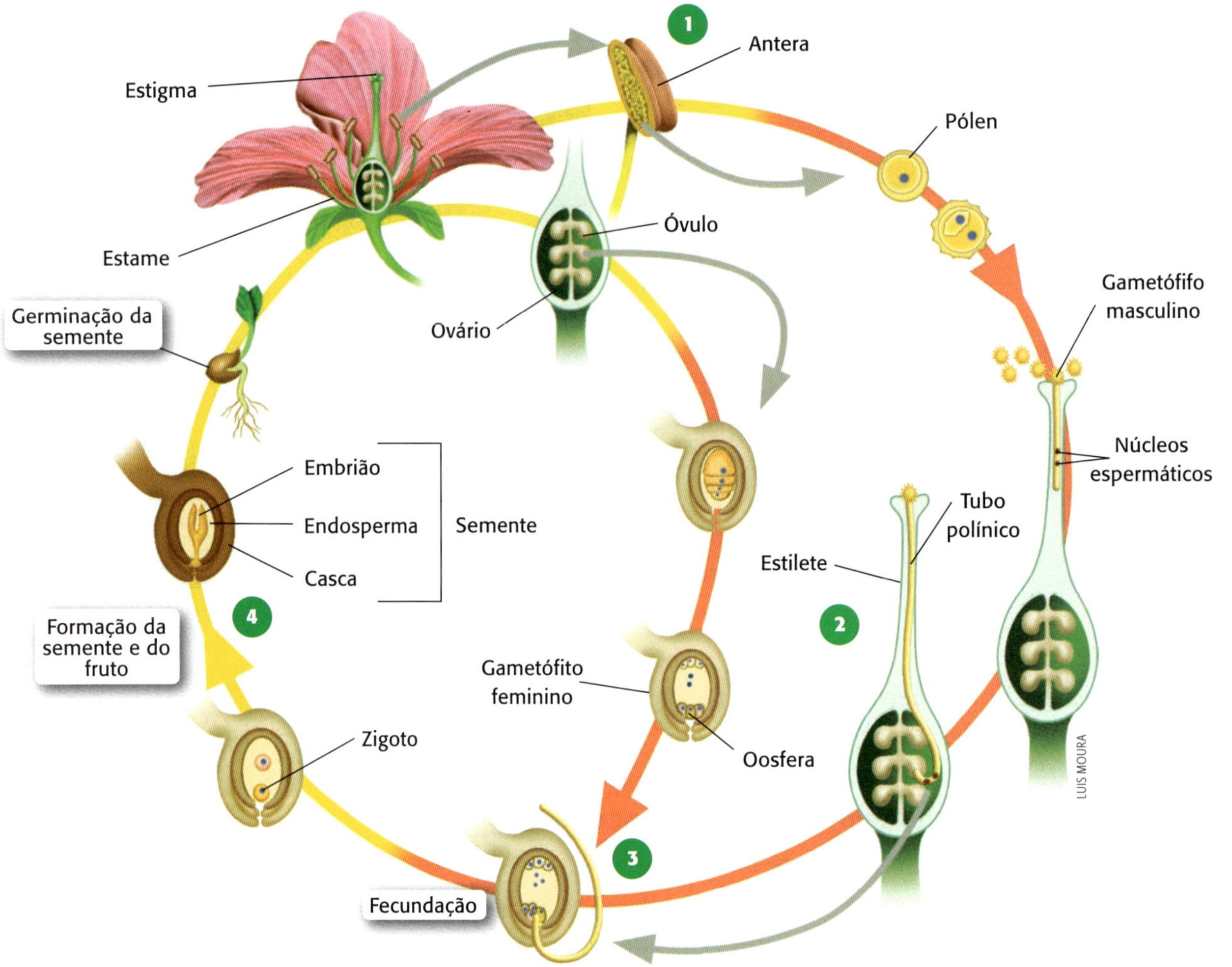

Representação esquemática do ciclo de vida das angiospermas. Cores fantasia. Elementos fora de escala de tamanho e de proporção.

Fonte: REECE, J. B. et al. *Campbell Biology*. Glenview: Pearson Education, Inc., 2014.

1. Grãos de pólen são produzidos na antera. Eles são levados por algum agente polinizador até o estigma (entrada da parte feminina da flor, onde está o ovário, com óvulos) de outra flor da mesma espécie.
2. Ao cair no estigma da flor, o grão de pólen cresce e forma o tubo polínico, que tem dois gametas masculinos, chamados núcleos espermáticos. No óvulo, estão o gameta feminino (oosfera) e outros núcleos.
3. O tubo polínico chega ao ovário. Um gameta masculino se une ao feminino e forma-se o zigoto. O outro gameta masculino se une aos outros núcleos do óvulo e forma células que servirão de reserva de alimento na semente.
4. O óvulo desenvolve-se, formando uma estrutura com embrião, tecido com reserva de alimento e casca (ou envoltório): é a semente. O ovário da flor se transforma em fruto, que contém as sementes.

Monocotiledôneas e dicotiledôneas

Os cotilédones são as primeiras folhas de um embrião, são folhas modificadas, que constituem uma fonte de reserva alimentar para o embrião. Abrindo uma semente de feijão, podemos notar que ela apresenta dois cotilédones, casca e embrião.

As sementes de algumas angiospermas apresentam dois cotilédones. Outras apresentam apenas um. Isso permite distinguir dois grupos de angiospermas: as **monocotiledôneas** e as **dicotiledôneas**.

> **FIQUE DE OLHO**
>
> Em grupo, analisem o quadro e façam um painel mostrando as plantas que são aproveitadas na alimentação humana, classificando-as separadamente em monocotiledôneas e dicotiledôneas.

Monocotiledôneas	Dicotiledôneas

Sementes	
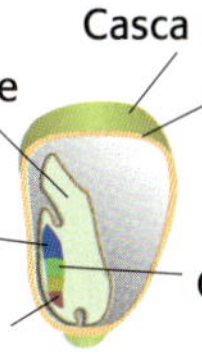 Um cotilédone	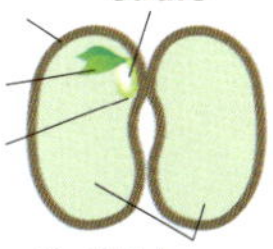 Dois cotilédones
Flores	
 Três ou seis pétalas	 Quatro ou cinco pétalas
Folhas	
 Nervuras paralelas	 Nervuras em rede
Raízes	
 Sistema ramificado (não há uma raiz principal)	 Sistema axial (há uma raiz principal)
Exemplos	**Exemplos**
Bambu, bananeira, bromélia, alho, cebola, aveia, cana-de-açúcar, milho, palmeira, trigo, arroz.	Agrião, algodão, amendoim, café, cenoura, ervilha, feijão, girassol, lentilha, maçã, mandioca, pera.

ILUSTRAÇÕES: JURANDIR RIBEIRO

Quadro comparativo entre monocotiledôneas e dicotiledôneas. Cores fantasia. Elementos fora de escala de proporção e de tamanho.

Pista 3

A ONG SOS *Mata Atlântica* tem como objetivo proteger a Mata Atlântica – um dos biomas mais ameaçados do mundo. Atualmente, restam apenas 8,5% da vegetação original desse bioma. Pesquise exemplos de plantas e animais que podem ser encontrados na Mata Atlântica. Essas espécies estão ameaçadas de extinção?

A vida na **árvore**

Uma árvore pode abrigar dezenas de espécies de animais e outras plantas que dependem dela para sobreviver. Além de oferecer abrigo, ela também oferece alimentação e proteção a muitos seres vivos. Aqui, veja um exemplo de árvore da Mata Atlântica.

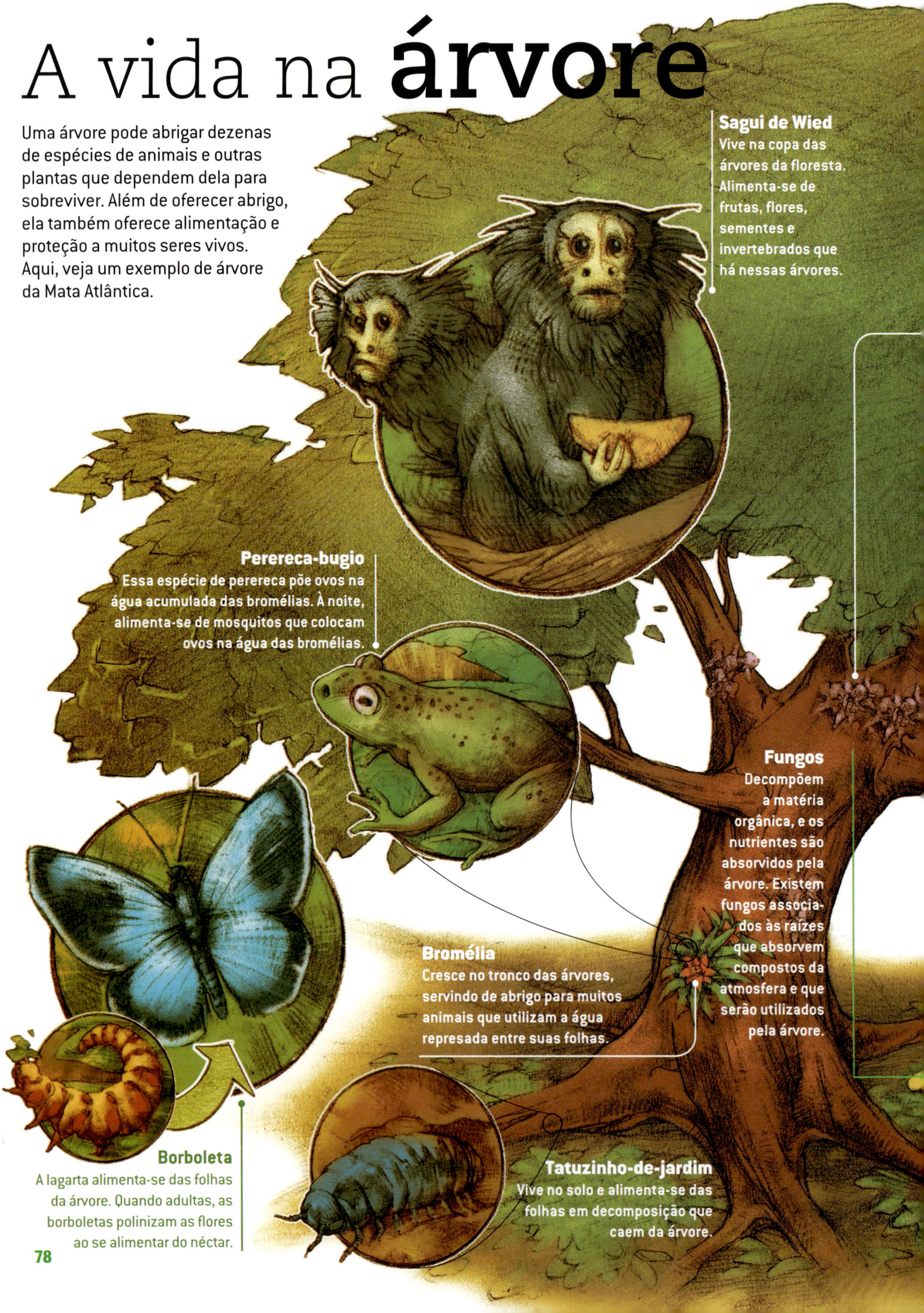

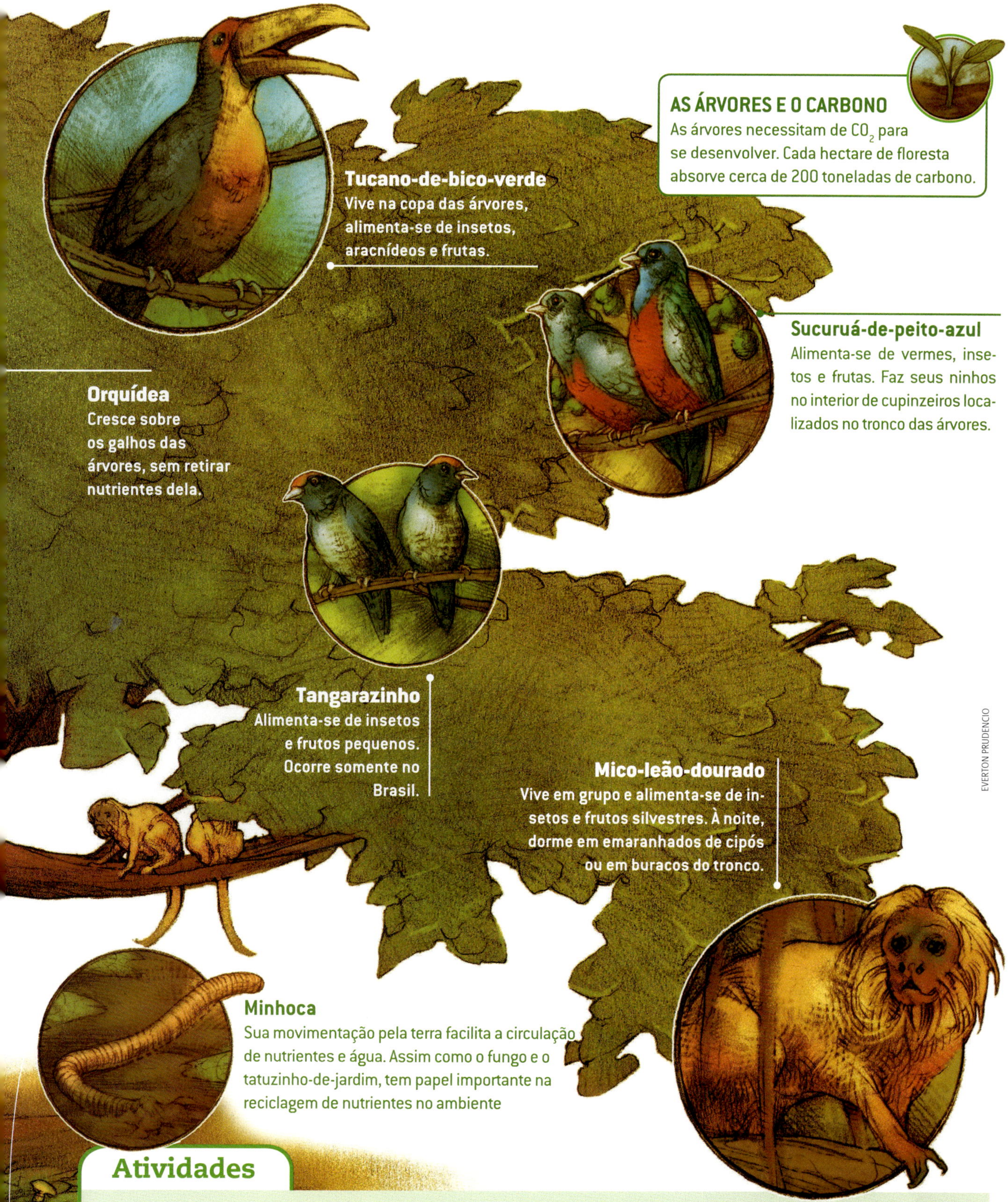

Tucano-de-bico-verde
Vive na copa das árvores, alimenta-se de insetos, aracnídeos e frutas.

AS ÁRVORES E O CARBONO
As árvores necessitam de CO_2 para se desenvolver. Cada hectare de floresta absorve cerca de 200 toneladas de carbono.

Sucuruá-de-peito-azul
Alimenta-se de vermes, insetos e frutas. Faz seus ninhos no interior de cupinzeiros localizados no tronco das árvores.

Orquídea
Cresce sobre os galhos das árvores, sem retirar nutrientes dela.

Tangarazinho
Alimenta-se de insetos e frutos pequenos. Ocorre somente no Brasil.

Mico-leão-dourado
Vive em grupo e alimenta-se de insetos e frutos silvestres. À noite, dorme em emaranhados de cipós ou em buracos do tronco.

Minhoca
Sua movimentação pela terra facilita a circulação de nutrientes e água. Assim como o fungo e o tatuzinho-de-jardim, tem papel importante na reciclagem de nutrientes no ambiente

EVERTON PRUDENCIO

Atividades

1. Como você viu, os animais e plantas dependem uns dos outros para sobreviver. Com base nisso, qual seria o impacto do desmatamento das florestas para os animais?

2. Ao longo de milhares de anos, muitas angiospermas evoluíram conjuntamente com alguns animais devido a estreitas relações entre ambos. Por exemplo, o tangarazinho engole pequenos frutos inteiros e elimina (nas fezes) as sementes pela floresta. Qual a importância desses animais na dispersão das sementes de angiospermas?

EXPERIMENTE FAZER

Investigando a germinação das sementes

Para pensar

Uma das formas de as plantas se reproduzirem são as sementes. O armário da cozinha está cheio delas, como os feijões e as lentilhas. Por que elas não brotam e crescem dentro do saco?

THINKSTOCK/GETTY IMAGES

O que faz uma semente germinar? Fotografia de sementes sendo colocadas no solo.

Objetivo

- Testar de forma comparada diferentes fatores que podem influenciar na germinação das sementes.

Materiais

- sementes de feijão
- sementes de melancia
- grãos de milho
- copos plásticos pequenos descartáveis
- etiqueta e caneta
- terra vegetal
- algodão
- água quente
- água na temperatura ambiente
- lixa de unha
- caixa de sapato

Procedimentos

1. Reunidos em grupos de seis pessoas, realizem a atividade.
2. Discutam sobre as seguintes questões:
   - Quais são as condições necessárias e as desfavoráveis para que as sementes germinem?
   - Que fatores vocês acham que podem influenciar na germinação das sementes?
   - As sementes podem ser plantadas em algodão ou na terra vegetal?
   - Com o material disponível, quais dos fatores que influenciam a germinação vocês poderiam testar?

3 Listem as suposições ou hipóteses do grupo e proponham maneiras de testá-las. O professor irá orientar os grupos.

4 Cada grupo deve escolher um dos fatores que podem influenciar na germinação (luz, umidade, tipo de substrato etc.) e montar seu experimento.

5 Para cada fator escolhido, devem ser plantadas duas sementes de cada tipo (feijão, milho e melancia) em um copinho descartável. Anotem com caneta hidrográfica o tipo da semente que vocês plantaram e qual das hipóteses está sendo testada.

6 Lembrem-se de que, para testar um fator, vocês deverão ter dois conjuntos de sementes. Por exemplo, para testar se a terra vegetal influencia ou não na germinação, é preciso plantar um conjunto de sementes na terra e outro no algodão. Os dois grupos precisam ficar no mesmo lugar para que outros fatores não influenciem.

7 O que vocês acham que vai acontecer com cada conjunto de copinhos? Anotem suas expectativas para cada hipótese.

Resultados

1. Façam uma tabela no caderno, como a do modelo, para acompanhar os resultados. A cada dia, observem cada copinho plantado e anotem o número de sementes germinadas.

Hipótese testada	Tipo de semente	Sementes germinadas					
		1º dia	2º dia	3º dia	4º dia	5º dia	Total de sementes
	Feijão						
	Milho						
	Melancia						

Modelo de tabela.

2. Após as observações dos diferentes dias (coleta de dados), analisem os resultados. Respondam às questões:
   - Todas as sementes plantadas germinaram?
   - As sementes de milho germinaram da mesma forma nos diferentes tipos de teste?
   - As sementes de feijão germinaram da mesma forma nos diferentes tipos de teste?
   - As sementes de melancia germinaram da mesma forma nos diferentes tipos de teste?

3. Cada grupo deverá apresentar seus resultados. Preparem um cartaz com desenhos ou fotos da montagem do experimento, a tabela de acompanhamento e os gráficos de resultados. Expliquem para seus colegas quais eram suas hipóteses, os métodos que utilizaram para testá-las e o que aconteceu com cada grupo de sementes.

teia do saber

1. Nas plantas com sementes, como o gameta masculino chega até o feminino?

2. Observe a fotografia, leia a legenda e responda às questões.

   a. Essa planta é uma angiosperma ou uma gimnosperma? Justifique sua resposta.

   b. Os estróbilos da foto são masculinos ou femininos? Explique.

   c. Essa planta vai produzir sementes ou não? Por quê?

   d. Essa planta vai formar frutos? Por quê?

DR JEREMY BURGESS/SPL/LATINSTOCK

Grãos de pólen sendo liberados de estróbilos de teixo (*Taxus baccata*).

3. Assim como as pteridófitas, as gimnospermas possuem caule, folhas e raízes verdadeiras e vasos condutores de seiva. No entanto, uma estrutura importante foi adquirida pelo grupo. Qual é essa estrutura e qual é a vantagem evolutiva adquirida com seu aparecimento?

4. Observe as fotografias e responda às questões no caderno.

FABIO COLOMBINI

Estróbilos da araucária. Atingem 10 centímetros de comprimento.

FABIO COLOMBINI

Estróbilo e sementes da araucária. O estróbilo atinge 20 centímetros de diâmetro.

   a. Qual desses estróbilos é feminino? Como ele é chamado popularmente?

   b. O que o estróbilo masculino produz?

   c. Esses estróbilos se formam na mesma árvore de araucária?

5. No caderno, faça um quadro comparativo com os grupos de plantas: briófita, pteridófita, gimnosperma e angiosperma. Observe o modelo abaixo.

	Briófita	Pteridófita	Gimnosperma	Angiosperma
Presença de vasos condutores				
Presença de semente				
Presença de flores e frutos				
Exemplos				

6. Em determinado período, as angiospermas dominaram o ambiente terrestre, superando as gimnospermas. Que fatores evolutivos permitiram esse domínio?

7. Observe as ilustrações e responda à questão: Qual delas representa uma folha de dicotiledônea? Por quê?

JURANDIR RIBEIRO

Representação esquemática de duas folhas. Cores fantasia. Elementos fora de escala de tamanho e de proporção.

8. Leia o texto e responda à questão: Por que os paleontólogos (especialistas em fósseis e seres vivos que viveram no passado) têm interesse no estudo do âmbar?

A goma que flui da casca de algumas gimnospermas quando feridas é uma resina chamada de **âmbar**, que tem cor amarelada e, depois de seca, torna-se resistente.

Sabe-se que as árvores, principalmente os pinheiros, viveram há milhões de anos em regiões de clima temperado. Nessa época, enquanto a resina escorria dos troncos dessas árvores, pequenos animais (insetos, pequenos lagartos e aranhas) ficavam presos nessa resina. Com o tempo, o âmbar endurecia e os animais acabavam fossilizados, permanecendo preservados por milhões de anos.

PASIEKA/SPL/LATINSTOCK

Insetos de 40 milhões de anos atrás preservados em âmbar. Nesse processo de fossilização, até as células dos animais acabam preservadas, incluindo o DNA. Imagem ampliada 2 vezes.

Desfecho

Após conhecer um pouco a respeito do trabalho e dos objetivos de uma ONG ambiental, responda: Qual é a importância desse tipo de instituição? O trabalho realizado por ela é relevante para a manutenção da vida em nosso planeta? Reflita sobre esse tema e discuta com seus colegas.

Encerrando a unidade

1. Nesta unidade, você aprendeu a diferenciar quatro grupos de plantas e conheceu a evolução do reino das plantas. Faça um quadro comparativo entre: briófitas, pteridófitas, angiospermas e gimnospermas.
2. Organizem-se em grupos, de maneira que cada um fique responsável pelo levantamento das espécies vegetais em uma área próxima da escola. Mesmo sem conhecer os nomes das espécies, é possível observar suas características principais e classificá-las como briófita, pteridófita, gimnosperma ou angiosperma. Caso necessário, desenhem ou fotografem a planta para depois, em classe, tirarem as dúvidas com os colegas e o professor. Contem o número de espécies observadas dentro de cada grupo vegetal. Depois, usem os dados obtidos para a construção de um gráfico de barras. Qual grupo vegetal foi dominante? Qual foi o mais raro? Expliquem os resultados obtidos com base no que foi apresentado neste tema.

Conhecimento Interligado

Palinologia

Da mesma forma que os animais, fósseis de plantas são úteis para que os pesquisadores possam reconstruir as paisagens que já existiram na Terra. No caso das plantas, até mesmo um pequeno grão de pólen preservado pode ajudar um cientista a conhecer o passado da vida. Que cientista é esse?

Palinólogo é o nome do pesquisador que estuda grãos de pólen e esporos de plantas atuais e de plantas fossilizadas.

Você pode estar se perguntando por que um cientista se especializaria em uma parte tão pequena das plantas. Acontece que o grão de pólen de cada espécie é único, com formas e desenhos exclusivos. Assim, para fins de identificação de uma planta (atual ou do passado), o pólen é tão confiável quanto as impressões digitais de uma pessoa.

Grãos de pólen na história humana

A palinologia também contribui para o estudo da história da espécie humana. Palinólogos analisam os coprólitos (fezes fossilizadas) de grupos que viveram há muito tempo, bem como os sedimentos dos sítios escavados pelos arqueólogos. Os arqueólogos pesquisam grupos humanos que viveram no passado distante, enquanto os antropólogos estudam os esqueletos.

Associando os dados descobertos por esses pesquisadores, é possível deduzir como eram esses povos: o que comiam, se assavam ou cozinhavam os alimentos, o que plantavam, que plantas usavam para curar doenças. Ao mesmo tempo, é possível estimar as mudanças da paisagem do lugar em que viviam.

RICHARD BIZLEY/SPL/LATINSTOCK

Representação artística de uma floresta do período jurássico (200 milhões a 145 milhões de anos atrás). Essa reconstrução foi possível graças a diversos estudos, como o de grãos de pólen de plantas fossilizadas. Cores fantasia. Elementos fora de escala de tamanho.

Um exemplo do trabalho integrado de palinólogos, arqueólogos e antropólogos é o estudo de grupos humanos que viveram no Piauí há milhares de anos. Na fotografia, detalhe de pinturas rupestres na Toca do Boqueirão da Pedra Furada, Parque Nacional da Serra da Capivara, PI, 2014. Esse sítio arqueológico é um dos mais estudados do Brasil, revelando os hábitos de povos que viveram na região.

ANDRÉ DIB/PULSAR IMAGENS

Palinologia e criminologia

Simples grãos de pólen podem ajudar a solucionar crimes. A análise de grãos de pólen encontrados na roupa, no corpo, nos excrementos ou na lama dos sapatos de suspeitos, no pó dos automóveis utilizados por criminosos, nos objetos roubados ou até mesmo nos cadáveres é uma forma de encontrar pistas para a solução dos crimes.

O pólen pode revelar os lugares frequentados pelos suspeitos e até em que época do ano o crime foi cometido. Essa é a chamada **palinologia forense** e consiste no estudo da estrutura, disposição e dispersão do pólen e dos esporos associado à investigação criminal, compondo um conjunto de provas que pode tanto condenar como absolver um suspeito.

Para explorar

1. Qual é a importância da palinologia?
2. Quais grupos de plantas podem ser estudados pela palinologia? Explique.
3. O texto que você acabou de ler relata brevemente o trabalho do palinólogo. De acordo com as orientações do professor, pesquise outras profissões interessantes (e não tão conhecidas) da ciência como: etnobiólogo, herpetólogo, epidemiologista, oceanógrafo, zootecnista, astrofísico e biofísico. Faça um pequeno texto sobre as profissões pesquisadas.

Grãos de pólen de diferentes plantas vistos ao microscópio eletrônico. Cores artificiais. Ampliação de 3 800 vezes.

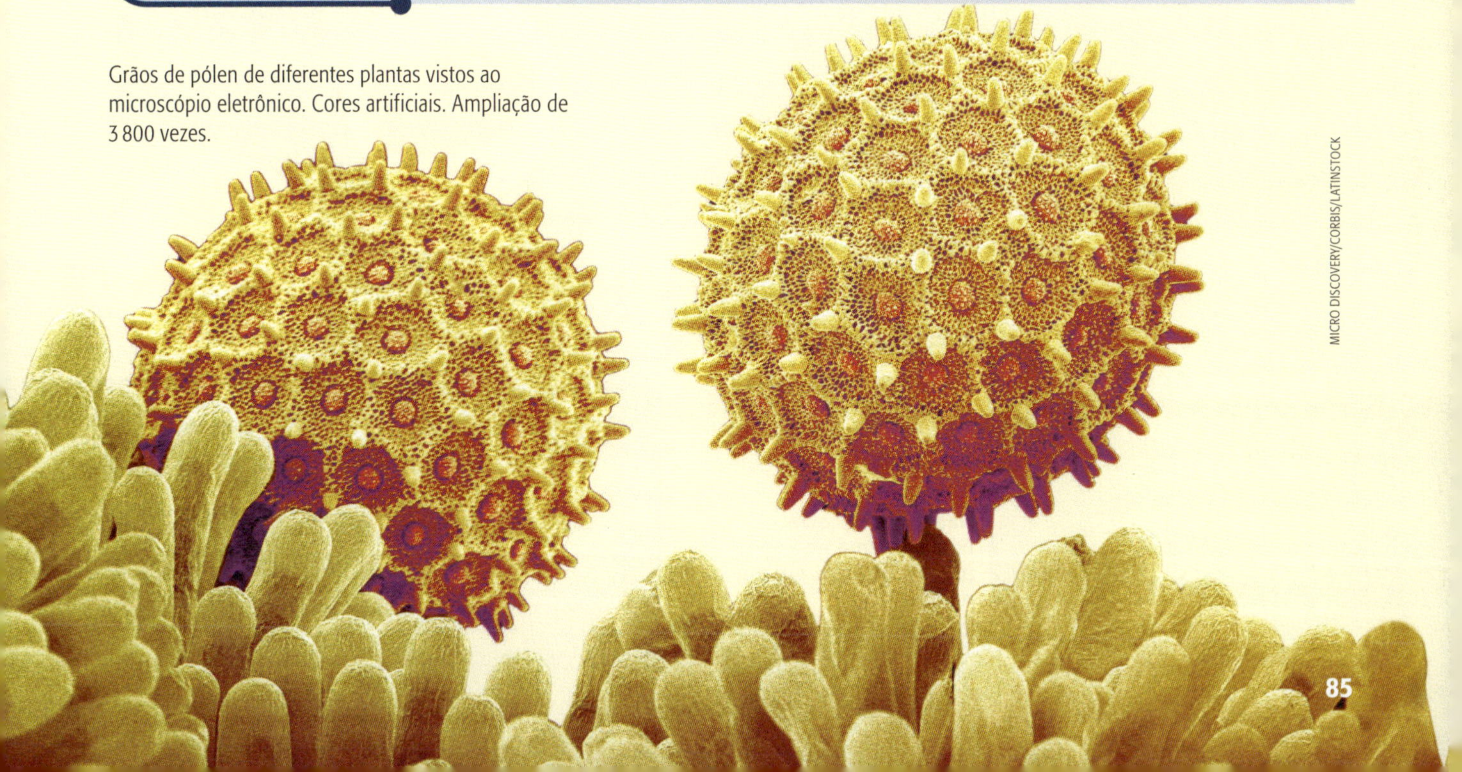

MICRO DISCOVERY/CORBIS/LATINSTOCK

UNIDADE

4 As partes das plantas

Leia o texto e observe a ilustração, que mostra o planisfério terrestre e os locais de origem de algumas plantas bastante conhecidas no Brasil.

A invenção do Brasil

Com as espécies trazidas pelos portugueses, Europa, África e Ásia passaram a contribuir com a construção de uma nova paisagem brasileira. [...] Nos campos e jardins das aldeias e povoados, encontravam-se lado a lado plantas indígenas e uma infinidade de hortaliças, flores, árvores frutíferas, cereais e legumes vindos de todo o planeta.

O processo de introdução de plantas exóticas começou na orla atlântica, com o plantio de coqueirais provenientes [da região] do oceano Índico. [...]

Os portugueses promoveram [...] a introdução de muitas espécies vegetais: cana-de-açúcar, algodão, manga, bananas, carambola, melão, melancia, arroz, feijão, trigo, aveia, uva, coco, figo, fruta-pão, jaca, laranjas, limão, limas, tangerinas, tamarindo, café, cravo, canela, pimenta-do-reino, caqui, biribá, gengibre, romã, inhame, amoras, nozes, maçãs, peras, pêssegos, sapotis, pinhas, graviolas e uma infinidade de hortaliças, ervas medicinais e tubérculos. Essas árvores e plantas exóticas integram hoje a paisagem, os jardins [...] e a culinária nacionais.

Evaristo Eduardo de Miranda. *A invenção do Brasil*. Disponível em: <http://planetasustentavel.abril.com.br/noticia/atitude/conteudo_232862.shtml>. Acesso em: 11 fev. 2015.

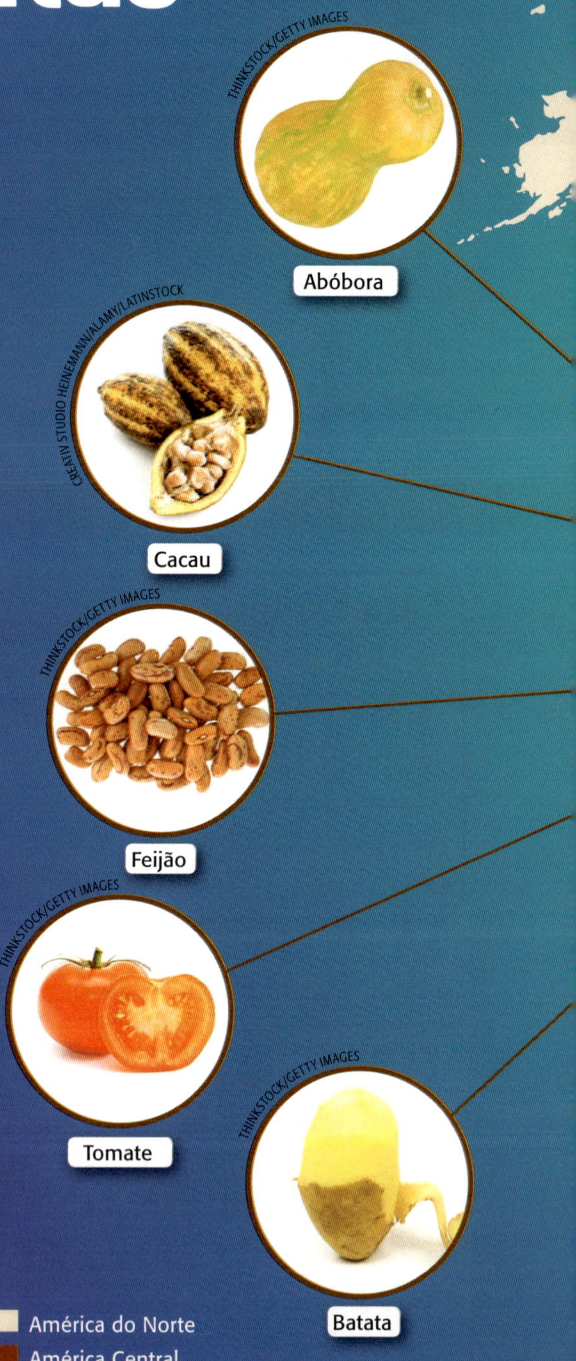

Nesta unidade, você vai saber mais sobre:

- As partes das plantas
- A célula vegetal
- Os tecidos vegetais

Plantas exóticas: plantas que não são originárias do local onde estão.

Tubérculo: tipo de caule subterrâneo.

Nativa: que ocorre naturalmente no lugar, própria do lugar em que nasceu.

América do Norte
América Central
América do Sul
Europa
Ásia
África
Oceania

Fonte: RODRIGUES, R. M. *Vida e alimento*. São Paulo: Moderna, 2002.

Representação esquemática da origem de algumas plantas que fazem parte da nossa alimentação. Cores fantasia. Elementos fora de escala de tamanho e de proporção.

TROCANDO IDEIAS

1. Quais plantas mostradas no mapa e citadas no texto você achava que eram nativas do Brasil?
2. Como essas plantas chegaram ao Brasil?
3. Converse com seus colegas. Que parte de cada planta (raiz, caule, folha, fruto, semente) está representada na ilustração? Qual a origem de cada uma? Comente sobre de quais delas você mais gosta e quais nunca provou.

7 Partes vegetativas das plantas

As orquídeas são plantas apreciadas por sua beleza. Há mais de 20 mil espécies naturais descritas pelos cientistas. No Brasil, estima-se que existam mais de 2 mil espécies. No entanto, diversas estão ameaçadas de extinção.

A *Cattleya skinneri* mostrada ao lado, por exemplo, é uma espécie de orquídea encontrada na Mata Atlântica. É uma planta que vive sobre outra planta, utilizando-a apenas como suporte. Suas raízes absorvem a água da chuva. Seu caule armazena água. As folhas largas fazem fotossíntese. As flores, depois de polinizadas, produzem pequenos frutos com sementes, que brotarão formando novas orquídeas.

Reprodução artística de *Cattleya skinneri*, exposta no Museu Nacional de Londres.

BATE-PAPO

1. Que partes da orquídea você conseguiu identificar na gravura?
2. Quais são os órgãos das plantas que geram novos indivíduos?

Biocombustível: uma boa alternativa?

Você já ouviu falar em biocombustíveis? Devido à alta emissão de poluentes por carros e indústrias, tem-se discutido bastante a respeito do uso de biocombustíveis como alternativa aos combustíveis fósseis, como o petróleo e o carvão mineral. Ao longo desta unidade, refletiremos um pouco sobre os prós e os contras do uso de biocombustíveis.

ESTRUTURAS DOS VEGETAIS

As estruturas que compõem o corpo dos vegetais podem ser divididas em estruturas vegetativas e reprodutivas.

Estruturas vegetativas

As **estruturas vegetativas** de uma planta são aquelas que a mantêm viva. Nessas partes, são realizadas várias funções: absorção de água e sais minerais, transporte da seiva bruta, troca de gases com o ar ou a água, produção de seiva elaborada, transpiração, respiração celular, crescimento, armazenamento de amido e gordura em caules e raízes.

Nas pteridófitas, gimnospermas e angiospermas, as estruturas vegetativas são: raízes, caules e folhas. Nas briófitas, são: rizoides, cauloides e filoides.

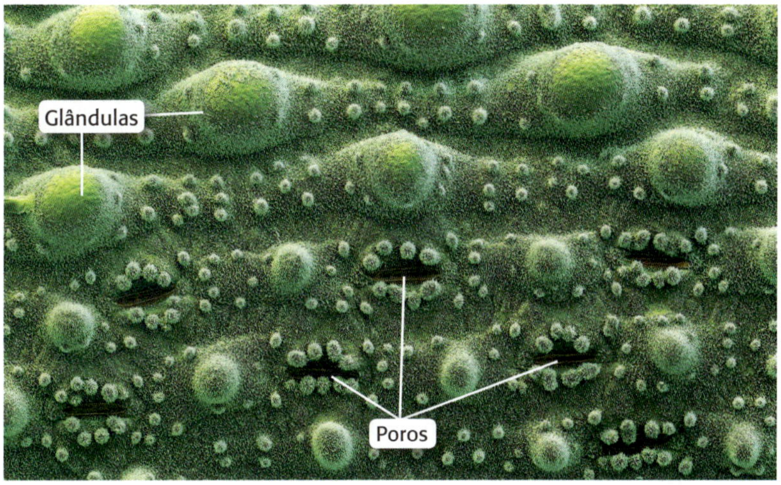

EYE OF SCIENCE/SPL/LATINSTOCK

Face inferior de folha de planta do arroz vista ao microscópio eletrônico. Nessa fotografia, é possível perceber glândulas de óleo e vários tamanhos de orifícios por onde entram e saem os gases carbônico e oxigênio. Por esses poros também é eliminado o vapor-d'água que a planta perde na transpiração. Cores artificiais. Ampliação de 700 vezes.

Estruturas reprodutivas

As **estruturas reprodutivas** das plantas são aquelas que garantem a continuidade da espécie, por haver a produção de novos indivíduos.

Nas briófitas, as estruturas reprodutivas são os gametófitos masculino e feminino, que produzem os gametas (células sexuais). Nas pteridófitas, essas estruturas estão nos protalos, que produzem gametas femininos e masculinos. Os esporos são responsáveis pela dispersão das briófitas e das pteridófitas.

Nas gimnospermas, os estróbilos femininos, depois de fecundados pelo grão de pólen produzido pelo estróbilo masculino, formam as sementes.

Nas angiospermas, as partes reprodutivas são as flores, que, depois de polinizadas, transformam-se em frutos com sementes.

LONG ASHTON RESEARCH STATION/SPL

Estrutura reprodutiva feminina da flor do gerânio (angiosperma), na qual estão fixados grãos de pólen vistos em um microscópio eletrônico de varredura. Imagem ampliada 200 vezes.

A CÉLULA VEGETAL

Algumas estruturas são comuns a todas as células eucarióticas: a membrana plasmática que as envolve, o citoplasma, o material genético, as mitocôndrias, o complexo golgiense e outras organelas. Há, porém, estruturas que apenas as células vegetais apresentam. São elas: os **cloroplastos**, a **parede celular** rígida envolvendo a membrana plasmática e um grande **vacúolo central**.

PAULO MANZI

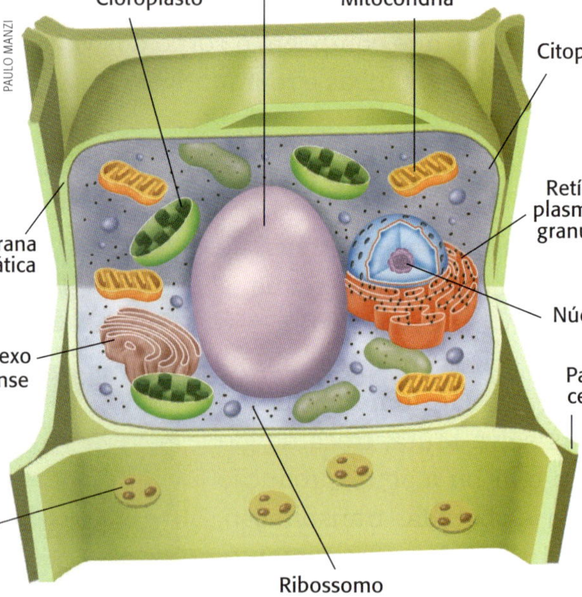

Representação esquemática da célula vegetal. Cores fantasia. Elementos fora de escala de tamanho e de proporção.

Parede celular

As células vegetais têm uma membrana rígida envolvendo a membrana plasmática, chamada de **parede celular**. Ela é constituída principalmente de **celulose** e confere à célula resistência contra deformação. A parede celular apresenta poros que permitem o fluxo de substâncias na célula.

Vacúolo central

Outra estrutura característica das células vegetais é o grande **vacúolo**, que ocupa posição central na célula. Existem numerosos vacúolos em células animais e vegetais jovens. Entretanto, nas células vegetais adultas, os vacúolos fundem-se em um só, ocupando quase todo o espaço interno da célula.

Há outros vacúolos, os quais podem armazenar água, carboidratos, proteínas, sais minerais, entre outras substâncias. Quando a célula acumula muita água, o vacúolo aumenta de volume, pressionando as outras organelas contra a membrana plasmática. A célula não se rompe porque a parede celular é resistente.

THINKSTOCK/GETTY IMAGES

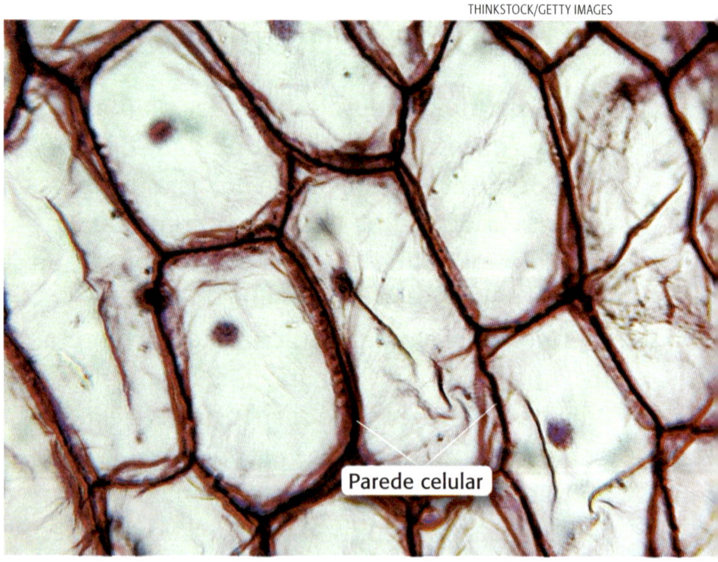

Células de cebola vistas em microscópio óptico. Ampliação de 280 vezes.

Pista 1

Os biocombustíveis têm origem biológica. Busque exemplos de vegetais usados na produção de biocombustíveis.

Os cloroplastos

Cloroplastos são organelas envoltas por membrana dupla e que apresentam seu próprio DNA (diferente do existente no núcleo celular). Em seu interior, há um conjunto de estruturas achatadas, chamadas tilacoides. A clorofila é armazenada dentro dos tilacoides, que são envolvidos por uma substância semelhante ao citoplasma, denominada estroma. No estroma ficam o material genético e os ribossomos.

Os cloroplastos movimentam-se pelo citoplasma da célula vegetal, principalmente em razão da intensidade da luz solar. Eles apresentam pigmento denominado **clorofila**, importante na fotossíntese. Existem células que contêm apenas um cloroplasto, mas a maioria apresenta de 40 a 200 cloroplastos.

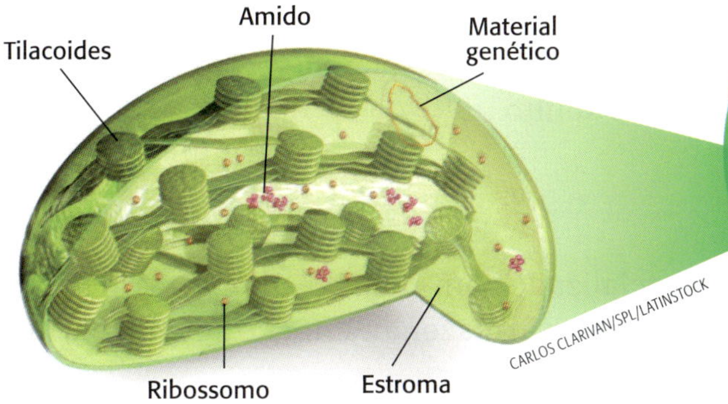

Representação esquemática da estrutura do cloroplasto. Cores fantasia. Elementos fora de escala de tamanho e de proporção.

Planta aquática elódea. No detalhe, epiderme de elódea vista ao microscópio óptico. Os grânulos verdes são os cloroplastos. Ampliação de 720 vezes.

A fotossíntese

A fotossíntese é o processo em que a planta sintetiza açúcares e gás oxigênio, a partir de gás carbônico e água. Para isso, ela usa energia luminosa absorvida pelos cloroplastos. Os açúcares (glicose) produzidos na fotossíntese são usados pela planta na respiração celular, processo em que a energia química da glicose é liberada, mantendo a planta viva. As plantas também sintetizam outros carboidratos, proteínas e gorduras para crescerem e frutificarem. Para isso, além da glicose, usam os sais minerais absorvidos pelas raízes.

Embora seja um processo complexo, a fotossíntese pode ser resumida no seguinte esquema:

Energia luminosa

Gás carbônico + Água ⟶ Açúcares (glicose) + Oxigênio

Na maioria das plantas, a fotossíntese ocorre nas partes verdes dos vegetais, como as folhas.

Por fazerem fotossíntese, as plantas são seres autotróficos, ou seja, produzem seu próprio alimento. Elas armazenam energia química, que será transmitida, por meio da alimentação, para os demais seres vivos heterotróficos.

OS TECIDOS VEGETAIS

Tecido é um conjunto de células que realizam determinadas funções no organismo. As angiospermas e as gimnospermas têm basicamente dois tipos de tecidos: **embrionários** (meristemas) e **adultos** ou permanentes, originados dos primeiros.

Meristemas

Os meristemas são grupos de células com grande capacidade de multiplicação. Existem dois tipos de meristemas: **primário** e **secundário**.

Os meristemas primários (situados nas extremidades do caule, dos ramos e das raízes) são responsáveis pelo crescimento em altura e pelo crescimento de raízes e galhos.

Os meristemas secundários estão situados principalmente no caule e nos ramos. São responsáveis pelo crescimento em largura (ou espessura). Também atuam na cicatrização de lesões, por exemplo, em cortes ou quebras de galhos.

À medida que as novas células formadas se afastam da região meristemática, tornam-se especializadas, como células de um tecido adulto.

Tecidos adultos

São formados por células especializadas em realizar diferentes funções: proteção, revestimento, sustentação, secreção, síntese ou armazenamento de substância ou transporte de seiva.

Proteção e revestimento

Os tecidos mais externos da planta, a epiderme e o súber, protegem contra variações do meio externo que possam prejudicar a planta.

A **epiderme**, formada por uma única camada de células vivas, reveste a planta e é encontrada nas folhas, raízes e em alguns caules. Na epiderme, há células especializadas, como os **pelos** das raízes, que realizam a absorção de água e sais minerais.

Nas folhas, há uma epiderme superior e outra inferior (onde se encontram os estômatos). Os **estômatos** são aberturas (poros) formadas por duas células epidérmicas, as células-guarda, que, por meio de mudança de forma, efetuam a abertura e o fechamento do poro. Por esse poro, ocorre a passagem de gás carbônico, gás oxigênio e, possivelmente, perda de água.

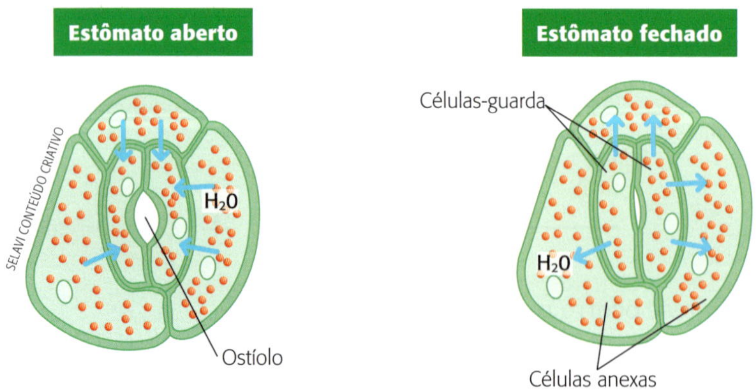

Representação esquemática da abertura e fechamento dos estômatos. Cores fantasia. Elementos fora de escala de tamanho e de proporção.

O **súber** é formado por células mortas que se afastam para fora da camada de células vivas. É impermeável, impedindo a passagem de água, e recobre o caule da maioria das plantas adultas. Forma a parte da árvore que conhecemos como **casca** ou **cortiça**.

Sustentação

Dois tipos de tecidos são responsáveis pela sustentação do corpo de uma planta: o **colênquima** e o **esclerênquima**. São eles que possibilitam a existência de árvores com mais de 50 metros de altura.

O colênquima é formado por células vivas. Aparece nas folhas e estruturas jovens da planta. As células do colênquima apresentam reforço de celulose em algumas regiões da parede celular, conferindo resistência e flexibilidade à planta.

O esclerênquima é formado por células mortas em razão da presença de **lignina**, uma substância que se acumula na célula e a impermeabiliza, impedindo as trocas (de gases e alimento) com o ambiente. É encontrado nos caules e raízes de plantas adultas.

NÃO DEIXE DE VISITAR

- **Jardins botânicos brasileiros**
  No Brasil, existem muitos jardins botânicos – lugares que cultivam e preservam espécies vegetais.
  Verifique se na sua cidade há um jardim botânico. Mais informações disponíveis em:
  http://jbrj.gov.br/jardim/historia;
  http://www.ibb.unesp.br/#!/departamentos/botanica/jardim-botanico/rede-brasileira-de-jardins-botanicos/.
  Acessos em: 27 maio 2015.

Síntese e armazenamento

Os espaços entre os tecidos adultos são preenchidos por outros tecidos: os parênquimas. Neles, a maioria das células apresenta cloroplastos, responsáveis pela síntese e pelo armazenamento dos produtos da fotossíntese.

Há outros tipos de parênquima, com funções de armazenamento de óleos, proteínas, de água ou ar.

Transporte de seiva

Nem todas as plantas têm tecidos especializados no transporte de seivas, sendo esse transporte realizado diretamente de célula para célula, como nas briófitas, que são plantas pequenas.

Essa forma de transporte, por ser muito lenta, não é possível em plantas maiores. Nas pteridófitas, gimnospermas e angiospermas, as seivas bruta (água e sais minerais) e elaborada (água e açúcares, produtos da fotossíntese) circulam por meio de dois tecidos que formam os vasos condutores: o **xilema** e o **floema**.

O **xilema** é formado por células mortas e alongadas; em seu interior, a seiva bruta, ou seiva do xilema, é transportada das raízes até as folhas.

O **floema** é formado por células vivas, também alongadas; em seu interior, a seiva elaborada, ou seiva do floema, é transportada das folhas para o restante do vegetal.

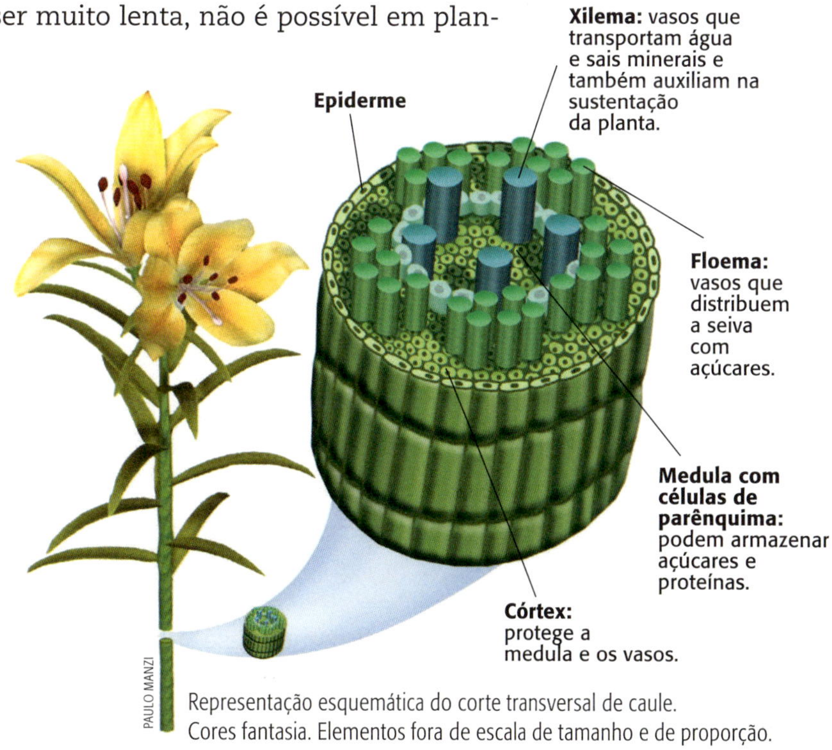

Representação esquemática do corte transversal de caule. Cores fantasia. Elementos fora de escala de tamanho e de proporção.

RAÍZES

Entre as funções das raízes, podemos citar:

- **Fixação:** fixa as plantas ao solo e as auxilia em sua sustentação; mantendo-as em pé e evitando que elas tombem com a ação do vento ou de qualquer outra força externa.
- **Absorção:** absorve água com sais minerais do solo (no caso de raízes subterrâneas) ou do corpo d'água (no caso das plantas aquáticas), com os quais as plantas produzem seus nutrientes por meio da fotossíntese.

Algumas raízes também têm função de **armazenamento** de substâncias e apresentam reservas de carboidratos ou água.

SCOTT SINKLIER/AGSTOCK IMAGES/CORBIS/LATINSTOCK

Raízes subterrâneas de girassol. Elas fixam a planta ao solo e absorvem água e sais minerais.

FABIO COLOMBINI

Raiz submersa flutuante de aguapé. Suas raízes absorvem água e sais minerais.

Estrutura da raiz

A raiz apresenta estruturas com diferentes funções. Veja na representação esquemática a seguir algumas dessas funções.

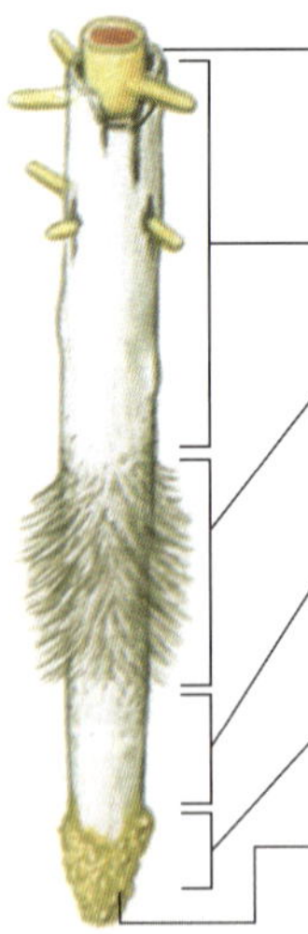

JURANDIR RIBEIRO

Zona de transição: região entre a raiz e o caule.

Zona de ramificação: região de crescimento das raízes laterais, que aumentam a sustentação da planta e a absorção de água e sais minerais. A zona de ramificação impermeável é a parte mais antiga da raiz.

Zona pilífera ou **de absorção:** os pelos dessa região são expansões da epiderme e absorvem água com sais minerais, ou seja, a seiva do xilema que será levada até as folhas. Acima dessa região, não há mais crescimento da raiz.

Zona lisa ou **de crescimento:** região onde as células formadas na zona meristemática passam por um processo de alongamento, que faz a raiz crescer.

Zona meristemática: região composta de células que se dividem constantemente e substituem as células mortas à medida que a raiz avança no solo.

Coifa ou **caliptra:** protege o meristema e produz substâncias que facilitam o crescimento da raiz no solo.

Representação esquemática da estrutura de uma raiz. Cores fantasia. Elementos fora de escala de tamanho e de proporção.

Pista 2

Além de seu uso emitir menos gases poluentes quando comparados aos combustíveis fósseis, os biocombustíveis são uma fonte renovável de energia. Pensando na preservação ambiental, quais são as vantagens do uso de biocombustíveis?

Tipos de raízes

As raízes podem ser classificadas de acordo com sua forma e função.

- **Raízes tuberosas:** são subterrâneas e armazenam nutrientes, principalmente amido. São exemplos: batata-doce, beterraba, mandioca e cenoura. Resistem ao frio e brotam mesmo quando o caule e as folhas morrem.
- **Raízes respiratórias:** são consideradas raízes aéreas, pois crescem para fora do solo e ficam com regiões expostas ao ar. Esse tipo de raiz tem poros por onde entra o gás oxigênio.
- **Raízes tabulares:** ficam fora do solo, ampliando a base da planta e dando maior estabilidade e sustentação a grandes árvores, como a figueira e a samaúma.
- **Raízes suporte:** originam-se do caule da planta e auxiliam em sua sustentação. Muitas plantas que crescem no solo lodoso dos manguezais apresentam esse tipo de raiz.
- **Raízes sugadoras:** as raízes sugadoras invadem o caule de uma planta de outra espécie e penetram no floema, de onde absorvem a seiva do floema. Presentes nas plantas parasitas, como o cipó-chumbo.

THINKSTOCK/GETTY IMAGES

A raiz da cenoura é do tipo tuberosa e contém grande reserva nutritiva.

FABIO COLOMBINI

Raízes respiratórias de mangue-branco, espécie que cresce em solo com pouco oxigênio.

THEO ALLOFS/CORBIS/LATINSTOCK

Raízes tabulares de uma figueira-gigante. Esse tipo de raiz ajuda a prevenir a queda dessas árvores de grande porte.

FABIO COLOMBINI

Raízes suporte, ou escora, em mangue-vermelho. Essas raízes partem do caule e auxiliam na sustentação das plantas.

CAULE

O caule sustenta a planta e também é a parte do vegetal que estabelece o transporte de seivas entre raízes e folhas.

Enquanto a planta é nova, o caule jovem, em geral, é verde. Isso se deve à presença de clorofila em suas células. À medida que crescem, as células deste tecido perdem a clorofila, restando apenas as paredes de células mortas.

Gemas ou brotos

No caule, há regiões nas quais nascem novos ramos: são as gemas terminais e axilares.

As **gemas terminais** situam-se no ápice do caule ou dos ramos. Suas células estão sempre produzindo novas células, resultando no crescimento da planta.

As **gemas axilares** ou **laterais** estão situadas nas axilas das folhas (região entre o caule e a folha). Permanecem inativas a maior parte da vida da planta por causa da ação de um hormônio vegetal produzido na região da gema terminal, que é transportado pelo floema e inibe o crescimento das gemas laterais.

As gemas dão origem aos ramos e às folhas. As regiões de onde saem ramos e folhas são chamadas nós, e o espaço entre os nós, entrenós.

Representação esquemática de gemas de uma planta. Cores fantasia. Elementos fora de escala de tamanho e de proporção.

Hormônio vegetal: substância orgânica que regula o desenvolvimento da planta.

Tipos de caules

- **Caules aquáticos:** podem ficar totalmente imersos na água (fixados ou não a algum substrato) ou flutuar nela. Nesse último caso, reservas de ar favorecem sua flutuação. Os caules dos aguapés, por exemplo, armazenam ar e, por isso, conseguem flutuar na água.

FRANS LANTING/CORBIS/LATINSTOCK

Os caules das ninfeias ou lírios-d'água são subaquáticos.

NÃO DEIXE DE ACESSAR

- **Atlas fotográfico de botânica**
  www.nucleodeaprendizagem.com.br/botanica2.htm
  Acesso em: 11 fev. 2015.

- **Caules aéreos:** são os caules que crescem para cima do solo. Podem ser troncos, estipes ou colmos.

HAROLDO PALO JR.

FABIO COLOMBINI

EDU LYRA/PULSAR IMAGENS

Tronco: compõe a maioria dos caules das dicotiledôneas. Ramificam-se depois de certa altura do solo.

Estipe: é o caule comum em monocotiledôneas. Os estipes das palmeiras e dos coqueiros são normalmente cilíndricos, raramente apresentam ramificações laterais.

Colmo: é característico das gramíneas. Os colmos são formados por uma sequência de entrenós (ou gomos) separados por nós. No caso da cana-de-açúcar, na foto, o caule armazena um líquido açucarado.

- **Caules volúveis:** algumas espécies de plantas têm caules que não sustentam seu peso e o das folhas. São plantas de caules volúveis, que crescem enrolando suas gavinhas (folhas modificadas) em algum outro vegetal ou qualquer outro anteparo (como uma grade de arame, por exemplo).
- **Caules rastejantes:** não se prendem a suporte algum, crescendo e ramificando-se apoiados no solo.
- **Caules subterrâneos:** algumas espécies vegetais têm o caule enterrado no solo. Os caules subterrâneos produzem em alguns pontos ramos aéreos ou folhas.

FABIO COLOMBINI

O maracujazeiro tem caule volúvel.

FABIO COLOMBINI

O caule da aboboreira, por exemplo, é rastejante e cresce rente ao solo.

THINKSTOCK/GETTY IMAGES

A batata-inglesa é um caule subterrâneo.

EXPERIMENTE FAZER

Para onde crescem as raízes e o caule?

Para pensar

Em que direção crescem a raiz e o caule de uma planta? Por quê?

Objetivo

Observar a orientação do crescimento da raiz e do caule de uma planta.

Materiais

- copos transparentes
- papel-filtro
- sementes de rabanete
- 2 caixas de CDs transparentes
- caneta para retroprojetor
- solo adubado (terra de jardim)
- elásticos de borracha
- pinça
- conta-gotas
- água

Procedimentos

1ª etapa

1. Faça um canudo com o papel-filtro e coloque-o dentro do copo.
2. Adicione um pouco de água no copo até o papel-filtro ficar molhado e aderir ao copo.
3. Com a pinça, coloque as sementes entre o copo e o papel-filtro.
4. Fique atento para que o papel-filtro permaneça sempre molhado ao longo de todo o experimento.
5. Aguarde a germinação das sementes. Quando a planta atingir 4 cm, inicie a próxima etapa.

Representação esquemática do experimento (1ª etapa).

2ª etapa

1. Com cuidado, coloque o solo adubado até a metade nas duas caixas de CD.
2. Recolha três plantas da 1ª etapa, com cuidado para não danificá-las, e coloque-as sobre o solo adubado.
3. Feche as caixas de CD e prenda-as com elásticos de borracha.
4. Uma das caixas deve ficar em pé e a outra, de lado. Com a caneta de retroprojetor, faça setas indicando a posição das caixas.
5. As caixas de CD devem ficar em um local protegido, com iluminação direta do Sol.
6. Todos os dias, com o conta-gotas, molhe um pouco o solo de cada caixa. Em cerca de 25 dias, você verá alguns resultados.

Representação esquemática do experimento (2ª etapa). Prenda bem a caixa com os elásticos. Cores fantasia. Elementos fora de escala de tamanho.

Resultados

1. O que aconteceu com a planta que ficou na caixa de CD de lado?
2. E com a planta que ficou na outra caixa, em pé?

Conclusões

- Converse com seus colegas e procurem explicar qual é a vantagem, para a planta, de crescer da forma que foi observada na caixa que ficou deitada.

Para ir além

Leia o texto e responda à questão.

Geotropismo e fototropismo

O sentido de crescimento do caule é oposto ao da raiz: na maioria das plantas, os caules crescem para cima e as raízes, para baixo. As plantas, assim como todos os outros seres vivos, estão sujeitas à ação da força da gravidade terrestre, na qual os corpos são atraídos para a superfície do planeta.

O geotropismo positivo é o crescimento da raiz da planta na direção da força da gravidade. O crescimento do caule e das folhas das plantas para cima é o geotropismo negativo.

O fototropismo é o crescimento da planta em resposta ao estímulo de luz. As partes aéreas da planta em geral crescem em direção à luz, enquanto as partes subterrâneas têm o crescimento contrário à luz.

MARTIN SHIELDS/SCIENCE SOURCE/DIOMEDIA

O caule cresceu para cima em "busca de luz" por causa do geotropismo negativo.

MARTIN SHIELDS/PHOTO RESEARCHERS/DIOMEDIA

O caule da planta encurvou-se em direção à fonte de luz. O fototropismo é observado nessa fotografia.

- Observe os resultados do seu experimento. Explique o geotropismo e o fototropismo com base nos resultados do seu experimento. Para isso, converse com seus colegas e, juntos, façam um texto com desenhos do que houve com as plantas nas caixas de CDs.

FOLHAS

As **folhas** constituem a principal parte vegetativa das plantas. Elas são compostas de **limbo**, **pecíolo** e **estípulas**. No limbo, estão as nervuras, que são as partes terminais dos feixes de vasos que se originam nas raízes. Pelos vasos do xilema, a folha recebe a seiva com minerais e com ela realiza as sínteses de matéria orgânica a partir da glicose. A seiva com açúcares segue então para o restante do vegetal pelo floema.

Na maioria das monocotiledôneas, as nervuras são aproximadamente paralelas umas às outras.

Por ser o órgão onde ocorre a maior parte da fotossíntese, o limbo tem adaptações, como:

- ampla superfície disposta de tal forma que recebe a maior quantidade possível da luz solar;
- células com cloroplastos;
- cutícula impermeável que evita excesso de perda de água por transpiração;
- estômatos na parte inferior do limbo, por onde entram e saem gás carbônico e gás oxigênio.

ESQUEMA DE UMA FOLHA COMPLETA

Representação esquemática de uma folha. Elementos fora de escala de tamanho e de proporção.

As folhas podem variar muito quanto à forma, distribuição no caule e nos ramos e outras funções que podem exercer.

ESTRUTURA EXTERNA E INTERNA DE UMA FOLHA

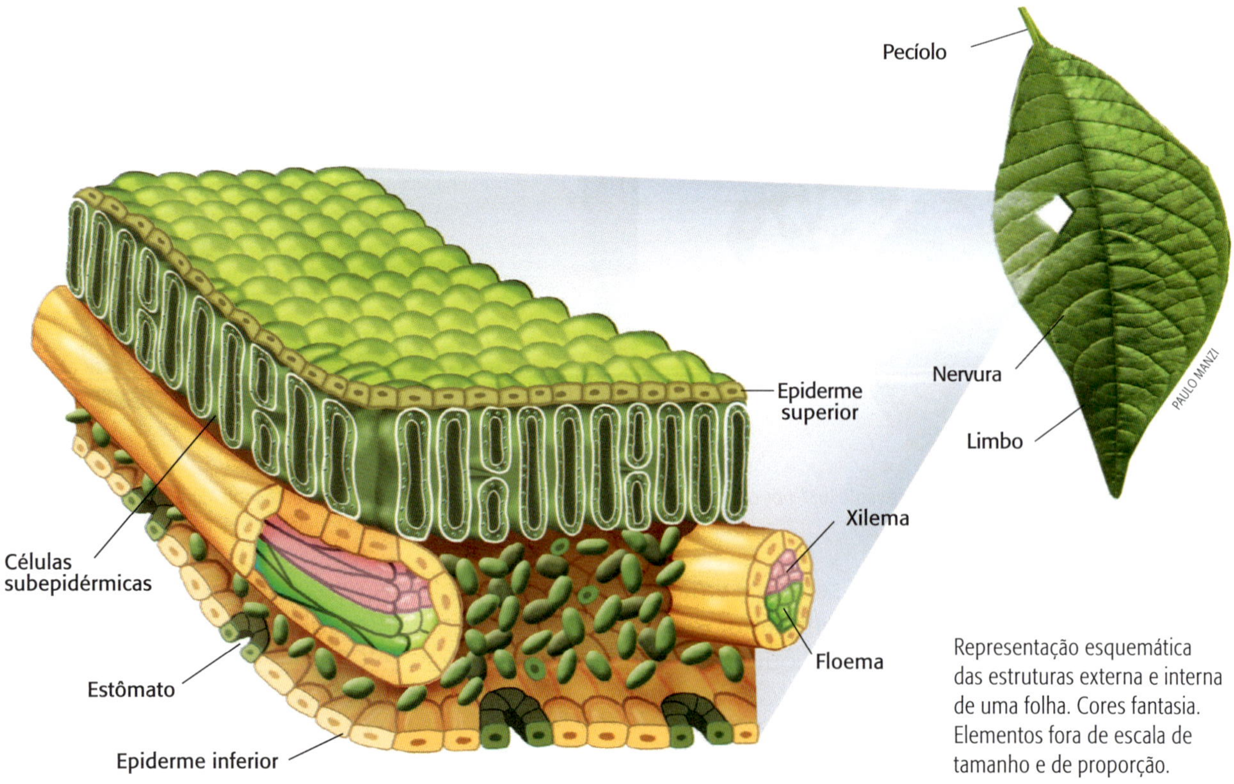

Representação esquemática das estruturas externa e interna de uma folha. Cores fantasia. Elementos fora de escala de tamanho e de proporção.

Tipos de folha

As folhas apresentam limbos e pecíolos de diferentes formatos e tamanhos. Elas podem apresentar as bordas lisas ou serrilhadas; as cores vão do branco ao roxo; entre tantas outras variações.

FABIO COLOMBINI

Nesta fotografia podemos observar diferentes formatos e tamanhos de folhas.

FIQUE DE OLHO

Uma das soluções para conter o aquecimento global é promover o sequestro de carbono da atmosfera.

As árvores necessitam de muito carbono para se desenvolver. O CO_2 é absorvido através dos estômatos. Por meio do processo de fotossíntese, o elemento carbono (C) é usado no crescimento da planta (depositado na parede celular) e o oxigênio é devolvido para a atmosfera. Dessa maneira acontece o sequestro de carbono emitido por carros, indústrias e queimadas.

Quanto mais rápido o crescimento da árvore, maior é o sequestro de carbono. Portanto, as árvores que estão em crescimento sequestram mais carbono que árvores mais maduras. As árvores maduras, no entanto, estocam mais carbono.

Uma árvore, dependendo do seu tamanho, pode absorver cerca de 180 quilos de CO_2 da atmosfera durante sua vida. Estima-se que o tronco de uma árvore seja constituído por 80% de carbono.

1. Faça uma pesquisa e explique o que é o sequestro de carbono.

2. Qual é o papel das folhas nesse processo de sequestro de carbono da atmosfera?

FOTOARENA/FOLHAPRESS

Goiânia é uma das cidades mais arborizadas do Brasil. Fotografia do Parque Urbano Bosque dos Buritis, em Goiânia (GO), 2014.

EXPERIMENTE FAZER

A luz e a fotossíntese

Objetivo

Verificar a influência da luz no processo da fotossíntese.

Materiais

- tubo de ensaio
- recipiente médio de plástico transparente
- planta elódea (encontrada em lojas de jardinagem ou aquarismo)
- funil de plástico
- água
- tesoura sem ponta
- caneta para retroprojetor

Procedimentos

1. Retire algumas folhas da base da elódea. Corte o caule a 2 centímetros da base da planta.
2. Adicione água até a metade do recipiente de plástico.
3. Coloque a elódea na água e cubra-a com o funil. Cuidado para não deixar as folhas da elódea para fora do funil.
4. Coloque um pouco de água no tubo de ensaio. Tampe a saída do tubo com o dedo e, com cuidado, mergulhe-o na água e encaixe-o no funil.
5. Com caneta, marque o nível da água no tubo.
6. Coloque o recipiente em local que receba a luz do Sol por 6 horas.
7. Após o tempo previsto de exposição ao Sol, observe o tubo de ensaio.

Resultado

Descreva o que você observou no experimento.

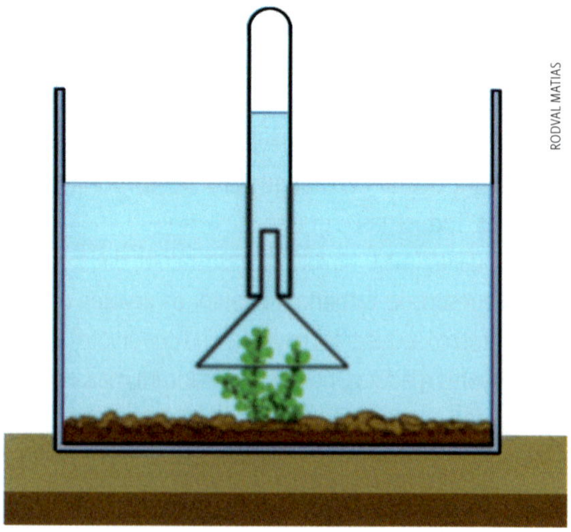
RODVAL MATIAS

Representação esquemática do experimento. Cores fantasia. Elementos fora de escala de tamanho.

Conclusões

1. Converse com seus colegas: Que gás provavelmente se formou dentro do tubo de ensaio?
2. Por que esse gás se formou?
3. Por que a montagem do experimento foi colocada ao Sol?
4. Se o experimento estivesse em um ambiente sem iluminação, os resultados obtidos seriam os mesmos?

Folhas modificadas

Gavinhas

Caules volúveis não se sustentam sozinhos. Sobem agarrados a algum suporte por meio de **gavinhas**, que são folhas modificadas e que se enrolam em galhos de outras plantas ou estruturas para obter sustentação.

FABIO COLOMBINI

Gavinhas de um pé de chuchu (*Sechium edule*). Essa gavinha ainda não alcançou um suporte.

Brácteas

Algumas folhas, denominadas **brácteas**, circundam as flores e podem servir-lhes de proteção. Em outras plantas, as cores vistosas das brácteas atraem os agentes polinizadores.

THINKSTOCK/GETTY IMAGES

Brácteas vermelhas da "poinsétia" (*Euphorbia pulcherrima*).

Folha flutuante

A vitória-régia tem raízes presas ao solo do fundo do rio, fixadas ao rizoma, caule onde se prende o pecíolo da folha que flutua na superfície. Ela tem bordos levantados e canais de escoamento da água da chuva.

THINKSTOCK/GETTY IMAGES

As folhas flutuantes de vitória-régia (*Victoria amazonica*) atingem mais de 1 metro de diâmetro.

Folhas de plantas carnívoras

As plantas denominadas carnívoras apresentam adaptações de folhas, que aprisionam animais (geralmente insetos), matando-os. Os animais mortos são digeridos por enzimas produzidas pela folha e, assim, a planta absorve sais minerais. As plantas carnívoras também fazem fotossíntese.

THIERRY VAN BAELINGHEM/BIOSPHOTO/DIOMEDIA

Folha de planta carnívora (*Dionaea muscipula*) capturando uma mosca. Essas folhas medem, em média, 2 centímetros de comprimento.

Espinhos

Outras folhas são adaptadas a suportar o clima de ambientes áridos. Nesses casos, elas são reduzidas a espinhos. Além de evitarem a perda excessiva de água, os espinhos protegem a planta contra a predação por animais herbívoros.

FABIO COLOMBINI

Cacto facheiro (*Cereus* sp.) recoberto por espinhos (folhas modificadas) e com um fruto.

SAIBA MAIS

Dos Andes para o mundo

"Quando os conquistadores espanhóis invadiram o Império Inca em busca de riquezas, ao final do século XVI, jamais poderiam imaginar que levariam para a Europa e o resto do mundo um bem muito mais precioso: a batata andina. Esta foi disseminada pelos navegadores espanhóis e ingleses para as colônias – origem da denominação de "batata-inglesa". Entretanto, foram os incas e outros povos indígenas que, durante oito milênios, desenvolveram a bataticultura, utilizando espécies andinas.

Técnicas eficientes de produção tornaram a batata o principal produto agrícola, bem como a base da alimentação na Civilização Inca. Assim, foram selecionados tipos variados para os diversos usos na alimentação, alguns ainda hoje encontrados em países andinos.

Na Região Andina há mais de duas centenas de espécies [...], sendo a batata que tornou-se cosmopolita uma dessas. Entretanto, os espanhóis levaram para a Espanha, em 1570, uma única espécie: *Solanum tuberosum*. [...] Contudo, somente cerca de 200 anos após, a batata tornou-se um alimento básico na Europa, sendo, a partir de então, introduzida em todos os continentes.

Para europeus, norte-americanos e latino-americanos, exceto os brasileiros, a batata constitui a base da dieta alimentar diária; em outros países, como no Brasil, é utilizada em menor escala, como hortaliça.

A batateira é originária da região próxima ao equador terrestre, nas proximidades do Lago Titicaca, próximo à fronteira entre Peru e Bolívia. Nessa região, dias e noites têm duração igual, de 12 horas ao longo do ano. Entretanto os europeus adaptaram a cultura para fotoperíodos longos de 16 até 18 horas, sendo que as plantas que não tuberizaram foram eliminadas. Assim, com o tempo, ocorreu a adaptação aos dias longos do verão europeu, que foi completada no início do século XIX. [...]"

Fernando Antonio Reis Figueira. *Dos Andes para o mundo.* Disponível em: <www.abbabatatabrasileira.com.br/revista13_026.htm>. Acesso em: 11 fev. 2015.

Disseminado: espalhado.
Hortaliça: planta cultivada em horta usada para a alimentação.
Fotoperíodo: tempo em que a planta fica exposta à luminosidade, geralmente à luz do Sol.

HERVÉ HUGHES/HEMIS/CORBIS/LATINSTOCK

Peruanos da província de Cuzco comprando batatas em um mercado tradicional. A batata compõe parte da alimentação básica dos peruanos.

Mandioca, raiz brasileira

“A mandioca é uma planta da América, possivelmente do Brasil. Sabe-se muito pouco onde, quando e como os [indígenas] americanos transformaram espécies selvagens em uma das mais espetaculares espécies domesticadas do mundo. Possivelmente, os primeiros [indígenas] a se utilizarem da mandioca foram os que habitavam a divisa entre a Amazônia e o Cerrado, atualmente a região de Rondônia e Mato Grosso.

Inicialmente, era uma planta que crescia feito um cipó quando estava sombreada, ou formava pequenos arbustos, quando a pleno sol, mas tinha a capacidade de armazenar uma pequena quantidade de amido em umas poucas raízes longas, tortas e um pouco mais grossas que as demais.

Posteriormente, entre cinco a 10 mil anos atrás, os indígenas transformaram-na em uma planta que pode ser cultivada através de pequenos segmentos do caule e adquiriu a capacidade de produzir de quatro a cinco toneladas de raízes por hectare. Com toda essa capacidade de produção e disponibilidade de alimentos formaram-se grandes civilizações indígenas.

Assim, como existiram no México as culturas Maia e Asteca, graças à existência do milho; e, nos Andes existiram os Incas, graças à batata, na Amazônia existiram grandes culturas indígenas graças à mandioca.

Somente agora os antropólogos estão começando a descobrir a grandiosidade dessas culturas amazônicas [antes da chegada dos portugueses ao Brasil]. Foram capazes de criar e cultivar variedades de mandioca altamente venenosas, para que não fossem atacadas por outros animais, e desenvolver técnicas sofisticadas para eliminar o veneno, e, assim, garantir a sobrevivência em locais onde a competição pelo alimento é feroz.

[...]

Hoje, há variedades com 40% de matéria seca e 80% de amido. As indústrias podem ter capacidade para moer mais de 1.000 toneladas de raízes por dia. Fazemos máquinas, amidos, amidos modificados, farinhas, farinhas temperadas [...] etc. Colhemos mandioca todo o ano; o ano todo, e em grande quantidade. Para que as coisas melhorem falta justiça entre os elos da cadeia produtiva, ou seja, remunerar todos os participantes com preço justo o ano todo. Assim, a mandioca deixará de ser sinônimo de pobreza e será instrumento de desenvolvimento para todos.”

Teresa Losada Valle. *Mandioca*: dos índios aos agronegócios. *Revista Abam* (Associação Brasileira dos Produtores de Amido de Mandioca), n. 11.

DELFIM MARTINS/PULSAR IMAGENS

A mandioca é uma raiz tuberosa bastante consumida no Brasil. Entre os nomes regionais da *Manihot esculenta*, há: mandioca, macaxeira, aipim, maniva, manaíba, carimã, uaipi e castelinha. Pode chegar a 90 centímetros de comprimento.

Para pensar

1. Qual é a origem da batata-inglesa? E da mandioca?

2. Que espécie de batata os espanhóis levaram para a Europa e acabou se transformando na batata-inglesa?

3. Que adaptação a batata-inglesa sofreu?

4. Como crescia a planta da mandioca antes de ser cultivada pelos indígenas?

teia do saber

1. Observe as imagens de uma célula animal e de uma célula vegetal. Qual delas é de uma célula vegetal? Justifique sua resposta, mencionando as diferenças entre os dois tipos de célula.

Figura 1

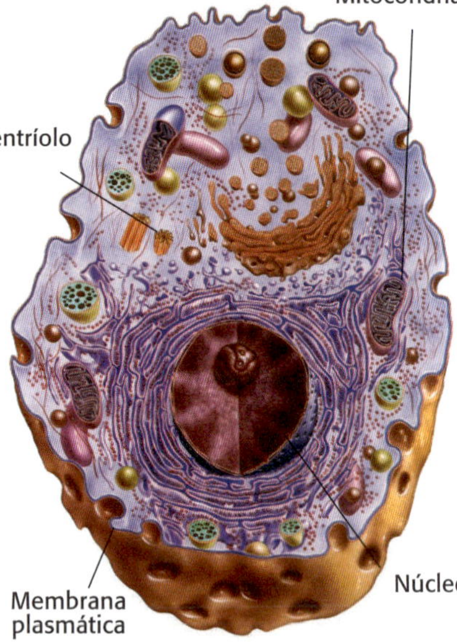

BO VEISLAND, MII/SPL/LATINSTOCK

Elementos fora de escala de tamanho. Cores fantasia.

Figura 2

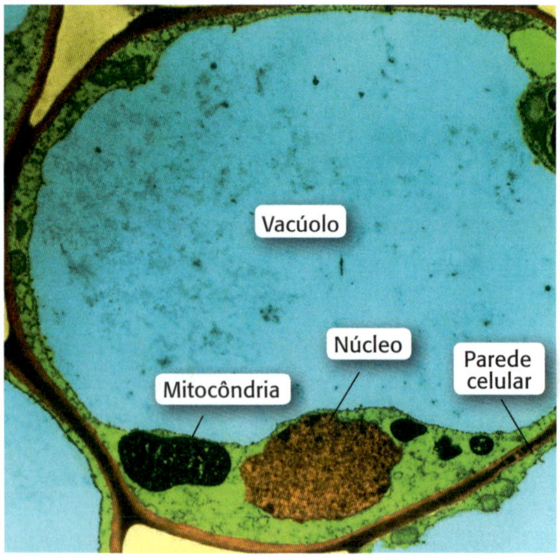

J.C. REVY, ISM/SPL/LATINSTOCK

Célula vista ao microcóspio eletrônico. Cores artificiais. Aumento de 850 vezes.

2. Qual é a principal função dos cloroplastos? Que tipo de energia eles usam?

3. Os vegetais têm basicamente dois tipos de tecidos, os meristemas e os tecidos adultos.

   a. O que diferencia esses dois tipos de tecidos?

   b. Qual é a função dos meristemas primários? Onde eles se situam?

4. Quais são os dois tecidos responsáveis pela sustentação das plantas? Qual é a principal diferença entre eles?

5. Quais são as partes de uma raiz? Cite suas funções.

6. Leia o texto a seguir e depois responda às questões no caderno.

> As plantas podem produzir mais alimento do que aquele de que necessitam para se manter vivas. O excesso é armazenado para ser usado em épocas do ano em que as condições são mais desfavoráveis. Sem luz do Sol suficiente, como acontece muitas vezes no inverno, as plantas diminuem a realização de fotossíntese e usam as reservas que armazenaram durante as estações do ano mais favoráveis.

   a. Cenoura, nabo, rabanete, beterraba e batata-doce são exemplos de raízes ou de caules que acumulam reservas?

   b. Qual é a importância das raízes tuberosas para o ser humano?

7. Explique qual é a vantagem de as raízes de plantas que vivem em manguezais formarem projeções que crescem acima do solo.

8. Em que partes do caule surgem novos ramos?

9. Observe as fotografias, que mostram dois tipos diferentes de tropismos, e responda às questões.

a. Qual é o tropismo representado na imagem à esquerda?

b. Qual é o tropismo representado na imagem à direita?

FABIO COLOMBINI

FABIO COLOMBINI

Exemplos de tropismo.

10. A figura **A** mostra uma balança com um peso em um prato e no outro um vaso com terra e planta. A figura **B** mostra o que aconteceu depois de algumas semanas. Nesse período, a planta foi regada, a quantidade de terra não mudou e nada foi colocado nela. No momento indicado na figura **B**, as condições de umidade da terra eram as mesmas que as da figura **A**. Identifique as substâncias que foram usadas pela planta na produção da massa adicional por ela adquirida. Justifique sua resposta.

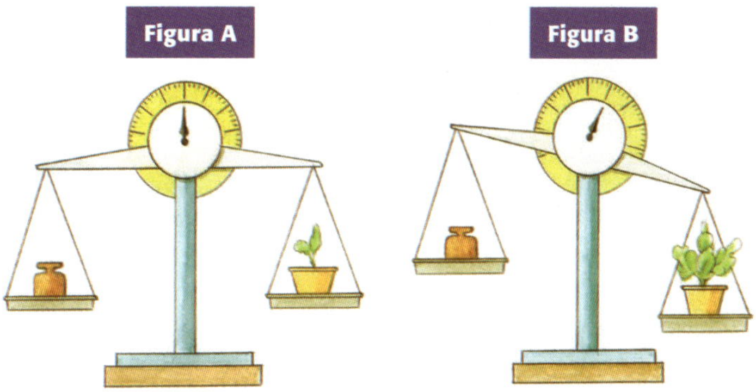

JURANDIR RIBEIRO

Elementos fora de escala de tamanho e de proporção. Cores fantasia.

11. Pela planta circulam substâncias que a nutrem. Cite os nomes das estruturas que participam desse processo e o caminho percorrido por essas substâncias.

8 Partes reprodutivas das plantas

Já vimos que as angiospermas são plantas que têm flores, frutos e sementes. Mas o que são essas estruturas? Elas são importantes para a reprodução. Para entender melhor como isso ocorre, vamos ver o exemplo do melão. O meloeiro foi plantado quando sua muda tinha dois centímetros de altura. Ele cresceu rente ao solo, pois tem caule rastejante, como a abóbora. A floração ocorreu cerca de 30 dias após o plantio. O principal agente polinizador das flores do meloeiro é a abelha, por isso alguns agricultores também introduzem colmeias próximas à area de plantação. Após a polinização, a flor murchou e o fruto se desenvolveu, cheio de sementes. Se as sementes germinarem, teremos novas mudas de melão.

FABIO COLOMBINI

1. A semente germina e a muda de meloeiro é levada para o plantio.

MAURICIO SIMONETTI/PULSAR IMAGENS

2. A planta cresce e, depois de um tempo, floresce.

FABIO COLOMBINI

3. A abelha poliniza a flor do meloeiro.

FABIO COLOMBINI

4. Depois da fecundação, inicia-se o desenvolvimento do fruto.

FABIO COLOMBINI

5. O fruto se desenvolve; o melão está repleto de sementes.

BATE-PAPO

1. Todas as plantas se reproduzem da mesma maneira que o melão?
2. Todas as plantas têm sementes? Todas as sementes nascem dentro de frutos?
3. O que fazem os agentes polinizadores?

FLORES

As flores são os órgãos de reprodução das angiospermas. Elas podem apresentar diversos formatos, cores e cheiros que atraem os agentes polinizadores.

Estruturas de uma flor

O conjunto de **sépalas** forma o **cálice**, que protege o botão e a flor do ataque de animais herbívoros. Em geral, as sépalas são verdes.

A **corola** é, geralmente, a parte mais visível das flores, pelo formato e pelas cores com as quais se destaca. É formada por um conjunto de **pétalas** cujo número varia de duas a cinco, ou múltiplos desses números.

A corola de muitas flores atrai agentes polinizadores. Por dentro dela estão as estruturas reprodutivas masculina e feminina da flor: o **androceu** e o **gineceu**.

O androceu é formado pelos **estames**. Cada estame compreende um **filete** e uma **antera**. Dentro da antera são formados os grãos de pólen, que carregam a célula reprodutora masculina.

O gineceu é formado por um ou mais **carpelos**. Cada carpelo é constituído por **estigma**, **estilete** e **ovário**.

No ovário, formam-se os óvulos, que contêm a oosfera, célula reprodutora feminina. Em continuação ao ovário, seguem-se o estilete e o estigma. O estigma geralmente é viscoso, o que favorece a adesão dos grãos de pólen trazidos pelos agentes de polinização.

ESTRUTURAS DE UMA FLOR

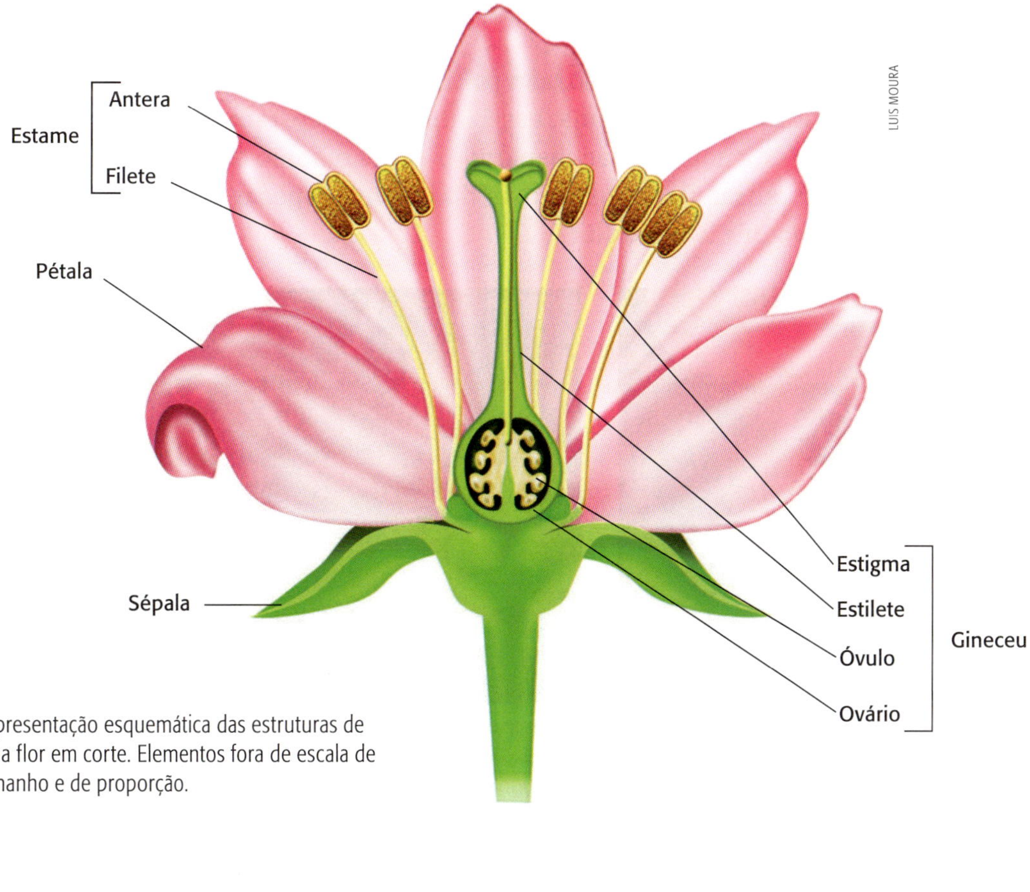

Representação esquemática das estruturas de uma flor em corte. Elementos fora de escala de tamanho e de proporção.

Polinização

As flores podem ser polinizadas pelo vento, pela água ou por animais.

Muitas flores são polinizadas por animais. As cores, o cheiro e o néctar das flores atraem animais como beija-flores, morcegos, abelhas e borboletas.

Ao visitar as flores para se alimentar de néctar, os grãos de pólen grudam no corpo do animal, que, ao visitar outras flores, pode deixá-los cair. Nesse caso, se as novas flores visitadas forem da mesma espécie dos grãos de pólen já presos no visitante, e esses atingirem o estigma da flor, haverá fecundação.

MICHAEL MALONEY/SAN FRANCISCO CHRONICLE/CORBIS/LATINSTOCK

Abelha coletando pólen. Observe que, de cada lado do corpo, ela apresenta uma espécie de cesto, onde carrega os grãos de pólen para a colmeia. Essa abelha mede, em média, 1 centímetro.

MICHAEL & PATRICIA FOGDEN/MINDEN

Beija-flor (*Amazilia amabilis*) alimentando-se do néctar de uma flor. Essa espécie de beija-flor atinge, em média, 14 centímetros de comprimento, do bico à cauda.

As orquídeas são um dos grupos mais diversificados de angiospermas. Essas plantas apresentam estratégias altamente especializadas na polinização por insetos. Nas orquídeas, as pétalas e sépalas são modificadas e os grãos de pólen ficam agrupados por um líquido viscoso, formando unidades denominadas **polínias**.

As orquídeas do gênero *Catasetum*, por exemplo, são polinizadas principalmente por abelhas e moscas verdes. Ao sugar o néctar da flor masculina, esses animais encostam em dois apêndices, que funcionam como um "gatilho". As polínias são disparadas sobre o dorso do agente polinizador e ficam grudadas nele. Ao visitar outras flores femininas da mesma espécie, a polínia poderá se desprender do corpo do inseto e polinizar outra flor.

MICHAEL & PATRICIA FOGDEN/MINDEN

Abelha com polínia grudada em seu dorso.

PAUL HARCOURT DAVIES/SPL/LATINSTOCK

Flores da orquídea *Catasetum fibriatum*. Uma das pétalas, de cor branca, chamada labelo, atrai os agentes polinizadores, servindo de plataforma de pouso.

Fertilização

Quando o grão de pólen (gametófito masculino) cai sobre o estigma da flor, absorve água. O grão de pólen cresce, formando o tubo polínico, que levará o gameta masculino até a oosfera, pelo estilete, no interior do ovário da flor.

O óvulo sofre modificações e transforma-se na **semente**, que abriga o embrião. O ovário também se transforma, dando origem ao **fruto**.

RUBENS CHAVES/PULSAR IMAGENS

Flor do maracujá (*Passiflora alata*), representante do grupo das angiospermas.

DELFIM MARTINS/PULSAR IMAGENS

Após a fecundação, a flor do maracujá origina o fruto, que abriga diversas sementes.

Plantas monoicas, dioicas e hermafroditas

Algumas espécies vegetais são dioicas, ou seja, em cada indivíduo, as flores têm apenas carpelos ou apenas estames. Em outras espécies, as flores têm estames e carpelos, ou seja, são hermafroditas. Mesmo nas plantas hermafroditas, dificilmente ocorre autofecundação. A polinização cruzada é mais frequente e produz uma descendência mais diversificada.

Vários mecanismos se desenvolveram nos casos de hermafroditismo para impedir a autofecundação. Um dos mais comuns é o amadurecimento de estames e carpelos em tempos diferentes. Assim, uma flor pode estar com os grãos de pólen maduros e estes serem transportados para outras flores, enquanto seus carpelos ainda não amadureceram, ou vice-versa.

As plantas monoicas apresentam em um mesmo indivíduo flores femininas e masculinas.

PINKANNJOH/BLICKWINKEL/KEYSTONE BRASIL

FABIO COLOMBINI

FABIO COLOMBINI

Algumas espécies vegetais, como o mamoeiro, produzem três tipos de flores: (**A**) femininas, (**B**) masculinas e (**C**) hermafroditas.

FRUTOS

Os frutos são resultado do desenvolvimento do ovário. Eles são formados de duas partes: o **pericarpo** e a semente. O pericarpo é composto do **epicarpo**, **mesocarpo** e **endocarpo** (camada que recobre e protege a semente).

ESTRUTURAS DE UM FRUTO

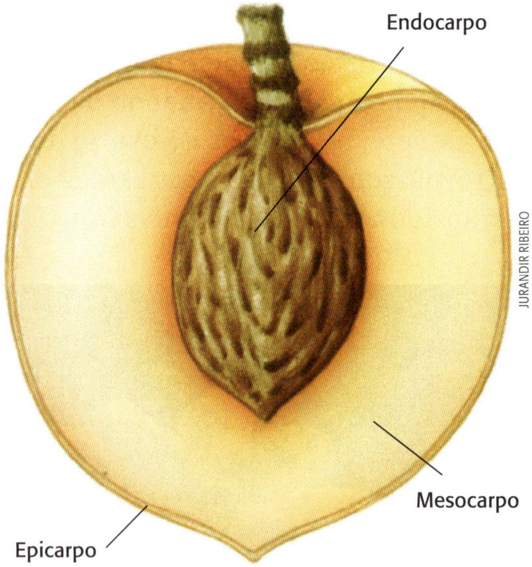

JURANDIR RIBEIRO

Representação esquemática de um fruto. Cores fantasia.

Funções do fruto

O fruto exerce duas funções principais. A primeira é a de proteger as sementes. Essa é uma das diferenças das angiospermas em relação às gimnospermas. As sementes podem ficar protegidas até o momento em que estarão em condições de germinar.

A segunda função é a de facilitar a dispersão das sementes. A dispersão é importante, visto que sementes germinando próximo às plantas-mães têm poucas chances de se desenvolver, principalmente pela competição em busca dos mesmos nutrientes absorvidos por elas.

Os frutos e as sementes podem ser dispersados pelo vento, pela água e por animais.

Alguns frutos têm características variadas que favorecem a dispersão por animais, como a cor e o sabor atraentes.

FABIO COLOMBINI

O tucano-araçari-castanho (*Pteroglossus castanotis*) comendo frutos. Os frutos servem de alimento para os animais, que engolem as sementes. Ao defecar em lugares distantes, eles passam a dispersar a semente da planta. Miranda (MS). Esses animais medem 40 cm de comprimento.

FABIO COLOMBINI

Jaca caída ao solo, mede cerca de 60 cm de comprimento. Nesse caso, ao se decompor no solo, o fruto libera as sementes. Jardim Botânico do Rio de Janeiro (RJ).

Pista 3

O uso de biocombustíveis apresenta muitas vantagens, mas há uma desvantagem – o incentivo a plantações de monoculturas (cana-de-açúcar, soja etc.). O cultivo de apenas uma espécie traz muitos problemas ao ambiente. Faça uma pesquisa sobre os problemas ambientais gerados pela monocultura.

Tipos de fruto

Frutos carnosos

São frutos com o pericarpo suculento. Destes, existem espécies que contêm várias sementes, como a uva, a abóbora e o tomate, e as que apresentam apenas uma semente, como o pêssego, o abacate, a ameixa e a azeitona.

THINKSTOCK/GETTY IMAGES

THINKSTOCK/GETTY IMAGES

THINKSTOCK/GETTY IMAGES

O tomate, o mamão e o abacate são exemplos de frutos carnosos.

Frutos secos

Há frutos secos que se abrem quando maduros, facilitando a saída das sementes, por exemplo: feijão, algodão, soja, castanha-do-pará. Há frutos secos que não se abrem quando maduros, como o arroz e o trigo.

FABIO COLOMBINI

A vagem da soja é um fruto seco que se abre quando maduro.

ISTOCKPHOTO/GETTY IMAGES

No interior dos frutos secos da castanheira estão as sementes – as castanhas-do-pará.

Pseudofrutos (falsos frutos)

Em algumas plantas, outras partes da flor, que não são os ovários, tornam-se suculentas e doces. Essas estruturas são chamadas de **pseudofrutos**. Veja alguns exemplos a seguir.

FABIO COLOMBINI

No caju, a parte suculenta é o pedúnculo floral. O fruto verdadeiro é a estrutura que envolve a castanha (a semente).

THINKSTOCK/GETTY IMAGES

A maçã é o receptáculo da flor que envolve os quatro ovários e forma a parte suculenta.

FABIO COLOMBINI

No figo, o receptáculo que se desenvolve após a fecundação se torna a parte suculenta. Dentro dele, há centenas de flores.

SEMENTES

As sementes são constituídas de **casca** (ou tegumento), **endosperma** e **embrião**. A casca protege o embrião da desidratação e do ataque de fungos e bactérias.

O endosperma fica junto ao embrião e acumula amido, óleos e proteínas, que servirão para alimentar a nova planta até que ela tenha condições de gerar seu próprio alimento por meio da fotossíntese. Ele pode ser armazenado nos cotilédones, folhas embrionárias que contêm reservas nutritivas.

Quando as condições se tornam apropriadas, principalmente na presença de água, o embrião cresce e se transforma em uma nova planta semelhante à que lhe deu origem.

Dispersão das sementes

Tanto os frutos quanto as sementes têm os mais variados meios de se dispersar no ambiente. Já vimos que os animais, ao comer os frutos de uma árvore, podem defecar as sementes em outros locais, tornando-as viáveis, ou seja, prontas para germinar.

Algumas sementes, assim como alguns frutos secos, têm pelos ou ganchos ou são revestidos por substâncias viscosas. Com esses artifícios, grudam-se à pelagem de animais mamíferos ou à plumagem de aves, e são transportadas para bem longe do local de origem. Também existem as sementes aladas, que apresentam expansões do tegumento (das mais variadas formas) que propiciam seu voo impulsionado pelo vento.

FABIO COLOMBINI

A semente alada do ipê-amarelo (*Tabebuia* sp.) é carregada pelo vento. Essas sementes medem cerca de 3 cm.

FABIO COLOMBINI

Sementes aladas de asclépia (*Asclepias* sp.). Essas sementes medem cerca de 5 mm de comprimento.

Germinação

Quando as condições do ambiente se tornam favoráveis, principalmente quanto à presença de umidade e temperatura adequadas, as sementes iniciam a germinação.

Certas sementes, mesmo encontrando esses requisitos, não germinam. Esse fenômeno é denominado **dormência**. É uma característica especial de algumas espécies que devem ser "despertadas" para que comecem seu desenvolvimento. Por exemplo, algumas sementes de orquídeas devem ser expostas a um período de frio intenso para depois germinar; sementes de outras espécies de plantas, ser raspadas (pelo atrito na areia, por exemplo) para que a água possa atingir o embrião. Quando, finalmente, o embrião se embebe em água, a nova planta começa a surgir.

THINKSTOCK/GETTY IMAGES

O coco-verde é um fruto com uma semente. Ele tem uma parte externa fibrosa, flutua na água e é levado pela correnteza. Assim, pode se dispersar e chegar à areia da praia já tendo germinado no mar.

SAIBA MAIS

Morcegos ajudam a reflorestar áreas degradadas

"[...]

Os morcegos, que por muitos anos foram vilões de histórias de terror, podem se tornar heróis da conservação ambiental nos dias de hoje. Isso é o que aponta um estudo [...] realizado por um grupo de pesquisadores da Universidade Estadual Paulista (Unesp) e da Empresa Brasileira de Pesquisa Agropecuária (Embrapa), que estão usando estes mamíferos para auxiliar no reflorestamento de áreas degradadas.

Os animais utilizados no estudo se alimentam de frutos e espalham sementes de várias espécies vegetais ao defecar durante o voo, o que ajuda a manter as características da vegetação original da região que percorrem.

"Os morcegos frugívoros – que se alimentam de frutos e dispersam sementes – são reconhecidamente um dos grupos mais importantes de dispersores de espécies florestais, defecando sementes em amplas áreas, já que realizam amplos deslocamentos, inclusive sobre áreas desprovidas de vegetação", explica [...] pesquisadora da Embrapa Florestas.

[...]"

Disponível em: <http://www.labjor.unicamp.br/midiaciencia/article.php3?id_article=527>. Acesso em: 17 fev. 2015.

CLAUS MEYER/LATINSTOCK

Os morcegos frugívoros contribuem para a dispersão das sementes. Na fotografia, morcego (*Carollia brevicauda*) comendo fruto na Floresta Amazônica. Essa espécie mede cerca de 10 cm de envergadura.

Cacau

RICARDO BENICHIO/ARGOSFOTO

O cacaueiro possui entre 4 e 8 metros de altura.

O cacaueiro

O cacaueiro pertence ao grupo das angiospermas e à família Malvaceae, mesma família de plantas do algodão e do cupuaçu.

Origem do cacaueiro

Quando os espanhóis chegaram à América, o cacau já era cultivado pelos astecas, no México, e pelos maias, na América Central. Acredita-se que o cacau seja originário das cabeceiras do Rio Amazonas. Depois, ocupou a América Central e as Guianas, originando duas variedades cultivadas: o criollo e o forastero.

O cacau começou a ser cultivado no sul da Bahia no século XVIII. Hoje, essa região produz 95% do cacau brasileiro.

Usos do cacau

O chocolate é feito com as sementes dos frutos do cacaueiro.

Atualmente, a indústria tem aproveitado outras partes do fruto na produção de geleias, cosméticos, vinho, ração animal, biogás, biofertilizantes etc.

Tabela nutricional do chocolate ao leite

Chocolate ao leite (100 g)	
Valor energético	540 kcal
Proteínas	7,2 g
Lipídeos	30,3 g
Colesterol	17 g
Carboidratos	59,6 g
Fibras alimentares	2,2 g
Cálcio	191 mg

Fonte: Disponível em: <http://www.unicamp.br/nepa/taco>. Acesso em: 19 fev. 2015.

Comida dos deuses

Em 1937, Carolus Linnaeus propôs o nome científico *Theobroma cacao* para o cacaueiro. *Theobroma* significa, em grego, “comida dos deuses”.

O chocolate pode acabar?

Nos últimos anos, o mundo consumiu mais chocolate do que é produzido. Essa realidade, somada às pragas nas lavouras e às secas na África Ocidental, tem preocupado economistas e produtores que alertam sobre uma possível escassez de cacau e seus subprodutos.

Fontes de pesquisa – Disponíveis em: <http://www.ceplac.gov.br/radar/radar_cacau.htm>; <http://economia.estadao.com.br/blogs/radar-economico/o-chocolate-vai-acabar/>. Acessos em: 19 fev. 2015.

OS PRINCIPAIS PRODUTORES DE CACAU NO MUNDO

Fonte: Disponível em: <http://www.andes.info.ec/es/econom%C3%ADa/5421.html>. Acesso em: 19 fev. 2015.

JOÁ SOUZA/FUTURA PRESS

THINKSTOCK/GETTY IMAGES

Atividade

O texto não descreveu o hábitat em que o cacaueiro vive. Observando a distribuição da produção de cacau no planeta e com base em seus conhecimentos, em que tipo de ambiente o cacaueiro vive? Faça uma pesquisa para ampliar os seus conhecimentos sobre o tema.

1. Na ilustração, estão representadas as estruturas reprodutivas de uma angiosperma.

ESTRUTURAS DE UMA FLOR

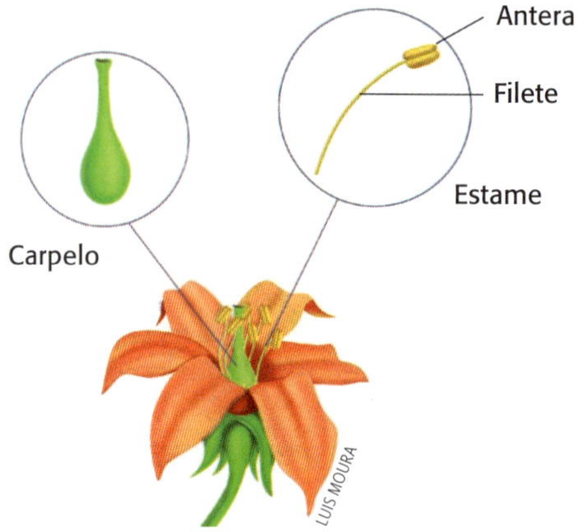

Representação esquemática das estruturas reprodutivas de uma angiosperma. Cores fantasia. Elementos fora de escala de tamanho e de proporção.

a. Qual é a parte feminina da flor?
b. Qual é a parte masculina da flor?
c. Que parte da flor se transforma em fruto após a fecundação do óvulo pelo grão de pólen?

2. Observe a fotografia, que mostra um tubérculo de batata brotando nos locais das gemas. Cada brotamento origina um novo pé de batata, que, por sua vez, formará tubérculos.

Esse tubérculo com gemas é chamado de "tubérculo-semente" ou "batata-semente". Ele é usado nas plantações de batata de modo alternado com as sementes de batata.

a. Esse tipo de reprodução envolve grãos de pólen e óvulos?
b. O tubérculo de batata usado para produzir novos pés de batata é conhecido pelos agricultores com o nome de "batata-semente". Por que a batata com as gemas desenvolvidas é comparada às sementes?
c. A reprodução da batata por meio de "batatas-semente" é sexuada ou assexuada? Justifique sua resposta.

3. Descreva, de forma resumida, como ocorre a fecundação das flores.
4. Nas angiospermas, que estrutura se origina do óvulo? E do ovário?
5. Qual é a vantagem adaptativa de as angiospermas apresentarem frutos?
6. Escreva no caderno o nome de cada parte do abacate apontada na ilustração.

Representação esquemática do abacate. Elementos fora de escala de tamanho e de proporção.

7. Quais são os frutos que você costuma consumir? Quais são os frutos mais comuns na região onde você mora?

8. Leia a notícia e responda à questão.

> Uma semente com cerca de 2 mil anos encontrada no deserto da Judeia foi plantada por cientistas israelenses e germinou, segundo artigo publicado na revista especializada *Science* [...]. Isso a tornaria a semente mais antiga do mundo a germinar de que se tem conhecimento.
>
> A semente de tâmara foi encontrada em escavações em 1963, na antiga fortaleza do rei Herodes, em Masada, perto do Mar Morto. Na ocasião, os cientistas encontraram um grupo de sementes, que mantiveram em uma sala em temperatura ambiente com a intenção de estudá-las mais a fundo.
>
> Disponível em: <http://noticias.terra.com.br/ciencia/interna/0,,OI2947112-EI8146,00.html>. Acesso em: 8 abr. 2015.

- Que condições ambientais impediram essa semente de germinar durante 2 mil anos?

9. Leia este texto e responda às questões.

> [...] A castanheira é a árvore amazônica mais protegida. Mas, na prática [...] nas derrubadas autorizadas, as castanheiras são poupadas e permanecem no meio das pastagens ou culturas. Uma vez isoladas da floresta, porém, apresentam rápida queda de produção. Isso se dá, segundo a pesquisadora Cleísa Cartaxo, da Embrapa do Acre, porque a polinização da castanheira é cruzada e feita por insetos: cada castanheira em flor necessita ter por perto uma outra castanheira em flor para ser fecundada. O trabalho é realizado por insetos polinizadores, que, por sua vez, precisam transitar de uma planta para outra, como numa mata contínua, pois não conseguem atravessar o espaço sem árvores das áreas agrícolas. E se abelhas e mamangavas não conseguem levar o pólen de uma castanheira a outra, cai vertiginosamente a produção de castanhas.
>
> Disponível em: <http://www.rondoniaovivo.com/noticias/industria-de-rondonia-assina-contrato-com-a-unicamp-para-fabricar-cereal-a-base-de-castanha-do-brasil/58236#.VOOFbubF_zg>. Acesso em: 17 fev. 2015.

EDSON GRANDISOLI/PULSAR IMAGENS

Castanheira-do-pará (*Bertholletia excelsa*), também chamada castanheira-do-brasil. Essas árvores podem ter até 50 metros de altura.

a. Por que a derrubada da mata está diminuindo a produção de frutos da castanheira?

b. Quais são os polinizadores da castanheira?

Desfecho

Baseando-se no que você aprendeu nesta unidade a respeito das plantas e da produção de biocombustíveis, responda: O uso de biocombustíveis é uma boa alternativa ao uso de combustíveis fósseis, como o petróleo? Por quê?

Encerrando a unidade

1. Reveja a unidade e descubra se você tem dúvidas sobre as partes reprodutivas e vegetativas das angiospermas.
2. Desenhe em um papel tipo *kraft* uma planta. Identifique suas estruturas em vegetativa ou reprodutiva explicando o funcionamento de cada uma delas. Depois, recorte imagens dessas estruturas e cole-as no local correspondente no papel *kraft*.

Com o sabor da estação

Nos supermercados encontramos alimentos de todos os cantos do mundo, durante todos os meses do ano. Mas saiba que você ganha em saúde e economia ao colocar em sua geladeira frutas e legumes da época

Minhas memórias de verão têm cheiro doce de melancia. Lembro-me bem das tardes quentes das férias de janeiro, quando sentava na escada da casa de minha avó, os pés descalços, o corpo inclinado para a frente, um pedaço grande de melancia no espaço entre os joelhos, as mãos meladas e os pingos de suco atraindo as formigas no chão. Não sei se hoje alguém se lembra de uma estação do ano pelo perfume ou pelo gosto de uma fruta, mas sei que é possível encontrar melancias nos supermercados e nos restaurantes já em agosto. Porque melancias não precisam mais esperar o verão para serem colhidas.

Os alimentos viajam de um lado a outro e contam com as novas tecnologias do campo e com a melhoria genética para poderem estar presentes o ano todo nas gôndolas. As feiras e mercados, antes abastecidos por produtos frescos e locais, foram preteridos pelas facilidades dos supermercados que oferecem alimentos de todos os cantos do mundo, durante todos os meses do ano. Com tudo isso, a sazonalidade perdeu a importância. Nosso cardápio não depende mais de safras e entressafras. Na hora da compra, não nos guiamos mais pela oferta do campo, e sim por nossos desejos.

"Por causa dos transportes, hoje encontramos uma grande diversidade de produtos o ano inteiro. Mas estamos começando a questionar: o que isso implica? Implica um custo ambiental enorme, pois o 'passeio' que o produto faz antes de chegar ao nosso prato é muito grande", afirma o engenheiro agrônomo Paulo Sérgio Tagliari. Mas as implicações não param no meio ambiente. Paulo, que é coordenador do Projeto de Agroecologia da Empresa de Pesquisa Agropecuária e Extensão Rural de Santa Catarina (Epagri), adverte: a saúde também é prejudicada.

Para suprir a falta de um produto na entressafra, os alimentos enfrentam longas viagens dentro de caminhões, muitas vezes expostos ao sol e ao calor. E, para aguentar os percalços do caminho e ainda chegar intactos na hora do encontro com o consumidor, recebem uma carga pesada de produtos químicos. "Ao tentar mudar um pouco os hábitos alimentares e levar em conta a sazonalidade, o consumidor vai ganhar em saúde e em economia", diz Paulo.

THINKSTOCK/GETTY IMAGES

O período de safra da melancia ocorre de novembro a junho.

THINKSTOCK/GETTY IMAGES

A safra da banana ocorre em março e abril e de agosto a novembro.

ALAMY/LATINSTOCK

A safra de acerola ocorre em outubro e novembro.

THINKSTOCK/GETTY IMAGES

A safra de tangerina ocorre de maio a agosto.

No ponto

Porque, na safra, o período natural da colheita, os alimentos são mais frescos e saborosos, mais saudáveis e mais baratos. Estão "no ponto". Fora desse período, precisam de uma ajuda extra de fertilizantes e adubos químicos ou, então, precisam vir de outro lugar, onde é tempo de safra. [...] Quando falta um produto, precisamos tentar substituir por outro. Essa exigência da troca constante de alimentos imposta pelo respeito à sazonalidade traz uma alternância saudável de nutrientes para o organismo. E também para o paladar. Ainda mais porque moramos no Brasil, onde a variedade de frutas, verduras e legumes é sempre grande, não importa se inverno ou verão. Ninguém precisa comer tomate o ano inteiro para se abastecer de licopeno, nem papaia todos os dias para regular o intestino. Não é tempo de batata-inglesa? Vá de batata-doce, de inhame, cará ou mandioca.

PALÊ ZUPPANI/PULSAR IMAGENS

Frutos sendo vendidos em feira livre.

A consistência ideal

E como saber em que época dá o quê? Existem muitas tabelas de safra de alimentos disponíveis na internet e consultá-las pode ser o primeiro passo para voltar a associar frutas e legumes às diferentes estações do ano.

Mas, como essa é uma sabedoria que se aprende na prática, é bom ouvir o conselho de Paulo Tagliari: "Apesar de o supermercado oferecer praticidades, o consumidor precisa reservar um tempo para ir à feira, ao mercado, conhecer novos produtos, falar com os feirantes e produtores". Desse jeito, observando quais frutas predominam nas bancas e percebendo que os legumes oferecidos hoje não são os mesmos do mês passado, vamos nos reaproximar dos ciclos da agricultura e aprender o que comer em cada período do ano.

Elisa Correa. *Com o sabor da estação.* Disponível em: <http://planetasustentavel.abril.com.br/noticia/saude/conteudo_408657.shtml?func=1&pag=0&fnt=9pt>. Acesso em: 17 fev. 2015.

Para explorar

1. O texto cita alguns motivos pelos quais consumir vegetais da safra é uma atitude sustentável. Quais seriam essas razões?

2. Combine com o professor ou com um adulto uma visita à feira ou ao mercado mais próximo.

  a. Pesquise, na internet ou nos mercados, bancas ou feiras de sua região, uma tabela com a safra dos vegetais em cada mês do ano.

  b. Na feira livre ou mercado, analise se é fácil encontrar os alimentos da safra do mês.

  c. Perceba também se os alimentos que não estão na safra podem ser encontrados.

  d. Compare o preço de um vegetal da época com outro similar que não esteja na safra. Por exemplo, se for época de laranja-pera, compare o preço dessa fruta ao preço de outra variedade de laranja. Qual é a mais barata?

3. Crie um folheto explicando as vantagens de consumir alimentos da safra. Ele será destinado à pessoa de sua casa responsável pelas compras.
Você pode incrementar o folheto colando nele um pequeno ímã, para que possa ser fixado na porta da geladeira.

UNIDADE

5 Os invertebrados

Em junho de 1699, Maria Sibylla Merian (1647-1717) e sua filha, Dorothea, embarcaram em uma viagem para o Suriname, na América do Sul. A naturalista passou dois anos estudando e desenhando a flora e a fauna nativas do Suriname. Em 1705, de volta à Holanda, ela publicou seu mais importante livro – *Metamorphosis insectorum surinamensium (A Metamorfose dos insetos do Suriname)* – obra que teve destaque internacional.

Sibylla criou insetos vivos, o que possibilitou a investigação da história natural e do comportamento dos insetos. Ela foi a primeira cientista a entender e divulgar ao mundo a metamorfose das borboletas por meio de suas pinturas brilhantes e realistas.

Fonte de pesquisa: DAVIS, N.Z. *Nas Margens*: Três Mulheres do século XVII. São Paulo: Companhia das Letras, 1997.

Nesta unidade, você vai saber mais sobre:

- Os poríferos
- Os cnidários
- Os platelmintos
- Os nematódeos
- Os moluscos
- Os anelídeos
- Os equinodermos
- Os artrópodes

Gravura publicada na obra *Metamorphosis insectorum surinamensium,* em 1705.

MARIA SIBYLLA MERIAN. METAMORPHOSIS INSECTORUM SURINAMENSIUM, 1705.

TROCANDO IDEIAS

1. Sibylla pintou imagens precisas de plantas e insetos tropicais nunca antes vistos na Europa. Hoje é reconhecida por ter sido uma das melhores ilustradoras científicas. Em sua opinião, quais podem ter sido as dificuldades enfrentadas por ela durante o seu trabalho como naturalista?
2. Você conhece outras cientistas mulheres? Quais?
3. Borboletas são vistas na natureza, frequentemente, perto de flores. A naturalista representou essa característica na obra. Que relação há entre borboletas e flores?
4. Mencione o nome de outros animais que pertencem ao mesmo grupo das borboletas.

9 Invertebrados I

Há 500 milhões de anos, havia no oceano uma grande diversidade de animais. A terra firme continuava deserta, sem plantas ou animais.

Observe uma representação de como os pesquisadores estimam que era o oceano naquela época, na região hoje conhecida por Burgess, no Canadá. Lá foram encontrados muitos fósseis de animais.

SPL/LATINSTOCK

Representação artística de espécies atualmente extintas que provavelmente habitavam o oceano entre 500 e 300 milhões de anos atrás. Essa representação foi elaborada com base em fósseis encontrados na região de Burgess, no Canadá. Nela, estão representados animais de vários grupos que estudaremos nesta unidade.

BATE-PAPO

1. Esses animais se parecem com algum animal que você conhece? Quais?
2. As espécies ilustradas estão extintas. Como sabemos que elas existiram?
3. Converse com seus colegas e mencione pelo menos duas características que diferenciam animais e plantas.

Como é explorado o mar profundo?

"Mar profundo" é o termo utilizado para designar as profundidades oceânicas superiores a 200 metros. Até bem pouco tempo, acreditava-se que não existiam seres vivos nesses locais. Recentemente, os cientistas descreveram alguns seres vivos que vivem no mar profundo. Quais avanços tecnológicos permitiram as pesquisas nesse ambiente?

CARACTERÍSTICAS DOS ANIMAIS

Os animais pertencem ao **Reino Animalia** e compreendem organismos pluricelulares (formados por mais de uma célula), eucariontes (suas células têm núcleo delimitado por uma membrana) e heterótrofos (alimentam-se de outros seres vivos).

A seguir, são apresentadas outras características gerais dos animais.

Temperatura interna do corpo

No Reino Animalia, somente as aves e os mamíferos apresentam regulação da temperatura interna do corpo, mantendo-a em valores aproximadamente constantes, independentemente da variação da temperatura do meio em que vivem. Esses animais são chamados **endotérmicos**. A manutenção da temperatura exige geração constante de calor, o que consome muita energia. A digestão, a respiração e a circulação desses animais auxiliam na produção de energia térmica e na sua distribuição para o corpo.

As aves e mamíferos apresentam outras adaptações que contribuem para a manutenção da temperatura corporal, por exemplo: camada espessa de gordura sob a pele que promove o isolamento térmico do organismo; corpo coberto por penas ou pelos que formam uma camada de ar isolante; mecanismos de regulação térmica por evaporação (transpiração) e hibernação em tocas durante o inverno.

Os animais cuja temperatura corporal varia de acordo com a temperatura do ambiente são **ectotérmicos**. Os répteis, os anfíbios, os peixes e os invertebrados são ectotérmicos, pois não apresentam regulação da temperatura interna do corpo.

Esses animais têm os movimentos, a digestão, a respiração e o metabolismo mais lentos nas estações frias. Devido a isso, é raro encontrar animais ectotérmicos em áreas mais distantes dos trópicos ou em grandes altitudes, onde a temperatura chega a muitos graus abaixo de zero.

Os animais ectotérmicos geralmente apresentam comportamentos e fisiologia específicos para que o organismo suporte temperaturas extremas. As formigas que vivem no deserto do Saara, por exemplo, deixam o formigueiro apenas por alguns minutos e para caminhar na areia quente utilizam apenas quatro das seis pernas.

ANDREW STEWART /SPECIALIST STOCK / DIOMEDIA

Urso-polar *(Ursus maritimus)*. Animal endotérmico que vive nas regiões geladas próximas ao Polo Norte. Sua pelagem densa e a grossa camada de gordura ajudam a manter constante a temperatura do corpo. Nos meses de inverno, ele hiberna em um buraco no gelo e consome a gordura do corpo que acumulou no verão. Mede aproximadamente 2,5 metros de comprimento.

Fisiologia: processos químicos e físicos que ocorrem nas células, nos tecidos, nos órgãos e nos sistemas dos seres vivos.

Iguana-marinha (*Amblyrhynchus cristatus*). Animal ectotérmico que vive na zona costeira das ilhas do arquipélago de Galápagos. Alimenta-se de algas marinhas e se aquece sobre o costão rochoso. Depois que a temperatura do corpo aumenta, ele se abriga na sombra. Tem aproximadamente 1 metro de comprimento.

ALISON WRIGHT/NATIONAL GEOGRAPHIC SOCIETY/CORBIS/LATINSTOCK

Movimento ativo

Muitos animais são capazes de se deslocar pelo ambiente em ao menos alguma fase do desenvolvimento. A maioria dos animais apresenta a capacidade de se movimentar de maneira mais rápida e com movimentos mais complexos que as espécies de outros reinos: nadar, rastejar, voar, caminhar, saltar, entre outras formas. Essa característica deve-se principalmente à evolução do sistema nervoso e muscular. No entanto, há animais que são sésseis, ou seja, passam sua vida aderidos a um substrato.

Substrato: superfície na qual os organismos se apoiam ou se desenvolvem.

TIM ZUROWSKI/GETTY IMAGES

As libélulas têm dois pares de asas que permitem que elas voem e também consigam planar no ar. Têm 5 centímetros de comprimento.

VERITY E. MILLIGAN/GETTY IMAGES

As rãs podem dar saltos para se locomover. Essa espécie (*Pelophylax perezi*) mede de 4 a 7 centímetros.

Coluna vertebral e crânio

A coluna vertebral é uma sequência de ossos – vértebras – encaixados uns nos outros ao longo do tronco do animal. Dentro dela, está a medula espinal, formada por nervos que conduzem impulsos nervosos, fazendo a comunicação entre o cérebro, protegido pelo crânio, e o restante do corpo. Na coluna vertebral, estão fixadas as costelas e os membros superiores e inferiores.

A ausência ou a presença da coluna vertebral permite a divisão dos animais em dois grandes grupos: **vertebrados** e **invertebrados**.

Animais que possuem coluna vertebral são os vertebrados e os que não possuem são denominados invertebrados, e compõem um grupo muito numeroso e bastante diversificado.

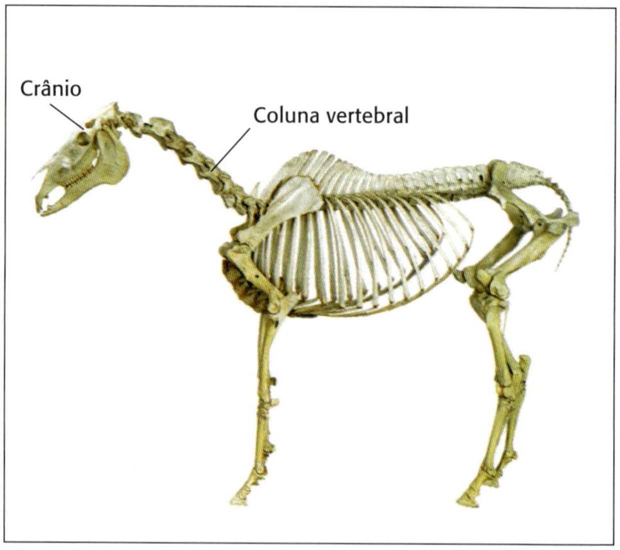

SPL/LATINSTOCK

Esqueleto de um cavalo.

Pista 1

Ao longo das últimas décadas foram encontrados seres incomuns habitando o mar profundo. O animal na imagem ao lado, por exemplo, é encontrado em profundidades superiores a 1 000 metros. Esse animal se parece com algum ser vivo que você conhece? Ele é um animal vertebrado ou invertebrado?

BRITISH ANTARCTIC SURVEY/SPL/LATINSTOCK

Animal encontrado no mar profundo, mede cerca de 10 cm de comprimento.

INVERTEBRADOS

Os animais invertebrados apresentam a maior diversidade do Reino Animalia: representam 96% do número de espécies de animais, cerca de 1,2 milhão de espécies descritas.

O corpo dos invertebrados apresenta diferentes formas e, como não tem estrutura óssea, é sustentado de outras formas. Algumas esponjas, por exemplo, têm partículas de carbonato de cálcio, chamadas espículas. As minhocas mantêm sua forma por causa da pressão de fluidos das cavidades de seu corpo. Os insetos apresentam uma cobertura rígida, que é chamada de **exoesqueleto**.

Fluidos: substâncias de consistência líquida.

ANDREA SEALE/ALAMY/LANTINSTOCK

Esponjas (*Scopalina ruetzleri*). Seu esqueleto é composto de minúsculas espículas (pequenos espinhos). São animais sésseis e atingem 2 mm de espessura.

BILL CURTSINGER/NATIONAL GEOGRAPHIC/GETTY IMAGES

Água-viva-juba-de-leão (*Cyanea capillata*). Mantém sua forma com a pressão da água e com uma matriz gelatinosa em seu interior. Atinge até 2 m de diâmetro.

FABIO COLOMBINI

Estrela-do-mar (*Oreaster reticulatus*) tem estrutura de carbonato de cálcio. Atinge até 50 cm de diâmetro.

FABIO COLOMBINI

Planária terrestre (*Geoplana* sp.). Mantém o formato do corpo com a pressão de fluidos de suas cavidades. Tem cerca de 5 cm de comprimento.

FABIO COLOMBINI

Caracol-de-jardim (*Bradybaena similaris*). O corpo fica protegido pela concha. Mede cerca de 2 cm de comprimento.

FABIO COLOMBINI

Minhocuçu (*Rhinodrilus alatus*). Tem sistema de sustentação do corpo semelhante ao da planária terrestre. Atinge 60 cm de comprimento e 1,5 cm de diâmetro.

FABIO COLOMBINI

Joaninha (*Cycloneda sanguinea*) com exoesqueleto de quitina, comendo pulgão. Mede até 1 cm de comprimento.

Os invertebrados são divididos em filos. Estudaremos os filos: **poríferos**, **cnidários**, **platelmintos**, **nematódeos**, **moluscos**, **anelídeos**, **artrópodes** e **equinodermos**.

PORÍFEROS

As esponjas pertencem ao filo **Porifera** (do latim *porus* = pequeno orifício; *ferre* = conter). Recebem esse nome por conter poros em todo o revestimento do corpo. São animais aquáticos e a maioria é marinha. São animais sésseis, ou seja, vivem presas a algum substrato. Habitam desde a zona das marés (próximo à praia) até grandes profundidades.

As esponjas podem viver em pequenos grupos ou formar extensas colônias. Em geral, são pequenas, embora existam espécies com até 6 metros de altura.

MARTY SNYDERMAN/CORBIS/LATINSTOCK

Esponja tubular (*Aplysina fistularis*). Forma geralmente aglomerados unidos pela base. Atinge 50 cm de altura.

SPL/LATINSTOCK

Colônia fossilizada de esponjas (*Peronidella furcata*) que viveram há 135 milhões de anos. As esponjas são os animais mais antigos de que se tem conhecimento. Já foram encontrados fósseis de esponjas que viveram há 600 milhões de anos.

JEFFREY L. ROTMAN/CORBIS/LATINSTOCK

Mergulhador e esponja (*Verongula gigantea*) em forma de barril. Apresenta paredes relativamente finas. Atinge até 1,5 m de altura.

FIQUE DE OLHO

Durante muito tempo, as esponjas foram coletadas para a fabricação de esponjas de banho. Muitos animais foram mortos com essa exploração. Atualmente, há esponjas vegetais e sintéticas (feitas de plástico).

- Você acha que essa interferência no ambiente seria tolerada hoje? Justifique sua resposta.

THINKSTOCK/GETTY IMAGES

Esponja natural depois de seca.

Estrutura das esponjas

As esponjas são formadas por células, mas não apresentam tecidos nem órgãos. Algumas esponjas apresentam **espículas**, estruturas microscópicas rígidas que contribuem para a sustentação do corpo do animal. Veja a representação simplificada de uma esponja, com a indicação de algumas estruturas.

- **Poros**: orifícios distribuídos pela superfície do corpo; a água entra por eles até a cavidade central do corpo.
- **Cavidade central** ou **átrio**: espaço vazio dentro do corpo da esponja.
- **Ósculo**: abertura na parte superior do corpo da esponja, por onde sai a água.
- **Células da parede externa**: revestem o corpo da esponja.

ESTRUTURA E CIRCULAÇÃO DE ÁGUA NAS ESPONJAS

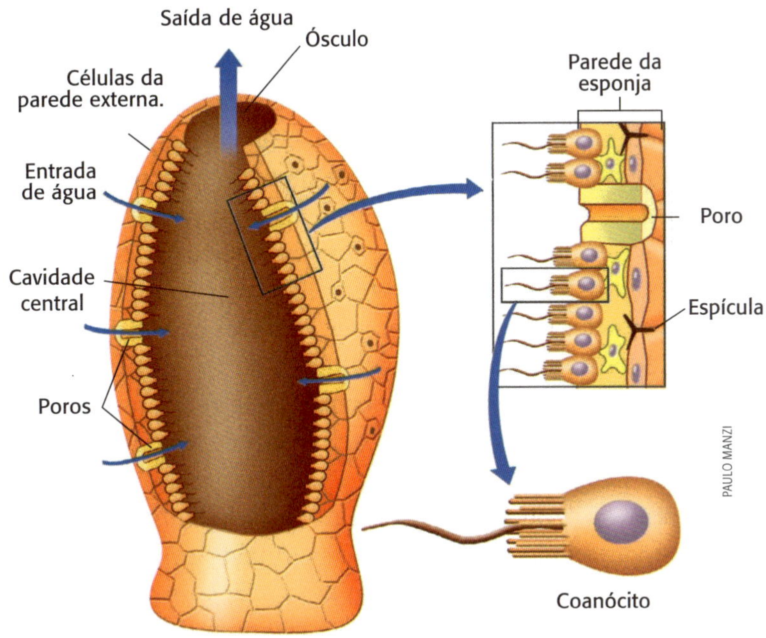

Representação esquemática em corte transversal da estrutura das esponjas. Cores fantasia. Elementos fora da escala de tamanho e de proporção.

Fonte: HICKMAN, C. P. et al. *Integrated Principles Of Zoology*, 14. ed. New York: McGraw-Hill, 2008.

Alimentação e trocas gasosas

Os **coanócitos** são células flageladas próprias dos poríferos. O batimento dos flagelos cria um fluxo de água que entra pelos poros do animal. Essa água vem carregada de partículas que são capturadas pelos coanócitos, digeridas e utilizadas como alimento. Os produtos da digestão do alimento passam de célula para célula por difusão e da mesma forma os resíduos são eliminados para a água.

As trocas gasosas também ocorrem por difusão, de célula a célula. O gás oxigênio dissolvido na água difunde-se para as células. Simultaneamente, o gás carbônico produzido pela respiração celular é eliminado das células e dissolve-se na água.

Reprodução

As esponjas são hermafroditas, ou seja, um mesmo indivíduo produz espermatozoides e óvulos. Mas a autofecundação é rara, pois as gônadas, masculina e feminina, amadurecem em tempos diferentes. Os espermatozoides de uma esponja são lançados no átrio e saem pelo ósculo. Ao encontrar outra esponja, entram pelos poros e são absorvidos pelos coanócitos. Dentro da parede do corpo, o óvulo é fecundado e, na maioria das vezes, inicia-se o desenvolvimento dos estágios larvais nessa mesma região.

Hermafrodita: indivíduo que apresenta órgãos reprodutores femininos e masculinos.

Gônada: estrutura reprodutiva que produz os gametas.

As esponjas também apresentam reprodução assexuada, que pode ocorrer por brotamento ou regeneração. O brotamento é a formação de um broto que se desprende e forma outra esponja. A regeneração é a capacidade de a esponja reconstruir partes perdidas do corpo. Além disso, essa parte perdida pode se regenerar e formar uma nova esponja.

CNIDÁRIOS

Os cnidários – filo **Cnidaria** – são animais aquáticos, sendo a maioria marinha. Existem cnidários que vivem fixos durante toda a vida (são sésseis) e outros são de vida livre, podem ser levados por ondas e correnteza ou por movimentos gerados pelo próprio corpo.

Apesar de se apresentarem com formas variadas, os cnidários podem ser reconhecidos em dois tipos básicos: **pólipos** e **medusas**.

A anêmona-do-mar, a hidra e os corais apresentam a forma corporal de pólipos. Nesses animais, a base fica presa a um substrato e a boca, rodeada de tentáculos, fica na extremidade superior.

Os pólipos são sésseis e vivem isolados ou em colônias, como os corais. Os corais secretam uma substância, o carbonato de cálcio, que se deposita ao redor de seu corpo. As colônias de corais que crescem há milhares de anos formaram recifes enormes. Nos recifes, a porção superficial é a parte onde estão os indivíduos vivos, assentados sobre bilhões de estruturas de pólipos mortos.

Os corais protegem o litoral da erosão causada pelas ondas, abrigam grande variedade de organismos – quase um quarto das espécies marinhas existentes – e apresentam formações de diversas cores.

As medusas são as águas-vivas. Diferente dos pólipos, as medusa têm a boca voltada para baixo. Elas nadam livremente e podem formar colônias, como a caravela-portuguesa, por exemplo, formada por vários indivíduos, cada qual com uma função: flutuação, defesa, digestão e reprodução da colônia.

DOUG PERRINE / PETER ARNOLD / GETTY IMAGES

O coral amarelo (*Tubastrea coccinea*) é um cnidário do tipo pólipo. Atinge 1 cm de diâmetro (cada indivíduo) e a colônia, até 13 cm de diâmetro.

Estrutura de um cnidário

Os cnidários têm boca que se abre em uma cavidade central. Muitos têm tentáculos com **cnidoblastos**. Veja a descrição destas estruturas a seguir.

- **Tentáculos**: prolongamentos do corpo situados ao redor da boca.
- **Boca**: abertura por onde entram a água e os animais capturados pelos tentáculos.
- **Cnidoblastos**: células dos tentáculos com filamento urticante que injeta uma toxina paralisante nos seres vivos dos quais se alimentam.
- **Cnidocílio**: cílio que, quando tocado, faz o filamento do cnidoblasto desenrolar e injetar veneno na presa.

SELAVI CONTEÚDO CRIATIVO

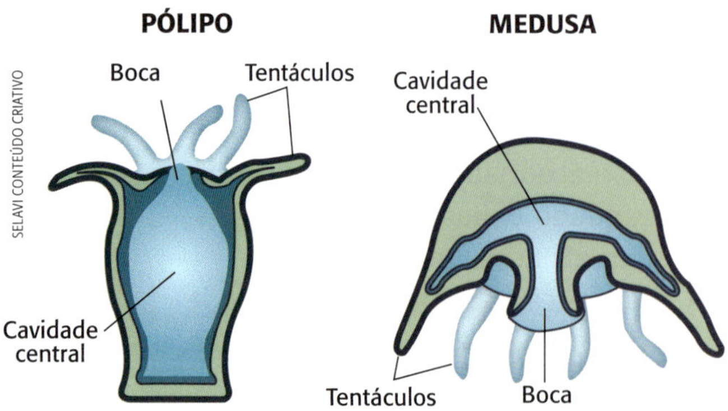

Representações esquemáticas das estruturas de cnidários. Cores fantasia. Elementos fora de escala de tamanho e de proporção.

THINKSTOCK/GETTY IMAGES

Medusa da espécie *Chrysaora fuscescens*. Esse cnidário vive no leste do Oceano Pacífico entre o Canadá e o México. Atinge 25 cm de diâmetro e seus tentáculos chegam a 2,4 m de comprimento.

Alimentação e trocas gasosas

Quando um animal encosta em um cnidário, ele movimenta os tentáculos, e os filamentos urticantes dos cnidoblastos são disparados e paralisam a presa. Ela, então, é empurrada pelos tentáculos para dentro da cavidade central e começa a ser digerida.

Células especializadas do corpo do cnidário finalizam a digestão, e os nutrientes são distribuídos para as demais células. Os resíduos saem pela boca.

Os cnidários não apresentam sistema respiratório. O gás oxigênio dissolvido na água entra pela epiderme e por ela sai o gás carbônico resultante da respiração celular.

Anêmona-do-mar atacando filhote de polvo. Essa anêmona tem aproximadamente 10 cm de diâmetro.

Reprodução

Os cnidários reproduzem-se sexuada e assexuadamente.

Como nas esponjas, na reprodução assexuada, forma-se um broto no animal, que se solta e forma outro indivíduo. Várias espécies de cnidários regeneram partes perdidas do corpo, formando um novo indivíduo.

A reprodução sexuada ocorre por fecundação dos gametas, que pode ser externa (na água) ou na cavidade interna do animal.

Algumas espécies apresentam alternância de gerações: uma geração de pólipos e outra de medusas. Os pólipos são formas fixas que se reproduzem assexuadamente, originando as medusas, que são móveis e se reproduzem sexuadamente.

Hidra sp., um cnidário de água doce, com dois brotos, que formarão novos indivíduos, vista ao microscópio eletrônico. Cores artificiais. Ampliação de 20 vezes.

REPRODUÇÃO COM ALTERNÂNCIA DE GERAÇÕES (PÓLIPO E MEDUSA)

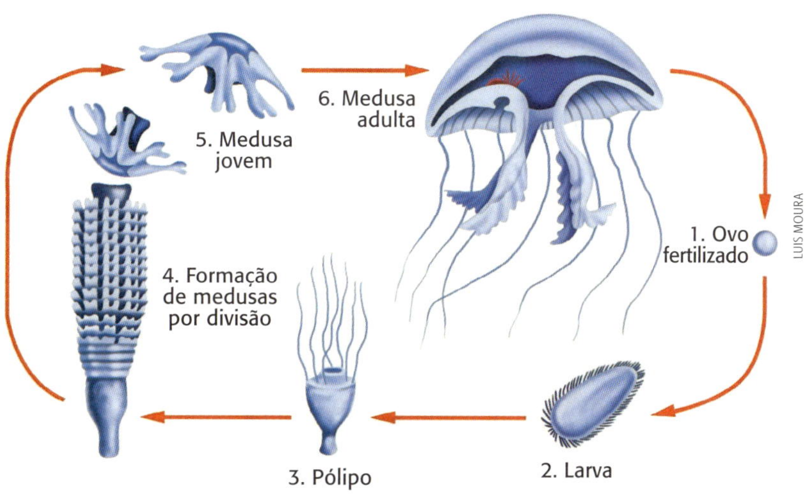

Representação esquemática da reprodução de um cnidário com alternância de gerações. Cores fantasia. Elementos fora da escala de tamanho e de proporção.

Fonte: RUPPERT, E. E. et al. *Zoologia dos Invertebrados*. 7. ed. São Paulo: Roca, 2005..

PLATELMINTOS

Os platelmintos possuem o corpo alongado e achatado. Esses animais não apresentam sistema respiratório nem circulatório. As trocas gasosas e a circulação de substâncias se dá de célula a célula.

Neste grupo, há espécies que vivem em água salgada, em água doce e outras em ambiente úmido.

A maioria dos platelmintos tem vida livre, como as planárias. No entanto, há platelmintos parasitas que causam doenças nos seres humanos, como a *Taenia solium*, a *Taenia saginata*, e o *Schistosoma mansoni*.

Tênia

Há duas espécies de tênia: *Taenia solium*, cuja larva se desenvolve no porco, e a *Taenia saginata*, cuja larva se desenvolve no boi. No ser humano, hospedeiro definitivo, vive o verme adulto e causa a doença denominada **teníase**. O porco e o boi são hospedeiros intermediários porque neles vive a larva desses animais.

As tênias têm o nome popular de solitárias, pois só um indivíduo parasita uma pessoa.

As tênias são hermafroditas. Elas são formadas por uma cabeça, ou escólex, e um corpo com vários anéis chamados proglotes ou proglótides.

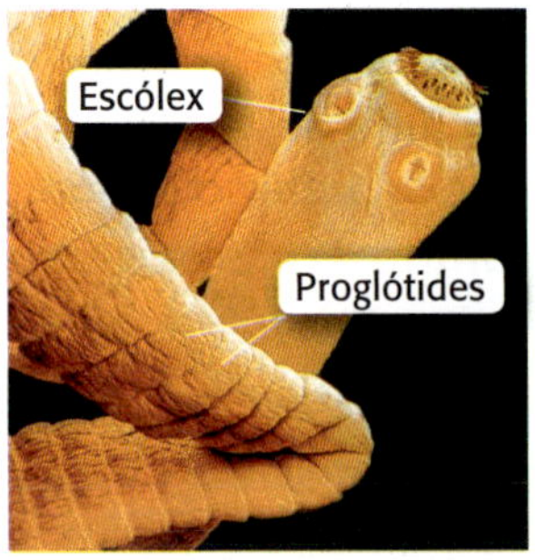

SPL/LATINSTOCK

Tênia (*Taenia* sp.) vista ao microscópio eletrônico. Esse verme não apresenta sistema digestório. Sua cabeça tem ventosas e ganchos que se prendem ao intestino do hospedeiro. Cores artificiais. Aumento de 11 vezes.

Ciclo de vida da tênia

No intestino do porco ou do boi, as larvas da tênia se desenvolvem e se alojam na musculatura, na forma de cistos de cisticercos.

O ser humano, ao ingerir carne mal cozida com cistos, desenvolverá a teníase.

Presa na parede do intestino, a tênia alimenta-se dos nutrientes resultantes da digestão dos alimentos ingeridos pela pessoa, podendo provocar cólicas abdominais, diarreia e náuseas, além de desnutrição. As proglótides com ovos desprendem-se e são eliminadas junto com as fezes. Se o ser humano ingerir água ou alimentos contaminados com ovos de *Taenia solium*, ao invés de cistos, pode desenvolver outra doença chamada **cisticercose**. O cozimento destrói os ovos e cistos. Daí a importância de se adotarem hábitos de higiene frequentes e evitar ingerir carnes cruas ou mal cozidas.

Caso a pessoa não tenha cuidados de higiene, como lavar bem as mãos antes das refeições e após evacuar e lavar frutas e verduras, poderá se contaminar com os ovos ou cistos da tênia.

TENÍASE

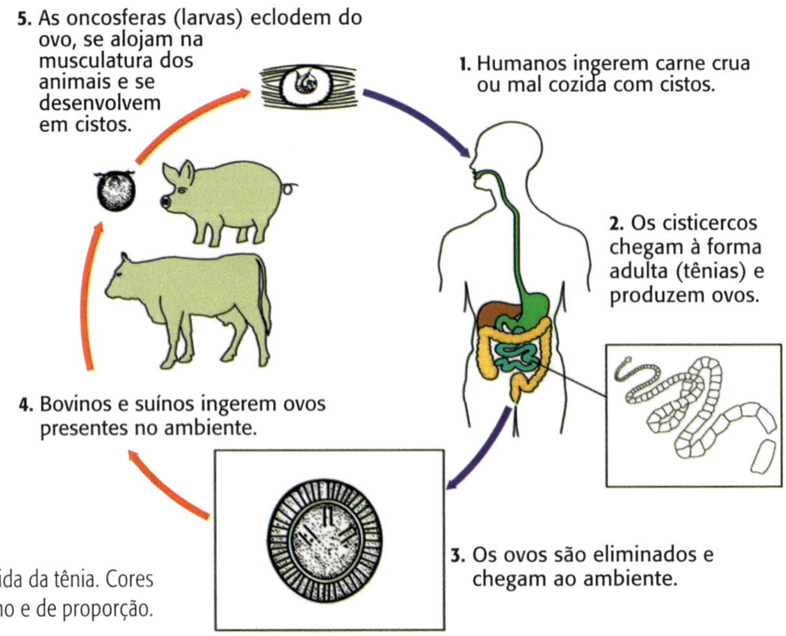

SCIENCE PHOTO LIBRARY

Representação esquemática do ciclo de vida da tênia. Cores fantasia. Elementos fora de escala de tamanho e de proporção.

Esquistossomo

O esquistossomo (*Schistosoma mansoni*) causa a **esquistossomose**.

O macho é achatado e tem um sulco ao longo do corpo, no qual a fêmea se aloja. Após a fecundação, as fêmeas passam a pôr ovos no intestino do ser humano, os quais são eliminados com as fezes.

Em contato com a água, os ovos eclodem, dando origem a pequenas larvas, denominadas **miracídios**. Os miracídios penetram em uma espécie de caramujo e se desenvolvem, transformando-se em larvas aquáticas chamadas **cercárias**, que podem penetrar na pele do ser humano. No organismo, a larva se estabelece nos vasos sanguíneos dos intestinos, onde os esquistossomos atingem sua fase adulta e o novo ciclo de vida se inicia.

Apesar de o tratamento dessa doença ser relativamente simples, a falta de saneamento básico faz com que a esquistossomose leve à morte muitas pessoas.

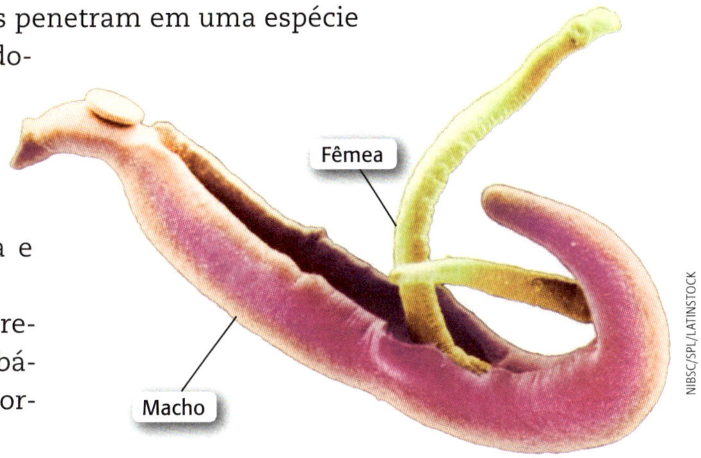

Macho (rosa) e fêmea (amarelo) do esquistossomo vistos ao microscópio eletrônico. Cores artificiais. O macho desse verme, maior do que a fêmea, mede de 10 a 15 mm.

Planária

As planárias são animais terrestres ou aquáticos. As planárias aquáticas têm alguns centímetros de comprimento, já as terrestres podem ser maiores.

As planárias apresentam dois **ocelos**, estruturas fotossensíveis, na face superior do corpo (dorso). Os ocelos não identificam formas, somente percebem a luz.

A boca das planárias fica no centro da face inferior (ventre) do animal. Para se alimentar, elas ficam sobre o alimento e a faringe sai de dentro do corpo e captura o alimento. Os restos da digestão saem pela boca, pois as planárias não têm ânus.

As planárias são hermafroditas. Dois indivíduos se encontram, posicionam-se ventre contra ventre e trocam gametas pelos poros genitais. Os dois indivíduos são fecundados e botam ovos.

Planárias de água doce também têm reprodução assexuada e podem originar nova planária partindo-se ao meio transversalmente. Esse processo é chamado **bipartição**.

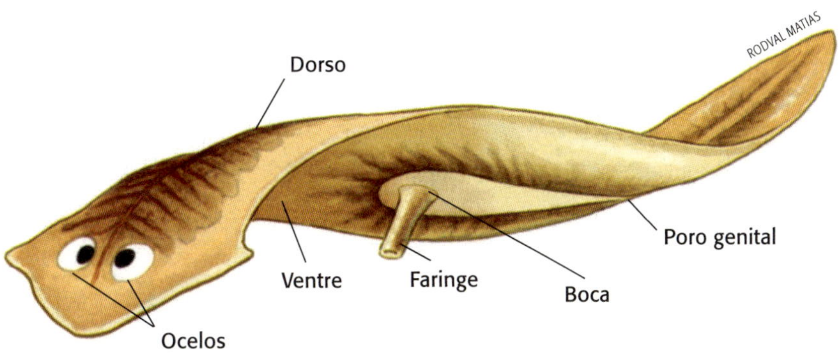

Representação esquemática de uma planária de água doce. Esse animal atinge em média 2 cm de comprimento. Cores fantasia. Elementos fora da escala de tamanho e de proporção.

SAIBA MAIS

Meu animal de estimação

“[...] Havia um professor de zoologia que dava a todos os interessados uma planária de estimação em um vidrinho com água. A maioria dos alunos levava esse verme platelminto de grandes olhos tristes para casa e, de vez em quando, o alimentava com um pedacinho de carne. Porém, algumas pessoas não se satisfaziam apenas em impressionar seus amigos com seu animal exótico e o submetiam a experimentos [...] cortavam pedaços de sua planária e, após alguns dias, observavam que o animalzinho se regenerava e assumia formas bizarras, ou seccionavam totalmente o corpo do verme para gerar duas novas planárias! [...]

Quase todos os seres vivos possuem essa capacidade regenerativa, embora de forma limitada. Os seres humanos, por exemplo, conseguem regenerar até $\frac{2}{3}$ de seu fígado quando necessário. Porém, nenhum vertebrado é capaz de empreender as maravilhas que seres como as planárias podem realizar. Thomas Hunt Morgan (1866-1945), um dos pais da genética, mostrou que um fragmento equivalente a $\frac{1}{297}$ do corpo desses vermes – com cerca de 10 mil células – pode regenerar o animal integralmente. Essa capacidade regenerativa deve-se à presença, no corpo desses platelmintos, de células-tronco [...] denominadas neoblastos, que podem, quando necessário, gerar todos os outros tipos celulares do animal. [...]

Um dos objetivos atuais da pesquisa sobre regeneração de planárias é descobrir como um pequeno amontoado de células retiradas de um verme é capaz de gerar corretamente um animal inteiro. Aparentemente, existem diferenças entre células localizadas em regiões distintas do organismo desses vermes que “indicam” ao animalzinho como remontar corretamente seu corpo. A identidade e o mecanismo de ação desses sinais são um mistério ainda.

Apesar da grande capacidade proliferativa dos neoblastos, as planárias apresentam níveis muito baixos de câncer [divisões celulares sucessivas e que provocam tumores]. Por isso, a compreensão dos mecanismos que inibem o surgimento de neoplasias nesses seres pode gerar terapias para combater essa patologia nos seres humanos. Além disso, compreender como o sistema nervoso desses animaizinhos é capaz de se regenerar em poucos dias pode nos auxiliar no combate a doenças degenerativas como os males de Parkinson e Alzheimer.”

Bizarra: estranha, esquisita.

Neoplasia: proliferação celular anormal.

Jerry Borges. *Meu animal de estimação*. Revista *Ciência Hoje*. Disponível em: <http://cienciahoje.uol.com.br/colunas/por-dentro-das-celulas/meu-animal-de-estimacao>. Acesso em: 18 fev. 2015.

TOM ADAMS/VISUALS UNLIMITED/GETTY IMAGES

Ao cortar a região da cabeça de uma planária, as estruturas se regeneram, gerando duas cabeças. Aumento de 20 vezes.

Para pensar

1. Qual é a característica das células das planárias que permite a regeneração?
2. Por que estudar as planárias pode ajudar na compreensão e no desenvolvimento de terapias para algumas doenças nos seres humanos?

NEMATÓDEOS

Os nematódeos têm corpo cilíndrico, não segmentado e afilado nas extremidades. Assim como os platelmintos, os nematódeos não possuem sistema circulatório nem respiratório.

A maioria dos nematódeos tem vida livre e vive em locais úmidos, nas praias, em águas paradas e no mar. No entanto, algumas espécies são parasitas e causam doenças nos seres humanos e em outros organismos.

Áscaris, ancilóstomo e necator são exemplos de nematódeos parasitas de seres humanos.

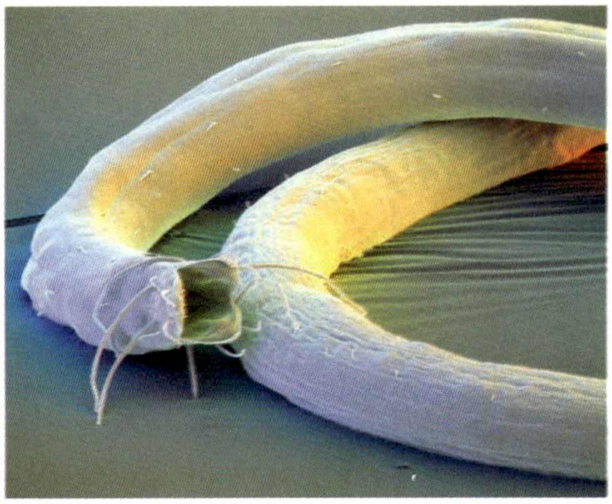

SPL/LATINSTOCK

Pequeno nematódeo da ordem Enoplida que vive na areia da praia. Fotomicrografia eletrônica. Cores artificiais. Aumento de 430 vezes.

Áscaris

O *Ascaris lumbricoides* é popularmente chamado de lombriga. Ele causa a **ascaridíase** em seres humanos. O corpo desses animais é cilíndrico e pode chegar a 40 cm de comprimento. Alimentam-se dos nutrientes que se encontram no intestino das pessoas infectadas.

Hortaliças regadas com água contaminada podem conter ovos desse verme. Após serem ingeridos, os ovos eclodem no intestino. Depois, entram na circulação sistêmica e vão para o fígado, coração, pulmões e garganta. Retornam para o intestino na forma adulta. O macho e a fêmea copulam e a fêmea grávida põe ovos que saem com as fezes.

Os sintomas da ascaridíase são: náuseas, cólicas abdominais, diarreia e reações alérgicas. Em casos graves, ocorre obstrução intestinal por acúmulo de lombrigas enoveladas. Essa doença pode ser curada com medicamentos que matam os vermes. A melhor prevenção é o saneamento básico.

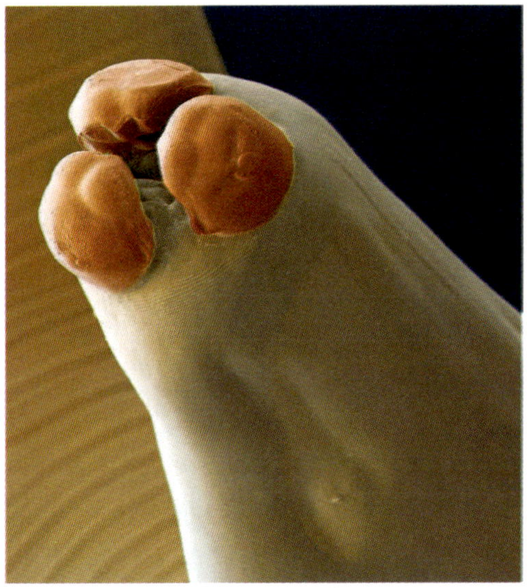

SPL/LATINSTOCK

Cabeça de *Ascaris lumbricoides* vista ao microscópio eletrônico. Cores artificiais. Aumento de 100 vezes.

Ancilóstomo e necator

Os nematódeos *Ancylostoma duodenale* e *Necator americanus* têm cerca de dois centímetros de comprimento e parasitam o intestino humano. Ambos causam a **ancilostomíase**. Os ovos desses vermes são liberados no intestino e eliminados com as fezes. Em solo úmido, as larvas saem dos ovos e podem infestar quem andar descalço nesses ambientes. Penetram na pele, sobem pela corrente circulatória e atingem o coração. Daí, passam para os pulmões, brônquios, traqueia, laringe, esôfago, estômago e intestino. Às vezes, a infestação pode ocorrer pela ingestão de larvas presentes em alimentos contaminados.

O *Ancylostoma caninum* é parasita de cães e gatos. Se penetrar na pele humana, causa o bicho-geográfico, doença em que o verme fica vagando sob a pele.

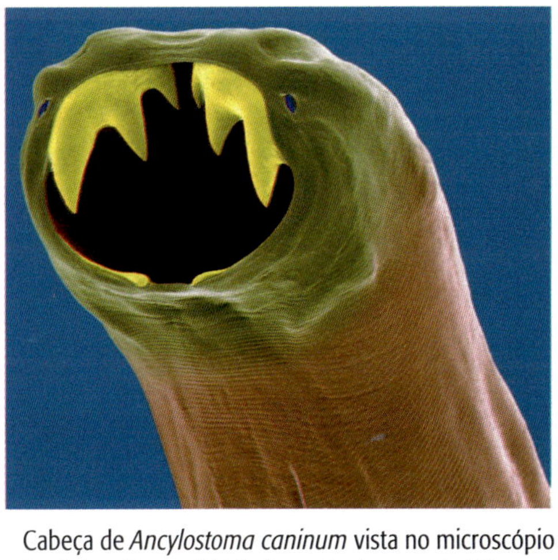

DENNIS KUNKEL MICROSCOPY, INC./VISUALSUNLIMITED/CORBIS/LATINSTOCK

Cabeça de *Ancylostoma caninum* vista no microscópio eletrônico. Cores artificiais. Aumento de cerca de 140 vezes.

teia do saber

1. Os animais podem ter estratégias distintas na manutenção da temperatura corpórea. Observe a ilustração e responda às questões no caderno.

VALENTIM KEPPK

Representação esquemática. Cores fantasia. Elementos fora de escala de tamanho e de proporção.

Fonte: HICKMANN, Cleveland et al. *Princípios de Zoologia*. Rio de Janeiro: Guanabara Koogan, 2004.

a. O que essa ilustração representa?

b. Por que o lagarto tem esse comportamento?

c. Como o lagarto mantém a temperatura corporal?

2. Leia o texto e depois responda às questões no caderno.

> As esponjas alimentam-se de seres microscópicos: bactérias, algas e protozoários e sua digestão acontece nos coanócitos.

a. Como a água com alimentos entra na esponja?

b. Os coanócitos fagocitam e digerem os alimentos. Como os produtos da digestão vão para as outras células?

c. Como os resíduos que precisam ser eliminados saem das células e chegam ao ambiente?

d. Como acontece a absorção de oxigênio para a respiração das células e a eliminação de gás carbônico?

3. Como ocorre a reprodução assexuada nas esponjas?

4. No caderno, desenhe esquematicamente uma esponja. Depois, escreva legendas apontando o ósculo, o átrio e os poros. Escreva como as esponjas se alimentam. Troque seu desenho e suas informações com um colega e leia o que ele escreveu.

5. Observe a imagem ao lado, leia a legenda e responda às questões.

a. Esse animal é um porífero ou cnidário? Justifique sua resposta.

b. O animal da imagem tem um broto se formando de seu corpo. Esse tipo de reprodução é sexuada ou assexuada?

SPL/LATINSTOCK

Microscopia óptica de uma hidra. Cores artificiais. Ampliação de 50 vezes.

6. A Grande Barreira de Corais é um conjunto de recifes que ocupa cerca de 2 000 km ao longo da costa nordeste da Austrália. É uma das maiores estruturas composta de seres vivos. Quais são esses seres vivos?

PAUL KINGSLEY/ALAMY/LATINSTOCK

Fotografia aérea da Grande Barreira de Corais na Austrália, em 2012.

7. Leia a notícia abaixo e responda às questões no caderno.

Secretaria alerta sobre acidentes com caravelas e águas-vivas no RN

O Rio Grande do Norte é o décimo estado brasileiro em extensão litorânea, com uma faixa marítima de 410 quilômetros. No verão, aumenta a frequência de banhistas e também a ocorrência de acidentes ocasionados por caravelas e águas-vivas, já que este período do ano é o de reprodução desses animais [...]. Diante disso, a Secretaria Estadual da Saúde Pública (Sesap) alerta para os cuidados a serem tomados em casos de acidente.

De acordo com o técnico do Programa de Vigilância de Acidentes por Animais Peçonhentos da Subcoordenadoria de Vigilância Ambiental da Sesap, [...] os acidentes podem causar ardências, dores intensas, lesões elevadas (pápulas) e, às vezes, até bolhas. "Em caso de contato com os animais, o que pode ser feito é: lavar o local com água do mar, mas sem esfregar as mãos na área afetada. [...]"

Disponível em: <http://g1.globo.com/rn/rio-grande-do-norte/noticia/2015/01/secretaria-alerta-sobre-acidentes-com-caravelas-e-aguas-vivas-no-rn.html>. Acesso em: 18 fev. 2015.

a. Em qual grupo de invertebrados estão classificadas as águas-vivas e as caravelas?

b. Por que esses animais causam queimaduras em banhistas que encostam nelas?

8. Observe o esquema abaixo. Ele representa o ciclo de vida de um cnidário. Com base em seus conhecimentos, faça o que se pede no caderno.

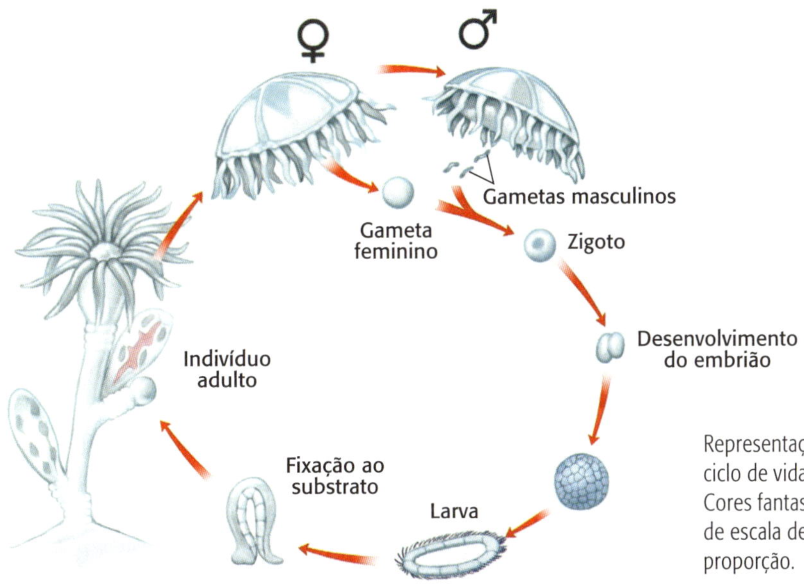

Representação esquemática do ciclo de vida de um cnidário. Cores fantasia. Elementos fora de escala de tamanho e de proporção.

a. Mencione três características que diferenciam um cnidário de um porífero.

b. Elabore um pequeno texto descrevendo o que o esquema representa.

9. Como se previne a maioria das doenças provocadas por platelmintos e nematódeos parasitas? Converse com os seus familiares sobre as medidas de prevenção dessas doenças.

10 Invertebrados II

Observe as fotografias. Elas mostram quatro animais invertebrados e marinhos. Eles pertencem a quatro filos diferentes, que serão objeto de estudo: **Mollusca** (os moluscos), **Annelida** (os anelídeos), **Echinodermata** (os equinodermos) e **Arthropoda** (os artrópodes).

RALPH A. CLEVENGER/CORBIS/LATINSTOCK

Lesma-do-mar (*Flabelinna iodinea*), com brânquias no dorso. É um molusco sem concha. Esse molusco possui estruturas cor-de-laranja chamadas ceratas que contêm cnidoblastos que assimila de suas presas, as anêmonas. Mede cerca de 10 cm de comprimento.

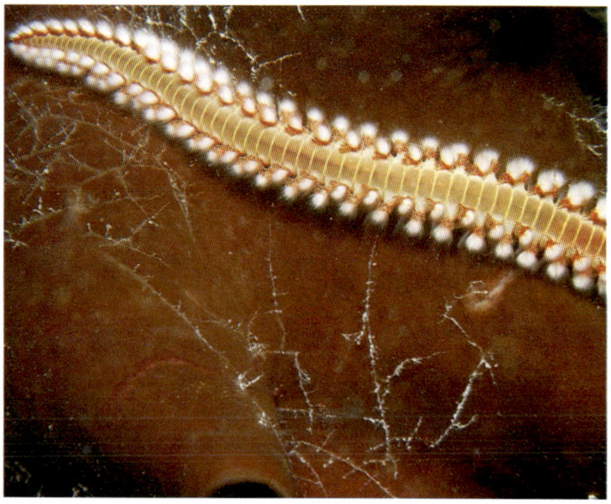
MARY BETH ANGELO/PHOTO RESEARCHERS/GETTY IMAGES

Verme-de-fogo (*Hermodice carunculata*), parente da minhoca. É um anelídeo com muitas cerdas urticantes no corpo. Mede cerca de 30 cm de comprimento.

FABIO COLOMBINI

Ouriço-do-mar (*Echinometra lucunter*) é um equinodermo. Tem aproximadamente 15 cm de diâmetro.

THINKSTOCK/GETTY IMAGES

Maria-farinha (*Ocypode quadrata*) é um artrópode que vive na areia da praia. Mede cerca de 15 cm.

BATE-PAPO

1. Todos os animais desta página são invertebrados. Compare o corpo desses animais e responda: Quais são as semelhanças e as diferenças?
2. Como os animais mostrados nas fotos se locomovem?
3. Você conhece outros exemplos de animais de cada um desses grupos?

MOLUSCOS

© STUART WESTMORLAND/CORBIS/LATINSTOCK

Polvo (*Octopus cyanea*) em recife de coral. Essa espécie muda de cor de acordo com o ambiente. Quando ameaçado, solta uma tinta escura na água e, encoberto, foge rapidamente com propulsão. Mede cerca de 1 m de comprimento (da cabeça aos tentáculos).

Os moluscos (do latim *mollis* = mole), como o próprio nome indica, têm corpo mole. Existem cerca de 93 mil espécies de moluscos. Essas espécies habitam diversos ambientes terrestres e aquáticos. Os polvos e as lulas vivem nos oceanos, os caracóis e as lesmas habitam o ambiente terrestre e os caramujos vivem na areia da praia ou em rios e lagos.

Os moluscos, em geral, possuem uma língua raspadora ou **rádula** que raspam o substrato, facilitando a ingestão do alimento.

A maioria das espécies tem concha calcária, que recobre parte do corpo do animal. Em algumas espécies, o animal se retrai na concha para se proteger e também evitar a desidratação, como faz o caracol. Em outros, como nas ostras, as partes moles ficam sempre protegidas por concha. Já a lula tem concha interna e o polvo não possui concha.

Classes de moluscos

No filo Mollusca, destacam-se três classes: **Cephalopoda** (cefalópodes), **Gastropoda** (gastrópodes) e **Bivalvia** (bivalves).

Cefalópodes

Os cefalópodes, como a lula e o polvo, se locomovem pela movimentação dos braços situados próximos à cabeça. Também podem fugir rapidamente por jatos produzidos pela expulsão de água pelo sifão, estrutura que assegura o fluxo de água pelas brânquias, para que ocorram as trocas gasosas.

VISUALS UNLIMITED/CORBIS/LATINSTOCK

Lula (*Sepioteuthis lessoniana*), cefalópode que se locomove por meio de propulsão a jato. Mede cerca de 30 cm de comprimento.

ESTRUTURA DE UMA LULA

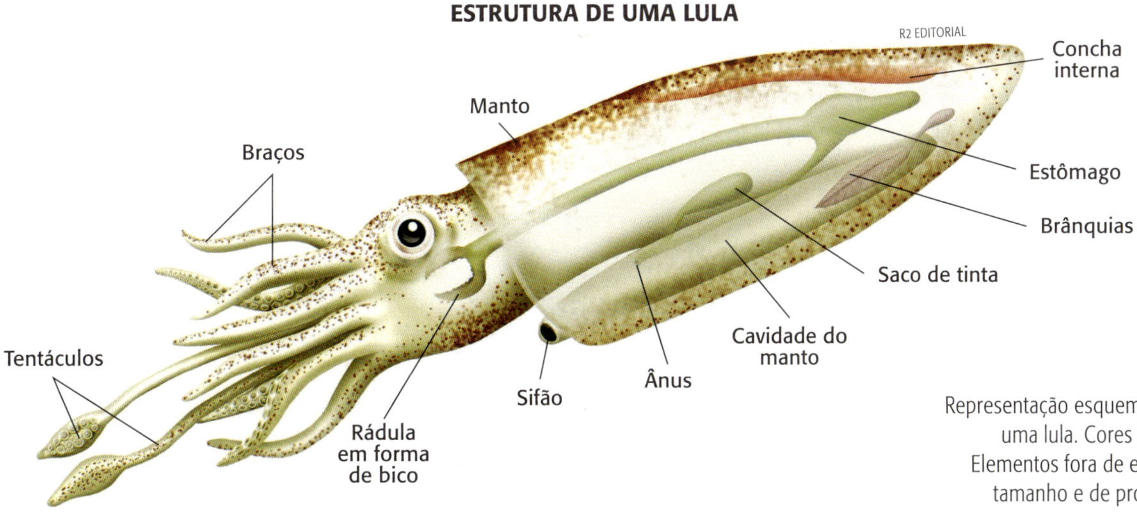

Representação esquemática de uma lula. Cores fantasia. Elementos fora de escala de tamanho e de proporção.

Gastrópodes

Os gastrópodes são moluscos que rastejam. Os mais conhecidos são os caracóis (terrestres) e os caramujos (aquáticos), com uma concha espiralada. As lesmas não possuem concha ou têm concha interna pequena. A maioria desses animais é herbívora. As espécies terrestres têm pulmão e as aquáticas respiram por brânquias.

FABIO COLOMBINI

Caracol (*Drymaeus sp.*). Alimenta-se por meio da rádula, estrutura que raspa o alimento. Mede cerca de 3 cm de comprimento.

FABIO COLOMBINI

A concha da lesma é interna e pequena, portanto, não é visível na imagem. Mede 3,5 cm de comprimento.

O nome gastrópode vem do latim *gaster* = ventre; *podos* = pé, ou seja, animais que andam com o ventre.

ESTRUTURAS DE UM GASTRÓPODE

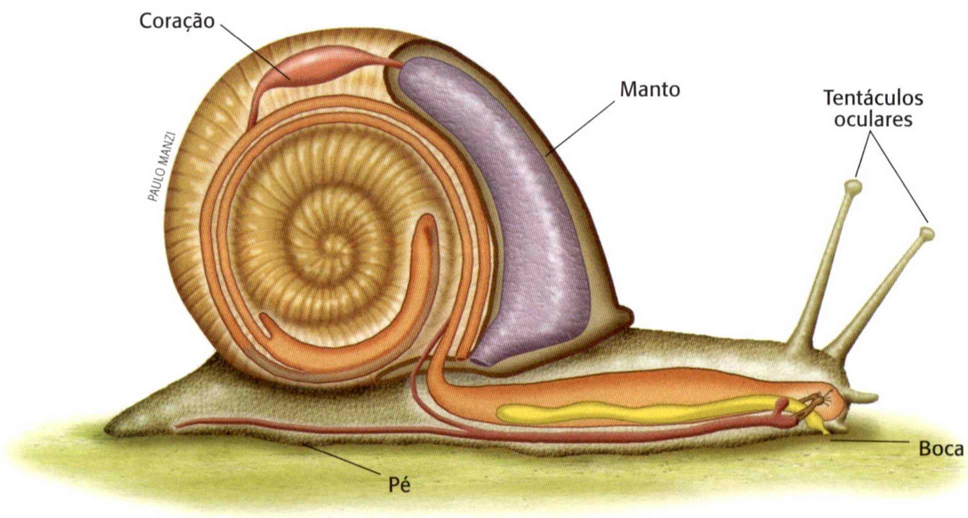

Representação esquemática da estrutura interna de um caracol. As gônadas não estão representadas na ilustração. Cores fantasia. Elementos fora de escala de tamanho e de proporção.

Fonte: RODRIGUES, R. M. *A vida do caracol*. São Paulo: Moderna, 1998.

Boca: tem língua com dentes de quitina (substância dura), com a qual o animal raspa o alimento. O conjunto de dentes é chamado rádula.

Coração: região com uma forte musculatura capaz de bombear o sangue para todo o corpo. Não existem vasos sanguíneos.

Manto: conjunto de células que formam uma cavidade, onde se encontra o pulmão ou as brânquias, nas espécies aquáticas; as células do manto produzem a concha.

Pé: secreta uma substância viscosa que forma uma película sobre a qual o animal se locomove sem se ferir, mesmo quando passa sobre superfícies pontiagudas e cortantes. Parte das vísceras está no pé e parte dentro da concha, formando uma massa de vísceras.

Tentáculos oculares: são dois, que se movem de um lado para outro e têm funções olfativas e táteis.

Bivalves

Os bivalves, como o nome indica, apresentam duas valvas, que são ligadas por forte musculatura que, ao se contrair, mantém o corpo do animal protegido.

São exemplos de bivalves as vieiras, as ostras e os mexilhões.

Os bivalves vivem somente na água. Podem se locomover rastejando e também abrindo e fechando as valvas de sua concha. Esses animais não possuem rádula como os demais moluscos. A captura de alimentos acontece nas brânquias, onde as partículas de alimento são filtradas da água, e onde ocorrem também as trocas gasosas.

E. R. DEGGINGER/LATINSTOCK

Vieira (*Lima scabra*), molusco bivalve. Mede cerca de 10 cm de largura.

Ostras, vieiras e mexilhões são exemplos de moluscos consumidos como alimento pelos seres humanos. A pesca e a coleta desses animais é uma atividade econômica importante em cidades litorâneas. No entanto, às vezes, a exploração intensa pode ameaçar a preservação da biodiversidade.

Valva: cada uma das peças que compõem uma concha.

ESTRUTURA INTERNA DE UM BIVALVE

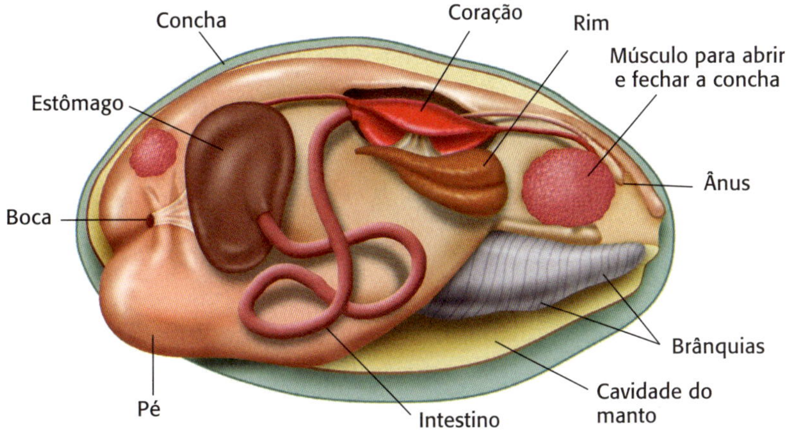

PAULO MANZI

Representação esquemática da estrutura interna de um bivalve. Cores fantasia. Elementos fora de escala de tamanho e de proporção.

SAIBA MAIS

Ostras e sustentabilidade

“A Cooperativa dos Produtores de Ostra da Cananeia é uma organização comunitária baseada na Reserva Extrativista do Mandira no estuário da lagoa da Cananeia em São Paulo. Fundada em meados da década de 90, a partir de intervenções estatais que objetivavam melhorar a sustentabilidade, a viabilidade e a qualidade da higiene da colheita artesanal das ostras em Mandira, a iniciativa cresceu rapidamente para incorporar as comunidades coletoras em todo o estuário da Cananeia.

O trabalho da cooperativa é focado em conciliar a colheita de ostras com a conservação da diversidade biológica dos manguezais da região. Processos e tecnologias inovadoras, incluindo criadouros de ostras e uma estação de tratamento, foram introduzidos para aumentar o valor das ostras e disponibilizar a sua colheita durante todo o ano, ao mesmo tempo em que a criação da cooperativa permitiu aos coletores superar os vendedores intermediários e obter preços mais justos para seus produtos.

[...] ”

Série de estudos de caso da iniciativa Equatorial do Pnud (Programa das Nações Unidas para o Desenvolvimento – Brasil). Disponível em: <http://www.pnud.org.br/arquivos/Cooperostra.pdf>. Acesso em: 18 fev. 2015.

Para pensar

- O projeto descrito no texto trouxe benefícios para a população. Quais são eles?

ANELÍDEOS

Os anelídeos têm o corpo formado por diversos segmentos compostos de anéis musculares. Nesse grupo, destacam-se os oligoquetas, os poliquetas e os hirudíneos.

Os oligoquetas (do grego: *oligos* = pequeno, pouco; *chaeta* = cerda, pelo) têm poucas cerdas, enquanto os poliquetas têm muitas cerdas. Os hirudíneos não apresentam cerdas. As cerdas são expansões do corpo finas e duras.

Oligoquetas

As minhocas são oligoquetas. Elas cavam túneis no solo, arejando e facilitando a entrada da água, enquanto se alimentam de detritos e folhas. As fezes das minhocas adubam o solo, formando o húmus.

ESTRUTURA DA MINHOCA

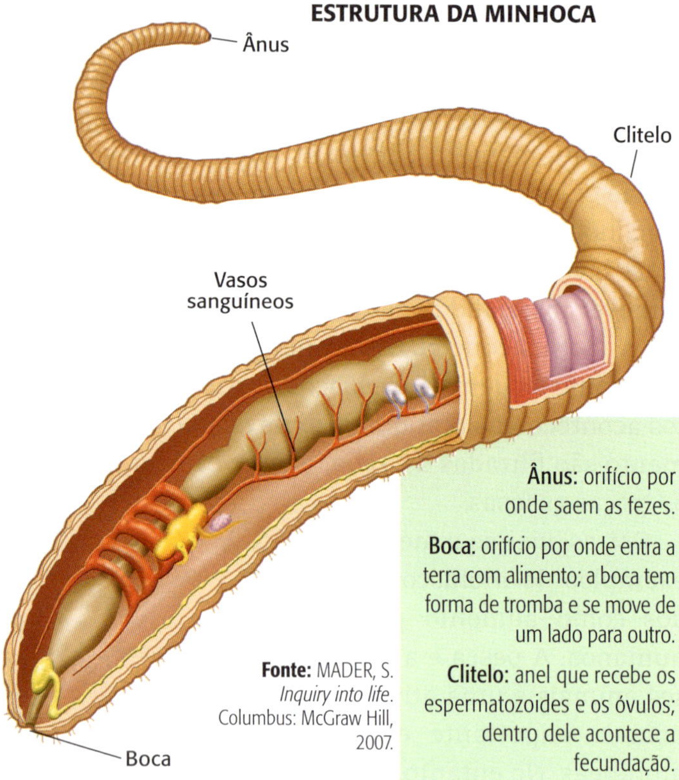

Fonte: MADER, S. *Inquiry into life*. Columbus: McGraw Hill, 2007.

Ânus: orifício por onde saem as fezes.

Boca: orifício por onde entra a terra com alimento; a boca tem forma de tromba e se move de um lado para outro.

Clitelo: anel que recebe os espermatozoides e os óvulos; dentro dele acontece a fecundação.

Vasos sanguíneos: por eles circula o sangue.

Representação esquemática da estrutura da minhoca. Cores fantasia. Elementos fora de escala de tamanho e de proporção.

Respiração e circulação

Na maioria dos oligoquetas, a respiração é cutânea, ou seja, as trocas gasosas ocorrem por meio da pele. A minhoca produz um muco que recobre a pele e mantém a superfície do animal úmida, o que facilita as trocas gasosas.

Os anelídeos apresentam sistema circulatório fechado, ou seja, o sangue circula por dentro de vasos em todo o trajeto pelo corpo do animal. No caso da minhoca, o sangue possui hemoglobina, a mesma proteína que os seres humanos têm no sangue.

Hemoglobina: proteína com ferro, responsável por transportar o oxigênio.

Reprodução

As minhocas são hermafroditas, isto é, um mesmo indivíduo produz espermatozoides e óvulos. Entretanto, não existe autofecundação. Duas minhocas copulam juntando, cada uma, sua abertura genital com o **clitelo** (que está situado na parte mais engrossada na porção intermediária do corpo) da outra. Em seguida, trocam espermatozoides. Algum tempo depois, cada animal produz um **casulo** sobre o clitelo, onde os espermatozoides fecundam os óvulos. O casulo destaca-se do animal e permanece no solo enquanto os embriões se desenvolvem.

CÓPULA DE MINHOCAS

Fonte: RUPPERT, E. E. et al. *Zoologia dos Invertebrados*. 7. ed. São Paulo: Roca, 2005.

Representação esquemática da cópula de minhocas. Cores fantasia. Elementos fora de escala de tamanho e de proporção.

Locomoção

Quando a minhoca se desloca, seus anéis musculares se estreitam e engrossam, transmitindo os movimentos uns para os outros. Esse modo de locomoção é possível porque a minhoca tem sistema muscular e sistema nervoso bem desenvolvidos. Os impulsos nervosos coordenados e distribuídos pelos anéis cria "ondas de contração" que movimentam o animal para frente ou para trás. As pequenas cerdas fixam o animal ao solo e facilitam o deslocamento.

LOCOMOÇÃO DA MINHOCA

PAULO MANZI

Representação esquemática da locomoção da minhoca. Cores fantasia. Elementos fora de escala de tamanho e de proporção.

Fonte: BRUSCA, R. C. & BRUSCA, G. J. *Invertebrados*. 2. ed. Rio de Janeiro: Guanabara Koogan, 2007.

Poliquetas e hirudíneos

Os **poliquetas** são pouco conhecidos, pois geralmente habitam os oceanos a grandes profundidades. Além disso, muitos têm hábitos noturnos e vivem em galerias que cavam na areia. Possuem muitas cerdas, daí seu nome. São animais carnívoros e alguns chegam a medir 45 centímetros de comprimento. Possuem sexos separados e apresentam expansões branquiais, onde ocorrem as trocas dos gases respiratórios.

Os **hirudíneos** não têm cerdas no corpo. Os mais conhecidos são as sanguessugas. São ectoparasitas, alimentando-se do sangue de animais, inclusive do ser humano. Possuem duas ventosas, uma em cada extremidade do corpo, no interior da qual existem dentículos com os quais dilaceram a pele do animal do qual se alimentam. Com a ventosa fixada, a sanguessuga injeta no tecido do outro animal substâncias que impedem a coagulação do sangue e anestesiam o local.

Ectoparasita: animal que se alimenta de outro sem matá-lo e são encontrados fora do corpo do ser vivo do qual se alimentam.

SPL/LATINSTOCK

Nereis pellagica, poliqueta que vive na areia do fundo do mar. Ao longo do corpo existem estruturas (parapódios) utilizadas para a locomoção (andar, nadar) e são também brânquias. Mede cerca de 13 cm de comprimento.

SPL/LATINSTOCK

Sanguessuga (*Hirudo medicinalis*) grudada na pele de uma pessoa com suas duas ventosas. Mede cerca de 15 cm de comprimento.

EXPERIMENTE FAZER

Minhocário

Para pensar

As minhocas são anelídeos encontrados facilmente na terra. Elas contribuem para aumento da disponibilidade de nutrientes e oxigênio no solo. Mas como elas fazem isso?

FABIO COLOMBINI

Como as minhocas se movimentam na terra?

Objetivo

- Construir um minhocário e observar o comportamento de minhocas.

Materiais

- garrafa PET de 2 litros transparente
- tesoura sem ponta
- saco plástico preto
- terra vegetal
- cascalho
- elástico de borracha
- folhas secas
- 6 minhocas (encontradas em lojas de jardinagem)
- água
- areia
- pó de giz ou cal
- luvas

RODVAL MATIAS

Representação esquemática do experimento. Cores fantasia. Elementos fora de escala de tamanho e de proporção.

Procedimentos

ATENÇÃO !

Peça a ajuda de um adulto

1. Com cuidado, corte o bocal da garrafa PET com a tesoura. Peça a ajuda de um adulto.
2. Usando luvas, faça uma camada com 3 centímetros de cascalho no fundo da garrafa. Em seguida, cubra com terra vegetal, formando uma camada de 3 centímetros. Cubra essa camada com um pouco de giz e areia.
3. Repita o passo 2 até completar a metade da garrafa.
4. Coloque as minhocas e observe a movimentação dos animais.
5. Adicione um pouco de água no minhocário, mas não encharque a terra.
6. Coloque algumas folhas secas.
7. Com o saco plástico preto, envolva a garrafa PET e prenda-a com os elásticos de borracha.
8. Deixe a abertura da garrafa desbloqueada, para a entrada de ar.

9 Não se esqueça de colocar um pouco de água diariamente no minhocário.

10 Mantenha o minhocário em um local arejado e com pouca luminosidade.

11 Elabore uma tabela como a do modelo a seguir no caderno para anotar as alterações que ocorrerão no minhocário ao longo do experimento. Faça as observações nos dias indicados. Retire o plástico, e após as observações, coloque-o novamente em volta da garrafa PET.

Tempo de observação	Observações do minhocário
Início	
Após 7 dias	
Após 15 dias	
Após 30 dias	
Após 45 dias	

NÃO DEIXE DE LER

- Aprenda noções básicas de elaboração de relatórios científicos e veja alguns exemplos no artigo: *Elaboração de relatórios científicos: informações básicas para jovens investigadores dos ensinos fundamental e médio.* Disponível em: www.botanicaonline.com.br/geral/arquivos/Ursi2008.relatoriocientifico.pdf Acesso em: 18 fev. 2015.

Ao fazer os registros das observações, fique atento às seguintes características:

- Tamanho dos animais (aproximado) no início do experimento e ao final.
- Número de indivíduos do minhocário.
- Presença de casulos de minhocas.
- Textura do solo, se houve mistura entre giz, areia e terra.

Importante: ao final da observação, devolva as minhocas para o ambiente, por exemplo, em um jardim ou uma horta. O professor irá orientar como esse procedimento deve ser feito.

FABIO COLOMBINI

Casulo de minhoca. Mede 0,5 cm de diâmetro.

Resultados

1. Qual foi o comportamento das minhocas durante as suas observações?
2. Por que foi necessário colocar o saco plástico preto ao redor da garrafa?
   - Elabore um pequeno relatório com base nos resultados das suas observações.

Pista 2

Estima-se que há 1 milhão de espécies animais ainda desconhecidas habitando o mar profundo. Mas um dos maiores entraves ao conhecimento é a falta de recursos financeiros, visto que essas pesquisas têm um custo elevado. Que equipamentos de pesquisa você acha que seriam necessários para a realização da pesquisa em mar profundo?

ARTRÓPODES

Os artrópodes são o grupo de animais mais diversificado do planeta. Esse grupo representa aproximadamente 85% de todas as espécies animais.

Eles vivem nos trópicos, no fundo dos oceanos, no alto das montanhas. Apresentam formas de locomoção diversas, e são os únicos invertebrados com espécies voadoras.

Os artrópodes destacam-se pela presença de um **exoesqueleto** que reveste e protege o corpo desses animais. Essa estrutura é formada por proteínas e uma substância dura chamada **quitina**.

Os apêndices desses animais possuem **articulações** entre suas rígidas peças, tornando os membros articulados. Foi essa propriedade que levou os biólogos a dar o nome ao filo: **Arthropoda** (do grego: *arthron* = articulação; *podos* = pé). Não são apenas as pernas que possuem articulações. Outras peças, como antenas, tórax e abdome, também possuem articulações.

Segmentação do corpo

O corpo dos artrópodes é segmentado. Os segmentos são bastante diferentes no corpo de seus representantes.

SEGMENTOS DO CORPO DOS ARTRÓPODES

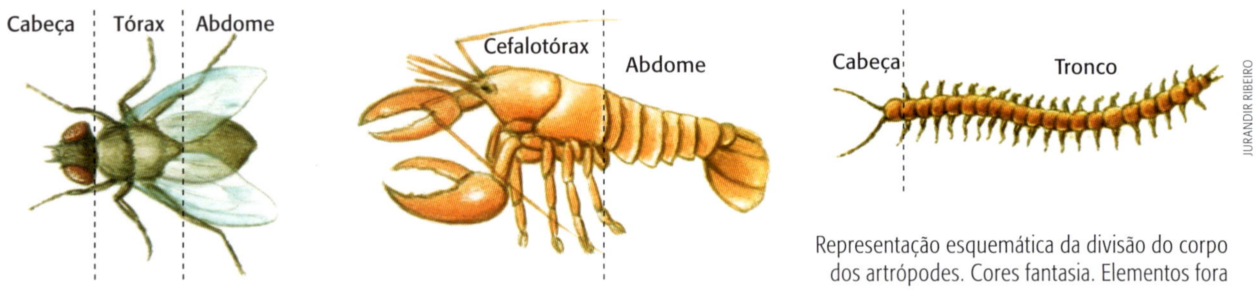

Representação esquemática da divisão do corpo dos artrópodes. Cores fantasia. Elementos fora de escala de tamanho e de proporção.

Eixos de simetria

Eixo de simetria é um plano imaginário que atravessa um ser vivo ou objeto e o divide em partes semelhantes. As esponjas não apresentam eixos de simetria: são chamadas de **assimétricas**. Os outros animais apresentam simetria radial ou bilateral. Na **simetria radial**, significa que o corpo do animal é organizado de forma que duas metades semelhantes são obtidas não importando por onde passe o eixo de simetria longitudinal (corte que passa pela extremidade superior e inferior do animal). Na **simetria bilateral**, o animal tem apenas um eixo de simetria que produz duas metades iguais. Esse eixo passa exatamente pelo centro do animal, definindo um lado esquerdo e um direito. Os artrópodes têm simetria bilateral.

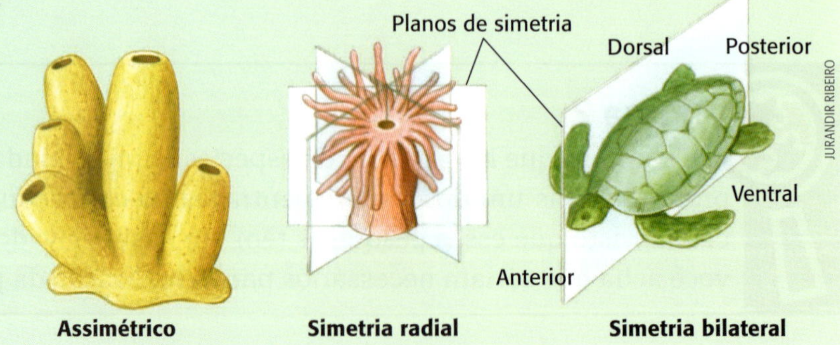

Representação esquemática dos eixos de simetria. Cores fantasia. Elementos fora de escala de tamanho e de proporção.

Crescimento dos artrópodes

O crescimento do corpo dos artrópodes é possível graças à ocorrência de trocas do exoesqueleto, processo denominado **muda**.

Esse processo começa quando o corpo do animal pressiona sua carapaça e um novo exoesqueleto já está formado por baixo do antigo, porém a quitina ainda é mole e elástica.

Com o aumento da pressão, o antigo exoesqueleto se rompe e o animal abandona a antiga carapaça. Em seguida, o animal infla de ar ou água, se for aquático, até que o novo exoesqueleto endureça.

A muda é uma fase em que o artrópode está mais vulnerável, com menos possibilidade de se defender de ataques de outro animais. Algum tempo depois, a quitina, já endurecida, torna a protegê-lo.

SPL/LATINSTOCK

Aranha (*Theridion* sp.) e suas mudas vistas ao microscópio eletrônico. Mede 5 cm de comprimento da cabeça à ponta do abdome.

As principais classes de artrópodes

As principais classes de artrópodes são: insetos, crustáceos, aracnídeos, diplópodes e quilópodes. Veja características dessas classes na tabela a seguir.

Classes de artrópodes

Classes	Divisão do corpo	Número de pernas	Número de antenas
Insetos	Cabeça, tórax e abdome.	Seis.	Duas.
Crustáceos	Cefalotórax e abdome.	Cinco pares ou mais.	Quatro.
Aracnídeos	Cefalotórax e abdome.	Oito.	Ausente.
Diplópodes	Cabeça e tronco.	Quatro por segmento.	Duas.
Quilópodes	Cabeça e tronco.	Duas por segmento.	Duas.

FIQUE DE OLHO

- Observe os animais das fotografias e classifique-os de acordo com as informações da tabela acima.

Barata.

Lagosta.

Aranha.

Piolho-de-cobra.

Lacraia.

FOTOGRAFIAS: FABIO COLOMBINI

Insetos

Os insetos são o grupo mais numeroso do reino animal. Todos têm seis pernas, sendo três de cada lado do corpo. A maioria tem dois pares de asas. Alguns não têm asas, como a traça-dos-livros.

Na cabeça estão os órgãos dos sentidos: os olhos e um par de antenas com funções táteis e olfativas.

Os músculos fortes, ligados ao exoesqueleto, movimentam o animal.

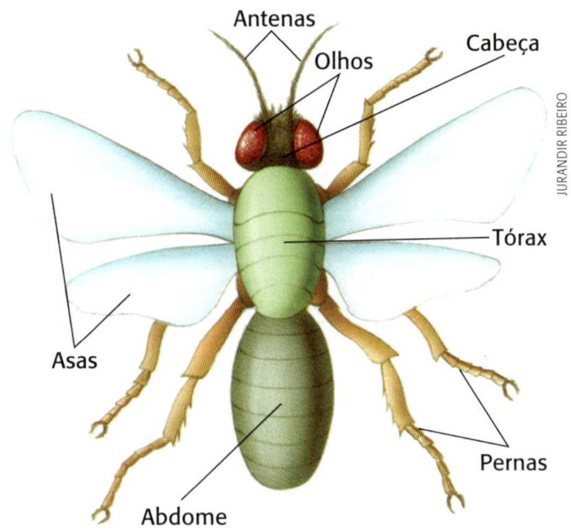

Representação esquemática de um inseto hipotético. Cores fantasia. Elementos fora de escala de tamanho e de proporção.

Sistema bucal

A boca contém peças bucais, que são estruturas especializadas, conforme o hábito alimentar da espécie. Existem insetos **sugadores** (Ex. borboletas), **mastigadores** (Ex. gafanhotos, besouros, formigas) **picador--sugador** (Ex. mosquito) e **lambedores** (Ex. abelhas, moscas).

TIPOS DE APARELHO BUCAL

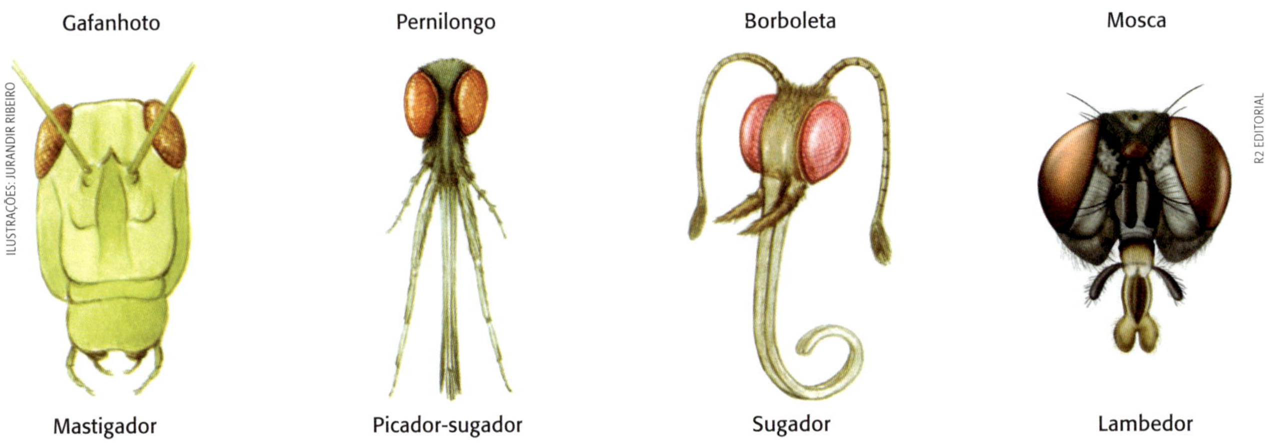

Representação esquemática dos aparelhos bucais de insetos. Cores fantasia. Elementos fora de escala de tamanho e de proporção.

Estrutura interna

Os insetos têm um complexo sistema de tubos (traqueias) que alcançam praticamente todas as células do corpo do animal e se abrem para o exterior. A movimentação contínua do abdome provoca a entrada e a saída do ar nas traqueias. O líquido que transporta gases e nutrientes pelo corpo do inseto é a hemolinfa, que percorre vasos e também circula fora deles.

O sistema digestório é completo. Na extremidade do abdome situa-se o ânus.

O sistema nervoso é formado por gânglios ligados por nervos que se estendem pelo lado ventral.

Tipos de desenvolvimento dos insetos

Em geral, entre os insetos, os sexos são separados. A fecundação é interna: os espermatozoides são lançados dentro do corpo da fêmea e fecundam os óvulos, formando o ovo. Os ovos podem originar indivíduos idênticos ao adulto. Nesse caso, diz-se que o desenvolvimento é **direto**, ou seja, não há metamorfose. É o caso da traça-dos-livros.

Metamorfose (*meta* = sucessão; *morpho* = forma) é um processo de mudança na forma e no funcionamento de um organismo. Algumas espécies de insetos já nascem com aparência semelhante à de um adulto, faltando apenas algumas estruturas para se desenvolverem completamente. Nesse estágio da vida, os insetos são chamados de ninfas. Esse desenvolvimento é chamado de **metamorfose incompleta**. Como exemplos de animais em que ocorre esse tipo de metamorfose podemos citar o gafanhoto, a barata e a cigarra.

Em outras espécies, ocorre **metamorfose completa**, com grandes mudanças no organismo, como acontece com a borboleta, a formiga, a abelha, a mosca e o besouro. No caso das borboletas, ao sair do ovo, o inseto está na forma de **larva**, que chamamos de lagarta. É uma fase bastante ativa, em que o animal se alimenta o dia todo e cresce. Então, fixa-se e começa a se transformar em **pupa**, que chamamos de **crisálida**. A partir daí, torna-se inativa, enquanto o corpo se modifica inteiramente à custa das reservas de alimento que adquiriu na fase anterior. Depois de um tempo, a forma adulta emerge, pronta para reproduzir com outras borboletas.

ETAPAS DO DESENVOLVIMENTO DA BORBOLETA-MONARCA

FABIO COLOMBINI

Ovo. Mede 0,5 cm de diâmetro.

FABIO COLOMBINI

Lagarta. Mede 2 cm de comprimento.

FABIO COLOMBINI

Pupa. Mede 3 cm de comprimento.

FABIO COLOMBINI

Borboleta. Mede 5 cm de comprimento.

As sociedades de insetos

As abelhas, as formigas e os cupins formam um tipo de relação ecológica conhecida como sociedade, em que há divisão de trabalho entre os indivíduos. Desempenham funções diferentes entre si e chegam a apresentar corpo com forma distinta.

FABIO COLOMBINI

JOÃO PRUDENTE/PULSAR IMAGENS

Colmeia de vespas e cupinzeiro são exemplos de colônias construídas por sociedades de insetos.

FIQUE DE OLHO

Os insetos auxiliam o ser humano melhorando a produtividade das colheitas, pois são agentes polinizadores. Além disso, insetos como as abelhas proporcionam alimentos, como o mel e o própolis, usado no tratamento de várias doenças. Os insetos não proporcionam apenas benefícios. Também existem aqueles que são vetores de doenças e alguns que podem se tornar pragas em lavouras. Façam uma pesquisa na internet.

1. Como as saúvas se alimentam e por que são temidas pelos agricultores?

2. Descrevam dois insetos vetores de doenças e quais são as doenças que eles transmitem.

Aracnídeos

Os aracnídeos têm o corpo dividido em cefalotórax e abdome. Apresentam quatro pares de pernas. Desse grupo fazem parte as aranhas e os escorpiões. Apresentam também um par de pedipalpos, um par de quelíceras e não apresentam antenas.

Escorpiões

Os escorpiões estão entre os primeiros invertebrados a conquistar o ambiente terrestre, há aproximadamente 400 milhões de anos. Só não vivem no Ártico e na Antártica. Os escorpiões são carnívoros. Para se defender ou capturar presas, injetam veneno através do aguilhão presente na ponta da cauda.

Apresentam pedipalpos com pinças para segurar as presas, e quelíceras para dilacerá-las.

Os olhos não formam imagens nítidas. Eles percebem o que está ao seu redor captando vibrações pelas cerdas sensoriais, distribuídas por todo o corpo.

Existem cerca de 120 espécies de escorpiões no Brasil, mas apenas quatro podem causar acidentes graves nos seres humanos.

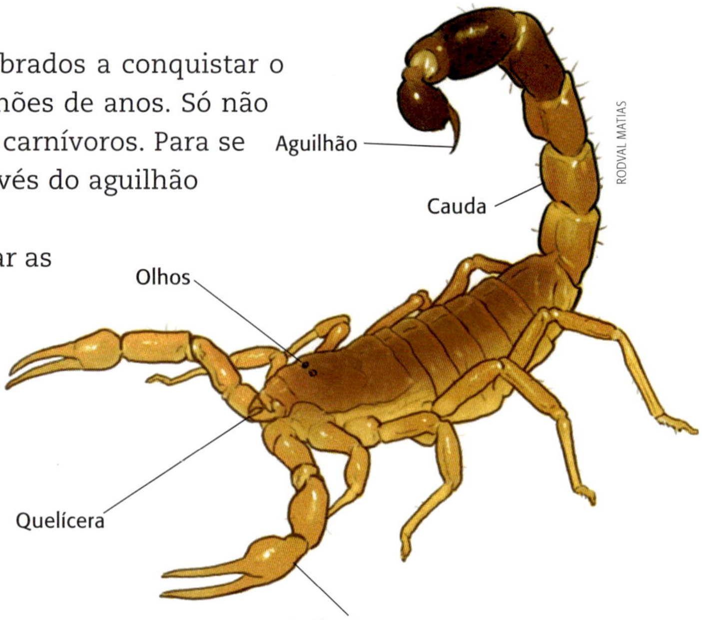

Representação esquemática de um escorpião. Cores fantasia. Elementos fora de escala de tamanho e de proporção.

Aranhas

As aranhas produzem veneno por duas glândulas situadas junto às quelíceras. Usam o veneno para capturar os animais dos quais se alimentam. No mundo, são conhecidas 35 mil espécies de aranhas, porém somente cerca de 20 a 30 espécies são consideradas perigosas para o ser humano. No Brasil, as espécies que causam acidentes são a aranha-armadeira, a aranha-marrom e a viúva-negra.

FABIO COLOMBINI

Phoneutria nigriventer (aranha-armadeira). Não faz teia e assume posição de defesa quando ameaçada. Mede 8 cm de comprimento do corpo.

FABIO COLOMBINI

Loxosceles sp. (aranha-marrom). Fica nos cantos das casas, fendas, sob cascas de árvore. Mede cerca de 4 cm de comprimento do corpo.

STEVE MASLOWSKI/VISUALS UNLIMITED/CORBIS/LATINSTOCK

Latrodectus mactans (viúva-negra). É bem pequena, faz teia e tem um desenho vermelho no dorso. Mede aproximadamente 1 cm de comprimento do corpo.

Ácaros

Os ácaros são, em geral, parasitas. Alguns são bem conhecidos do ser humano, como o carrapato. Nas casas, podem existir muitos ácaros microscópicos, de vida livre.

© VISUALS UNLIMITED/CORBIS

Os carrapatos são ectoparasitas de vertebrados. Na fotografia, carrapato em pelo de cachorro. Aumento de 5 vezes.

Diplópodes e quilópodes

Os animais desse grupo são alongados e têm como característica uma grande quantidade de pernas ao longo do corpo. São animais comuns no solo em que há folhas mortas.

Os **diplópodes** são popularmente conhecidos como piolho-de-cobra ou milípedes e apresentam dois pares de pernas por segmento. Os **quilópodes** apresentam um par de pernas por segmento do corpo. São as lacraias, também chamadas de centopeias.

FABIO COLOMBINI

Piolho-de-cobra, um diplópodo. Tem cerca de 10 cm de comprimento.

Os piolhos-de-cobra não são perigosos para as pessoas. Quando perturbados, eles se enrolam e secretam líquidos voláteis repugnantes. Os diplópodes se alimentam de matéria vegetal em decomposição.

As lacraias são carnívoras e têm dois ferrões na parte debaixo da cabeça, com os quais podem inocular o seu veneno.

FABIO COLOMBINI

Lacraia (*Scolopendra* sp.), um quilópodo também chamado de centopeia. Mede aproximadamente 8 cm de comprimento.

Pista 3

Um grupo de pesquisadores encontrou diversos indivíduos do animal mostrado na pista 1 a uma profundidade de aproximadamente 2 250 m, no Oceano Pacífico. Para alcançar tal profundidade, foi necessário utilizar um **ROV** (Veículo Operado Remotamente). Pesquise o que é um ROV e quais informações são obtidas com seu uso.

SAIBA MAIS

Brasileiras de oito pernas

"As aranhas-caranguejeiras, com suas longas pernas e corpo coberto por pelos, metem medo em muita gente. Mas você já imaginou que um animal desse tipo pode ser dócil? Pois assim é uma espécie recém descoberta por cientistas brasileiros e outra que eles acabam de estudar melhor: a *Avicularia sooretama* e a *Avicularia diversipes*. Habitantes da Mata Atlântica, elas raramente picam alguém e têm um veneno inofensivo para o ser humano. As duas foram pesquisadas pelos biólogos Rogério Bertani e Caroline Fukushima, que, para completar, ainda descobriram mais uma espécie de aranha-caranguejeira na Mata Atlântica: a *Avicularia gamba*.

ROGERIO BERTANI

A aranha-caranguejeira (*Avicularia gamba*) foi recentemente descoberta na Mata Atlântica. As fêmeas da espécie, como essa, medem cerca de 6 cm de comprimento.

Longe dos buracos, perto das árvores

Essas três aranhas apresentam peculiaridades que as tornam bastante interessantes e especiais. Diferentemente das cerca de 2 mil espécies de caranguejeiras já catalogadas, que geralmente vivem em buracos, as que foram pesquisadas pelos biólogos do Instituto Butantan preferem os troncos e os galhos das árvores para tecerem teias e construírem refúgios. Por isso, são chamadas de arborícolas.

Mas não é só. Também podemos dizer que essas aranhas-caranguejeiras são autênticas brasileiras de oito pernas! Isso porque elas existem apenas no Brasil, em uma região específica da Mata Atlântica. [...]

Sob diferentes ameaças

[...] Por viverem num local onde o desmatamento é intenso, esses bichos correm o risco de perderem suas moradias e, sem as árvores, não conseguirem sobreviver. Para piorar, o comércio ilegal também põe esses animais em risco.

Desde 2007, a *Avicularia sooretama* e a *Avicularia diversipes*, por serem dóceis, são vendidas na Europa como animais domésticos. Além de representar um crime contra a natureza, essa prática facilita o uso desses bichos em pesquisas no exterior, o que prejudica o trabalho dos nossos cientistas, que tanto se esforçam para estudar e nos apresentar a fauna brasileira."

Camilla Muniz. Brasileiras de oito pernas. *Ciência Hoje das Crianças*. Disponível em: <http://chc.cienciahoje.uol.com.br/brasileiras-de-oito-pernas/>. Acesso em: 19 fev. 2015.

Para pensar

1. Qual é o hábitat das novas espécies descobertas?

2. Por que as novas espécies de aranha estão em risco de extinção?

3. Leia o texto abaixo e converse com os colegas sobre as questões a seguir.

As aranhas-caranguejeiras alimentam-se de insetos. Esses insetos alimentam-se de plantas. Algumas aves alimentam-se de aranhas.

a) O que acontece se o número de aranhas é reduzido em uma região?

b) Que outras consequências pode ter o tráfico de aranhas e outros animais?

Crustáceos

Camarão, siri, lagosta, cracas, barata-da-praia, tatuíra, caranguejos e tatuzinho-de-quintal são alguns exemplos de crustáceos, o maior grupo de artrópodes marinhos. Há crustáceos também em água doce e no ambiente terrestre.

Todos apresentam dois pares de antenas e cinco ou mais pares de pernas. O exoesqueleto é bastante rígido nesse grupo.

ANDRÉ SEALE /PULSAR IMAGENS

Stenopus hispidus, camarão marinho muito apreciado por aquaristas, que o chamam de camarão-bailarino. Mede 10 cm de comprimento.

FABIO COLOMBINI

O tatuzinho-de-quintal vive sob pedras e folhas. Quando ameaçado ou em caso de falta de umidade, enrola-se para se proteger. Alimenta-se de detritos. Mede 1 cm de comprimento.

FABIO COLOMBINI

Panulirus argos é a lagosta mais capturada para alimentação. Vive no Oceano Atlântico. Conhecida como lagosta espinhosa. Vive em grupos e habita o solo marinho, geralmente longe da costa. Mede aproximadamente 40 cm de comprimento.

Cracas e lepas

As cracas e as lepas vivem fixadas a rochas, cascos de navios e pele de animais. São crustáceos sésseis, ou seja, vivem presos a um substrato. A craca fixa-se diretamente ao substrato, enquanto a lepa fixa-se por meio de um pedúnculo.

BUFF & GERALD CORSI/VISUALSUNLIMITED/CORBIS/LATINSTOCK

As cracas (*Semibalanus Cariosus*) vivem fixas em rochas, cascos de navios, baleias e outros animais marinhos. Atinge até 6 cm de diâmetro.

L. NEWMAN & A. FLOWERS/LATINSTOCK

Lepas pectinata, crustáceo séssil, fixas a um substrato por um pedúnculo. Mede 3 cm de comprimento.

EQUINODERMOS

Os equinodermos mais conhecidos são o ouriço-do-mar, a estrela-do-mar e a bolacha-da-praia. Os ouriços e as estrelas podem ser encontrados nos costões rochosos onde as ondas batem. As bolachas e as estrelas são comuns também na areia da praia. Há também os ofiuroides e os pepinos-do-mar, que vivem em regiões de maior profundidade ou entre as rochas dos costões.

FABIO COLOMBINI

O ouriço-do-mar-preto (*Echinometra lucunter*) tem espinhos finos e longos. Mede 15 cm de diâmetro.

FABIO COLOMBINI

As estrelas-do-mar podem apresentar diversos tamanhos e cores. Na fotografia, *Echinaster brasiliensis*, espécie comum no litoral do Brasil. Mede aproximadamente 7 cm de diâmetro.

FABIO COLOMBINI

Bolacha-da-praia (*Encope emarginata*), comumente encontrada na areia. Mede cerca de 25 cm de diâmetro.

FABIO COLOMBINI

São muitas as espécies de pepino-do-mar. Todas elas têm corpo mole. Esta espécie (*Isostichopus badionotus*) mede aproximadamente 13 cm.

THINKSTOCK/GETTY IMAGES

Os lírios-do-mar são comumente confundidos com plantas. Alimentam-se de seres microscópicos do plâncton. Esta espécie mede aproximadamente 7 cm de diâmetro.

DANIEL GOTSHALL/VISUALS UNLIMITED/CORBIS

Ofiuroide ou serpente-do-mar na costa da Indonésia. Atinge 30 cm de diâmetro.

Características gerais

Os equinodermos fazem parte do filo **Echinodermata** (do grego: *echinos* = espinho; *derma* = pele) e são encontrados somente em ambiente marinho. São animais que possuem uma epiderme fina que recobre o esqueleto interno de placas calcárias.

Os equinodermos têm simetria radial, ou seja, observando um desses animais pela parte superior, podemos traçar linhas imaginárias que, partindo do centro, se dirigem para fora, como os raios de uma roda. Com isso, a forma geral dos equinodermos lembra uma estrela.

ANATOMIA DA ESTRELA-DO-MAR

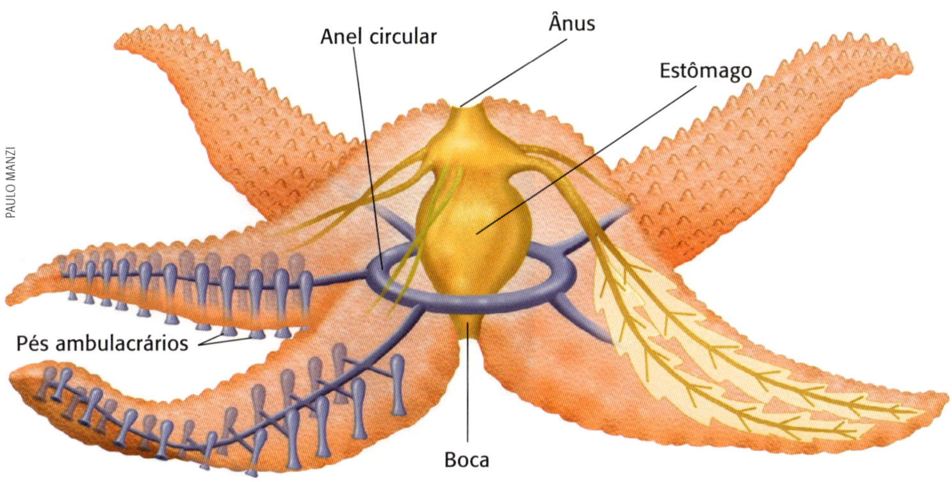

PAULO MANZI

Ânus: localizado na parte superior do animal.

Boca: localizada na parte inferior, junto ao substrato; apresenta dentes fortes.

Estômago: porção dilatada, continuação da boca, que se prolonga pelos braços, onde é realizada a digestão.

Anel circular: comunica-se com tubos que ficam dentro dos braços, de onde saem filamentos com ventosas da ponta, que são os pés da estrela. Esse sistema, cheio de água do mar, permite a locomoção do animal.

Representação esquemática da estrutura interna da estrela-do-mar. Cores fantasia. Elementos fora de escala de tamanho e de proporção.

Locomoção e trocas gasosas

Deslocam-se por meio de pequenos pés – pés ambulacrários – que se comunicam por um sistema de canais. Quando a água do mar circula no interior desses canais, os pés incham e promovem o deslocamento. A troca de gases ocorre por finas membranas dos pés ambulacrários ou pápulas.

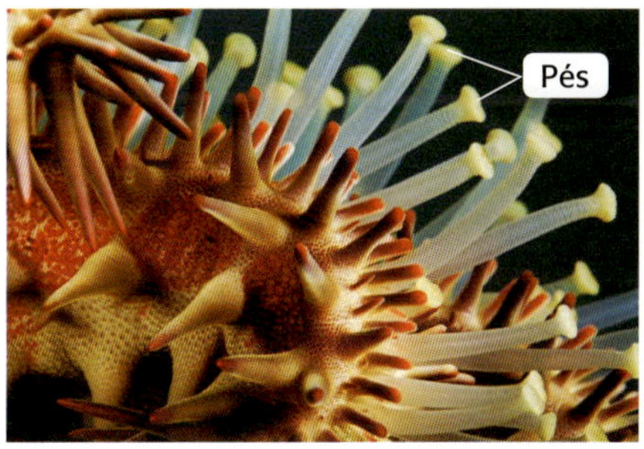

PACIFIC STOCK/DESIGN PICS/SUPERSTOCK/GLOW

Os pés ambulacrários são responsáveis pelo deslocamento dos equinodermos. Na fotografia, detalhes dos pés da estrela-do-mar *Acanthaster planci*.

Reprodução

Em geral, os sexos são separados. Os equinodermos têm alta capacidade de regeneração. Um indivíduo partido (com exceção da parte central do corpo) em alguns fragmentos reconstitui cada um deles em novos indivíduos.

VISUALS UNLIMITED/CORBIS/LATINSTOCK

Larva do ouriço *Echinocardium cordatum*, também conhecido como ouriço-batata, visto ao microscópio óptico. A larva é um estágio de desenvolvimento do ouriço. Cores artificiais. Aumento de 60 vezes.

1. Quais estruturas e estratégias os moluscos apresentam para evitar o ataque de predadores?

2. Leia o texto a seguir e responda à questão.

> Moluscos têm uma língua de cerdas com pequenos dentes para coletar comida de rochas e levá-la à boca, muitas vezes engolindo partículas rochosas no processo.
>
> Seus dentes são feitos de um composto mineral-proteico, cujos pequenos fragmentos foram testados em laboratório.
>
> Os pesquisadores descobriram que esses dentes são mais fortes do que a seda produzida por aranhas e de resistência quase semelhante aos mais fortes materiais produzidos pelo [ser humano].
>
> "Até agora, pensávamos que a seda de aranha era o material biológico mais forte, por causa de sua superforça e de seu potencial para ser aplicado em tudo, de coletes à prova de balas a materiais eletrônicos, mas descobrimos que o dente de molusco tem uma força potencialmente maior", disse em comunicado o professor [...], da Escola de Engenharia da Universidade de Portsmouth (Grã-Bretanha), que liderou o estudo.
>
> Jonathan Webb. Repórter de ciência da BBC News. Notícia de 18 fev. 2015. Disponível em: <http://www.bbc.co.uk/portuguese/noticias/2015/02/150218_dente_molusco_pai>. Acesso em: 8 abr. 2015.

a. Do que trata o texto?

b. Todos os moluscos se alimentam da mesma forma?

3. Como se processam a alimentação e a respiração nos bivalves?

4. Observe a fotografia ao lado. A lesma está se alimentando de uma abóbora.
   - Que estrutura permite que a lesma raspe a abóbora para se alimentar?

SPL/LATINSTOCK

Lesma (gastrópode) devorando uma abóbora.

5. Segundo o naturalista Charles Darwin, o arado é uma das mais antigas e preciosas invenções do ser humano, mas antes de sua invenção a terra já era arada pelas minhocas. Qual a importância das minhocas para a agricultura?

6. Observe a fotografia ao lado e responda às questões no caderno.

a. Que estrutura da minhoca está em destaque na fotografia?

b. Qual a função dessa estrutura?

FABIO COLOMBINI

Minhoca.

7. Observe a tira e responda às questões.

FERNANDO GONSALES

a. As minhocas têm sexo separado ou são hermafroditas?

b. Como ocorre a reprodução das minhocas?

8. Algumas espécies de inseto formam sociedades, em que há divisão de trabalho entre os indivíduos que desempenham funções diferentes entre si e chegam a apresentar diferenças corporais. Dê exemplos de sociedades de insetos. Em seguida, faça uma pesquisa sobre como ocorre a divisão de tarefas entre os insetos mencionados.

9. A fotografia mostra uma estrela-do-mar se aproximando de uma vieira. As estrelas-do-mar são predadoras, alimentam-se de invertebrados e pequenos peixes.

a. Quais os filos da estrela e da vieira?

b. A vieira tem as conchas rígidas. Qual será a estratégia da estrela para chegar ao corpo mole do molusco?

SPL/LATINSTOCK

A estrela-do-mar é predadora de invertebrados, como o pécten, também conhecido como vieira. As vieiras medem cerca de 10 cm.

Desfecho

O mar profundo é um local repleto de abismos e com uma diversidade incrível. Reflita sobre os seguintes temas: Qual a relação entre ciência e tecnologia? Quais as dificuldades relacionadas aos estudos do mar profundo?

Encerrando a unidade

- **Nesta unidade você foi apresentado à diversidade de animais invertebrados. Em grupos, façam cartazes com fotografias e características destes filos: anelídeos; moluscos; artrópodes; equinodermos.**
  Procure em livros, revistas, jornais ou na internet tipos de acidentes que podem ocorrer com alguns dos animais estudados. Compartilhe as informações com os colegas.

Conhecimento Interligado

Os insetos no esclarecimento de crimes

Larva de mosca varejeira.

Pupa de mosca varejeira.

Mosca varejeira adulta, mede cerca de 1 cm.

A entomologia é a área do conhecimento que estuda os insetos. Em 1908, os pesquisadores Edgard Roquette Pinto e Oscar Freire deram início aos primeiros estudos no Brasil ao que hoje é conhecido por **entomologia médico-forense**. Também chamada de entomologia médico-legal ou médico-criminal, essa área estuda a utilização dos insetos no esclarecimento de crimes.

Moscas e besouros são insetos frequentemente usados na entomologia médico-forense. Nesses animais, como em outros insetos, as larvas crescem em matéria orgânica em decomposição, por exemplo, cadáveres humanos e de outros animais.

O estudo dos insetos permite realizar uma série de análises que fornecem provas relacionadas aos crimes violentos ou de negligência. Podemos dizer que as moscas e os besouros, tanto em suas formas larvais como adultas, contribuem para responder três perguntas principais que envolvem um crime:

1. **Local da morte:** dependendo das larvas encontradas em um cadáver, é possível identificar onde o crime aconteceu. Muitos insetos possuem distribuições geográficas bem definidas, levando a uma possível determinação do local da ocorrência da morte. Por exemplo, sabe-se que a larva de certa espécie de mosca só pode ser encontrada em uma floresta específica. Se essa larva for encontrada no corpo da vítima, pode-se inferir que a vítima morreu nas proximidades desta floresta.
2. **Causa da morte:** às vezes, é muito difícil saber a causa da morte de pessoas encontradas muito tempo depois de mortas. Quando há drogas e venenos no corpo da vítima, é possível encontrar moléculas dessas toxinas preservadas no interior das larvas. Além disso, é possível verificar alguns efeitos sobre o desenvolvimento das larvas, como crescimento corpóreo acima do normal, alteração do tempo de vida da larva até a forma adulta ou mesmo deformações nas larvas. Dessa forma, pode-se atribuir a causa da morte a algum tipo específico de toxina, de acordo com o efeito sofrido pela larva.

Representação artística de uma cena de crime.

3. **Intervalo pós-morte (IPM):** uma das perguntas mais importantes na investigação de um crime é saber quando a pessoa morreu. Geralmente, o profissional que determina a morte de uma pessoa é o antropólogo forense ou o médico legista. No entanto, em avançado estado de decomposição, a determinação do tempo da morte fica muito difícil. É aí que entram os entomólogos médico-forenses: os insetos têm um padrão de colonização de um cadáver chamado **sucessão cadavérica**. Diferentes espécies de insetos colonizam o cadáver em diferentes escalas de tempo, de acordo com o estágio de decomposição do cadáver, sendo que geralmente os primeiros colonizadores são as moscas varejeiras e os últimos são os besouros. Portanto, de acordo com a fase de colonização de certas larvas no cadáver é possível estimar quando a vítima morreu.

Fonte de pesquisa: Disponível em: <http://www.biologico.sp.gov.br/artigos_ok.php?id_artigo=79>. Acesso em: 28 fev. 2015.

Para explorar

1. O que é entomologia médico-forense? De que forma o conhecimento sobre a biologia dos insetos, como moscas e besouros, pode contribuir para a elucidação de crimes?
2. Até atingirem a fase adulta, as moscas e os besouros passam por estágio de larva, tornam-se pupas e, por fim, se transformam em adultos. Você consegue se lembrar de outros insetos com ciclo de vida semelhante?
3. Nesse texto, vimos a importância dos insetos no esclarecimento de crimes. Quais são as outras importâncias dos insetos para os humanos?
4. Converse com os colegas: Qual seriam as consequências da extinção dos insetos para os humanos? E quais seriam as consequências para o meio ambiente?

UNIDADE

6 Os vertebrados

A baleia-azul (*Balaenoptera musculus*) é o maior mamífero do planeta Terra, com cerca de 30 metros de comprimento e até 150 toneladas! Em comparação com o ser humano, a baleia-azul é 18 vezes maior que um ser humano com estatura de 1,70 m.

Esse mamífero se alimenta de *krill*, um pequeno crustáceo. Os sons que a baleia-azul emite podem ser escutados a 160 quilômetros de distância.

Os mamíferos pertencem ao grupo dos vertebrados. São encontrados nos meios terrestre e aquático, e em todos os ecossistemas do planeta.

Nesta unidade, você vai saber mais sobre:

- Os peixes
- Os anfíbios
- As aves
- Os répteis
- Os mamíferos

Comparação entre o tamanho de uma baleia-azul e o de um ser humano.

LUIS MOURA

Baleia-azul nadando próximo à costa da Califórnia, Estados Unidos.

TROCANDO IDEIAS

1. O que baleias-azuis e seres humanos têm em comum?
2. Os mamíferos amamentam seus filhotes. Você já pensou como a fêmea da baleia-azul faz isso?
3. As baleias são mamíferos que apresentam algumas características parecidas com outros seres aquáticos, como os peixes. Em que baleias e peixes são parecidos? Em que são diferentes?

11 Vertebrados: da água para a terra

A *Pikaia* é um animal invertebrado que habitou os oceanos da Terra há cerca de 500 milhões de anos. Ela apresentava o corpo alongado, com musculatura segmentada que permitia a natação por movimentos ondulatórios da cauda. Além disso, apresentava uma estrutura interna de sustentação pouco desenvolvida, formando um eixo central.

A musculatura segmentada e a estrutura de sustentação são características que podem indicar que a *Pikaia* seja um ancestral dos vertebrados.

RICHARD BIZLEY/SPL/LATINSTOCK

Representação da reconstituição da *Pikaia*, cujos fósseis foram encontrados no Canadá. Esse animal habitava os mares há cerca de 500 milhões de anos, atingia 5 cm de comprimento. Cores fantasia. Elementos fora de escala de tamanho.

BATE-PAPO

1. Muitos biólogos consideram a *Pikaia* um ancestral dos vertebrados. De forma simplificada, que característica desse animal foi considerada para a classificação?
2. O que significa dizer que a *Pikaia* é o ancestral de todos os vertebrados? Ela também seria ancestral da espécie humana?

Qual o papel dos zoológicos?

Você já foi a um zoológico? Caso você já tenha visitado um, responda: O que achou da experiência?

Todos os dias, diversos profissionais (veterinários, biólogos etc.) trabalham nesses locais. Os zoológicos abrigam dezenas ou até centenas de animais, com a finalidade de conservá-los em um ambiente controlado e apresentá-los à população. Nesta unidade, vamos discutir um pouco a respeito do papel social e ambiental dos zoológicos.

ORIGEM DOS VERTEBRADOS

Você já ouviu falar em lampreias? As lampreias podem chegar a 20 centímetros de comprimento. Acredita-se que tenham se originado de animais semelhantes à *Pikaia* e foram os primeiros vertebrados existentes. Lampreias são animais aquáticos e não possuem mandíbulas. A boca é circular e sem ossos e são incapazes de fazer o movimento de morder. Apresentam ossos do crânio mas não têm vértebras, possuem esqueleto cartilaginoso.

O esquema a seguir mostra, de forma simplificada, as relações de parentesco dos diferentes grupos de vertebrados. Nele, estão presentes os principais grupos que serão estudados nesta unidade: peixes, anfíbios, répteis, aves e mamíferos.

NATURE PL / FREI / ARCO / DIOMEDIA

As lampreias (*Petromyzon marinus*) são animais parasitas. Alimentam-se de sangue, fixando-se ao corpo de peixes, golfinhos e baleias com a boca repleta de pequenos dentes. Atingem até 20 cm de comprimento.

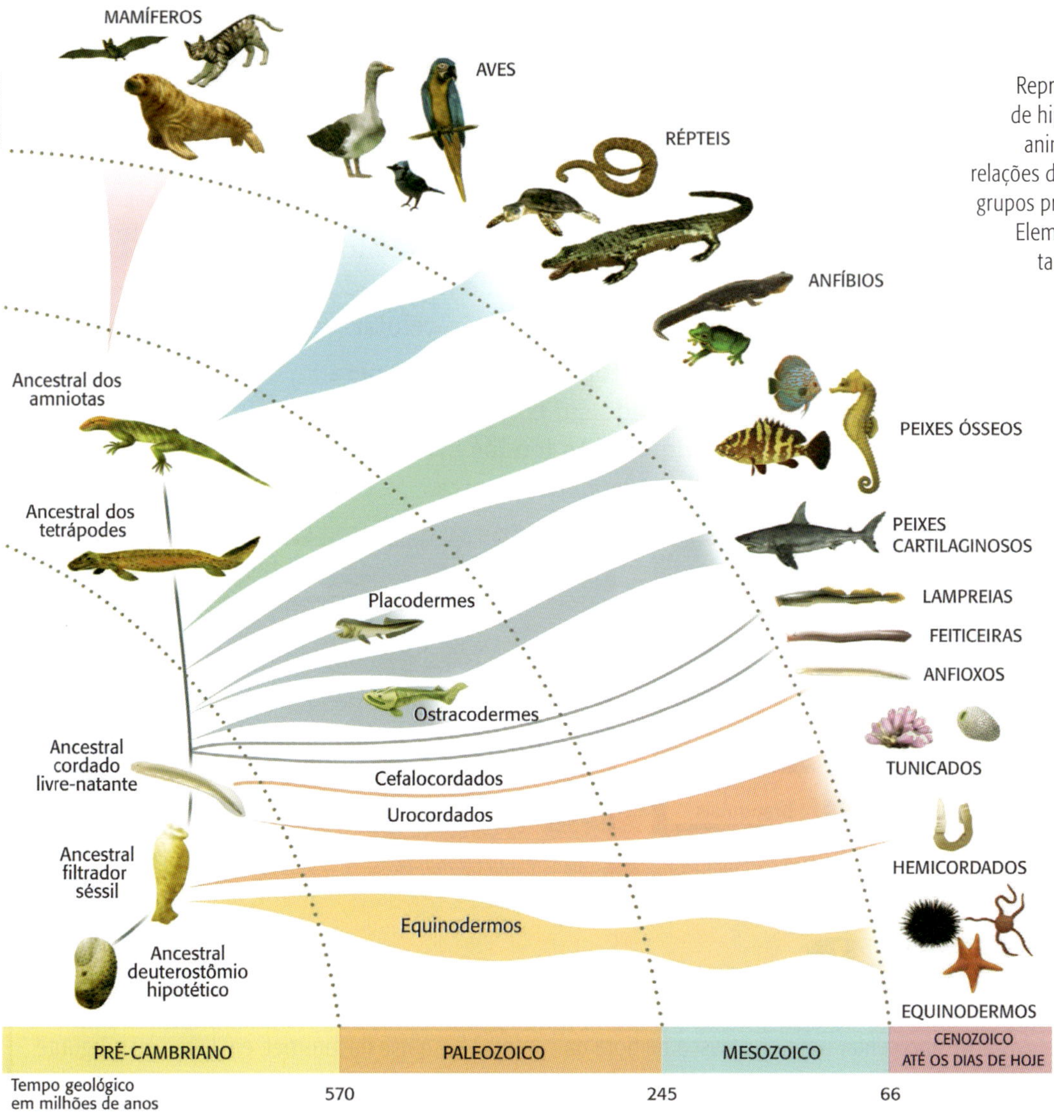

CRIS ALENCAR

Representação esquemática de hipótese da evolução dos animais vertebrados e suas relações de parentesco, incluindo grupos próximos. Cores fantasia. Elementos fora de escala de tamanho e de proporção.

Fonte: HICKMAN, C. P. J. et al. *Integrated Principles of Zoology*, 14. ed. New York: McGraw-Hill, 2008.

PEIXES

O peixes são animais vertebrados com mandíbula. São ectotérmicos e vivem em água doce e salgada. Têm o corpo coberto por **escamas**, possuem **cauda** e **nadadeiras**.

A maioria das espécies de peixe tem esqueleto ósseo. São os **osteíctes** (do grego *ostéon* = osso; *ichthy's* = peixe), como a sardinha e o salmão. Existem espécies com esqueleto cartilaginoso. São os **condrictes** (do grego *chóndros* = cartilagem; *ichthy's* = peixe), como o tubarão e as arraias.

FABIO COLOMBINI

Piranha no rio Amazonas, com destaque para as estruturas externas. Mede cerca de 25 cm de comprimento.

FABIO COLOMBINI

Opérculo do peixe levantado, deixando à mostra as brânquias vermelhas.

- **Olhos**: os peixes possuem dois olhos, geralmente grandes e sem pálpebras.
- **Pele**: coberta de escamas e muco, que os protege dos fungos e facilita o deslocamento na água.
- **Linha lateral**: fileira de células sensoriais ao longo do corpo; são sensíveis à pressão, à temperatura e ao movimento da água.
- **Nadadeiras**: deslocam os peixes na água, direcionam e mantêm seu equilíbrio.
- **Opérculos**: placas ósseas de cada lado do corpo; cobrem as brânquias.
- **Brânquias**: onde ocorrem trocas de gases. São irrigadas por muitos vasos sanguíneos. Nelas, ocorre a entrada de gás oxigênio dissolvido na água e a saída de gás carbônico, produzido na respiração celular.

O tubarão e a arraia têm escamas pequenas que tornam sua pele áspera como lixa. Apresentam fendas branquiais por onde sai continuamente a água que entra pela boca. Nelas, estão as brânquias. As fendas branquiais permanecem abertas enquanto o tubarão nada com a boca aberta.

MICHAEL PATRICK O'NEIL/GETTY IMAGES

Tubarão-martelo (*Sphyrna lewini*). Atinge cerca de 3 m de comprimento.

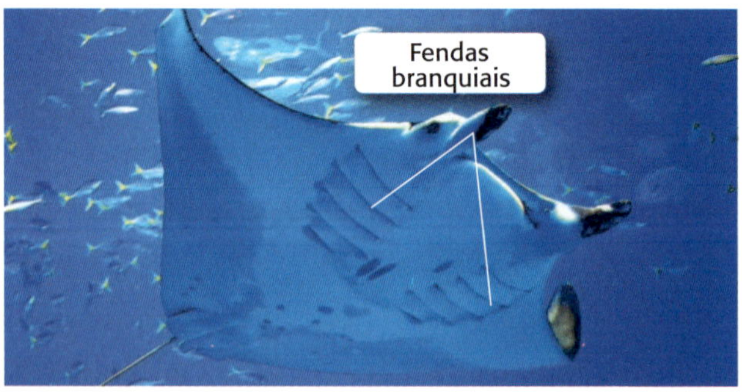

THINKSTOCK/GETTY IMAGES

Arraia-jamanta (*Manta birostris*). Essa espécie pode chegar a 9 m de envergadura.

FIQUE DE OLHO

- Que características deve apresentar um peixe fresco na hora da compra? Pesquise na internet, em livros ou pergunte à pessoa que cozinha em sua casa ou para vendedores de peixe.

Anatomia interna dos peixes

Os peixes possuem sistema digestório completo, com boca, estômago, intestino e ânus. O sangue circula em vasos e o coração tem duas câmaras cujas contrações provocam o fluxo do sangue, que é forçado a passar pelas brânquias, onde ocorrem as trocas gasosas.

O sistema excretor é composto por um par de rins, um de cada lado do corpo, que filtra as substâncias tóxicas e o excesso de sal.

Esses animais possuem cérebro, que coordena as atividades, e medula espinal, alojada na coluna vertebral, de onde saem os nervos. O sistema sensorial é composto de narinas com função olfativa, orelha interna com função de equilíbrio e a linha lateral, que detecta o movimento da água em torno do corpo.

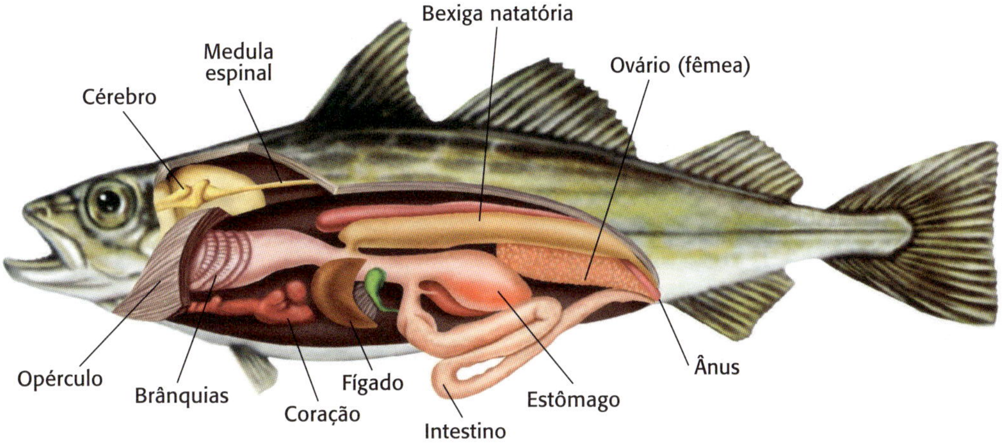

Representação esquemática da anatomia interna dos peixes. Cores fantasia. Elementos fora de escala de tamanho e de proporção.

Fonte: REECE, J. B. et al. *Campbell Biology*. Glenview: Pearson Education, Inc., 2014, p. 722.

Os osteíctes têm uma estrutura que auxilia sua flutuação: a **bexiga natatória**, ou vesícula gasosa, que pode aumentar ou diminuir de volume. Essa variação permite que o peixe se estabilize em diferentes profundidades.

Nos condrictes não existe bexiga natatória. A subida e a descida são feitas à custa de trabalho muscular e movimentações precisas do corpo, da cauda e das barbatanas.

Reprodução

Os peixes ósseos são **dioicos**, ou seja, têm sexos separados. Eles têm ovários e testículos que produzem células reprodutoras.

Na época da reprodução, as fêmeas e os machos lançam, respectivamente, óvulos e espermatozoides diretamente na água. Nesse caso, ocorre **fecundação externa**.

Outras espécies apresentam **fecundação interna**, ou seja, os espermatozoides são depositados dentro do corpo da fêmea.

Nas espécies **ovíparas**, a fêmea lança os ovos na água com uma reserva nutritiva, o **vitelo**, suficiente para que o embrião se desenvolva sozinho, fora do corpo da mãe.

Em outras espécies, como nos tubarões, o embrião também é nutrido pelo vitelo, mas passa todo seu desenvolvimento embrionário dentro do corpo da mãe. Essas espécies são denominadas **ovovivíparas**.

Nas espécies **vivíparas**, o embrião se desenvolve no corpo da mãe.

SERGEY GORSHKOV/MINDEN PICTURES/LATINSTOCK

Na fotografia, ovo de salmão e alevino (filhote) recém eclodido. Note que o alevino tem um saco com reserva nutritiva. Os ovos medem cerca de 5 mm.

ANFÍBIOS

Há cerca de 300 milhões de anos, os primeiros anfíbios (do grego: *amphi* = duplo, ambos; *bíos* = vida), ocuparam o espaço entre a terra e a água. Tinham músculos fortes, com esqueleto que suportava o corpo fora da água. Esses anfíbios primitivos originaram as espécies atuais: sapos, rãs, pererecas, salamandras e cobras-cegas.

Sapos, rãs e pererecas são **anuros**, animais sem cauda na fase adulta. Os membros posteriores, maiores e mais fortes do que os anteriores, favorecem os grandes saltos nesse grupo. A maioria dos anuros vivem próximos à água, pois dependem dela para a reprodução e para manter a pele sempre úmida.

As salamandras pertecencem ao grupo dos **urodelos** e têm cauda. Os membros locomotores são curtos e elas não saltam.

As cobras-cegas ou cecílias são **ápodes**, ou seja, não têm membros. São terrestres, de ambientes úmidos.

FABIO COLOMBINI

Perereca-bugio (*Phyllomedusa distincta*). Tem pele lisa, membros longos com ventosas nas pontas dos dedos, que aderem à superfície em que tocam. É arborícola. Mede cerca de 6 cm de comprimento.

FABIO COLOMBINI

Sapo-cururu (*Rhinella marina*). Tem pele rugosa e glândulas de veneno nas laterais da cabeça. Quando comprimidas, essas glândulas soltam um líquido de gosto desagradável que faz com que o predador solte o sapo. Mede cerca de 16 cm de comprimento.

FABIO COLOMBINI

Cobra-cega (*Siphonops annulatus*). Tem olhos pequenos, cobertos de pele, que percebem o claro e o escuro. Possui um pequeno tentáculo perto do olho que ajuda a perceber o caminho pelas galerias do subsolo. Atinge 30 cm de comprimento.

PAULO BERNARDE

Bolitoglossa paraensis, espécie de salamandra do Brasil. Essa espécie não tem pulmões e a respiração ocorre pela pele. Mede cerca de 12 cm de comprimento.

Pista 1

Um dos principais objetivos dos zoológicos é a criação de animais ameaçados de extinção. Alguns deles têm projetos de reprodução de animais em cativeiro para depois reintroduzi-los no ambiente natural. Caso você já tenha visitado um zoo, responda: Nesses lugares, há informações sobre a dieta, o hábitat natural e a conservação dos animais expostos?

Anatomia dos anfíbios

Os sapos e as pererecas possuem a língua longa e recoberta por muco, adaptada para capturar suas presas. Os anfíbios possuem visão, audição (sem as orelhas externas, a membrana timpânica fica exposta), olfação (narinas), gustação (língua) e sensibilidade tátil (pele).

Seus pulmões são pouco desenvolvidos. A maior parte das trocas gasosas ocorrem através da pele que é muito vascularizada e úmida.

A reprodução dos anfíbios

Os anfíbios são **dioicos**. Geralmente, apresentam fecundação externa, que ocorre dentro ou muito próximo da água. No momento da fecundação, macho e fêmea se aproximam e liberam seus gametas.

Nos sapos, rãs e pererecas, os ovos fecundados têm todo seu desenvolvimento dentro da água. É nessa fase que, em alguns dias, se observa a metamorfose pela qual passa o embrião.

Dos ovos saem os embriões, com reservas nutritivas suficientes para suportar boa parte do desenvolvimento. Em poucas horas, os embriões são **girinos**, com uma grande cauda, sem pernas, parecendo peixes.

Os girinos respiram por meio de **brânquias**, mas conseguem respirar também por meio da pele. Após alguns dias de desenvolvimento, as pernas traseiras se desenvolvem, enquanto a cauda reduz em tamanho e surgem as pernas dianteiras. Finalmente, são sapos adultos. Diferentemente dos girinos, os sapos possuem pulmões e não brânquias.

FABIO COLOMBINI

Sequência da metamorfose da rã-touro (*Lithobates catesbeianus*): **1** – ovos (medem cerca de 2 mm de diâmetro), **2** – girinos ainda jovens (medindo 1 cm de comprimento), **3** – girino com as pernas traseiras desenvolvidas (cerca de 2 cm de comprimento) e **4** –girino com as quatro pernas desenvolvidas, ainda mantendo a cauda (mede 7 cm de comprimento).

RÉPTEIS

Os répteis são animais ectotérmicos e vivem nas regiões quentes da Terra. A pele coberta de escamas e placas resiste ao calor e às superfícies ásperas e cortantes.

A maioria das espécies alimenta-se de outros animais, embora existam tartarugas e lagartos herbívoros.

Há espécies com quatro pernas que permitem andar, correr, subir em árvores etc. Em outras, como as tartarugas, os membros formam nadadeiras. As serpentes não têm pernas e a maioria se desloca rente ao solo, com a movimentação das costelas e a aderência das escamas.

MARCOS AMEND/PULSAR IMAGENS

O sinimbu (*Iguana iguana*), das Américas. Muito ágil, sobe em cactos da Caatinga. Mede aproximadamente 1,5 m de comprimento.

PEDRO H. BERNARDO/FOLHAPRESS

A *Philodryas olfersii* é também conhecida por cobra-verde. É ágil ao subir e descer de árvores. Mede cerca de 1 m de comprimento.

FABIO COLOMBINI

A jararaca (*Bothrops moojeni*) rasteja no solo. Os indivíduos dessa espécie podem alcançar no máximo 1,6 m de comprimento. As jararacas são responsáveis por muitos acidentes.

WILD HORIZONS/UNIVERSAL IMAGES GROUP/LATINSTOCK

A tartaruga-de-pente (*Eretmochelys imbricata*) é uma espécie marinha. Mede de 70 cm a 85 cm de comprimento.

Adaptações aos ambientes secos

Os répteis apresentam diversas estruturas que permitem a sobrevivência em ambientes mais secos.

A pele seca é protegida por escamas ou placas que ajudam a evitar a perda excessiva de água. Os pulmões são mais eficientes nas trocas gasosas e o coração, no bombeamento do sangue.

Os ovos com casca foram outra característica importante na conquista do ambiente terrestre. A casca protege os embriões da desidratação. A fecundação acontece dentro do corpo da fêmea (fecundação interna) e não mais na água, como nos anfíbios.

Anatomia interna dos répteis

Para explicar a anatomia dos répteis, utilizaremos como exemplo a estrutura interna dos lagartos.

Representação esquemática da anatomia interna de um lagarto. Cores fantasia. Elementos fora de escala de tamanho e de proporção.

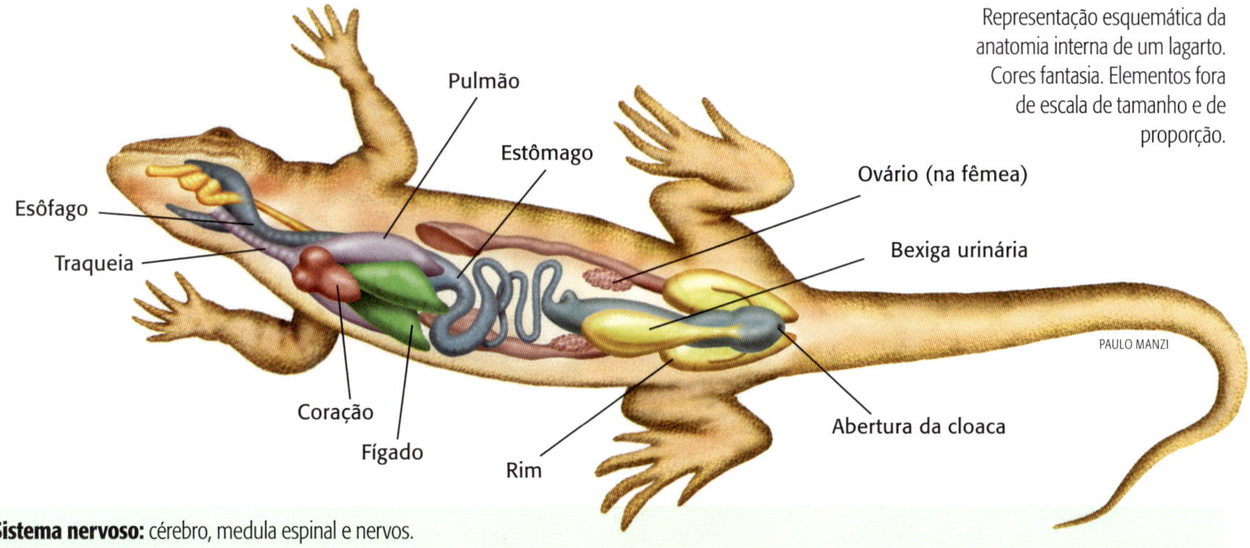

Sistema nervoso: cérebro, medula espinal e nervos.
Sistema circulatório: coração com quatro câmaras.
Sistema respiratório: o ar entra pelas narinas e pela boca e percorre a traqueia até os pulmões.
Sistema esquelético: esqueleto ósseo, com cartilagem nas articulações.
Sistema excretor: urina concentrada, o que diminui a perda de água, permitindo passar mais tempo longe da água.
Integração de sistemas: o cérebro, combinado com o sistema muscular, e o esqueleto ósseo fazem dos répteis animais adaptados a suportar o peso do corpo fora da água e a locomover-se com facilidade.

Reprodução

Nos répteis, a fecundação é interna. O macho possui um pênis, que introduz na cloaca da fêmea, onde lança os espermatozoides. Os ovos fecundados desenvolvem embriões que, ao nascerem, já são muito semelhantes aos adultos.

Cloaca: câmara interna e posterior do corpo de peixes cartilaginosos, répteis e aves, constituindo a parte final de três sistemas: digestório, excretor e reprodutor.

Os ovos dos répteis possuem uma casca dura, enriquecida com sais de cálcio. Embora aparentemente impermeável, a casca possui poros, que permitem a passagem dos gases indispensáveis para a respiração do embrião. Abaixo da casca existe uma membrana, o **córion**, que envolve o embrião. O **âmnio** é uma membrana que envolve o embrião protegendo-o contra choques mecânicos; é uma bolsa preenchida com líquido. A **clara** (ou albúmen) fornece água e a **gema** fornece alimento ao embrião. Durante o tempo que o embrião passar dentro do ovo, produzirá resíduos que se acumularão no **alantoide**.

A maioria dos répteis é ovípara, isto é, põe os ovos pouco tempo após a fecundação. Outras espécies são ovovivíparas, o que significa que retêm os ovos dentro do corpo, incubando-os. Os ovos de répteis costumam ser grandes e poucos em cada ninhada.

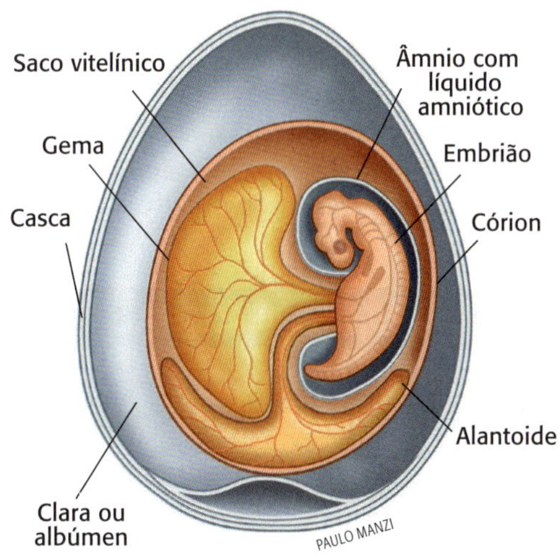

Representação esquemática de um ovo de réptil em corte. Cores fantasia. Elementos fora de escala de tamanho e de proporção.

Algumas ordens de répteis

Crocodilianos

Os crocodilianos são os crocodilos e os jacarés. Têm o corpo coberto por escamas queratinizadas. Abaixo delas, há placas ósseas. Esse conjunto protege esses animais contra dessecação e ferimentos.

São animais carnívoros e vivem próximo de rios ou lagos. Precisam vir à tona de tempos em tempos para respirar.

No Brasil, os jacarés já foram muito ameaçados pela caça. Atualmente, o maior problema é a alteração no regime de chuvas nas áreas de ocorrência desses animais. O jacaré necessita de água na época reprodutiva e sua escassez afeta a sobrevivência dos filhotes.

FABIO COLOMBINI

Jacaré-do-pantanal (*Caiman crocodylus yacare*) comendo piranha. Quando os jacarés são caçados, o que é ilegal, as piranhas aumentam muito em número. Mede cerca de 2,5 m de comprimento.

Quelônios

Os quelônios são representados pelas tartarugas (encontradas em ambientes aquáticos), cágados (alternam a vida em ambiente terrestre e aquático) e jabutis (de hábitos terrestres). Há espécies herbívoras, carnívoras e onívoras. Têm carapaça óssea coberta por queratina, o que lhes confere proteção. São ovíparos e respiram por pulmões.

FABIO COLOMBINI

Cágado-de-barbelas ou cágado-cinza (*Phrynops hilarii*). Encontrado no Rio Grande do Sul, na Argentina e no Uruguai. Mede cerca de 40 cm de comprimento.

ANDRÉ SEALE/PULSAR IMAGENS

Tartaruga-verde ou aruanã (*Chelonia mydas*). Vive no Oceano Atlântico e põe ovos no litoral do nordeste brasileiro. Atinge 1 m de comprimento.

NÃO DEIXE DE ACESSAR

- **Projeto Tamar**
  No *site* do Projeto Tamar você encontra informações sobre as tartarugas marinhas.
  http://www.tamar.org.br/index.php
  Acesso em: 20 fev. 2015.

NÃO DEIXE DE ASSISTIR

Assista a um vídeo a respeito do jacaré-açu, a maior espécie de jacaré.
http://globotv.globo.com/rede-globo/globo-natureza/v/abc-da-amazonia-jacare-acu/999270/
Acesso em: 20 fev. 2015.

Lagartos e serpentes

Na ordem Squamata, ou répteis escamados, incluem-se os **lacertílios** e os **ofídios**. Entre os lacertílios, os mais conhecidos são os lagartos, as lagartixas e os camaleões. Eles alimentam-se de insetos e de outros pequenos animais. Algumas espécies são herbívoras.

No grupo dos ofídios, estão as serpentes. São animais ápodes, ou seja, sem pernas. Têm o corpo coberto por escamas. Além disso, são carnívoras e, em todas as serpentes, é notável a capacidade de engolir presas inteiras.

Existem serpentes de poucos centímetros de comprimento, mas algumas espécies podem atingir mais de dez metros, como a sucuri do Pantanal e a jiboia da Amazônia. Nos países de língua espanhola, a sucuri é conhecida popularmente como anaconda.

NÃO DEIXE DE ACESSAR

- **Instituto Butantan**
  No *site* do Instituto Butantan, de São Paulo, você pode saber mais sobre animais peçonhentos: quem são, onde vivem, como evitá-los e o que fazer em caso de acidente.
  www.butantan.gov.br/home/
  Acesso em: 20 fev. 2015.

DELFIM MARTINS/PULSAR IMAGENS

Teiu (*Tupinambis teguixim*), animal onívoro que vive na América Latina. Mede 1,4 m de comprimento. Fotografia tirada no Parque Nacional das Emas, no município de Mineiros (GO).

FABIO COLOMBINI

Cascavel (*Crotalus durissus*), mede até cerca de 1,5 m. Vive em regiões de Cerrado e semiáridas da América do Sul e da América Central. A cascavel possui um guizo na cauda que é utilizado em situações de ameaça e alerta.

SAIBA MAIS

Serpentes peçonhentas

Os animais peçonhentos são aqueles que possuem veneno e conseguem injetá-lo na presa ou predador. Entre eles, estão serpentes, escorpiões e aranhas.

No Brasil, as serpentes que mais causam acidentes pertencem aos gêneros *Bothrops* (jararaca, jararacuçu, urutu-cruzeiro), *Crotalus* (cascavel), *Lachesis* (surucucu ou surucucu-pico-de-jaca), *Micrurus* e *Leptomicrurus* (coral-verdadeira).

Entre as medidas para prevenir os acidentes ofídicos estão: usar botas de cano alto ao andar em matas, acondicionar lixo em lugares fechados (o lixo atrai roedores, que são presas de serpentes) e usar luvas ao manipular lixo e entulho.

Fonte de pesquisa: Disponível em: <http://www.saude.sp.gov.br/resources/ses/perfil/cidadao/temas-de-saude/animais_peconhentos.pdf>. Acesso em: 20 fev. 2015.

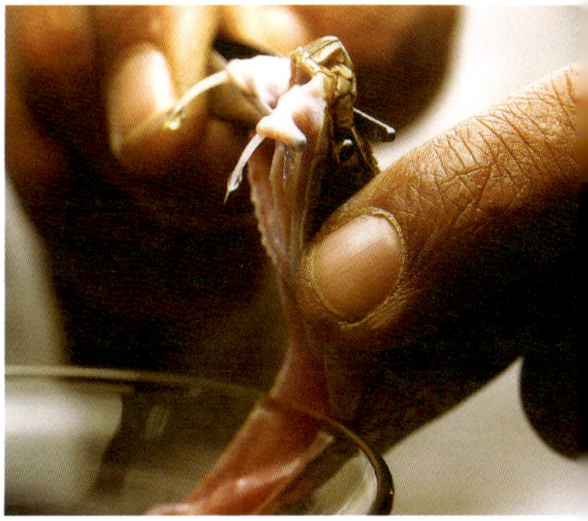

Extração de veneno de jararaca (*Bothrops* sp.) para a produção de soro antiofídico. Instituto Butantan, São Paulo (SP).

FABIO COLOMBINI

Para pensar

- Você conhece alguém que já sofreu algum acidente com serpente? Você sabe como ocorreu? Pergunte a um adulto de sua família.

SAIBA MAIS

O sertão já foi mar

"A Chapada do Araripe se situa entre os estados do Ceará, Pernambuco e Piauí. Forma um planalto com uma extensão leste-oeste de 160 quilômetros e [...] é parte de uma área bem maior: a bacia do Araripe, que engloba alguns dos principais depósitos de fósseis do Brasil. [...]

[Na] Bacia do Araripe [...] [existiam lagos] de água doce [...] há 115 milhões de anos. Com o passar do tempo, gradativamente houve um avanço do mar para o continente até que em torno de 110 milhões de anos se instalou na região uma laguna de água salgada [...]. Nesta laguna se desenvolveram vários organismos, como peixes, pterossauros e dinossauros. Por último, também a laguna desapareceu, sendo instalado na região um sistema de rios (fluvial) que deu origem às rochas que formam a Chapada do Araripe propriamente dita. Nas escarpas dessa chapada são encontrados os fósseis.

Estas mudanças de ambientes ao longo de centenas e milhões de anos são comuns na natureza e se devem a diversos processos geológicos que modificam a superfície do nosso planeta. Assim, regiões que estavam debaixo de água – como era a Bacia do Araripe há milhões de anos – podem, com o passar do tempo, serem soerguidas, ficando expostas. Dessa forma o sertão já foi mar, o que pode ser evidenciado pelas centenas de fósseis, sobretudo peixes, encontrados nos dias de hoje em cidades como Santana do Cariri, Porteiras, Araripina e Crato."

Disponível em: <http://www.museunacional.ufrj.br/exposicoes/paleontologia/acervo/dinossauros-no-sertao>. Acesso em: 26 fev. 2015.

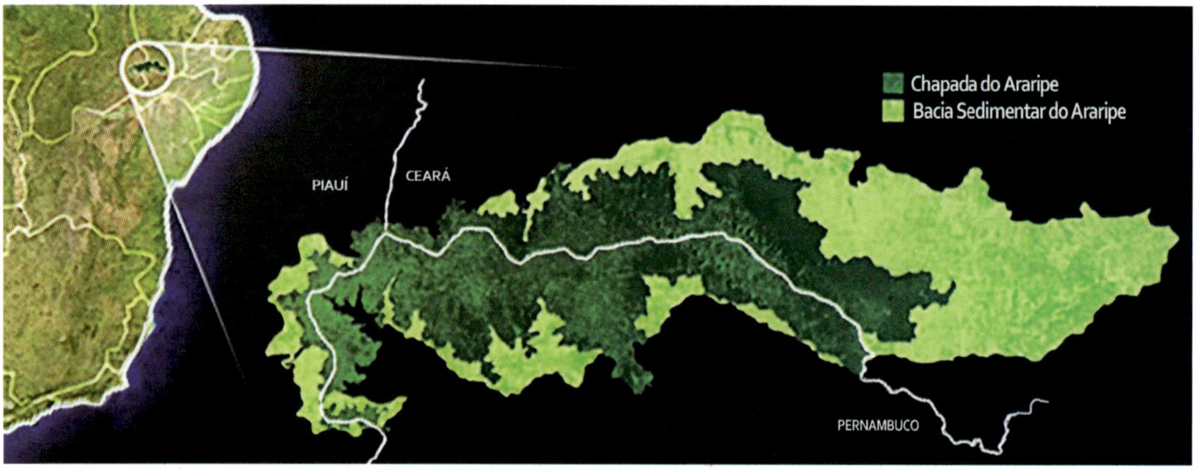

MUSEU NACIONAL/UFRJ

Representação da localização da Bacia do Araripe, no sertão do Pernambuco, Ceará e Piauí.

FABIO COLOMBINI

Fóssil de peixe ósseo (*Cladocyclus gardneri*) com tamanho aproximado de 20 cm, encontrado na Chapada do Araripe (CE). Pode ter aproximadamente 110 milhões de anos.

FABIO COLOMBINI

Fóssil de dinossauro (*Santanaraptor placidus*) de 1,25 m, encontrado na Chapada do Araripe (CE).

O superjacaré da Amazônia

"O *Purussaurus brasiliensis* está extinto há 8 milhões de anos [...]. O antepassado do jacaré, que viveu na região da Amazônia no período mioceno, foi descoberto em 1892, pelo cientista e aventureiro brasileiro Barbosa Rodrigues. Mas [...] uma equipe de pesquisadores brasileiros pela primeira vez fez estimativas detalhadas de suas dimensões e de sua fisiologia. A principal revelação foi a de que a mordida do *Purussaurus* era duas vezes mais forte que a do Tiranossauro Rex, o mais notório dos dinossauros. [...]

Segundo Aline Ghilardi, paleontóloga da Universidade Federal do Rio de Janeiro, o *Purussaurus* precisava de uma imensa quantidade de comida para sustentar o corpanzil que podia passar dos 12 metros de comprimento. Ela e seus colegas calcularam que o jacaré pré-histórico precisava comer uma média de 40 kg de carne diariamente para sobreviver. [...] "O mioceno foi uma era marcada por grandes mamíferos na região da Amazônia. Havia preguiças de cinco metros, por exemplo. Isso era perfeito para o *Purussarus*", conta Ghilardi.

O jacaré pré-histórico podia chegar a 12 metros de comprimento e pesar até oito toneladas. O *Purussaurus* viveu há 8 milhões de anos, mais de 50 milhões depois da extinção do tiranossauro. [...]. Na Amazônia miocênica, o *Purussaurus* era o rei da selva – ou melhor, do pântano.

Mas um fenômeno geológico seria fatal para o jacaré pré-histórico: o surgimento da Cordilheira dos Andes, que teve um impacto profundo no meio ambiente do continente inteiro [...]. As mudanças extinguiram diversas espécies e tornaram a vida do *Purussaurus brasiliensis* extremante complicada. "A constante subida dos Andes e a mudança do sistema amazônico de pântanos para os sistemas de rios que temos hoje reduziu muito a área para esses animais gigantes viverem. Ao reduzir também o número de presas, causou rapidamente a extinção dos superjacarés amazônicos. [...]"

Fernando Duarte. Disponível em: <http://www.bbc.co.uk/portuguese/noticias/2015/02/150226_dinossauro_brasileiro_curiosidades_fd>. Acesso em: 26 fev. 2015.

Corpanzil: corpo grande, forte, volumoso.

Representação artística do superjacaré da Amazônia.

TITO AURELIANO

Para pensar

1. Nesta seção, foram mencionados dois biomas brasileiros: a Caatinga e a Amazônia; no entanto, esses ambientes eram muito diferentes. Quais foram as mudanças que ocorreram nas áreas em que hoje estão a Caatinga e a Amazônia?

2. As mudanças ambientais levaram à extinção de algumas espécies de animais. Como ocorreu a extinção do superjacaré da Amazônia?

teia do saber

1. O ambiente aquático é bastante diferente do terrestre. Cite três adaptações ao ambiente aquático que podem ser observadas nos peixes.

2. Qual é a função da bexiga natatória?

3. Cite duas características que distinguem peixes ósseos de peixes cartilaginosos.

4. Observe as ilustrações e, depois, responda à questão.

Representação esquemática de trocas gasosas em peixes ósseos. Cores fantasia. Elementos fora de escala de tamanho e de proporção.

Representação esquemática de trocas gasosas em peixes cartilaginosos. Cores fantasia. Elementos fora de escala de tamanho e de proporção.

- Descreva resumidamente como ocorrem as trocas gasosas nos peixes ósseos e nos cartilaginosos.

5. Qual é a principal função da orelha interna dos peixes?

6. Leia o texto, observe a fotografia e responda às questões.

A piracema é um fenômeno no qual os peixes nadam contra a correnteza, até a nascente do rio, para a desova. Nesse período a pesca é proibida.

Salmão nadando contra correnteza para a desova. Esse peixe mede cerca de 80 cm de comprimento do corpo.

a. Por que a pesca dos peixes em período de reprodução é proibida?

b. Pesquise e responda: Por que os peixes vão até as nascentes dos rios para a desova?

7. Que adaptações foram fundamentais para que os anfíbios ocupassem o ambiente terrestre na vida adulta?

8. Observe a ilustração e responda às questões.

CICLO DE VIDA DE UMA RÃ

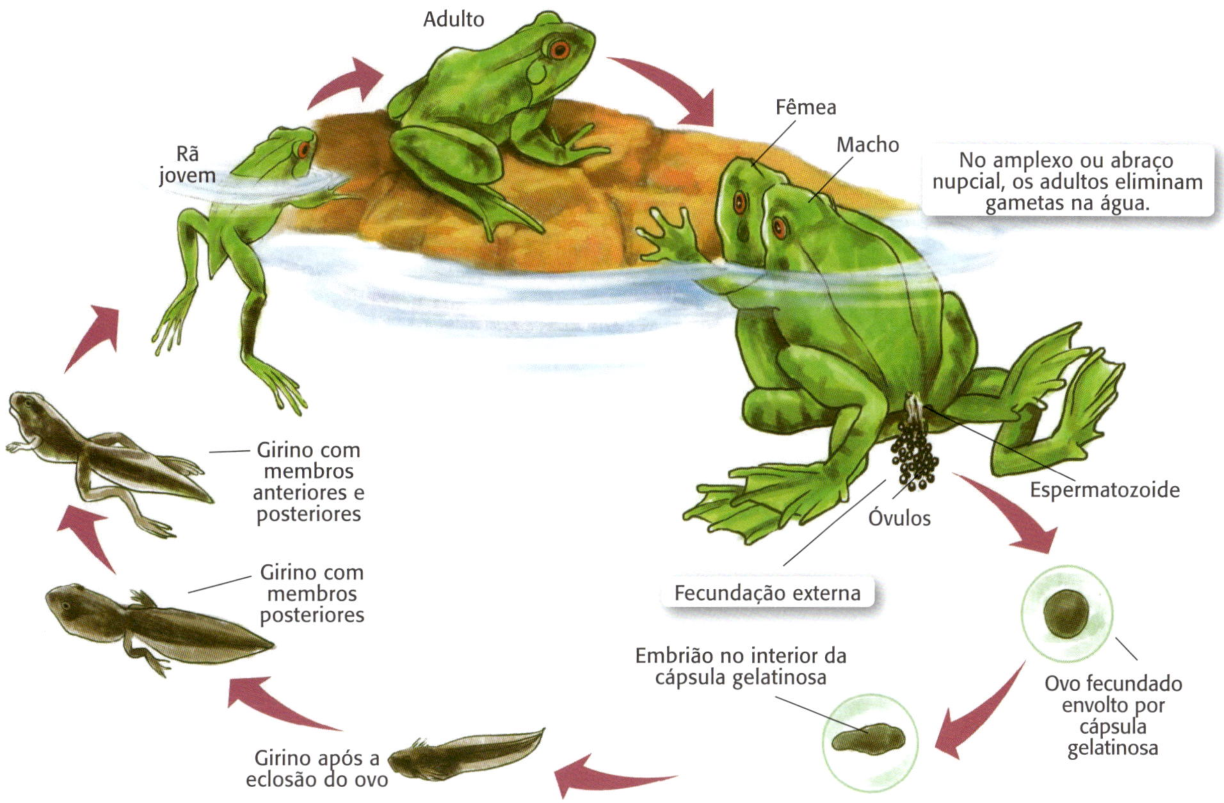

Representação esquemática de reprodução de rãs. Cores fantasia. Elementos fora de escala de tamanho e de proporção.

Fonte: STORER, T. et al. *Zoologia geral*. São Paulo: Companhia Editora Nacional, 2000.

a. Com base no que você aprendeu e no esquema, elabore um pequeno texto descrevendo o ciclo de vida de uma rã.

b. Quais são as principais diferenças entre os girinos e as rãs adultas?

9. Observe os dois anuros e responda às questões.

Rã, mede cerca de 10 cm de comprimento.

Perereca, mede cerca de 5 cm de comprimento.

- Compare os membros anteriores e posteriores desses dois animais. Quais são as principais diferenças? Como essas diferenças refletem em seus modos de vida?

10. Leia o texto e responda às questões.

Sapo-cururu vira praga na Austrália

Em 1935 o [...] sapo-cururu [*Rhinella marina*] foi introduzido na Austrália como controlador biológico de duas espécies de besouros que causavam sérios danos às lavouras de cana-de-açúcar. O projeto não foi bem feito e resultou em fracasso no controle biológico, mas o clima favorável e a existência de poucos predadores naturais transformou esta espécie introduzida em uma praga. Por ser venenoso, algumas espécies de lagartos e cobras que dele se alimentam têm apresentado acentuado declínio de suas populações em determinadas áreas.

João Paulo Capobianco. *Sapo-cururu vira praga na Austrália.* Disponível em:<http://www.brazil.guide.com.br/port/meioamb/biodiv/extincao/cururu/index.php>. Acesso em: 20 fev. 2015.

ARTUR KEUNECKE/PULSAR IMAGENS

Sapo-cururu (*Rhinella marina*) na Chapada dos Guimarães (MT). Mede cerca de 16 cm de comprimento.

a. Por que o sapo-cururu passou a ser considerado uma praga na Austrália?

b. Por que algumas espécies têm apresentado acentuado declínio em suas populações (ou seja, o número de indivíduos da espécie diminuiu bastante)?

c. O sapo-cururu é peçonhento?

d. Faça uma pesquisa e responda: O que é controle biológico?

11. A cobra-cega é um anfíbio que não vive na água, mas está sempre enterrado no solo. Por que elas vivem desse modo?

12. A endotermia em mamíferos e aves trouxe muitos benefícios, como manter o alto metabolismo mesmo em temperaturas baixas. Essa aparente vantagem acarreta uma demanda energética maior que os levam a se alimentar mais vezes para suprir suas necessidades energéticas. Já os ectotermos como répteis, anuros e peixes conseguem alimentar-se com menor frequência e a maior parte da alimentação é direcionada para formação de biomassa, ou seja, para o crescimento, regulando seu metabolismo apenas com o calor do meio ambiente.

Veja essa foto de um jacaré tomando sol na beira do rio. Qual seria a necessidade deste comportamento? A distribuição dos animais ectotérmicos terrestes ocorre principalmente nas regiões tropicais do planeta. Qual a possível razão que explicaria este padrão de distribuição?

Na fotografia, jacaré-do-pantanal. Mede cerca de 2,5 m de comprimento.

GERSON GERLOFF/PULSAR IMAGENS

13. Classifique os répteis das fotografias em um destes grupos: quelônio, escamado ou crocodiliano.

JOE MCDONALD/CORBIS/LATINSTOCK

Jiboia (*Boa constrictor*). Mede cerca de 2,5 m de comprimento.

E. R. DEGGINGER/LATINSTOCK

Gavial (*Gavialis gangeticus*). Mede cerca de 5,5 m de comprimento.

DU ZUPPANI/PULSAR IMAGENS

Jabuti (*Geochelone carbonaria*). Mede 45 cm de comprimento.

FABIO COLOMBINI

Lagartixa (*Hemidactylus mabouia*). Mede até 11 cm de comprimento.

ADRIAN WARREN/ARDEA/DIOMEDIA

Dragão-de-komodo (*Varanus komodoensis*). Mede cerca de 2,5 m de comprimento.

FABIO COLOMBINI

Cágado (*Bufocephata vanderhaegei*). Atinge 30 cm de diâmetro de carapaça.

14. Leia o texto e responda às questões.

As tartarugas depositam centenas de ovos em ninhos que elas cavam na areia, longe da arrebentação das ondas da praia. Os ovos são cobertos com areia, e as tartarugas retornam para o mar. A temperatura em que os ovos são chocados determina o sexo das tartarugas: em temperaturas mais altas há maior incidência de fêmeas, em temperaturas mais baixas há maior incidência de machos. O tempo de incubação dos ovos pode variar de 40 a 60 dias, dependendo da espécie. Após esse período, os filhotes emergem até a areia e seguem em direção ao mar.

CARLOS DELAGUSTA/TYBA

Filhotes recém-nascidos de tartaruga-de--couro ou tartaruga-gigante (*Dermochelys coriacea)* caminhando em direção ao mar. Essas tartarugas, quando adultas, atingem cerca de 1,5 m de comprimento. Bahia, 2012.

a. De acordo com o texto, como o sexo dos filhotes é deteminado?

b. Faça uma pesquisa e responda às questões:

- Quais são os perigos a que os ovos estão sujeitos durante o período de incubação?
- Que perigos ameaçam as tartarugas em seu caminho até o mar?
- Relacione essas informações ao fato de as tartarugas botarem uma grande quantidade de ovos.

12 Vertebrados: dispersão pela natureza

As imagens a seguir mostram o registro fóssil e a reconstituição artística de um animal chamado arqueópterix. Esse animal viveu no período Jurássico (de 150 a 148 milhões de anos atrás), onde hoje é o sul da Alemanha.

HERVE CONGE, ISM/PHOTOTAKE/GLOW IMAGES

Fóssil de arqueópterix (do grego: *archâios* = arcaico, antigo), encontrado na Alemanha, em 1860. Repare nas marcas deixadas pelas penas ao redor dos ossos (em preto). A cabeça está no alto, no centro. Esse animal tinha aproximadamente 1 m de comprimento.

O arqueópterix é considerado por muitos cientistas a ave mais antiga de que se tem notícia.

Acredita-se que pela forma do corpo e pelo seu tamanho, seus voos eram limitados a alguns metros.

No grupo das aves, as asas evoluíram ao longo do tempo, com o aparecimento de ossos mais leves, musculatura forte nos membros anteriores e presença de penas. Atualmente existem aves capazes de voar quilômetros de distância, enquanto outras voam a velocidades incríveis ou são capazes de planar com as correntes de ar.

Representação artística do arqueópterix feita com base em estudos dos fósseis. O animal apresentava um bico com dentes, garras nos membros superiores e inferiores. Cores fantasia.

SPL/LATINSTOCK

BATE-PAPO

1. O arqueópterix tinha características de aves. Analisando o texto e as imagens, aponte essas características.

2. A capacidade de voar trouxe vantagens para as aves. Com seus colegas, listem algumas delas.

Origem das aves

Há aproximadamente 160 milhões de anos, surgiu na Terra um novo grupo de animais: as aves. Registros fósseis mostram que as aves e os répteis atuais possuem um ancestral em comum exclusivo.

Os registros fósseis mostram uma grande variedade de espécies. Muitas espécies desapareceram; outras, porém, originaram as espécies de aves conhecidas hoje.

Atualmente, as aves apresentam tamanhos, cores e formas variados e habitam os mais diversos locais da Terra. O Brasil abriga 1900 das 10000 espécies de aves catalogadas no mundo.

SPL/LATINSTOCK

Espécie extinta de pinguim-gigante, com cerca de 1,5 m de altura, viveu há 36 milhões de anos. Essa espécie era maior do que o pinguim-imperador, que habita o Polo Sul e mede cerca de 1,2 m de altura.

Origem dos mamíferos

Descendentes de um pequeno mamífero ancestral, que surgiu há aproximadamente 300 milhões de anos, os mamíferos diversificaram-se em muitas formas e tamanhos, que ocuparam grande variedade de ambientes da Terra.

Os mamíferos evoluíram paralelamente aos répteis e aves, e têm com eles um ancestral comum ovíparo. Hoje em dia, apenas os monotremados (ornitorrinco e equidina) colocam ovos, os demais mamíferos são vivíparos.

NATURAL HISTORY MUSEU/DIOMEDIA

Representação artística do *Pakicetus*, um mamífero pré-histórico extinto que viveu há aproximadamente 40 milhões de anos, feita com base em estudo de fósseis. Acredita-se que esse mamífero media entre 1 e 2 m de comprimento.

Pista 2

Muitas pessoas são contra a existência de zoológicos. O principal argumento usado é que, nesses locais, os animais são confinados em espaços artificiais para o entretenimento humano. Você acha que os recintos dos zoológicos são adequados para os animais? Pense em questões como: tamanho dos recintos, alimentação dada aos animais, proximidade com as pessoas etc.

AVES

As aves possuem **esqueleto interno**, em sua maioria, composto de ossos porosos – o que as torna leves –, músculos peitorais desenvolvidos e forma aerodinâmica do corpo, que lhes permite voar. Apresentam duas pernas e possuem o corpo coberto de penas.

Forma aerodinâmica: forma do corpo que permite deslocar-se no ar com menor esforço, pois o ar oferece menor resistência.

Apesar de todas as aves terem asas, algumas espécies não voam ou voam pouco.

As aves são **endotérmicas**, ou seja, mantêm a temperatura corporal relativamente constante. Apenas as aves e os mamíferos têm essa capacidade. As penas formam uma camada de ar que isola a ave do ambiente. No frio, eriçam a plumagem, o que aumenta a espessura da camada isolante de ar entre as penas.

Não possuem glândulas espalhadas pela superfície do corpo. Apresentam apenas uma grande glândula, a **uropigeana**, situada sobre a cauda, que produz um óleo viscoso, que elas espalham nas penas com o bico, tornando-as impermeáveis. Quando chove, as penas continuam secas.

TOM MCHUGH/PHOTO RESEARCHERS/DIOMEDIA

O quivi (*Apteryx australis*), ave símbolo da Nova Zelândia, não voa, tem asas muito reduzidas. Mede cerca de 60 cm.

DARRELL GULIN/CORBIS/LATINSTOCK

Colhereiro (*Platalea ajaja*) voando sobre a cidade de Miranda, MS. A maioria das aves é capaz de voar. Essa espécie mede cerca de 80 cm de altura.

PALÊ ZUPPANI/PULSAR IMAGENS

Os pinguins gentoo (*Pygoscelis papua*) não voam e andam com dificuldade, mas suas asas funcionam como nadadeiras na água, facilitando a natação. Medem cerca de 70 cm de altura.

TRÁFICO DE ANIMAIS SILVESTRES!

Segundo a legislação brasileira é proibido comprar, vender e criar qualquer tipo de animal silvestre sem autorização do Instituto Brasileiro do Meio Ambiente e Recursos Naturais Renováveis (Ibama). Adquirir animal silvestre de traficantes de animais, em estradas, depósitos, feiras livres ou por meio de encomendas é considerado crime, sujeito a multa e reclusão.

Digestão

O alimento engolido por uma ave passa pela faringe, depois pelo esôfago e se deposita no **papo**, um saco membranoso, onde o alimento fica armazenado e é amolecido. Depois, segue para o estômago, que é dividido em dois compartimentos: o **proventrículo** e a **moela**.

A moela é um órgão de paredes grossas e musculosas, onde o alimento é triturado. As enzimas do proventrículo realizam a digestão química. O alimento digerido segue para o intestino delgado: os nutrientes passam para o sangue e a parte não digerida forma as fezes, que seguem para a cloaca. A **cloaca** é a cavidade terminal dos sistemas digestório excretor e reprodutor das aves.

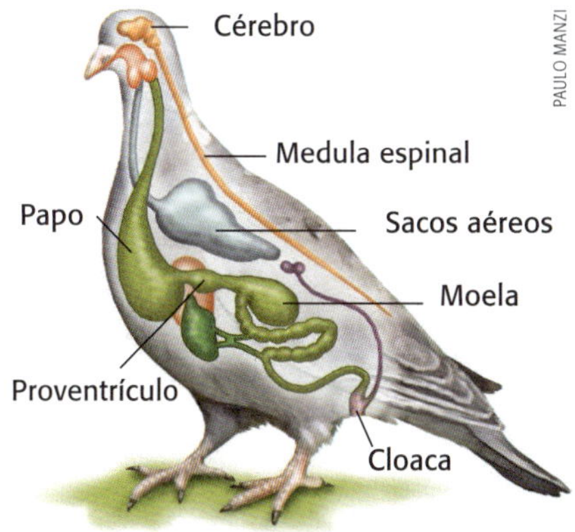

Representação esquemática da anatomia interna de uma ave: o pombo. Cores fantasia. Elementos fora de escala de tamanho e de proporção.

Fonte: STORER, T. et al. *Zoologia geral*. São Paulo: Companhia Editora Nacional, 2000.

Circulação e excreção

Nas aves, o **sangue venoso** (rico em gás carbônico) não se mistura com o **sangue arterial** (rico em gás oxigênio).

A excreção inicia-se nos rins, onde se forma a urina, que é pastosa, rica em ácido úrico e excretada com as fezes. As aves não possuem bexiga urinária. Essa adaptação resultou em diminuição de peso, que é vantajosa para o mecanismo de voo.

Trocas gasosas

Os pulmões das aves têm **sacos aéreos** que se enchem e se esvaziam com os movimentos de inspiração e expiração. Os sacos aéreos aumentam o fluxo de ar no organismo, auxiliam na refrigeração e ajudam a tornar a ave "mais leve". As trocas gasosas ocorrem nos pulmões.

Reprodução

As aves têm sexos separados e a fecundação é interna. As fêmeas põem os ovos nos ninhos, que podem ser construídos com gravetos, grama, pelos, penas, barro etc.

O ovo das aves é semelhante ao dos répteis (contém estruturas que permitem o desenvolvimento do embrião em meio terrestre).

Depois do nascimento, geralmente a fêmea alimenta os filhotes e protege-os contra o ataque de predadores.

O canto das aves costuma ser mais desenvolvido nos machos e é utilizado tanto para atrair as fêmeas como para delimitar seu território.

Em muitas espécies, os machos têm plumagem mais vistosa. As fêmeas, com coloração mais discreta, têm menos chances de serem percebidas por predadores no período de incubação dos ovos e cuidado dos filhotes.

O tangará-dançarino (*Chiroxiphia caudata*) é uma espécie da Mata Atlântica. O macho é azul, mais vistoso, e a fêmea é esverdeada. Essas aves medem em média 13 cm.

FOTOGRAFIAS: FABIO COLOMBINI

Adaptações dos pés e dos bicos

Os pés das aves apresentam diferentes formas que estão adaptadas ao seu modo de vida. São adaptações evolutivas que foram selecionadas e que permitiram a sobrevivência destes organismos até os dias de hoje.

ALAMY/KELLY JETT/DIOMEDIA

Os pés do pato, com membranas entre os dedos, facilitam seu deslocamento na água.

THINKSTOCK/GETTY IMAGES

Os pés da águia, fortes e com garras, capturam e carregam a presa em pleno voo.

As aves não têm dentes. Para se alimentar, utilizam o bico. Há vários tipos de bicos, que refletem o hábito alimentar de cada espécie. A língua auxilia na deglutição do alimento. A trituração do alimento ocorre na moela.

FABIO COLOMBINI

O bico longo e estreito da garça-branca (*Egretta alba*) auxilia na captura de peixes dentro da água. Essa ave mede cerca de 1 m de altura e suas asas atingem 1,5 m de envergadura.

FABIO COLOMBINI

O gavião-de-rabo-branco (*Buteo albicaudatus*) possui bico encurvado (em forma de gancho) e afiado, que corta e rasga a carne de animais que foram capturados e são muito grandes para serem engolidos inteiros. Esse animal atinge cerca de 50 cm de comprimento.

FIQUE DE OLHO

O pelicano (*Pelecanus occidentalis*), ave que vive na costa da Califórnia, nos Estados Unidos, tem uma grande bolsa na parte de baixo do bico. Essa ave se alimenta de peixes, anfíbios e crustáceos.

- Qual pode ser a função dessa bolsa?

SPECIALIST STOCK/CORBIS/LATINSTOCK

Pelicano-pardo (*Pelecanus occidentalis*) alimentando-se de peixe. Essa ave mede cerca de 1 m de comprimento.

Algumas ordens de aves

Muito frequentemente se empregam os termos ave e pássaro como sinônimos. Porém pássaros são apenas as aves da ordem Passeriformes, como andorinha, araponga, bem-te-vi, corruíra, gralha, joão-de-barro e sabiá-laranjeira. A ordem Passeriformes compreende cerca de 5400 espécies, aproximadamente metade de todas as espécies de aves existentes no planeta. As aves de outras ordens, que incluem pinguins, emas, tucanos, pelicanos e patos, não são consideradas pássaros. Portanto, todos os pássaros são aves, embora nem toda ave seja um pássaro. Há diversas ordens de aves. As imagens a seguir apresentam alguns exemplos.

PAULO FRIDMAN/PULSAR IMAGENS

Ema (ordem Rheiformes). São as maiores e mais pesadas aves brasileiras, podendo medir até 1,50 m de altura e pesar até 34 kg.

DELFIM MARTINS/PULSAR IMAGENS

Arara-canindé (ordem Psitaciformes). Possui bico preto e plumagem caracterizada principalmente pelo azul das asas e pelo amarelo do ventre, podendo atingir até 80 cm de comprimento. Pode ser encontrada desde a América Central até o sudeste do Brasil, na Bolívia e no Paraguai.

JOÃO PRUDENTE/PULSAR IMAGENS

Harpia (ordem Falconiformes). O macho possui em média 60 cm de altura e pesa de 4,8 kg a 6 kg; a fêmea pode chegar a 90 cm de altura e peso aproximado de 7,5 kg a 9 kg, com envergadura da asa de até 2 m.

DANIEL AUGUSTO JR/PULSAR IMAGENS

Saíra-verde (*Chlorophanes spiza*), representante da ordem Passeriformes. Mede aproximadamente 13 cm de comprimento.

EDSON GRANDISOLI/PULSAR IMAGENS

Beija-flor (ordem Apodiformes). São as menores aves do mundo. O menor deles, o beija-flor-abelha, é encontrado em Cuba. Mede cerca de 5 cm de comprimento, sendo metade desse tamanho correspondente ao bico e à cauda; pesa em média 6 g.

MAMÍFEROS

Os mamíferos (classe **Mammalia**) são endotérmicos, têm pelos recobrindo o corpo em ao menos uma fase da vida e glândulas mamárias (ainda que diminutas em algumas espécies), que produzem leite para a alimentação dos filhotes. A maior parte dos mamíferos é terrestre.

A pele

A pele dos mamíferos é constituída por duas camadas distintas de tecidos: a epiderme e a derme.

A camada mais superficial é a **epiderme**, quase toda formada de **queratina**, proteína que constitui estruturas como o cabelo, as unhas e os cascos.

Na **derme**, situam-se as **glândulas sudoríferas**, que produzem o **suor**, auxiliando na diminuição da temperatura corporal, e as **glândulas sebáceas**, que produzem o **sebo**, substância oleosa que impermeabiliza e lubrifica os pelos e a pele, proporcionando-lhes elasticidade.

Na derme há células especializadas na percepção de calor, frio, pressão, dor. Uma das principais características que distinguem os mamíferos dos outros vertebrados é a presença de **pelos**, que têm origem na derme e a função de isolante térmico.

A **tela subcutânea** é uma camada de gordura que fica abaixo da derme.

ESTRUTURA DA PELE HUMANA

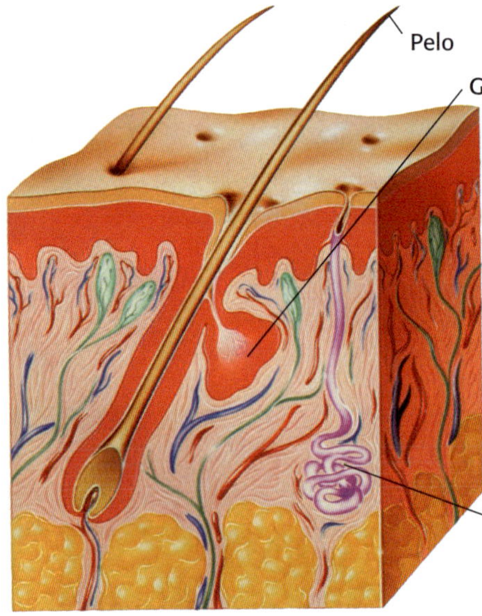

Representação esquemática da pele de um ser humano vista em corte transversal. Cores fantasia. Elementos fora de escala de tamanho e de proporção.

Reprodução

Nos mamíferos, a fecundação é interna e a maioria dos filhotes tem seu desenvolvimento completo dentro do útero da fêmea, onde ficam protegidos.

Outra importante característica dos mamíferos é a presença de glândulas mamárias, que nas fêmeas produzem o leite logo após o nascimento dos filhotes, que são amamentados pela mãe ao nascer.

THINKSTOCK/GETTY IMAGES

O leite materno é rico em nutrientes e garante a sobrevivência e a saúde dos descendentes.

Sistema circulatório

Como nos outros vertebrados, a circulação nos mamíferos é fechada. O coração, assim como nas aves, é dividido em duas partes, impedindo o sangue arterial de se misturar ao sangue venoso.

Sistema respiratório

Os mamíferos respiram por meio de pulmões. Mesmo os de vida aquática têm que ir à superfície para respirar. Para que o ar entre e saia dos pulmões, é necessário que eles tenham seu volume aumentado e diminuído continuamente. O enchimento e o esvaziamento dos pulmões é possível pela movimentação dos músculos das costelas e do diafragma.

ANATOMIA INTERNA DO GATO

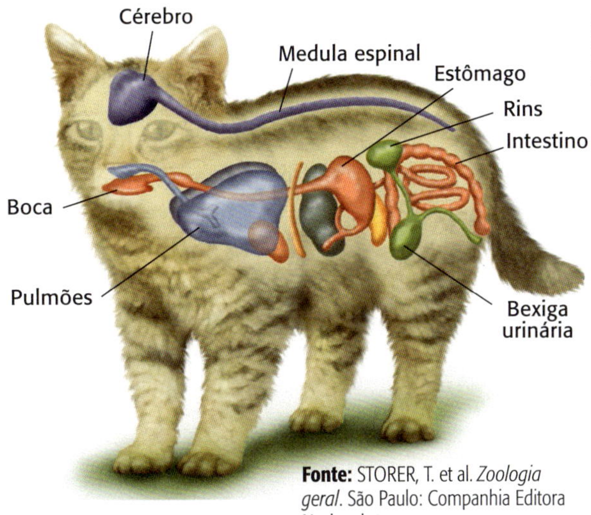

PAULO MANZI

Fonte: STORER, T. et al. *Zoologia geral*. São Paulo: Companhia Editora Nacional, 2000.

Representação esquemática das estruturas internas de um gato doméstico. Cores fantasia. Elementos fora de escala de tamanho e de proporção.

Sistema digestório

O sistema digestório dos mamíferos é completo e constituído de boca (com dentes, língua e glândulas salivares), faringe (que é comum ao sistema digestório e respiratório), esôfago, estômago, intestino delgado, intestino grosso, reto e ânus.

Sistema urinário

As substâncias tóxicas produzidas (principalmente ureia) são filtradas pelos rins. Neste processo, o sangue passa por várias etapas de filtragem e volta purificado à circulação. Com isso são produzidas excretas, que formam a urina, a qual é armazenada na bexiga urinária, até ser eliminada.

Sistema nervoso

O sistema nervoso dos mamíferos é formado pelo sistema nervoso central, constituído por encéfalo e medula espinal. O encéfalo é protegido pela caixa craniana.

Alguns sentidos são mais desenvolvidos do que outros em algumas espécies: os cães, por exemplo, possuem excelente olfato e audição; os animais que pulam de galho em galho, como os macacos, são dotados de excelente visão; as baleias e os golfinhos orientam-se pelo eco dos sons que produzem.

NÃO DEIXE DE ACESSAR

- **Declaração Universal dos Direitos dos Animais.** http://chc.tangrama.com.br/revista/revista-chc-2003/133/declaracao-universal-dos-direitos-dos-animais/?searchterm= None
- **A casa dos animais** http://chc.tangrama.com.br/noticias/bichos-e-plantas/bichos-no-selo/a-casa-dos-animais/
- **National Geographic – Vida Selvagem** http://www.natgeotv.com/pt/videos/assunto/vida-selvagem

Acessos em: 20 fev. 2015.

Pista 3

Embora muitos especialistas considerem que os zoológicos sejam importantes para a conservação dos animais e de seus hábitats, alguns apontam também que o modelo de zoológico com recintos fechados, como "jaulas", é ultrapassado. Um projeto de zoológico sem jaulas está sendo pensado na Dinamarca. Nesse espaço, os animais andariam livremente em uma grande área, enquanto os visitantes circulariam em veículos camuflados, de forma a não serem avistados pelos animais do zoo.

Você acha que essa poderia ser uma boa saída para um zoológico que busca o bem-estar dos animais e o entretenimento dos visitantes ao mesmo tempo?

Algumas ordens de mamíferos

Abaixo apresentamos algumas ordens de mamíferos.

- **Cetáceos**: são aquáticos. Apresentam nadadeiras e a cauda que dão a eles direção e impulso para o nado. As narinas são deslocadas para o topo da cabeça. As baleias, os golfinhos e os botos são os representantes dessa ordem.

Ruminante: animal caracterizado pela presença de um estômago complexo, com três ou quatro câmaras, adaptado à ruminação (processo digestivo que envolve a mastigação dos alimentos mais de uma vez).

DU ZUPPANI/PULSAR IMAGENS

O boto-cor-de-rosa é um cetáceo de água doce. Atinge cerca de 2 m de comprimento.

THINKSTOCK/GETTY IMAGES

Os elefantes são representantes da ordem dos proboscídeos e medem cerca de 4 m de comprimento.

- **Proboscídeos**: têm o lábio superior e o nariz formando uma só estrutura, denominada **probóscide** ou tromba. Os mais conhecidos são os elefantes.
- **Artiodáctilos**: são ungulados, ou seja, andam apoiados em cascos, que são unhas modificadas. Apresentam dois ou quatro dedos. São ruminantes (boi, carneiro, búfalo, girafa e camelo) e não ruminantes (porco, javali e hipopótamo).
- **Perissodáctilos**: também são chamados de ungulados, porém apresentam quantidade ímpar de dedos. São exemplos dessa ordem o cavalo, a anta, a zebra e o rinoceronte.
- **Monotremados**: são os únicos mamíferos ovíparos. São encontrados na Austrália, Nova Zelândia, Tasmânia e ilhas próximas. São exemplos de monotremados o ornitorrinco e a equidna.
- **Marsupiais**: as fêmeas dos marsupiais possuem uma bolsa, conhecida como marsúpio, dentro da qual estão os mamilos das glândulas mamárias. Ao nascerem, os filhotes deslocam-se para o marsúpio, onde permanecem até completar seu desenvolvimento. São marsupiais o canguru, o coala, o gambá e a cuíca.

PALÊ ZUPPANI/PULSAR IMAGENS

O porco-do-mato é um exemplo da ordem dos perissodáctilos. Mede aproximadamente 80 cm de comprimento.

DAVID WATTS/VISUALS UNLIMITED/CORBIS/LATINSTOCK

O ornitorrinco é um monotremado, ele tem bico, usado para escavar o solo em busca de alimento. Mede cerca de 50 cm de comprimento.

- **Carnívoros**: são animais com dentes caninos e garras bem desenvolvidas. São carnívoros o urso, a lontra, a raposa, a onça-pintada, o leão, os cães e outros. A maioria é somente carnívora. Alguns são também onívoros, como o lobo-guará.
- **Edentados**: têm dentes reduzidos em tamanho. São exemplos dessa ordem o tamanduá, o tatu e o bicho-preguiça.
- **Sirênios**: são mamíferos aquáticos que podem viver em água salgada ou doce. Possuem nadadeiras e cauda larga. No Brasil, um representante da ordem é o peixe-boi, habitante da bacia Amazônica.
- **Primatas**: são mamíferos com membros longos, mãos e pés com cinco dedos cada um, com unhas e maior habilidade no manuseio de objetos. São representantes dos primatas os macacos e o ser humano.
- **Roedores**: trata-se de animais com hábito alimentar próprio de herbívoros, que roem o alimento. Apresentam dois pares de dentes grandes e fortes na parte anterior da boca. O rato, a marmota e o castor são exemplos da ordem dos roedores. No Brasil, habita o maior roedor do mundo: a capivara.
- **Lagomorfos**: são mamíferos herbívoros, representados pelos coelhos e lebres. Assemelham-se aos roedores, diferindo destes apenas por apresentarem mais dois incisivos, menores, na arcada dentária superior.
- **Quirópteros**: ordem representada pelos morcegos. São os únicos mamíferos voadores. Para isso, possuem uma membrana entre os dedos que transforma a mão em asas. Existem morcegos com os mais diversos tipos de alimentação: insetos, peixes, frutas, sementes, néctar etc. Poucos se alimentam de sangue.

Arcada dentária: conjunto formado pelos dentes e ossos de sustentação desses dentes.

FABIO COLOMBINI

A onça-pintada pertence à ordem dos carnívoros. Mede cerca de 2 m de comprimento.

ARTUR KEUNECKE/PULSAR IMAGENS

Tamanduá-bandeira. Mede cerca de 1,5 m de comprimento e é um edentado.

ANDRÉ SEALE/PULSAR IMAGENS

O peixe-boi marinho é um sirênio. Mede cerca de 3,5 m de comprimento.

JSPIX/IMAGEBROKER RM/DIOMEDIA

O macaco-aranha é um primata. Mede cerca de 50 cm de comprimento (corpo) e sua cauda mede até 80 cm.

FABIO COLOMBINI

A capivara é um roedor. Quando adulto atinge cerca de 1 m de comprimento.

PALÊ ZUPPANI/PULSAR IMAGENS

O coelho é um lagomorfo. Mede cerca de 50 cm de comprimento.

FABIO COLOMBINI

O morcego é um quiróptero. Tem aproximadamente 30 cm de envergadura das asas, mas existem espécies que chegam a 1,5 m de envergadura.

SAIBA MAIS

Morcegos, nem tão assombrados assim

“Para se identificar uma casa mal-assombrada, a primeira coisa é ver se há morcegos voando por perto. Não há desenho ou filme de assombrações que não traga esses bichos voando próximo do lugar assombrado. Por isso, quando no pôr do sol vemos morcegos voando perto das nossas casas, lá vem o comentário de que eles fazem mal, podendo até atacar o homem. Mas isso não é verdade.

[...] O morcego é um mamífero que, como todos os outros, tem o corpo coberto de pelos e amamenta seus filhotes. Mas o morcego tem uma coisa especial: é certo que há mamíferos [que planam], como alguns esquilos, mas [voar], só morcegos. Eles pertencem inclusive ao grupo dos quirópteros (*quiro* quer dizer mão e *pteros* significa asas). [...]

Como são ativos entre o pôr do sol e o amanhecer, os morcegos são chamados de animais noturnos. Diz o povo que eles são cegos, mas não é isso. O que acontece é que se orientam também pelo sonar, formado pela emissão de sons de alta frequência, inaudíveis pelo homem. Quando esbarram em um objeto ou outro animal, os sons produzem ecos. Esse ecos são captados por estruturas que ficam nos ouvidos externos dos morcegos, o que facilita muito o serviço de captura de presas.

A maior parte dos morcegos é pequena. O menor mamífero brasileiro é o morceguinho-marrom, que pesa só quatro gramas. A maior espécie pesa pouco mais de 200 gramas. Durante o voo, eles parecem maiores, pois têm longas asas. As espécies brasileiras podem atingir, de uma ponta a outra da asa, cerca de um metro.

A maioria dos morcegos dorme dependurada, de cabeça para baixo. Para isso usam as garras dos membros posteriores. Essa posição até que faz bem ao bicho, porque ele pode facilmente decolar, abrindo os dedos.

FABIO COLOMBINI

O morcego raposa-voadora (*Pteropus vampyrus*) possui asas que chegam a 1,5 m de envergadura.

Morcegos de dieta

Todo mundo já ouviu falar de vampiros. Realmente há morcegos que se alimentam do sangue de outros mamíferos. Mas são apenas três espécies. Os morcegos vampiros em geral frequentam os locais de criação de gado e usam os dentes incisivos (o primeiro par de dentes) e não os caninos para remover pequena porção da pele, por onde irá jorrar o sangue. Depois, ele vai tranquilamente lambendo aquele sangue e em poucos minutos volta ao lugar de seu repouso.

Existem espécies que se alimentam de insetos. Esses insetívoros capturam os insetos em pleno voo. São os primeiros a sair de casa, sendo que, no inverno, chegam a voar antes do escurecer. Cerca de uma hora depois do crepúsculo, eles voltam a sair, antes do amanhecer.

Inaudíveis: sons que não são percebidos pelo ouvido humano.

FABIO COLOMBINI

Morcego (*Glossophaga* sp.), Pantanal (MS). Medem entre 20 cm e 30 cm de envergadura das asas.

FABIO COLOMBINI

Phyllostomus discolor alimentando-se em flor na floresta amazônica. Manaus (AM). Esse morcego possui asas de envergadura de 45 cm.

Outra coisa que certos morcegos gostam de comer são as frutas. Quando acham um fruto maduro, arrancam-no da árvore e levam-no para comer calmamente em um lugar mais distante e mais calmo. Estes morcegos são frutívoros.

Há também morcegos que se comportam como os beija-flores. São os nectarívoros que, usando a língua longa e cheia de cerdas, alimentam-se do néctar produzido pelas flores.

No Brasil também há morcegos carnívoros. Eles comem pererecas, lagartos, pássaros, ratos e até outros morcegos. Uma espécie de morcego bem frequente aqui é a que se alimenta de peixes que capturam com as longas garras dos membros posteriores, enquanto voam sobre mares, lagos e lagoas.

[...] Comendo até 600 insetos por cada noite, eles [morcegos] evitam a proliferação desse grupo de bichos. Os carnívoros controlam os ratos, que estragam nossos alimentos. Já os morcegos frutívoros [...] ingerem as frutas, deixam cair as sementes que, germinando, transformam-se em novas árvores. Até seis mil sementes podem ser espalhadas por um único morcego a cada noite. Os morcegos nectarívoros são responsáveis pela reprodução de mais de 500 espécies de plantas.

Bisbilhotando os morcegos

Como são animais noturnos, os morcegos dormem durante o dia, refugiados em vários locais. Antes da formação das cidades, os morcegos utilizavam as cavernas, fendas nas rochas, ocos de árvores, folhas etc. Com o crescimento das cidades e a destruição das florestas, várias espécies desapareceram. Mas algumas delas adaptaram-se às novas condições.

Sabemos hoje que algumas espécies que anteriormente utilizavam as cavernas e as fendas nas rochas refugiam-se em telhados e brechas entre os prédios. Outras espécies que se abrigavam em árvores podem ser encontradas em tetos de garagens, em poços de elevadores, churrasqueiras, peitoris de janelas e até mesmo em toldos.

As formas mais comuns de morcego nas cidades são os insetívoros e frutívoros. Pode-se observá-los saindo dos telhados das casas, voando em volta das árvores com frutos, como figueiras, amendoeiras da praia, sapotizeiros, mamoeiros, goiabeiras etc. [...]

Carlos Esbérard. Bichos. *Ciência Hoje na Escola*. n. 1. Rio de Janeiro: SBPC, 1996.

Para pensar

1. Converse com seus colegas e discutam: na opinião de vocês, por que o autor escolheu esse título para o texto?
2. Qual é a importância dos morcegos para os ecossistemas? E para os seres humanos?
3. Imagine que um morcego tenha entrado em sua casa. O que você faria?
4. Em grupo, façam uma "ficha do bicho". Pesquisem, na internet ou em livros, uma espécie de morcego. Incluam na ficha um desenho ou a fotografia dele, o nome científico da espécie, o nome popular, o tamanho, o que come, onde costuma se abrigar, quanto tempo vive, como cuida dos filhotes e outras informações que julgarem curiosas.

teia do saber

1. Observe a ilustração de uma ave e responda às questões.

Representação esquemática das estruturas internas de uma ave. Cores fantasia. Elementos fora de escala de tamanho e de proporção.

Fonte: Disponível em: <www.uff.br/fisiovet/Conteudos/respiracao_aves.htm>. Acesso em: 24 fev. 2015.

a. Quais são as funções das estruturas apontadas pelas setas?

b. Como essas estruturas contribuem para a adaptação ao voo?

2. A ema é uma ave brasileira. Leia a ficha abaixo para conhecer um pouco mais sobre essa ave e, depois, responda à questão.

ZIG KOCH/NATUREZA BRASILEIRA

Ema com filhotes no Pantanal, Mato Grosso do Sul, em 2013.

Nome popular: Ema, nhandu

Nome científico: *Rhea americana*

Tamanho: 1,5 m altura

Alimentação: folhas, sementes, insetos, pequenos vertebrados etc.

A ema é parente do avestruz, uma ave nativa da África. As emas não voam, deslocam-se correndo, chegando a atingir a velocidade de 60 km/h. Vivem em grupo a maior parte do ano. Para auxiliar a trituração do alimento na moela, engolem pequenas pedras.

Fonte de pesquisa: Disponível em: <http://www.avespantanal.com.br/paginas/1.htm>. Acesso em: 20 fev. 2015.

a. Por que essas aves ingerem pequenas pedras?

b. Faça uma pesquisa sobre a ocorrência das emas no Brasil.

3. Observe a ilustração que mostra um ovo de ave com o embrião se desenvolvendo dentro dele. Depois, responda às questões.

   a. Do que o embrião se alimenta enquanto se desenvolve dentro do ovo?

   b. O que aconteceria com o embrião se o ovo fosse coberto com uma camada de tinta impermeável?

   c. O que acontece com os resíduos que o embrião produz?

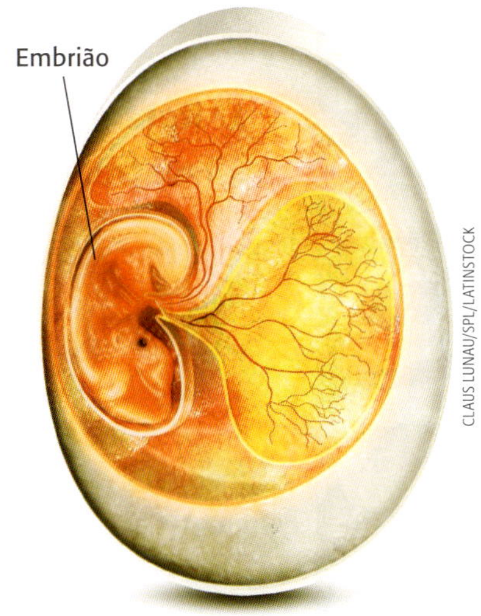

Representação esquemática de um ovo em corte, mostrando o embrião. Cores fantasia. Elementos fora de escala de tamanho e de proporção.

4. O ovo com casca é uma característica que surgiu durante a evolução dos animais vertebrados. Responda em que grupo surgiu e qual a importância de seu aparecimento.

5. Sobre as glândulas da pele dos mamíferos, copie e complete o quadro no caderno.

Glândulas	Função
Sudoríferas	
Sebáceas	

6. Além dos pelos, que outra característica é exclusiva dos mamíferos?

7. O ornitorrinco vive perto da água e nela se locomove utilizando as membranas existentes entre seus dedos. Seus filhotes se desenvolvem em ovos, que são chocados fora do corpo materno e se alimentam lambendo uma secreção láctea que escorre nos pelos do ventre da mãe. A boca do ornitorrinco é dotada de um bico achatado com o qual pega o alimento no lodo do fundo do rio.

   a. A que grupo de vertebrados pertence o ornitorrinco?

   b. Cite duas características mencionadas no texto que justifiquem essa classificação.

8. Observe a fotografia abaixo, leia as informações e responda às questões no caderno.

   a. A forma do corpo dos pinguins é diferente da forma do corpo de outras aves que voam, como os pássaros. Que adaptações existem nas asas do pinguim e quais são suas funções?

   b. Por que as penas dos pinguins não ficam encharcadas quando eles estão na água?

   c. Que adaptações dos pinguins os protegem do congelamento?

Pinguins-de-adélia saltando na água na região da Antártica. Medem 70 cm de altura.

9. Leia a notícia, analise os gráficos e depois responda às questões.

1º Relatório Nacional sobre o Tráfico de Fauna Silvestre – Renctas

Canoro: que canta.

A intensa captura de passeriformes no Brasil é direcionada ao mercado interno. O povo brasileiro sempre manteve especial predileção por aves de gaiola, sendo os pássaros canoros as espécies mais encontradas em cativeiro no Brasil [...]. A manutenção dessas aves em gaiolas é tradição muito antiga e arraigada no Brasil. Esse hábito cresceu, se multiplicou e atualmente existem os clubes criadores de pássaros, que organizam disputas destinadas ao julgamento da qualidade dos cantos. Alguns membros desses clubes participam ativamente do comércio ilegal de aves, estimulando a captura crescente de pássaros canoros na natureza [...].

REPRESENTATIVIDADE DAS CLASSES DE VERTEBRADOS NAS APREENSÕES DO IBAMA EM 1999 E 2000

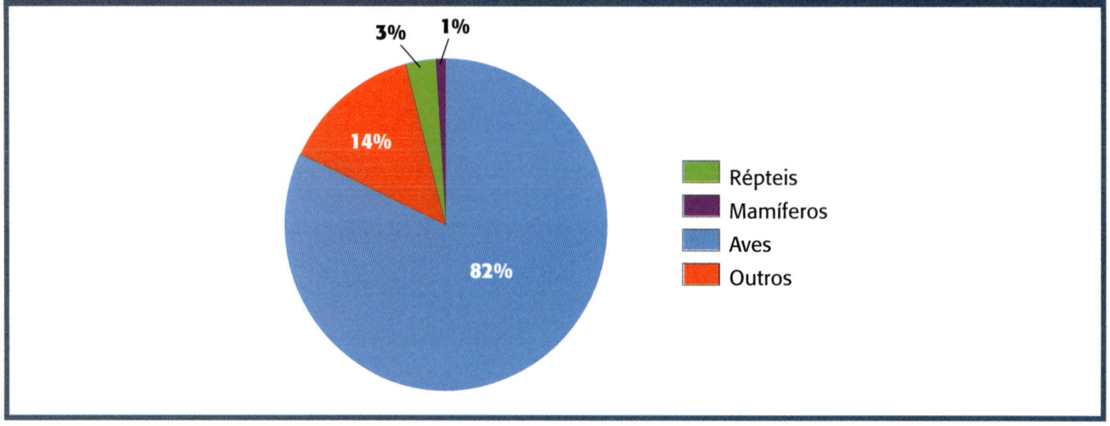

SELAVI CONTEÚDO CRIATIVO

REPRESENTATIVIDADE DAS ORDENS DAS AVES APREENDIDAS NO BRASIL NOS ANOS DE 1999 E 2000

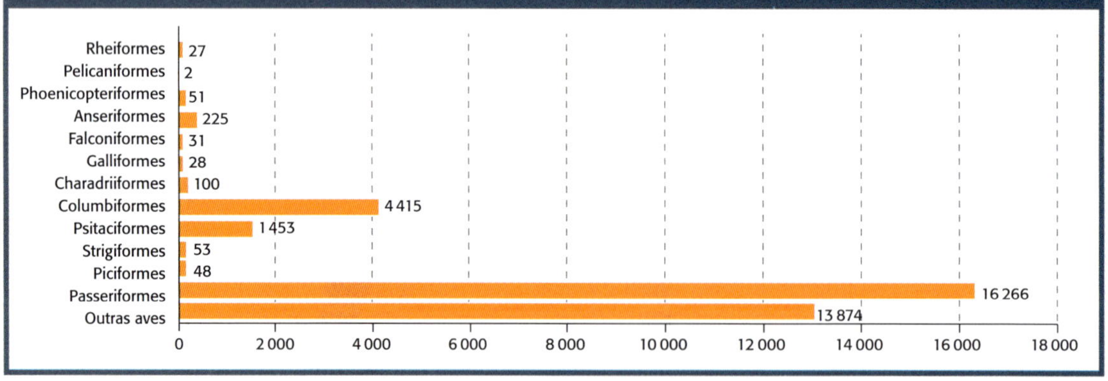

SELAVI CONTEÚDO CRIATIVO

1º Relatório Nacional sobre o Tráfico de Fauna Silvestre. Disponível em: <www.renctas.org.br/files/REL_RENCTAS_pt_final.pdf>. Acesso em: 20 fev. 2015.

a. O primeiro gráfico mostra a diversidade de animais traficados ilegalmente, apreendidos pelo Ibama. Que tipos de animais foi apreendida em maior quantidade?

b. Quantas vezes a quantidade de aves apreendidas foi maior que a apreensão de mamíferos?

c. Entre as aves, qual foi o grupo com maior número de apreensões?

d. Relacione sua resposta ao item **c** com o conteúdo do texto da questão.

10. Leia o texto apresentado a seguir e depois faça o que se pede.

> O peixe-boi da Amazônia (*Trichechus inunguis*) é o menor dos peixes-bois existentes no mundo. Alcança 2,8 m a 3,0 m de comprimento e pode pesar até 450 kg. [...]
>
> Essa espécie é também a única que ocorre exclusivamente em água doce, podendo ser encontrada em todos os rios da bacia Amazônica. Alimenta-se essencialmente de plantas aquáticas e semiaquáticas, e chega a consumir mais de 8% do seu peso corporal em alimento por dia. [...]
>
> A fêmea de peixe-boi produz em geral apenas um filhote a cada gestação e este filhote pode mamar por mais de dois anos.
>
> No passado, os peixes-bois foram muito caçados pela sua carne e couro. Hoje a caça, embora ilegal, é ainda feita principalmente pelas populações ribeirinhas, para o consumo da carne. Além da caça, as principais ameaças ao peixe-boi são a destruição e a degradação do hábitat, incluindo a liberação de mercúrio e agrotóxicos nos rios. [...]
>
> *Peixe-boi.* Disponível em: <www.amigosdopeixe-boi.org.br/index.php?option=com_content&view=article&id=15&Itemid=59&lang=br>. Acesso em: 20 fev. 2015.

- Identifique, no texto, o trecho que permite reconhecer, sem dúvida, que o peixe-boi é um mamífero.

11. Observe o esquema. Cada um dos setores (**A**, **B**, **C**, **D** e **E**) representa o número de espécies de cada classe de vertebrados atualmente. Faça o que se pede no caderno.

a. Nomeie os grupos, colocando-os em ordem crescente do número de espécies atuais.

b. Cite a letra correspondente aos grupos que apresentam respiração branquial na fase adulta.

c. Cite dois mecanismos evolutivos que permitiram a adaptação dos animais do grupo **C** ao ambiente terrestre.

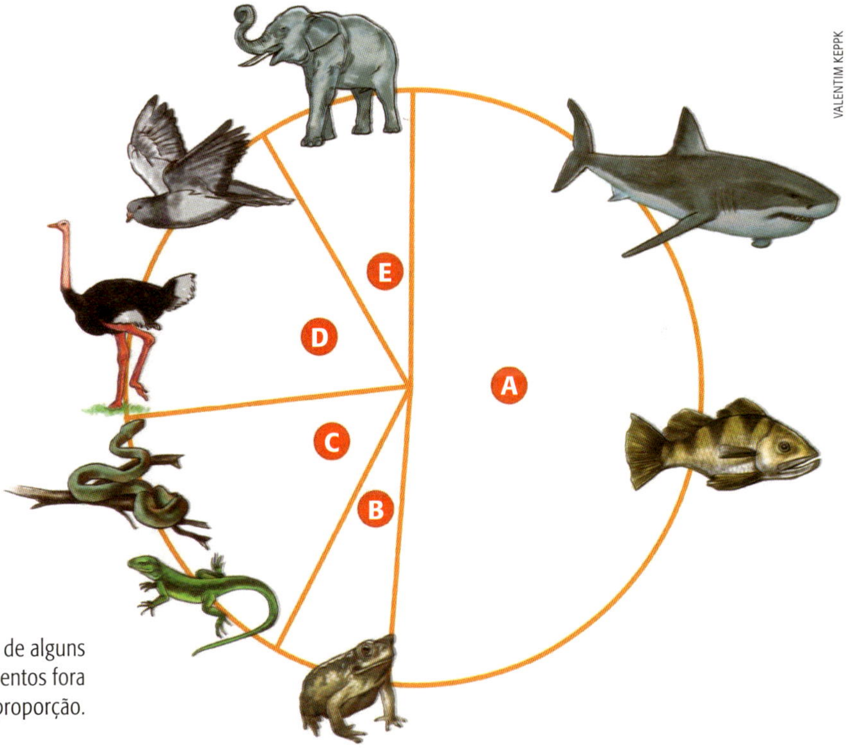

VALENTIM KEPPK

Representação esquemática de alguns vertebrados. Cores fantasia. Elementos fora de escala de tamanho e de proporção.

Encerrando a unidade

1. **Nesta unidade, você conheceu diferentes grupos de animais vertebrados. Faça um pequeno texto resumindo as principais características de cada grupo.**
2. **Leve recortes, faça desenhos ou imprima imagens de animais de cada um desses grupos e leve para a sala de aula. Com os colegas, montem um painel de diversidade de animais vertebrados. Afixem esse painel no mural da classe.**

Posse responsável de cães e gatos

Ao domesticar o cão e o gato, há milhares de anos, o ser humano tornou-se responsável pelo bem-estar desses animais. Conviver com um bicho de estimação é um privilégio e pode mudar nossa vida para muito melhor. No entanto, alguns cuidados devem ser observados para que essa relação seja realmente harmoniosa e feliz.

HAROLDO PALO JR.

Cães adultos devem ser alimentados duas vezes ao dia.

Os 10 mandamentos da posse responsável de animais domésticos

1. Antes de adquirir um animal, considere que seu tempo médio de vida é de 12 anos. Pergunte à família se todos estão de acordo, se há recursos necessários para mantê-lo e verifique quem cuidará dele nas férias ou em feriados prolongados.
2. Adote animais de abrigos públicos e privados (vacinados e castrados), em vez de comprar por impulso.
3. Informe-se sobre as características e necessidades da espécie escolhida – tamanho, peculiaridades, espaço físico.
4. Mantenha o seu animal sempre dentro de casa, jamais solto na rua. Para os cães, passeios são fundamentais, mas apenas com coleira/guia e conduzidos por quem possa contê-los.
5. Cuide da saúde física do animal. Forneça abrigo, alimento, vacinas e leve-o regularmente ao veterinário. Dê banho, escove-o e exercite-o regularmente.
6. Zele pela saúde psicológica do animal. Dê atenção, carinho e ambiente adequado a ele.
7. Eduque o animal, se necessário, por meio de adestramento, mas respeite suas características.
8. Recolha e jogue os dejetos (cocô) em local apropriado.
9. Identifique o animal com plaqueta e registre-o no Centro de Controle de Zoonoses ou similar, informando-se sobre a legislação do local. Também é recomendável uma identificação permanente (microchip ou tatuagem).
10. Evite as crias indesejadas de cães e gatos. Castre os machos e fêmeas. A castração é a única medida definitiva no controle da procriação e não tem contraindicações

Disponível em: <http://www.arcabrasil.org.br/10-mandamentos-posse-responsavel.php>. Acesso em: 24 fev. 2015.

Denunciar maus-tratos a animais é um ato de cidadania

Muitos casos de maus-tratos a animais ocorrem no Brasil. A maioria desses casos não é denunciada à polícia nem chega ao conhecimento das associações de proteção animal.

Às vezes, as pessoas se calam ao presenciar maus-tratos a cães e gatos temendo represálias, pelo fato de o agressor ser um vizinho, por exemplo. Omitir socorro e não denunciar maus-tratos também é crime.

Onde denunciar?
Disque-denúncia: 181 em todo território nacional.
Telefone do Ibama: 0800 61 80 80
Delegacia de polícia: 190
<www.pea.org.br/denunciar.htm#Como%20Denunciar>

Represália: vingança.
Omitir: deixar de agir ou manifestar-se.

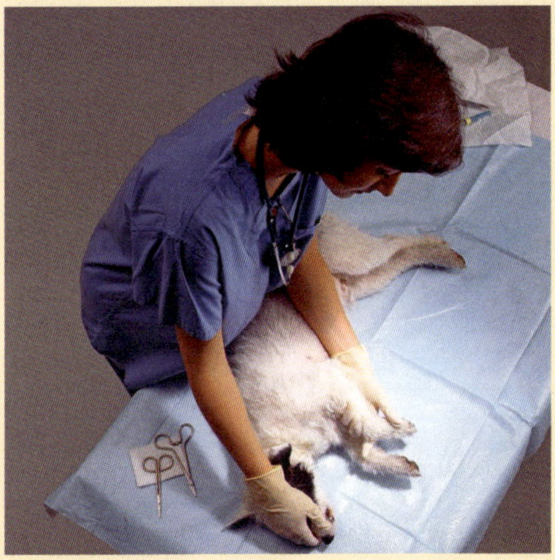

THINKSTOCK/GETTY IMAGES

Os animais que sofreram maus-tratos devem ser examinados por veterinários.

STOCKIMAGE/FLICKR/GETTY IMAGES

O tempo de vida médio de um cão é de 12 anos e de um gato é de 16 anos de idade.

Para explorar

1. Muitas pessoas que têm cães ou gatos castram apenas as fêmeas, para evitar crias em casa, mas não castram os machos. Você concorda com essa atitude? Por quê? Discuta a questão com seus colegas.
2. Nas cidades, há muitos animais abandonados em centros ou em abrigos provisórios, à espera de adoção. Mesmo sabendo disso, muitas pessoas preferem comprar animais de raça. Discuta com seus colegas os motivos que podem levar a isso. E você, escolheria um animal de raça ou um "vira-lata"? Por quê?

Desfecho

Relacione o que você aprendeu nesta unidade a respeito dos vertebrados e dos zoológicos. Reflita sobre as questões: Qual o papel dos zoológicos na atualidade? Pensando tanto na preservação quanto na educação da população, há alternativas viáveis ao zoológico? Que condições deveriam ser colocadas para que um zoológico funcione?

UNIDADE

7 Ecologia

Você já deve ter ouvido falar sobre ecologia ou lido sobre o assunto em jornais, revistas ou livros.

Há 100 anos a ecologia era um campo de estudo pouco conhecido.

O termo “ecologia” foi empregado pela primeira vez, em 1869, pelo biólogo alemão Ernest Haeckel (1834-1919), que combinou a palavra grega *oikos*, que significa casa, com *logos*, que significa estudo. Ecologia é o estudo da casa. Essa “casa” pode ser uma poça de água, a beira de um rio ou qualquer local onde haja vida na Terra.

Nesta unidade, você vai saber mais sobre:

- Níveis de organização ecológica
- Biomas brasileiros
- Relações entre os seres vivos
- Fluxo de matéria e energia nos ecossistemas

TROCANDO IDEIAS

1. Que elementos vivos você identifica na fotografia? Que elementos não vivos você identifica?
2. De que forma você acha que os tuiuiús mostrados na imagem dependem da água do lago?
3. Qual é a importância do Sol para os animais e as plantas?
4. A fotografia mostra uma área alagada do Pantanal, um bioma brasileiro. Você já ouviu falar desse ambiente?

PALÊ ZUPPANI/PULSAR IMAGENS

No Pantanal, há diversos animais, como o tuiuiú, a garça-branca e o jacaré. Fotografia no Pantanal de Cáceres (MT), em 2010.

13 Ambiente e relações ecológicas

Sociedade de robôs

As formigas de uma mesma colônia apresentam um comportamento cooperativo, com divisão de tarefas, aumentando a produtividade do grupo.

Um grupo de pesquisa suíço, liderado por Gilles Caprari, na Escola Politécnica Federal de Lausanne (EPFL) desenvolveu microrrobôs com simuladores inspirados no comportamento das formigas, com o propósito de reproduzir sua conduta. O intuito era compreender como funciona a divisão de tarefas dentro de um grupo de formigas e também de que modo essa forma de divisão de trabalho poderia ser utilizada para inspirar a automação de robôs na execução de tarefas, nas redes de comunicação e nos sistemas de transporte.

O estudo está focado nas relações entre as formigas, mas desconsidera o ambiente em que elas estão inseridas e outros seres vivos com os quais elas podem interagir.

SPL/LATINSTOCK

Formigas-robô interagindo com formigas reais da espécie *Dinoponera gigantea* (cerca de 3 cm de comprimento), durante um experimento.

BATE-PAPO

1. Por que é importante analisar as relações entre os seres vivos? E entre os seres vivos e o ambiente?
2. Você conhece outros seres vivos que têm comportamento cooperativo?
3. Cite um fator ambiental que influencia a sobrevivência das formigas e um ser vivo com o qual elas interagem.

NÃO DEIXE DE ASSISTIR

- Veja o vídeo das formigas-robô simulando a coleta de alimento. http://lis2.epfl.ch/CompletedResearchProjects/EvoAnts/videos/EvoLong.mpg Acesso em: 20 fev. 2015.

Monocultura e meio ambiente

A monocultura (cultivo de uma única espécie de vegetal) é praticada em diversos locais no Brasil. Esse tipo de cultivo causa muitos danos ambientais, pois desgasta o solo e gera um grande desequilíbrio ecológico. Nesta seção, refletiremos a respeito das vantagens e desvantagens desse tipo de prática.

NÍVEIS DE ORGANIZAÇÃO ECOLÓGICA

O estudo de ecologia é muito abrangente. Ele envolve a observação e a análise da interação entre os seres vivos, chamados **fatores bióticos**, sejam de mesma espécie, sejam de espécies diferentes, e os elementos não vivos, chamados **fatores abióticos**, como ar, água, temperatura, relevo e outros. Os fatores bióticos e abióticos estão em interação contínua.

Para facilitar o estudo, foram criados **níveis de organização** de seres vivos e ambiente, de forma hierárquica – biosfera, ecossistema, comunidade, população e indivíduo. Esses níveis de organização são importantes para delimitar os estudos em ecologia, os quais podem ocorrer em diferentes níveis.

Hierárquica: organização ou classificação segundo uma escala de tamanho, valor ou importância.

NÍVEIS DE ORGANIZAÇÃO

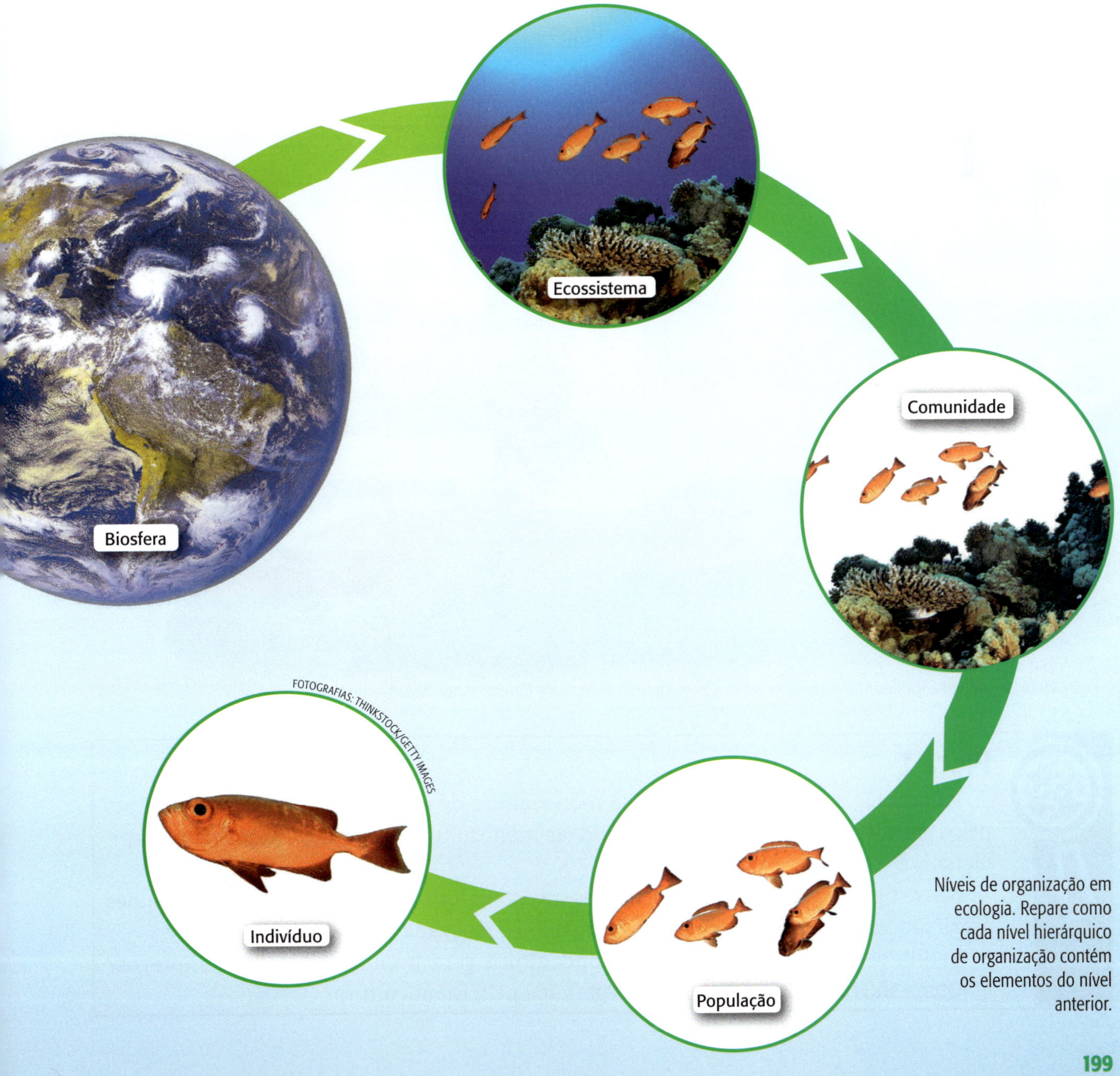

Níveis de organização em ecologia. Repare como cada nível hierárquico de organização contém os elementos do nível anterior.

Indivíduo

O indivíduo é um representante da espécie, por exemplo: cada capivara (nome comum) entre outras capivaras é um indivíduo da espécie de mamífero *Hydrochoerus hydrochaeris*.

População

Indivíduos de uma mesma espécie que vivem em determinada área geográfica formam uma população; por exemplo, as capivaras formam populações que vivem à beira dos rios do Pantanal.

Comunidade

As comunidades são compostas de populações de diversas espécies que vivem em uma mesma área geográfica, por exemplo, a população de capivaras, de jacarés, de tuiuiús e dourados formam a comunidade dos rios pantaneiros. Dessa comunidade fazem parte também outras populações.

1 Capivara, representante de um indivíduo.

2 População de capivaras.

3 Comunidade em que as capivaras vivem, com populações de diversas espécies de seres vivos.

4 O rio e suas margens é o ecossistema em que as capivaras vivem.

Representação esquemática dos níveis de organização. Cores fantasia. Elementos fora de escala de tamanho e de proporção.

Pista 1

Produtores agrícolas são atraídos à monocultura de cana-de-açúcar, soja e eucalipto pelos grandes lucros gerados. No entanto, as monoculturas podem gerar problemas ambientais e sociais.

Nesse tipo de produção, os agricultores investem fortemente em tecnologias, grandes áreas são cultivadas e a maior parte do trabalho é realizada por máquinas.

- Reflita sobre essas questões: A monocultura gera muitos ou poucos empregos? Quais são os impactos ambientais gerados pela monocultura?

Ecossistema

O conjunto formado por uma comunidade e o meio abiótico formam um ecossistema. Um lago, um rio, uma floresta ou até mesmo um aquário são considerados ecossistemas.

Por exemplo, os fatores abióticos de um ecossistema do Pantanal são propícios à vida do tuiuiú (ave), do dourado (peixe), do jacaré (réptil) e de muitos outros animais, além das plantas, pois todos os seres vivos precisam de água, dos gases do ar e de nutrientes do solo.

A vida dos seres vivos desse ecossistema dependem também das relações alimentares que eles têm entre si.

FABIO COLOMBINI

Um tronco de árvore caído no chão da floresta é um microecossistema, povoado por fungos, musgos e centenas de espécies de pequenos animais e microrganismos.

Propício: favorável, que tem as características adequadas a algo.

XPACIFICA/CORBIS/LATINSTOCK

O Aquário Churaumi em Okinawa, no Japão, é um ecossistema artificial, porque depende de interferência humana para sua manutenção. Fotografia de 2013.

RICARDO AZOURY/PULSAR IMAGENS

A Floresta Amazônica é um ecossistema formado por flora e fauna característicos, clima e relevo similares, com chuvas contínuas e temperatura elevada. Município de Barcelos (AM), 2011.

Biosfera

A **biosfera** é o conjunto de todos os ecossistemas da Terra, com interação constante entre os fatores que a compõem. Pode-se dizer que a biosfera é a região do planeta onde é possível encontrar seres vivos tanto no ar, na água ou no solo.

REGIÕES HABITÁVEIS DA TERRA

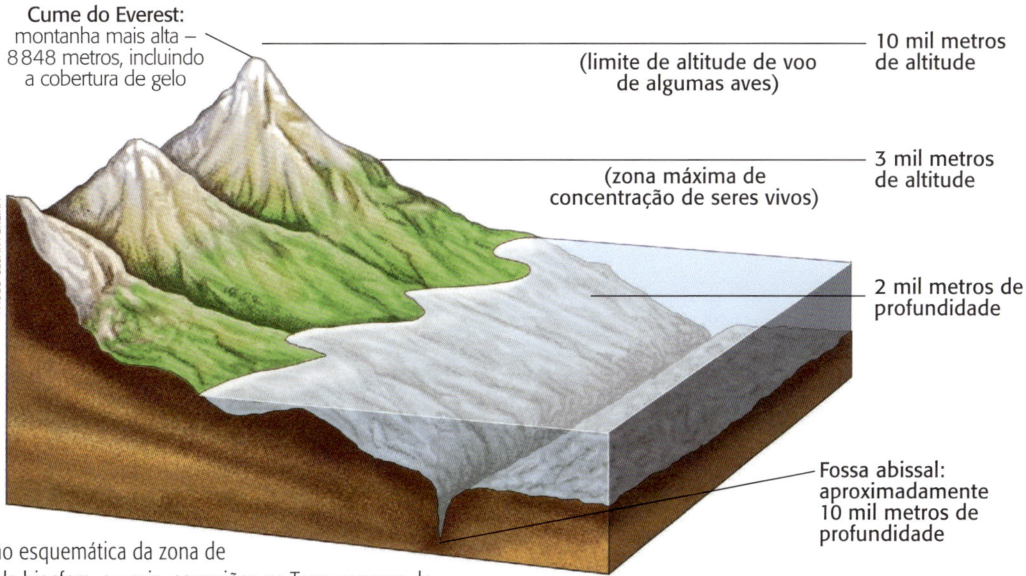

PAULO CESAR PEREIRA

Representação esquemática da zona de abrangência da biosfera, ou seja, as regiões na Terra capazes de abrigar vida e nas quais já foram descritos seres vivos. Cores artificiais. Elementos fora de escala de tamanho e de proporção.

Hábitat e nicho ecológico

O **hábitat** é o lugar em que uma espécie ou população vive. Pode ser pequeno, como o sistema digestório humano, onde vivem bactérias, ou muito grande, como o da tartaruga-de-couro, que inclui o oceano Atlântico e algumas praias no Brasil e no continente africano.

O **nicho ecológico** é o "modo de vida" de um ser vivo na natureza, o papel que ele desempenha no ecossistema. O nicho inclui os fatores bióticos e abióticos que interferem na sobrevivência e na reprodução de uma espécie, como a forma de explorar os recursos do ambiente, a quantidade de luz solar e de espaço necessários à sobrevivência e que variação de temperatura essa espécie tolera. Em um mesmo hábitat, as espécies têm nichos ecológicos diferentes.

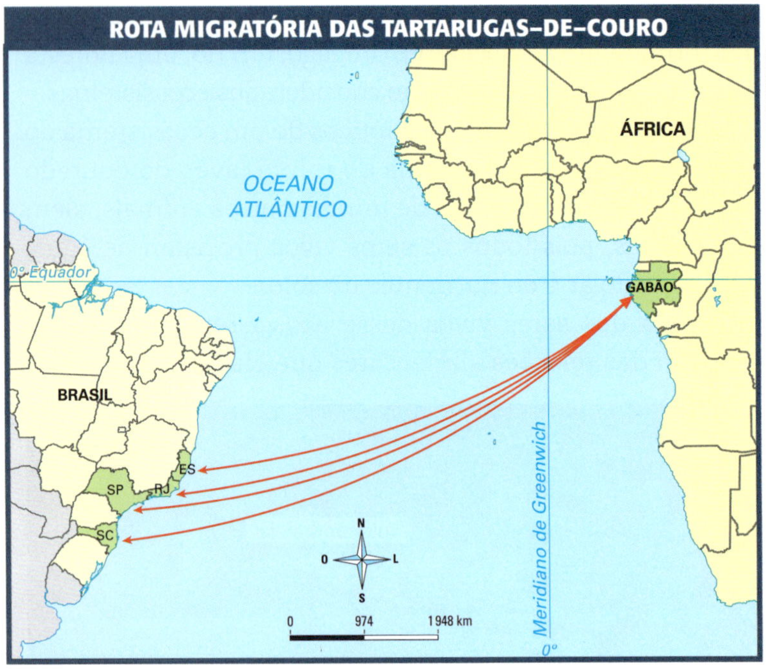

Fonte: WITT, M. J. et al. *Tracking leatherback turtles from the world's largest rookery: assessing threats across the South Atlantic*. Proceedings of the royal society B – Biological Sciences. Agosto, 2011.

Representação esquemática da rota de migração das tartarugas-de-couro. O hábitat desse animal, que vive no oceano e faz sua desova em praias brasileiras e africanas, é compartilhado por outros seres vivos.

As tartarugas-de-couro (*Dermochelys coriacea*) se alimentam de animais marinhos. Têm o ciclo de vida longo, e a maturação sexual ocorre após os 24 anos de idade. Desovam em praias do litoral brasileiro. Escavam buracos na areia e depositam em média 100 ovos. O sexo dos filhotes é influenciado pela temperatura dos ninhos. Essas características compreendem aspectos do nicho ecológico da espécie. Nas fotografias, adulto (à esquerda) que tem cerca de 2 m de comprimento do corpo e filhotes recém eclodidos. (à direita).

Estabilidade ecológica

Os ecossistemas envolvem relações muito complexas entre os seres vivos e os elementos não vivos que os compõem. Os ecossistemas estão em constante estado de perturbação e mudança. Há certa estabilidade entre os elementos que os compõem e a capacidade de um ecossistema de adaptar-se às perturbações. Alguns pesquisadores chamam esse estado de **equilíbrio**.

A estabilidade é a capacidade de resposta de um ecossistema no caso de uma perturbação: envolve o tempo de resposta à pertubação e a intensidade de modificação que o ecossistema pode suportar.

FIQUE DE OLHO

PERTURBAÇÕES E RETORNO À ESTABILIDADE NOS ECOSSISTEMAS

Para entendermos a função de uma espécie na manutenção da estabilidade relativa de um ecossistema, basta imaginá-lo, de repente, sem essa espécie. Vejamos um exemplo.

O hábitat do jacaré-do-pantanal são os rios do Pantanal e suas margens. Ele se alimenta de uma grande variedade de seres vivos, incluindo piranhas. As piranhas são peixes de cardume, que se alimentam de peixes de muitas espécies. Quando há um grande número de piranhas em um rio, elas podem atacar outros peixes maiores e até mesmo um boi que esteja atravessando o rio.

Os coureiros são caçadores ilegais de jacarés, que os matam para comercializar seu couro. No Pantanal, é difícil fiscalizar a matança de jacarés, embora essa prática seja proibida.

Vamos supor, de maneira simplificada, que os coureiros caçassem grande parte dos jacarés existentes nesse ecossistema. Como o jacaré se alimenta de piranhas, sua retirada desse ecossistema afetaria os seres vivos que dependem direta e indiretamente do jacaré, causando uma perturbação no ecossistema. A quantidade de piranhas aumentaria nos rios. Isso reduziria a quantidade de outros peixes dos quais as piranhas se alimentam.

Se esses peixes forem alimento de outros animais, estes sofrerão com falta de comida e provalvemente sua população será reduzida.

Poderia haver também um aumento no número de ataques a animais e pessoas que frequentassem esses rios, devido à quantidade de piranhas.

FABIO COLOMBINI

Piranha (*Pygocentrus nattereri*), peixe carnívoro de 30 cm de comprimento, habitante dos rios do Pantanal.

DU ZUPPANI /PULSAR IMAGENS

Jacaré-do-pantanal (*Caiman crocodylus*). Mede cerca de 2,5 m de comprimento, é encontrado nos rios do Pantanal.

Apesar de ser apresentado de forma simplificada, o processo de perturbação e de retorno à estabilidade pode demorar anos e envolve mais elementos, que não foram descritos no texto.

- Agora, vamos supor que os jacarés restantes tenham se reproduzido e, aos poucos, tenham voltado a ocupar o hábitat e o nicho ecológico que antes ocupavam. O que aconteceria com o número de piranhas nesse ambiente citado acima?

Biomas brasileiros

Bioma é um conjunto de formas de vida constituído pelo agrupamento de vários tipos de vegetação com condições climáticas similares e diversidade de espécies característica. De acordo com o IBGE (Instituto Brasileiro de Geografia e Estatística), no Brasil, há seis biomas continentais: a **Amazônia**, o **Cerrado**, o **Pantanal**, a **Caatinga**, a **Mata Atlântica** e o **Pampa**.

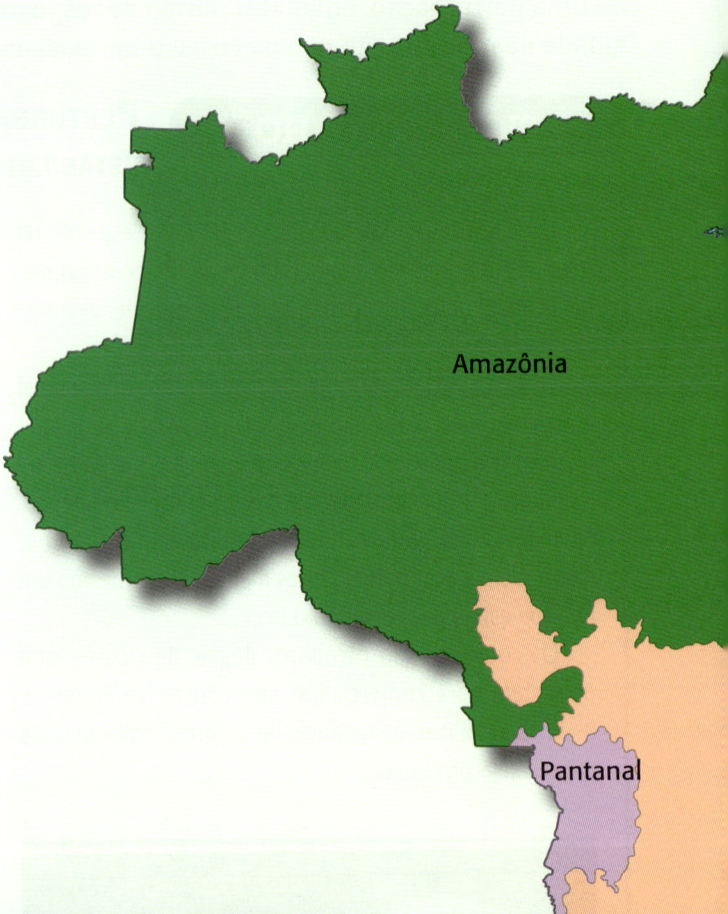

ZIG KOCH/PULSAR IMAGENS

O bioma **Amazônia** é composto em grande parte pela Floresta Amazônica, abrangendo os estados do Amazonas, Acre, Pará, Amapá, Rondônia e Roraima. Apresenta grande variedade de ecossistemas, dentre os quais se destacam: matas de terra firme, florestas inundadas, várzeas, igapós, campos abertos e cerrados. A Amazônia abriga grande diversidade de espécies. Fotografia em Barra de São Manoel (AM), em 2014.

MARCOS AMEND/PULSAR IMAGENS

O **Cerrado** é o segundo maior bioma brasileiro em extensão. Está presente nos estados de Goiás, Tocantins, Mato Grosso, Mato Grosso do Sul, trechos da Bahia, do Maranhão, de Minas Gerais, do Piauí e de São Paulo; também abrange o Distrito Federal.

Esse bioma é formado por vegetação de troncos tortuosos, cascas espessas e folhas grossas. O solo geralmente é pobre em nutrientes. O clima é caracterizado por duas estações bem definidas: inverno seco e verão chuvoso. Fotografia em Santana do Riacho (MG), em 2014.

ANDRÉ DIB/PULSAR IMAGENS

O **Pantanal** é uma imensa planície que alcança os estados de Mato Grosso, Mato Grosso do Sul, parte da Bolívia e do Paraguai. Sua principal característica é a enorme quantidade de água distribuída em áreas alagáveis, lagoas e rios. Por essa razão, o Pantanal é considerado a maior planície inundável do mundo. Fotografia em Poconé (MT), em 2014.

ANDRÉ DIB/PULSAR IMAGENS

A **Caatinga** cobre áreas dos estados de Alagoas, Bahia, Ceará, Piauí, Paraíba, Pernambuco, Rio Grande do Norte, Sergipe e parte da região norte de Minas Gerais. Tem clima quente com estações secas prolongadas. Os períodos alternados de seca e de chuva influenciam no comportamento e no desenvolvimento dos seres vivos da região. A vegetação é seca e espinhosa, com gramíneas, arbustos e árvores de porte baixo ou médio, intercalados de espécies de cactos e bromélias. Fotografia em Cabaceiras (PB), em 2014.

NÃO DEIXE DE ACESSAR

- **Acesse no *site* do IBGE** o Mapa de Biomas do Brasil e o Mapa de Vegetação do Brasil, lançados em 2004, em comemoração ao Dia Mundial da Biodiversidade. http://cod.ibge.gov.br/329jf. Acesso em: 9 abr. 2015.

MÁRIO YOSHIDA

Fonte do mapa: <http://www.ibge.gov.br/home/presidencia/noticias/21052004biomashtml.shtm>. Acesso em: 20 fev. 2015.

ZIG KOCH/NATUREZA BRASILEIRA

A **Mata Atlântica** é um bioma de Floresta Tropical que beira o litoral da Região Nordeste até o Sul do Brasil e adentra o interior de alguns estados. Devido a isso, os ecossistemas que o compõem estão submetidos a variáveis climáticas diferentes, como o regime de chuvas e a média de temperatura anual. Entre os ecossistemas que compõem a Mata Atlântica podemos citar a mata litorânea e a mata de araucárias. É considerado o bioma que apresenta a maior variedade de espécies. Fotografia em Paranaguá (PR), em 2014.

ROGERIO REIS/TYBA

Reconhecido como bioma somente em 2004, o **Pampa** ocupa 63% do território do Rio Grande do Sul, estendendo-se ainda pelo Uruguai e pela Argentina. É formado principalmente por vegetação rasteira, mas abriga árvores e até floresta densa em alguns trechos. Fotografia em São Francisco de Paula (RS), em 2010.

RELAÇÕES ENTRE OS SERES VIVOS

Nos ecossistemas, ocorrem interações entre indivíduos de uma mesma espécie (**relações intraespecíficas**) e entre indivíduos de espécies distintas (**relações interespecíficas**), para obtenção ou compartilhamento de abrigo, alimento e recursos do ambiente.

Podemos dividir essas relações em **harmônicas**, quando trazem benefícios aos seres vivos envolvidos ou não os prejudicam, ou **desarmônicas**, quando um dos indidívuos que participa da relação é prejudicado.

NORBERT WU/MINDEN PICTURES/LATINSTOCK

A caravela é uma colônia de cnidários formada por indivíduos com diferentes funções. Ao flutuador, cheio de gases, estão presos tentáculos. Alguns tentáculos têm indivíduos que lançam dardos que paralisam peixes, que são digeridos pelos tentáculos encarregados da digestão. Há tentáculos com indivíduos que participam da reprodução. O flutuador da caravela-portuguesa mede cerca de 30 cm e seus tentáculos têm em média 10 m.

Relações harmônicas intraespecíficas

As relações harmônicas entre indivíduos da mesma espécie são as colônias e as sociedades.

Colônias

Em uma colônia, os indivíduos estão conectados uns aos outros fisicamente e não podem sobreviver isolados.

Há colônias em que cada indivíduo executa as mesmas funções, como os recifes de coral. Em outras, como a caravela, ocorre divisão do trabalho e os indivíduos são especializados em proteção e defesa, reprodução, natação, flutuação e alimentação.

Sociedades

Nas sociedades, os indivíduos atuam em conjunto e de forma cooperativa, têm hierarquia e apresentam divisão de trabalho. São exemplos de animais que vivem em sociedades algumas espécies de vespas, cupins, formigas e a maioria das abelhas.

FABIO COLOMBINI

Em uma colmeia, temos a rainha, as operárias e os zangões. A rainha é a mãe de todas as abelhas da colmeia. De seus ovos nascem operárias, zangões e futuras rainhas. A larva fêmea que será rainha recebe geleia real e cresce muito mais que as outras. Na fotografia, abelhas mirim-guaçus (*Plebeia remota*), que medem 6 a 7 mm de comprimento.

Pista 2

O Cerrado é o segundo bioma brasileiro que mais sofreu com a ocupação humana, ficando atrás apenas da Mata Atlântica. Além das espécies vegetais que caracterizam o Cerrado, esse bioma abriga espécies de tamanduás, emas, lobos-guarás, entre outros.

Considere os exemplos descritos abaixo e explique como o desmatamento para o plantio de soja prejudica esses seres vivos.

- O tamanduá-bandeira alimenta-se de formigas e cupins. Além disso, esse animal depende do ambiente natural para encontrar abrigos e se reproduzir.
- Muitos insetos herbívoros do Cerrado encontram alimento abundante nas plantações de soja.

Relações harmônicas interespecíficas

As relações harmônicas entre indivíduos de espécies distintas são aquelas em que há benefício para as duas espécies ou somente para uma sem prejuízo para a outra.

Mutualismo

É a relação entre indivíduos na qual ambos são beneficiados. Eles podem compartilhar abrigo, alimento ou recursos do ambiente. No mutualismo, as espécies dependem dessa relação para sobreviver.

FABIO COLOMBINI

Em alguns liquens (associações de fungos e algas), os organismos associados provêm recursos que o outro não consegue obter por conta própria. Algas fornecem nutrientes ao fungo, o qual fornece um ambiente adequado para o crescimento delas, pois retém água e sais minerais.

DR. RICHARD KESSEL & DR. GENE SHIH/VISUALS UNLIMITED/CORBIS/LATINSTOCK

Cupim visto ao microscópio eletrônico. Alimenta-se de madeira e a digestão da celulose é feita por protozoários e bactérias que habitam seu estômago. Cores artificiais. Ampliação de 10 vezes.

Protocooperação

Protocooperação ou mutualismo facultativo é a relação entre dois indivíduos na qual ambos são beneficiados, mas a relação não é obrigatória para a sobrevivência dos organismos.

VISUALS UNLIMITED/CORBIS/LATINSTOCK

A moreia (*Urocaridella antonbrunni*) é um peixe que tem mais de 1 m de comprimento. Algumas espécies de crustáceos se alimentam dos restos de alimentos que ficam entre os dentes da moreia. Esse é um exemplo de protocooperação.

Comensalismo

O comensalismo envolve a interação entre dois organismos na qual um é beneficiado e outro não é beneficiado nem prejudicado com a relação.

JEFFREY L. ROTMAN/CORBIS/LATINSTOCK/LATINSTOCK

A rêmora (*Ginglymostoma cirratum*) é um peixe que fica grudado no tubarão. Ela come a comida que o tubarão deixa na água ao se alimentar. A rêmora mede cerca de 40 cm de comprimento.

FABIO COLOMBINI

As orquídeas fixam-se em troncos de árvores sem prejudicá-las, e assim alcançam maior luminosidade. Esse é um tipo de comensalismo: o epifitismo.

As formigas **agricultoras**

Apesar de as formigas-saúvas parecerem assustadoras, por possuírem mandíbulas desenvolvidas, elas são fundamentais em um ecossistema. Vamos conhecer um pouco mais desse inseto que habita o planeta Terra há mais de 100 milhões de anos.

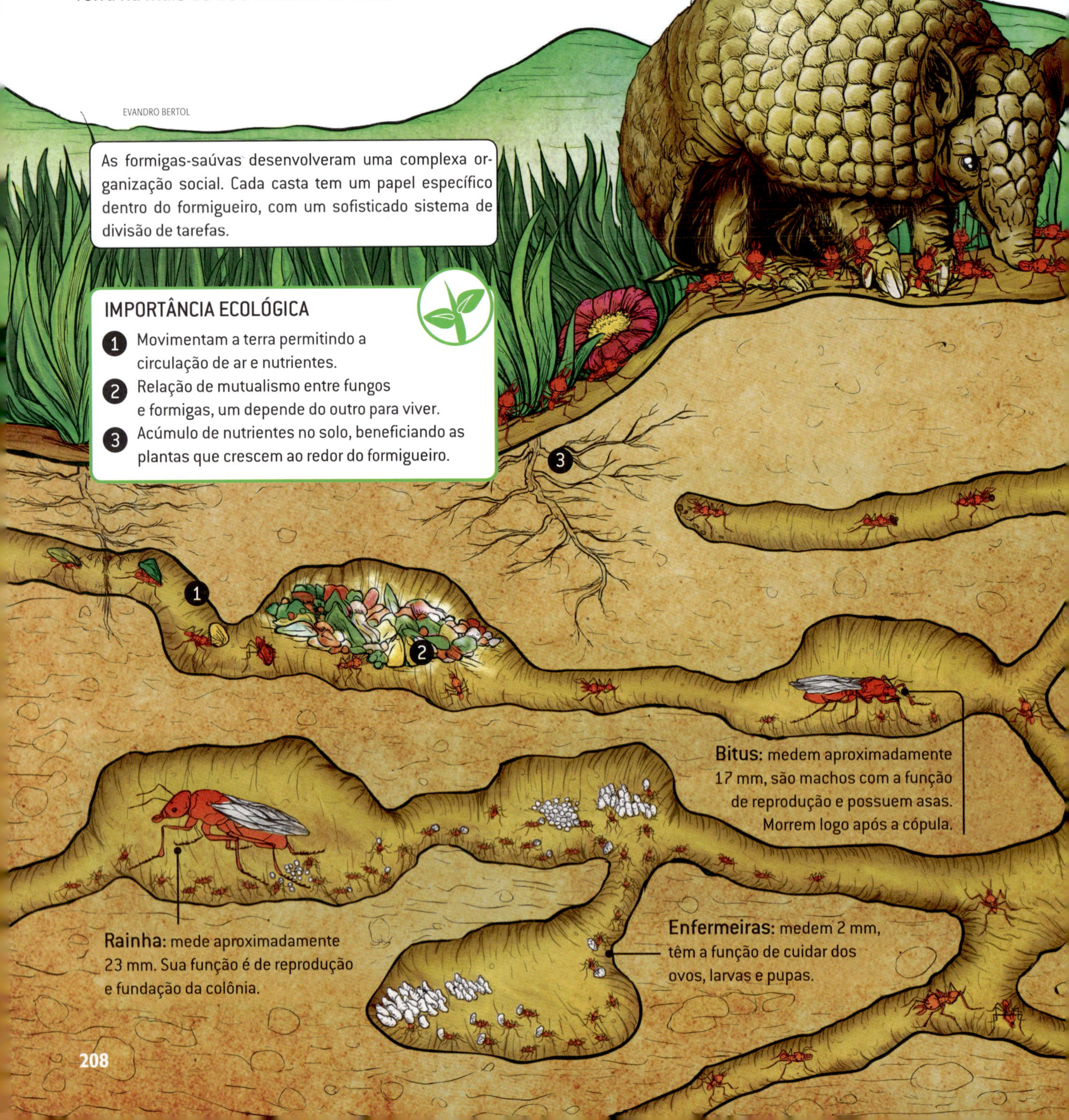

EVANDRO BERTOL

As formigas-saúvas desenvolveram uma complexa organização social. Cada casta tem um papel específico dentro do formigueiro, com um sofisticado sistema de divisão de tarefas.

IMPORTÂNCIA ECOLÓGICA

1. Movimentam a terra permitindo a circulação de ar e nutrientes.
2. Relação de mutualismo entre fungos e formigas, um depende do outro para viver.
3. Acúmulo de nutrientes no solo, beneficiando as plantas que crescem ao redor do formigueiro.

Atividades

1. Qual a importância das formigas-saúvas no ecossistema?

2. Por que a saúva é chamada de formiga agricultora?

3. Qual é o tipo de relação ecológica existente entre a formiga e o fungo?

Os hábitats da formiga-saúva vão desde a América Central até a América do Sul.

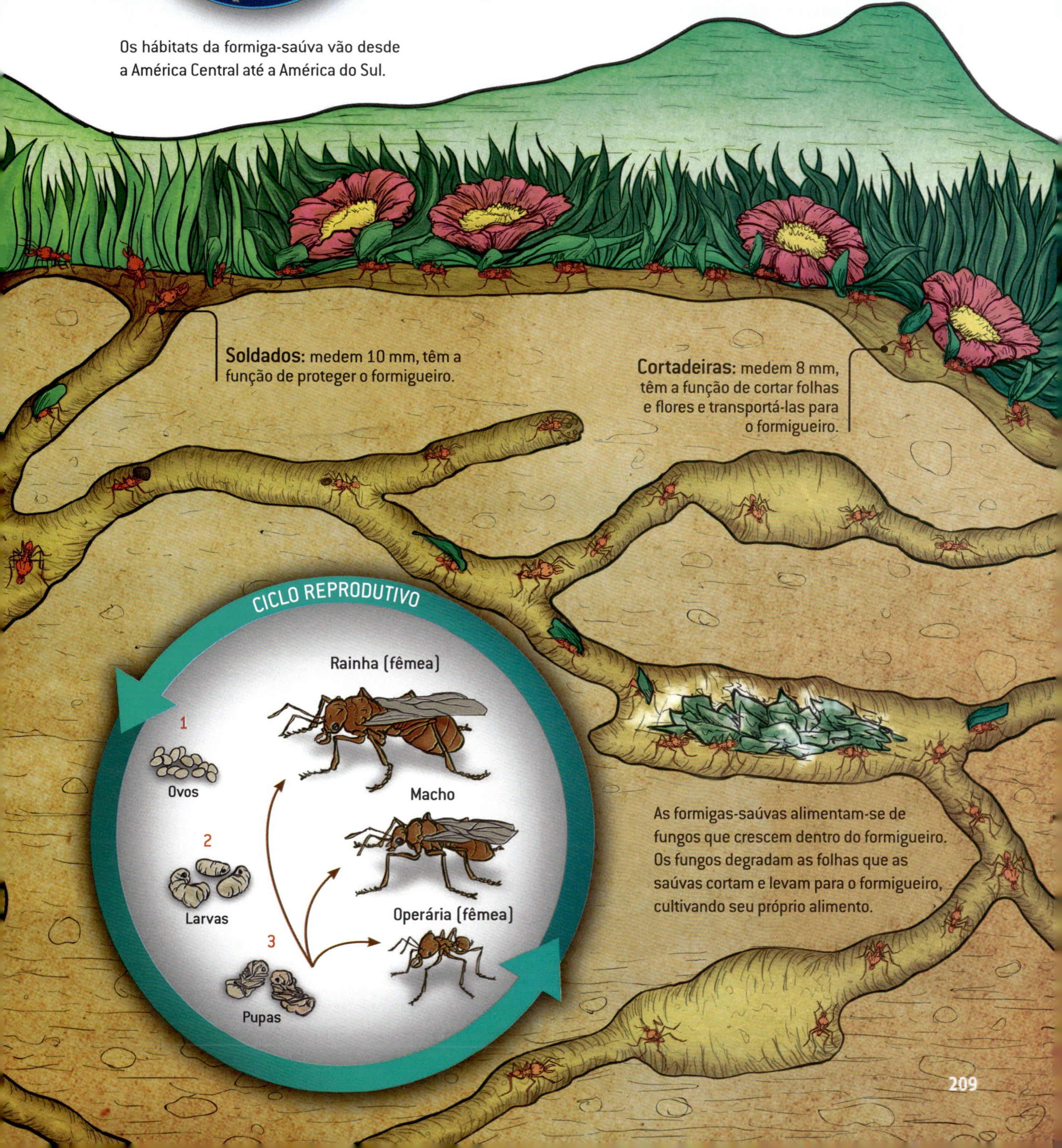

Relações desarmônicas intraespecíficas

Canibalismo

O canibalismo é uma relação na qual indivíduos se alimentam de outros de sua própria espécie. Geralmente, ocorre em situações de falta de alimento ou de limitação de espaço.

Competição intraespecífica

É a disputa entre indivíduos da mesma espécie por alimento, território e parceiros sexuais. A competição prejudica ambos os envolvidos.

SPL/LATINSTOCK

Três indivíduos de uma espécie de sépia (*Sepia pharaonis*). A fêmea, à frente, está realizando a postura de ovos. Acima dela, um macho protegendo a postura com seus tentáculos. Ao fundo, outro macho disputando a fecundação dos ovos. Essa espécie mede até 40 cm de comprimento.

Relações desarmônicas interespecíficas

Competição interespecífica

Indivíduos de espécies diferentes podem disputar território e recursos do ambiente. Essa relação é a competição interespecífica. Por exemplo, há pássaros de espécies distintas que disputam o mesmo material para a construção de seus ninhos.

SPL/LATINSTOCK

Diferentes espécies de coral disputam espaço para crescimento e recursos do ambiente. Esse é um exemplo de competição interespecífica.

Predação

A predação ocorre quando um indivíduo de uma espécie (o predador) se alimenta de um indivíduo de outra espécie (a presa) ou de suas partes. Os carnívoros são predadores.

THINKSTOCK/GETTY IMAGES

A onça-pintada (*Panthera onca*) é o maior felino das Américas, chegando a medir cerca de 2 m de comprimento. Ocupa territórios do México até o norte da Argentina. Habita áreas de vegetação densa, com abundância de água e alimentação. São animais de hábitos solitários e terrestres, urinam com grande frequência para demarcar território e caçam tanto à noite quanto durante o dia.

Parasitismo

A relação de parasitismo é quando um indivíduo de uma espécie (o parasita) sobrevive à custa de um indivíduo de outra espécie (o hospedeiro), que é prejudicado. Na maioria dos casos, a interação com o parasita não mata o hospedeiro.

Os parasitas podem ser **endoparasitas**, que penetram no organismo, ou **ectoparasitas**, que não entram no organismo (do grego *endo* = dentro; e *ektós* = fora).

O amarelão, ou ancilostomose, é uma parasitose que provoca anemia, causada por vermes endoparasitas, cujas larvas penetram na pele. Também são exemplos de endoparasitas os vírus, causadores de várias doenças como a gripe, a febre amarela e a Aids.

Parasitose: doença causada por parasita em hospedeiro.

Como exemplo de ectoparasitas, podemos citar os piolhos, os carrapatos, o bicho-de-pé e a sarna.

O parasitismo também ocorre em espécies vegetais. O cipó-chumbo, por exemplo, não possui folhas nem clorofila, portanto não faz a fotossíntese; ele se alimenta da seiva elaborada que retira do caule da planta hospedeira por meio de suas raízes.

FABIO COLOMBINI

O cipó-chumbo (*Cuscuta* sp.) é uma planta parasita. Quando cobre completamente a planta hospedeira, ela acaba morrendo e o cipó-chumbo também.

Amensalismo ou antibiose

São relações desarmônicas em que indivíduos de uma população inibem ou impedem o desenvolvimento de indivíduos de populações de outras espécies. Um exemplo de amensalismo é a relação entre alguns fungos e bactérias.

Alguns fungos produzem substâncias que, lançadas no ambiente à sua volta, impedem ou dificultam o crescimento e desenvolvimento de bactérias. Com base nessa constatação, os pesquisadores puderam desenvolver a penicilina, antibiótico que já salvou muitas vidas.

FERNANDO BUENO/PULSAR IMAGENS

As folhas do eucalipto que caem no solo liberam uma substância que inibe o desenvolvimento de outras plantas. Este tipo de relação desarmônica é denominada amensalismo. Na fotografia, plantação de eucaliptos em Capivari (RS).

1. Observe a ilustração. Nela estão representados animais do Pantanal à beira de um rio.

RODVAL MATIAS

Representação esquemática do Pantanal. Cores fantasia. Elementos fora de escala de tamanho e de proporção.

a. O que são populações? Cite duas que são observadas na imagem.

b. Que nome se dá ao conjunto das populações de um ecossistema?

2. Quais são os fatores que definem um ecossistema?

3. Faça um desenho, em seu caderno, que represente o ecossistema de um aquário, destacando as diferentes populações e os fatores abióticos.

4. A ação do predador, quase sempre, leva sua presa rapidamente à morte, ao contrário do que acontece no parasitismo, em que a morte do hospedeiro pode demorar anos ou mesmo não ocorrer em razão da presença do parasita. Por que, para o parasita, não é vantajoso que ocorra a morte do hospedeiro?

5. Analise as relações ecológicas descritas a seguir e depois responda às questões.

I. Na caravela, existe uma união estreita de indivíduos, cada um deles especializado em determinada função, como digestão, reprodução e defesa.

II. As abelhas dividem o trabalho nas colmeias, onde a rainha e o zangão são responsáveis pela reprodução e as operárias, pela manutenção da colmeia.

a. Quais tipos de relações ecológicas são descritas nos exemplos?

b. Qual é a principal característica dos organismos que vivem em colônia quando comparados a organismos sociais?

6. Predação e competição são exemplos de relações desarmônicas interespecíficas. Qual é a diferença entre elas?

7. Às vezes, uma espécie pode auxiliar outra de maneira involuntária, isto é, cuidando de seu próprio bem-estar ela pode estar proporcionando vantagem a outro indivíduo. Por exemplo, as abelhas, ao buscarem néctar e grãos de pólen, estão involuntariamente prestando um benefício às flores visitadas. Que tipo de benefício é esse? Qual é o tipo de relação ecológica nesse caso?

8. Leia o texto e depois responda às questões no caderno.

> O gavião-carrapateiro come carrapatos grudados na pele de outros animais. Na fotografia, ele está comendo carrapatos de uma capivara. A alimentação da capivara é composta de ervas e gramíneas.

a. O gavião-carrapateiro é um predador? Justifique.
b. A capivara é um predador? Justifique.
c. O carrapato é um predador? Justifique.

SPL/LATINSTOCK

Gavião-carrapateiro comendo os carrapatos de uma capivara, no Pantanal (MS).

9. Em muitos lagos e represas, principalmente próximos de regiões urbanas, é indicada a introdução de peixes larvófagos (que se alimentam de larvas de insetos), como forma de controle da população de mosquitos. Em que tipo de relação ecológica se baseia esse controle?

10. Leia e localize no texto informações relativas ao hábitat e ao nicho ecológico do gato-do-mato. Escreva no caderno essas informações.

> [...]
> *Leopardus tigrinus* [gato-do-mato] ocorre numa grande variedade de ambientes, das florestas pluviais densas da Mata Atlântica e Amazônia, às áreas secas quase sem chuva da Caatinga nordestina [...]. No Brasil estes ambientes incluem vegetação costeira das restingas, as diversas formas de florestas tropicais e sub-tropicais, assim como diversas fisionomias do Cerrado e da Caatinga. No Pantanal, sua presença parece estar restrita às áreas mais secas [...].
> [...] O padrão de atividades é tipicamente noturno-crepuscular, mas este felino apresenta também um elevado grau de atividade diurna. [...] é uma espécie de hábitos terrestres, mas suas habilidades arborícolas são bem desenvolvidas. Os hábitos são solitários, no padrão típico de Felidae. [...] A dieta é especialmente à base de mamíferos muito pequenos (< 100 g), sendo a presença de aves e répteis também bastante representativa.
> [...]
>
> Oliveira, T. G. et. al. *Avaliação do risco de extinção do gato-do-mato.* Disponível em: <http://www.icmbio.gov.br/revistaeletronica/index.php/BioBR/article/view/370/319>. Acesso em: 20 fev. 2015.

LUIZ CLAUDIO MARIGO/TYBA

Leopardus tigrinus é a menor espécie de felino-silvestre do Brasil. Possui porte e proporções corporais semelhantes ao gato doméstico.

Pista 3

Quando um cultivo agrícola é instaurado, florestas são desmatadas, eliminando a fauna e a flora local. A restauração destas áreas degradadas é um processo longo e complexo. Somente após o estabelecimento de determinadas espécies vegetais a fauna local poderá voltar a existir.

Faça uma pesquisa e responda: Por que o processo de reflorestamento é complexo e demorado?

14 Matéria e energia dos ecossistemas

Os seres vivos precisam se alimentar, pois é do alimento que retiram a energia necessária para sobreviver.

De onde veio a energia necessária para que a vida na Terra surgisse há bilhões de anos? A resposta está no Sol, que emite luz e calor. Se ele desaparecer, a vida, como se conhece hoje, poderá ser extinta.

Estudando o fitoplâncton

Estima-se que a quantidade de fitoplâncton presente nos ecossistemas marinhos esteja diminuindo. A hipótese mais provável é que isso esteja ocorrendo devido ao aumento da temperatura da água nos oceanos – possível consequência do aquecimento global –, que dificulta a obtenção de nutrientes pelos organismos que formam o fitoplâncton e faz com que eles se reproduzam menos.

Ao que tudo indica, o cenário é grave, pois o fitoplâncton é a base de toda a teia alimentar nos ecossistemas marinhos. Ele é composto de organismos com clorofila [microscópicos] que sintetizam matéria orgânica e são carregados pelas correntes marinhas. A queda da biomassa desses organismos nos oceanos provocaria uma redução em cascata de uma série de outras espécies, continuando a afetar até o já depauperado estoque pesqueiro. Além disso, o fitoplâncton oceânico é o maior responsável pela produção do oxigênio atmosférico, graças à fotossíntese realizada por esses organismos.

[...]

Disponível em: <http://cienciahoje.uol.com.br/blogues/bussola/2014/01/cientistas-cidadaos>. Acesso em: 26 fev. 2015.

SPL/LATINSTOCK

O fitoplâncton é a base de toda a teia alimentar nos ecossistemas marinhos. Fotomicrografia, ampliação de 80 vezes.

BATE-PAPO

1. De onde vem a energia de que os seres vivos precisam para sobreviver?
2. Para que os seres vivos precisam de energia?
3. Segundo o texto, o fitoplâncton está diminuindo nos oceanos. Por que isso é tão preocupante?

TRANSFORMAÇÕES DE ENERGIA

A Terra recebe energia solar. Parte dessa energia é refletida de volta para a atmosfera. A energia solar que atravessa a atmosfera é transformada em energia térmica (calor), que mantém o ar e a superfície da Terra aquecidos.

O calor é responsável pela evaporação da água, participando, portanto, do ciclo da água. Outra parte da energia do Sol é armazenada nos animais e nos vegetais na forma de energia química. Algas e plantas são seres vivos capazes de aproveitar a energia do Sol e transformá-la em energia química por meio de um processo denominado **fotossíntese**. Os seres vivos que se alimentam das plantas passam a armazenar, de forma indireta, a energia do Sol.

A fotossíntese

Na fotossíntese, a luz é captada pela clorofila, um pigmento presente no cloroplasto. Essa organela transforma a energia luminosa em energia química.

A energia química fica armazenada na glicose, produto final da fotossíntese em outros carboidratos, nas gorduras e proteínas sintetizadas pelas plantas. Essa energia passa de um ser vivo para outro, transformando-se em calor a cada passagem.

Desse modo, os seres clorofilados produzem o próprio alimento e liberam gás oxigênio para o ambiente.

Nas plantas, o gás carbônico entra através dos estômatos. A água com sais minerais (seiva bruta) é absorvida pelas raízes. A clorofila capta energia solar e a glicose é sintetizada nas folhas e outras partes clorofiladas. O gás oxigênio liberado na fotossíntese sai pelos estômatos. A água com glicose e sais minerais forma a seiva elaborada, que é distribuída para todas as partes da planta.

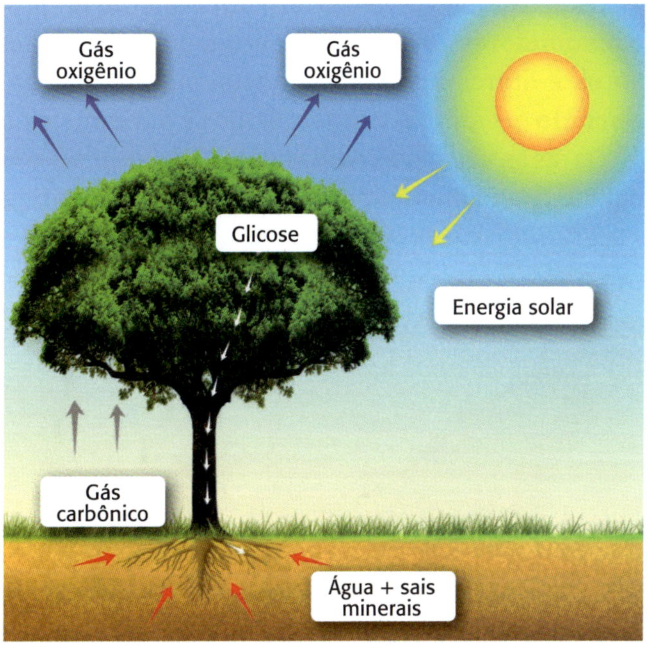

Na fotossíntese, a partir do gás carbônico e da água absorvidos, são produzidos gás oxigênio e glicose. Cores fantasia. Elementos fora de escala de tamanho e de proporção.

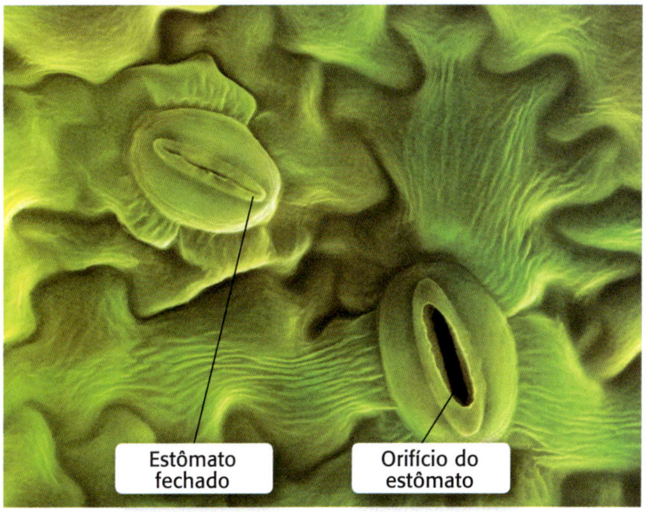

Microscopia da face inferior de uma folha mostrando os orifícios (estômatos) por onde entra o gás carbônico usado na fotossíntese. Cores artificiais. O orifício da direita está aberto e o da esquerda está fechado. Ampliação de 1 200 vezes.

RELAÇÕES ALIMENTARES

Em relação ao hábito alimentar, os seres vivos são classificados em **produtores** e **consumidores**.

Os produtores (algas e plantas) utilizam substâncias e energia obtidas do ambiente para produzir o próprio alimento. Um exemplo desse processo de obtenção do alimento é a fotossíntese.

Organismos do ecossistema que não produzem seu alimento e, por isso, precisam se alimentar de outros seres vivos para sobreviver são chamados consumidores. Os seres vivos autotróficos são produtores e os heterotróficos são consumidores.

JUCA MARTINS /PULSAR IMAGENS

O lobo-guará (*Chrysocyon brachyurus*) é um ótimo caçador. Caça preás, cutias, tamanduás-mirim. Mas também se alimenta de frutos, como a fruta-do-lobo. Mede cerca de 1,20 m de comprimento. São Paulo (SP).

Tipos de consumidores

Os seres que se alimentam diretamente de produtores são chamados **consumidores primários**. Aqueles que se alimentam de animais herbívoros e outros animais são **consumidores secundários**. O **consumidor terciário** é o animal carnívoro que se alimenta de outro carnívoro.

Os seres vivos que se alimentam de animais e de plantas são onívoros e podem ser consumidores primários, secundários ou terciários.

FABIO COLOMBINI

A capivara (*Hydrochaeris hydrochaeris*) é o maior roedor do mundo, bem maior do que os ratos e camundongos, chegando a medir 1,3 m de comprimento. Come capim e outros tipos de vegetação da beira do rio e também aquáticas. Brasília (DF).

FABIO COLOMBINI

Carnívora, a sucuri (*Eunectes murinus*) come peixes, sapos, macacos, jacarés, aves, tartarugas, antas, entre outros animais. Mede cerca de 8 m de comprimento. Cuiabá (MT).

Os fungos e as bactérias saprófitas representam um tipo de consumidor denominado **decompositor**. Alimentam-se principalmente de matéria orgânica morta. Esses seres vivos promovem a decomposição da matéria orgânica, transformando-a em sais minerais, que são devolvidos ao solo ou à água, de onde podem ser retirados pelas raízes das plantas e pelas algas, que vão reaproveitá-los.

THINKSTOCK/GETTY IMAGES

Laranja em decomposição por fungos e bactérias.

CADEIAS E TEIAS ALIMENTARES

Entende-se por **cadeia alimentar** as relações alimentares entre diferentes seres vivos em um ecossistema, caracterizadas pelo fluxo de energia e matéria quando um ser vivo se alimenta de partes, ou totalmente, de outro. Observe a seguir um exemplo de cadeia alimentar.

capim ⟶ capivara ⟶ onça-pintada ⟶ decompositores

Nessa cadeia alimentar, a direção das setas indica que o capim (produtor) serve de alimento para a capivara (consumidor primário) e a capivara será consumida pela onça-pintada (consumidor secundário). A direção das setas também indica a direção do fluxo da matéria orgânica e da energia química nela contida.

Cadeias alimentares geralmente não ocorrem isoladamente nos ecossistemas naturais. Na natureza, o mais comum é que se observem várias relações entre seus componentes.

Dessa forma, um ecossistema apresenta muitas cadeias alimentares formando as **teias alimentares**. Conhecer as teias alimentares dos ecossistemas é fundamental para determinar sua biodiversidade e estabelecer metas para preservá-los, prevendo os riscos que qualquer alteração no ambiente pode provocar.

FIQUE DE OLHO

No ambiente aquático, o conjunto de seres fotossintetizantes é o fitoplâncton, constituído principalmente por cianobactérias e algas. Há também animais microscópicos que se alimentam do fitoplâncton: o chamado zooplâncton. O plâncton é um conjunto de organismos formado pelo fitoplâncton e pelo zooplâncton. Observe a imagem a seguir e responda às questões no caderno.

1. Qual é a importância do fitoplâncton para as cadeias alimentares apresentadas?
2. Que tipo de consumidor é o zooplâncton?
3. Escreva ao menos três cadeias alimentares que compõem a teia representada na ilustração.

Observe as relações alimentares mostradas na representação esquemática. Ela apresenta diversas cadeias alimentares, formando uma teia alimentar. Cores fantasia. Elementos fora de escala de tamanho e de proporção.

FIQUE DE OLHO

Observe a ilustração. Ela mostra seres vivos à beira de um rio do Pantanal.

VALENTIM KEPPK

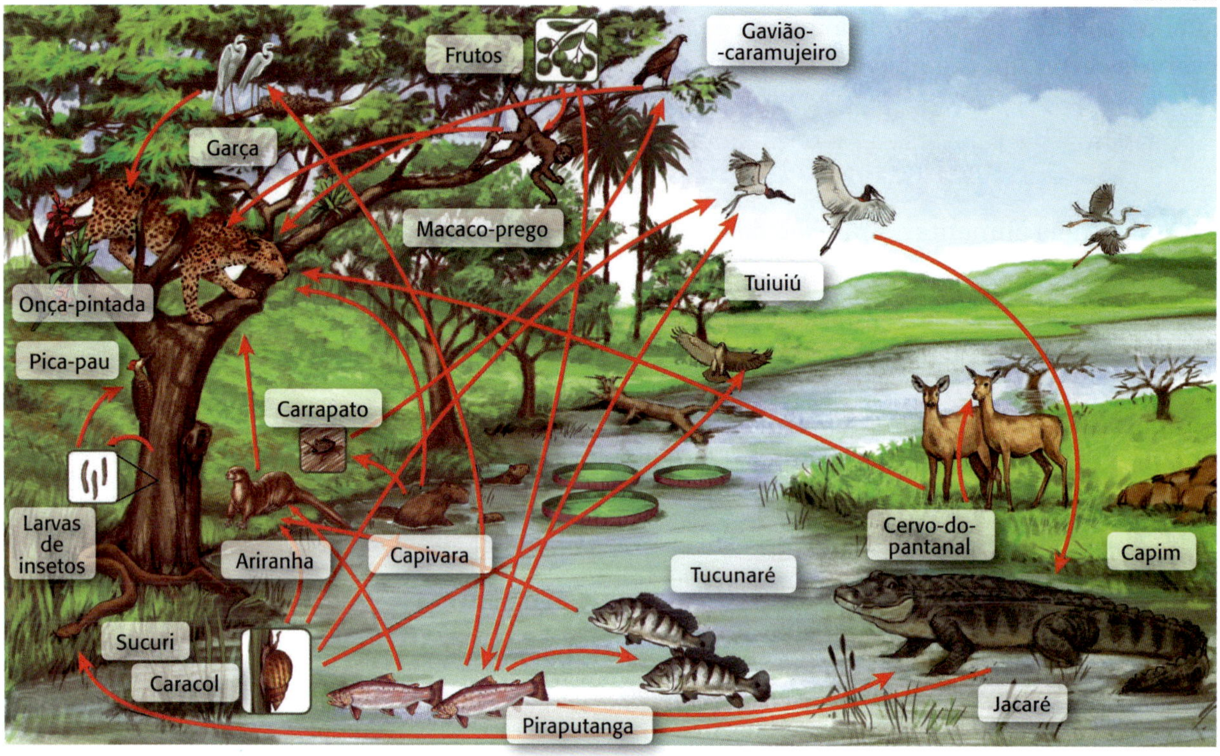

Representação esquemática de possíveis relações alimentares que ocorrem em uma beira de rio no Pantanal. Cores fantasia. Elementos fora de escala de tamanho e de proporção.

No ecossistema representado na ilustração acima, podemos observar diversas relações alimentares formando uma teia. O macaco precisa ser ágil, senão é alcançado pela onça-pintada. A ariranha também pode virar comida de onça--pintada enquanto observa os peixes que quer comer. Os filhotes de tuiuiú às vezes caem do ninho e são devorados pelos jacarés. Os tuiuiús comem peixes e caracois. Mas nem todas as relações estão representadas nessa imagem. Por exemplo, o jacaré come o cervo-do-pantanal.

- Identifique as cadeias alimentares dessa teia. Para isso, faça no caderno, uma tabela como a do modelo. Depois, siga as flechas para identificar cada cadeia da teia alimentar. Faça outras linhas caso necessário.

Cadeias alimentares				
Produtor	**Consumidor primário**	**Consumidor secundário**	**Consumidor terciário**	**Consumidor quaternário**
Frutos e folhas	Macaco-prego	Onça-pintada		
Frutos	Piraputanga	Garça	Onça-pintada	
Capim	Cervo-do-pantanal	Sucuri		
Árvore	Larvas de insetos	Pica-pau	Jacaré	Sucuri

SAIBA MAIS

Consequências da monocultura de eucalipto

“Em Brasília, grandes áreas foram reflorestadas com eucalipto, substituindo a vegetação nativa do cerrado.

Animais como o tatu, a cobra-cega e o tamanduá, que são grandes comedores de formigas, não se adaptam à floresta de eucaliptos. Mas as formigas, especialmente as saúvas, vivem bem entre essas árvores.

As formigas, livres de seus predadores, aumentaram muito em número e os formigueiros aumentaram em tamanho e em quantidade. Foi preciso fazer uma matança de saúvas.

[...] houve também uma exagerada proliferação de cigarras, que ensurdeciam as pessoas. Isso aconteceu devido ao desaparecimento de pássaros e das corujinhas-do-cerrado, que também não encontraram condições de vida no eucaliptal.”

Ruth Gouvêa Duarte. *Lições da natureza*. São Paulo: Atual, 2000.

FABIO COLOMBINI

Saúvas (*Atta* sp.) cortando folhas para cultivar o fungo que as alimenta. As saúvas medem cerca de 1,5 cm de comprimento.

RUBENS CHAVES/FOLHAPRESS

Plantação de eucaliptos em Brasília (DF), em 2013.

ANDRE DIB/PULSAR IMAGENS

Vegetação de Cerrado em Alto Paraíso de Goiás (GO), em 2014.

FABIO COLOMBINI

Cigarra (*Cicada orni*) na folha. As cigarras se alimentam de seiva das plantas. Medem cerca de 4 cm de comprimento.

Para pensar

1. Que mudança ambiental aconteceu no Cerrado, em Brasília, que está provocando desequilíbrio nas cadeias alimentares?
2. Que populações diminuíram após essa mudança ambiental?
3. O que causou o aumento das saúvas?
4. As cigarras são consumidores primários ou secundários? Justifique sua resposta.
5. Com base nos dados do texto, no caderno, construa uma cadeia alimentar que inclua as cigarras.

FLUXO DE ENERGIA

Em um ecossistema, ocorre o fluxo de energia nas cadeias alimentares. Nelas, a energia química passa de um ser vivo que serve de alimento para outro que se alimenta dele.

FLUXO DE ENERGIA NA CADEIA ALIMENTAR

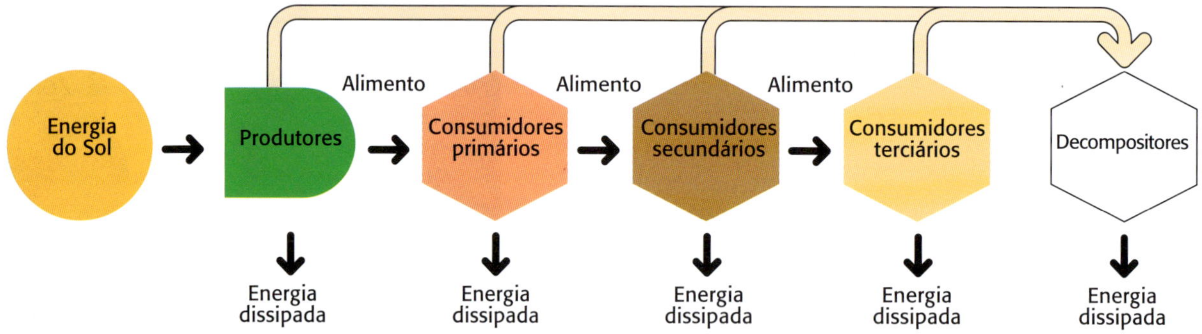

Representação esquemática dos fluxos de energia nas cadeias alimentares. Cores fantasia.

SELAVI CONTEÚDO CRIATIVO

TRANSFERÊNCIA DE ENERGIA NOS NÍVEIS TRÓFICOS

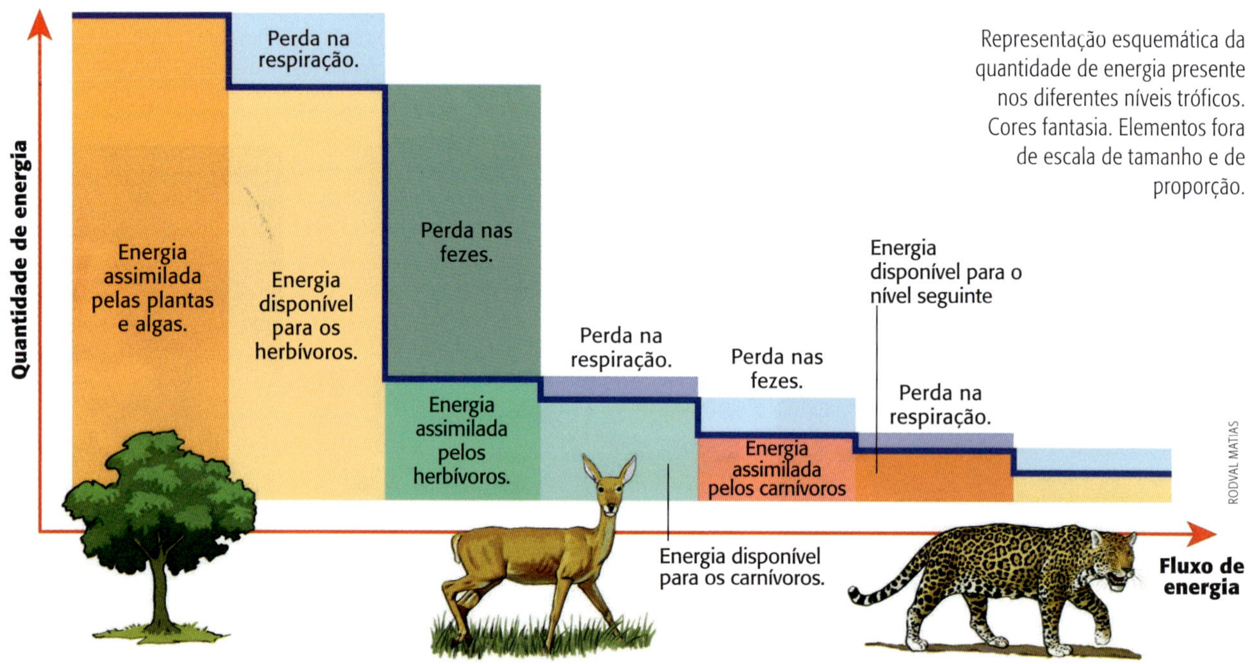

Representação esquemática da quantidade de energia presente nos diferentes níveis tróficos. Cores fantasia. Elementos fora de escala de tamanho e de proporção.

RODVAL MATIAS

Fonte: Disponível em: <http://www.ib.usp.br/microgene/files/biblioteca-14-PDF.pdf>. Acesso em: 10 abr. 2015.

Cada elo da cadeia alimentar é um **nível trófico** (do grego *tropho* = alimento).

Os produtores assimilam a energia solar no processo de fotossíntese, transformando-a em energia química. Parte dessa energia é utilizada pelos produtores em suas atividades metabólicas, e é dissipada para o ambiente.

Ao se alimentar dos produtores, os consumidores primários obtêm energia química que é utilizada para o seu desenvolvimento e em seus processos metabólicos, como a respiração. Parte dessa energia é dissipada para o ambiente por meio de calor. Outra parte é transferida para o nível trófico seguinte ou para os decompositores. O mesmo ocorre nos demais níveis tróficos.

Os decompositores consomem restos de seres vivo e demais detritos como fezes e urina. A energia nos seres vivos é utilizada pelos fungos e bactérias que realizam a decomposição da matéria orgânica.

Pirâmides ecológicas

Para representar a energia em cada nível trófico, foram criados três tipos de representação: pirâmide de número, pirâmide de energia e pirâmide de biomassa.

Pirâmide de números

Este tipo de pirâmide indica o número de indivíduos de cada nível trófico. Por exemplo, são necessários 10 mil indivíduos de gramíneas para alimentar 10 ratos-do-campo durante um período de tempo. São necessários 10 ratos-do-campo para alimentar um gavião nesse mesmo período. Na maioria dessas pirâmides, os indivíduos do primeiro nível são os mais numerosos, pois representam os produtores.

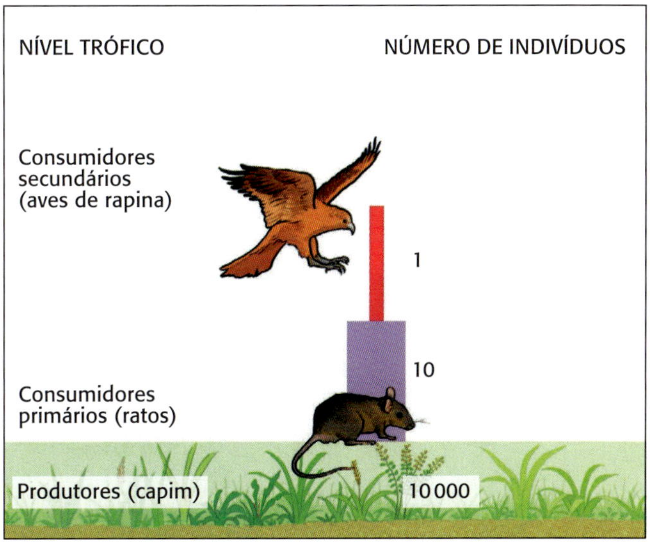

Representação esquemática de uma pirâmide de números. Elementos fora de escala de tamanho e de proporção.

Pirâmide de energia

Esta pirâmide representa a energia ao longo dos níveis tróficos e geralmente sua unidade de medida é a quilocaloria. Ela mostra a perda de energia ao longo da cadeia alimentar. A pirâmide de energia tem sempre a base maior do que o topo. Há sempre perda de energia na forma de calor ao se passar de um nível para outro.

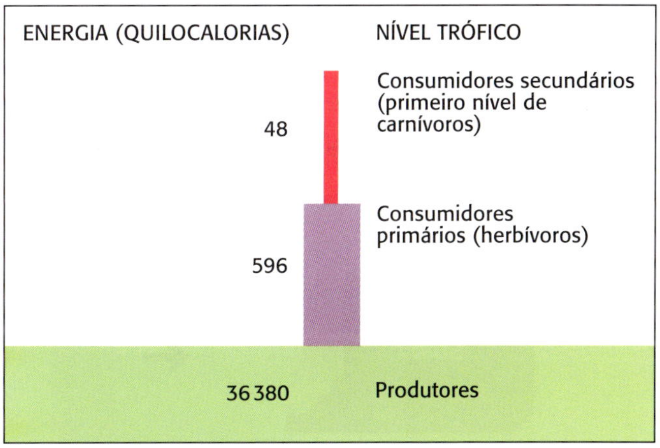

Representação esquemática de uma pirâmide de energia.

Pirâmide de biomassa

Esta pirâmide representa a quantidade de biomassa (matéria orgânica) em cada nível trófico. A unidade de medida pode ser a massa total dos organismos vivos por área.

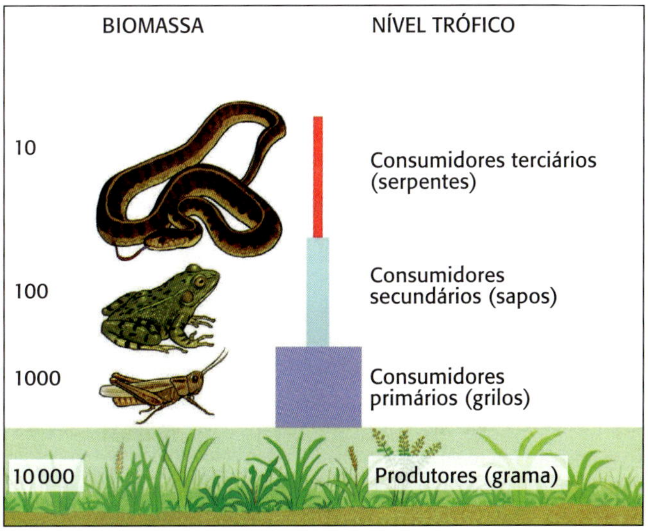

Representação esquemática de uma pirâmide de biomassa. Elementos fora de escala de tamanho e de proporção.

Fonte: RAVEN, Peter H. et al. *Environment*. Orlando: Saunders College Publising, 1998.

ILUSTRAÇÕES: RODVAL MATIAS

RECICLAGEM DA MATÉRIA

Enquanto a energia flui no ecossistema, a matéria dos seres vivos é constantemente reciclada.

THINKSTOCK/GETTY IMAGES

As folhas mortas são decompostas pela ação de fungos e bactérias e desse processo resultam sais minerais, que, dissolvidos na água, são absorvidos pelas plantas. Na fotografia, solo de uma floresta tropical.

Quando um organismo morre, a sua matéria é decomposta e os nutrientes retornam ao ambiente. E o ciclo recomeça. Os seres vivos mantêm trocas constantes de gases (gás oxigênio e gás carbônico) com o ambiente.

CICLO DA MATÉRIA

SELAVI

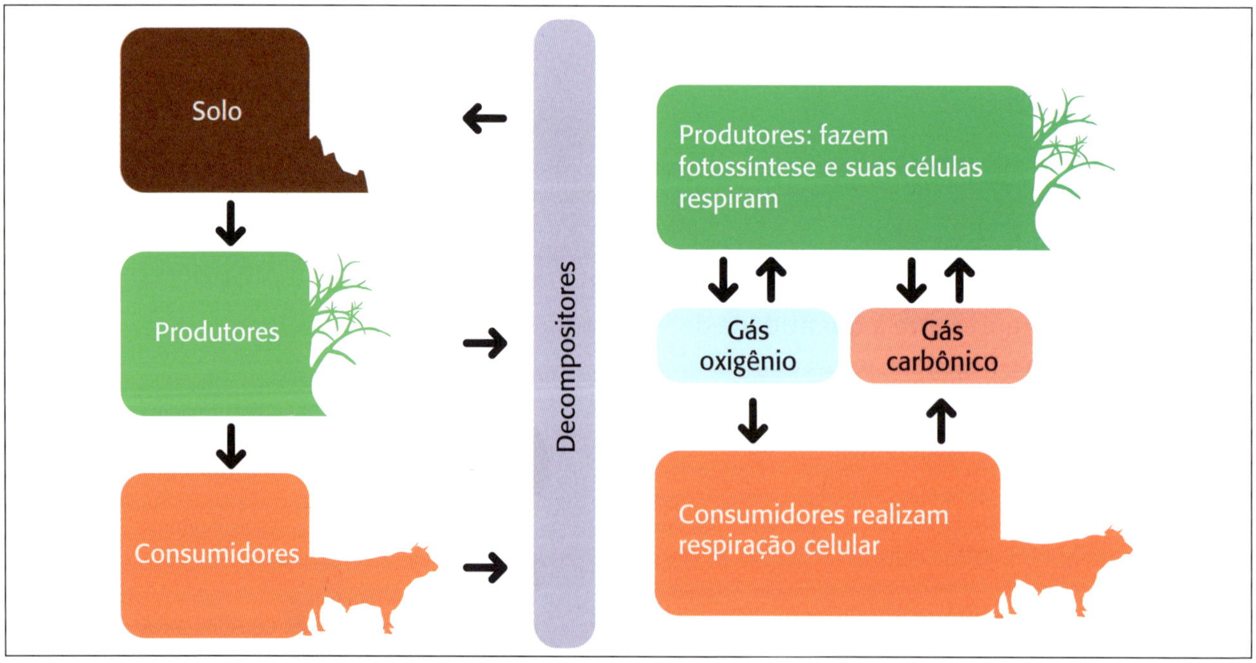

Representação esquemática do ciclo da matéria no ambiente. Os componentes da matéria que constituem os seres vivos retornam ao meio abiótico e são aproveitados por outros seres vivos ao longo do tempo. Assim, enquanto a energia solar flui pelos níveis tróficos, a matéria se recicla, permitindo a formação de novas gerações. Cores fantasia. Elementos fora de escala de tamanho e de proporção.

1. Leia o texto apresentado a seguir, observe as fotografias de alguns seres vivos da Mata Atlântica e depois faça o que se pede.

> Os indivíduos mostrados nas fotografias podem compor cadeias alimentares. Com exceção do mico-leão-dourado, que só vive na Mata Atlântica do estado do Rio de Janeiro, as demais espécies têm ampla distribuição nas áreas onde ainda existe Mata Atlântica e também em outros biomas.

FABIO COLOMBINI

Mico-leão-dourado: come lagartos, aves, insetos e frutos. Pode ser predado por corujas e gaviões. Mede cerca de 60 cm de comprimento.

FABIO COLOMBINI

Jaguatirica: caça roedores, filhotes de macaco, lagartos e aves. Tem aproximadamente 1,3 m de comprimento.

FABIO COLOMBINI

Uvaia: fruto comestível de uma árvore de 10 m de altura.

FABIO COLOMBINI

Sabiá-laranjeira: come insetos e frutos. Mede cerca de 25 cm de comprimento.

FABIO COLOMBINI

Lagarto: come insetos, ovos e larvas. Essa espécie mede cerca de 1 m de comprimento.

FABIO COLOMBINI

Cigarrinha: inseto herbívoro, com preferência por folhas e brotos. Chega a medir 1,3 cm de comprimento.

ARTUR KEUNECKE/PULSAR IMAGENS

Coruja-buraqueira: alimenta-se de pequenos mamíferos, répteis e peixes. Mede em média 20 cm de comprimento.

a. Cite duas possíveis cadeias alimentares que podem ser formadas com os seres vivos das fotografias.

b. De acordo com as pirâmides ecológicas, qual elemento das cadeias alimentares deve estar em maior quantidade?

c. Que animais, entre esses, podem estar no topo das cadeias alimentares?

d. Quais desses animais são consumidores primários? Justifique.

e. Algum animal participa de mais de uma cadeia alimentar, sendo classificado de forma diferente em cada uma delas? Qual?

f. Que importante componente das cadeias alimentares não está representado nas fotografias?

g. O que aconteceria com o ambiente se esse componente não existisse?

2. Quais são as posições que nós, seres humanos, podemos ocupar nas teias alimentares? No caderno, esquematize uma cadeia alimentar em que você apareça, usando os alimentos que consumiu no seu almoço de ontem.

3. Nas cadeias alimentares, os seres vivos fotossintetizantes desempenham a função de produtores. Na maioria dos ecossistemas terrestres, os produtores são representados pelas plantas. No ambiente aquático, quais são os principais produtores? Justifique.

4. A maior parte de energia acumulada, em dado momento, em uma pirâmide alimentar está situada na sua base ou no topo? Explique.

5. Se uma cadeia alimentar apresenta produtores, consumidores primários, secundários e terciários, o que podemos dizer a respeito da quantidade de energia de cada nível trófico? E o fluxo da energia: é unidirecional ou bidirecional? Justifique sua resposta.

6. Observe a teia alimentar a seguir.
   a. Quais são os produtores?
   b. Qual é a diferença entre zooplâncton e fitoplâncton?
   c. Que animais da teia vivem submersos?
   d. Quais são os consumidores primários?
   e. Quais são consumidores secundários?
   f. Quais são os consumidores quaternários?
   g. Algum dos peixes é herbívoro?

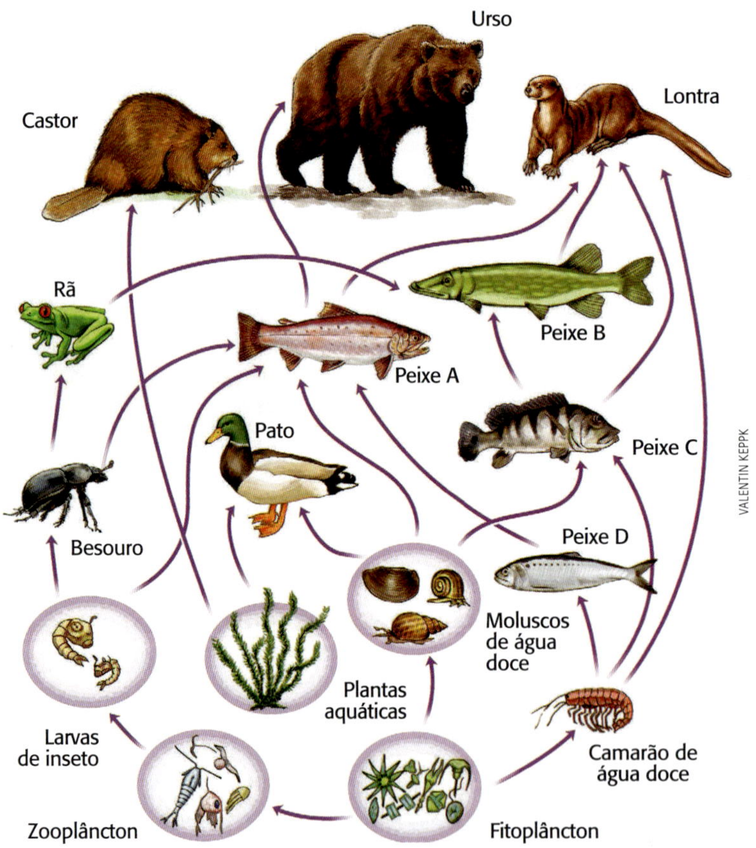

Representação esquemática de uma teia alimentar. Cores fantasia. Elementos fora de escala de tamanho e de proporção.

7. A baleia-azul é um consumidor secundário que se alimenta de toneladas diárias de pequenos animais chamados *krill*. O cachalote é um tipo de baleia carnívora que se alimenta de lulas e leões-marinhos, que, por sua vez, se alimentam de peixes. Que animal aproveita mais a energia dos produtores: a baleia-azul ou o cachalote? Justifique sua resposta.

8. Leia o texto a seguir e depois responda à questão.

> As queimadas que se espalham pelo país afetam diretamente a vida dos animais silvestres. [...] O biólogo Léo Gondi, analista ambiental do Instituto Chico Mendes de Conservação da Biodiversidade (ICMBio), alertou que os impactos a médio e longo prazo são assustadores.
>
> "Há um impacto terrível. [Antes das queimadas] os animais tinham um território, agora eles se veem obrigados a buscar outro local que está ocupado por animais, na maioria das vezes, predadores", disse o biólogo. "É um problema gravíssimo, pois os animais que mudam de hábitat são expulsos do seu ambiente natural e enfrentam a escassez de comida."
>
> O especialista disse que as queimadas geram a extinção de espécies ou sua drástica redução, além da adaptação forçada a um novo hábitat. O biólogo acrescentou que os efeitos das queimadas também pesam sobre os recursos hídricos e a vegetação como um todo.
>
> *Queimadas mudam rotina de animais silvestres e podem até sacrificar suas vidas, diz biólogo.* Agência Brasil de notícias. Disponível em:<http://agenciabrasil.ebc.com.br/noticia/2011-09-14/queimadas-mudam-rotina-de-animais-silvestres-e-podem-ate-sacrificar- suas-vidas-diz-biologo>. Acesso em: 23 fev. 2015.

GERSON GERLOFF/PULSAR IMAGENS

Queimada em vegetação natural. Corumbá (MS), em 2012.

- Analisando os dados do texto, de que formas uma queimada pode afetar cadeias alimentares de ambientes próximos à região?

Desfecho

Reflita sobre o que você aprendeu no Desafio e responda: Quais as vantagens do plantio das monoculturas? E quais são as desvantagens? Pesquise plantios alternativos que têm um menor impacto no meio ambiente.

Encerrando a unidade

1. Nesta unidade você aprendeu vários conceitos novos sobre Ecologia. Faça um pequeno resumo a respeito de cada um dos temas a seguir:

- biomas e ecossistemas;
- teias e cadeias alimentares;
- relações ecológicas;
- ciclo dos materiais e fluxo de energia.

2. Em grupo, utilizem os conhecimentos adquiridos e os dados coletados para fazer os resumos para elaborar um pequeno texto ligando os conceitos de ecologia. Atenção para a elaboração do texto, pois ele deve ser utilizado como roteiro para apresentar uma pequena peça de teatro. Escolham quem interpretará cada papel. Não se preocupe se não houver personagem para todos. As peças podem ser apresentadas com atores diferentes.

Liquens

Juntamente com cianobactérias e musgos, os liquens desempenham um grande papel de pioneiros na colonização dos substratos desprovidos de seres vivos, “preparando o terreno” para que outras plantas e animais possam se instalar e formar comunidades bem estabelecidas.

Tradicionalmente os liquens têm sido [pouco estudados] por biólogos [...]. Em parte isto se deve à falta de conhecimento sobre suas “aplicações práticas”. [...] No Uruguai, uma espécie de líquen fruticoso, *Usnea densirostra* [...], chamada popularmente de “yerba de la piedra”, tem sido usada medicinalmente [...].

Fruticoso: ereto e ramificado.

Os liquens têm diversos outros usos, especialmente na indústria de cosméticos (principalmente perfumes), em atividades antibióticas e antitumorais [...].

Contudo, provavelmente, a maior aplicação ocorre no **biomonitoramento** da qualidade do ar. Desde a Revolução Indus-

EDSON GRANDISOLI/PULSAR IMAGENS

Líquen crescendo em tronco, Jardim Botânico de São Paulo (SP), em 2012.

THINKSTOCK/GETTY IMAGES

trial, o declínio de diversas populações liquênicas chamou a atenção de liquenólogos europeus. Sabe-se que diversas espécies são sensíveis a vários poluentes, especialmente dióxido de enxofre (SO_2), e acabam cedendo espaço para espécies mais competitivas, que se tornam dominantes em muitas paisagens urbanas. É o que ocorre, no Brasil, com *Canoparmelia texana*. Esta espécie está sendo utilizada no mapeamento de metais pesados e de outros elementos químicos [...]. Em casos de níveis de poluição muito elevados, os liquens desaparecem totalmente, fenômeno conhecido como "deserto liquênico".

[...]

Adriano Afonso Spielmann. *Fungos liquenizados*. Disponível em: <http://www.biodiversidade.pgibt.ibot.sp.gov.br/Web/pdf/Fungos_Liquenizados_Spielmann_&_Marcelli.pdf>. Acesso em: 28 fev. 2015.

Liquenólogo: pesquisador especializado no estudo de liquens.

Metais pesados: metais com elevado potencial de toxicidade.

MARCOS ANDRÉ/OPÇÃO BRASIL IMAGENS

Tronco com *Canoparmelia texana*, uma espécie que está sendo utilizada no mapeamento de poluentes. Parque Areião, Goiânia (GO), em 2013.

Para explorar

1. O que são os liquens?
2. Por que, segundo o texto, os liquens são pouco estudados?
3. Os seres humanos utilizam os liquens na indústria. Quais são esses usos?
4. Qual a importância ecológica dos liquens?
5. De acordo com o texto, os liquens são usados no biomonitoramento do ar. Explique com suas palavras o que isso significa. Se necessário, faça uma pesquisa.
6. Observe as árvores próximas à escola e a sua residência e identifique a presença de liquens.

UNIDADE

8 Ciclos biogeoquímicos e interferências humanas

O Parque Nacional do Itatiaia é a primeira área de preservação do Brasil, criada em 1937. Localiza-se entre os municípios de Itatiaia, no estado do Rio de Janeiro, Itamonte, Bocaina e Alagoa, no estado de Minas Gerais, e é uma das principais reservas da Mata Atlântica.

Seu relevo montanhoso inspirou seu nome indígena, Itatiaia, que quer dizer “penhasco cheio de pontas” – referência ao Maciço do Itatiaia, da Serra da Mantiqueira, cuja altura máxima é a do Pico das Agulhas Negras (aproximadamente 2 789 m).

A Mata Atlântica presente no parque tem rica fauna de aves e insetos, além de mamíferos como jaguatiricas, pacas, preguiças, macacos, porcos-do-mato e caxinguelês. A flora é formada por araucárias, quaresmeiras, begônias, samambaias, bromélias, orquídeas, entre outras plantas.

O parque é cortado por vários rios, cachoeiras e lagos. Há muitas trilhas para caminhadas e abrigos para turistas.

Também abriga um Museu de História Natural e uma biblioteca, com livros raros sobre a Mata Atlântica.

Nesta unidade, você vai saber mais sobre:

- Os ciclos biogeoquímicos
- As ameaças à natureza
- O que é desenvolvimento sustentável
- Preservação ambiental

Pessoas visitando o Parque Nacional do Itatiaia. Trilha da Pedra do Altar, com o Pico das Agulhas Negras ao fundo. Rio de Janeiro (RJ), em 2012.

VITOR MARIGO/TYBA

TROCANDO IDEIAS

1. Você sabe o que é parque nacional?
2. Qual é a importância de criar parques nacionais como o de Itatiaia?
3. Em alguns parques com vegetação natural, é comum uma placa com os dizeres: "Não tire nada além de fotografias, não deixe nada além de pegadas". O que isso quer dizer?

15 Ciclos biogeoquímicos

Pintura *naïf* de Mara D. Toledo, *Amazônia*, 2008. Óleo sobre tela.

Relações entre os seres vivos e o ambiente

Na obra acima, está representado um ambiente de floresta tropical, com diversos seres vivos.

Os fatores abióticos e bióticos de um ambiente estão em constante interação. Os seres vivos (fatores bióticos) dependem dos fatores abióticos para sobreviver.

Sabemos que, após a morte de todo ser vivo, a matéria que o compõe servirá de alimento para os seres decompositores. Os elementos químicos resultantes dessa transformação serão reaproveitados por outros seres vivos durante a elaboração de novas moléculas orgânicas.

BATE-PAPO

1. Qual é a importância da reciclagem da matéria que compõe os seres vivos (matéria orgânica)?
2. Quais os seres vivos que você consegue identificar na pintura?
3. Do que os seres vivos necessitam para sobreviver? De quais elementos do ambiente eles dependem?

Como é feita a preservação da biodiversidade brasileira?

O Brasil é um país que apresenta uma enorme biodiversidade e, apesar do intenso desmatamento já sofrido, diversas áreas contêm ainda hoje uma grande variedade de espécies. Por que devem ser preservadas as áreas naturais do Brasil? Você sabe como o governo brasileiro atua na proteção da biodiversidade do país?

OS CICLOS BIOGEOQUÍMICOS

Os elementos químicos constituem todas as substâncias encontradas em nosso planeta. Conhecemos atualmente mais de 100 elementos químicos (entre eles o oxigênio, o carbono e o nitrogênio) que circulam por toda a parte: litosfera, hidrosfera, atmosfera e biosfera. O ciclo desses elementos é chamado de **ciclo biogeoquímico**. Muitos desses elementos são encontrados normalmente em grandes quantidades na atmosfera ou nas rochas, que dão origem aos solos. Os locais onde predominam são chamados de depósitos desses elementos.

Os ciclos biogeoquímicos estão intimamente ligados aos processos geológicos e à erosão, responsáveis pelas transformações passadas e atuais do planeta onde vivemos. Esses ciclos são fenômenos naturais, movimentados pelos processos que regulam os ecossistemas, como a fotossíntese, a respiração celular e a decomposição.

PAULO CESAR PEREIRA

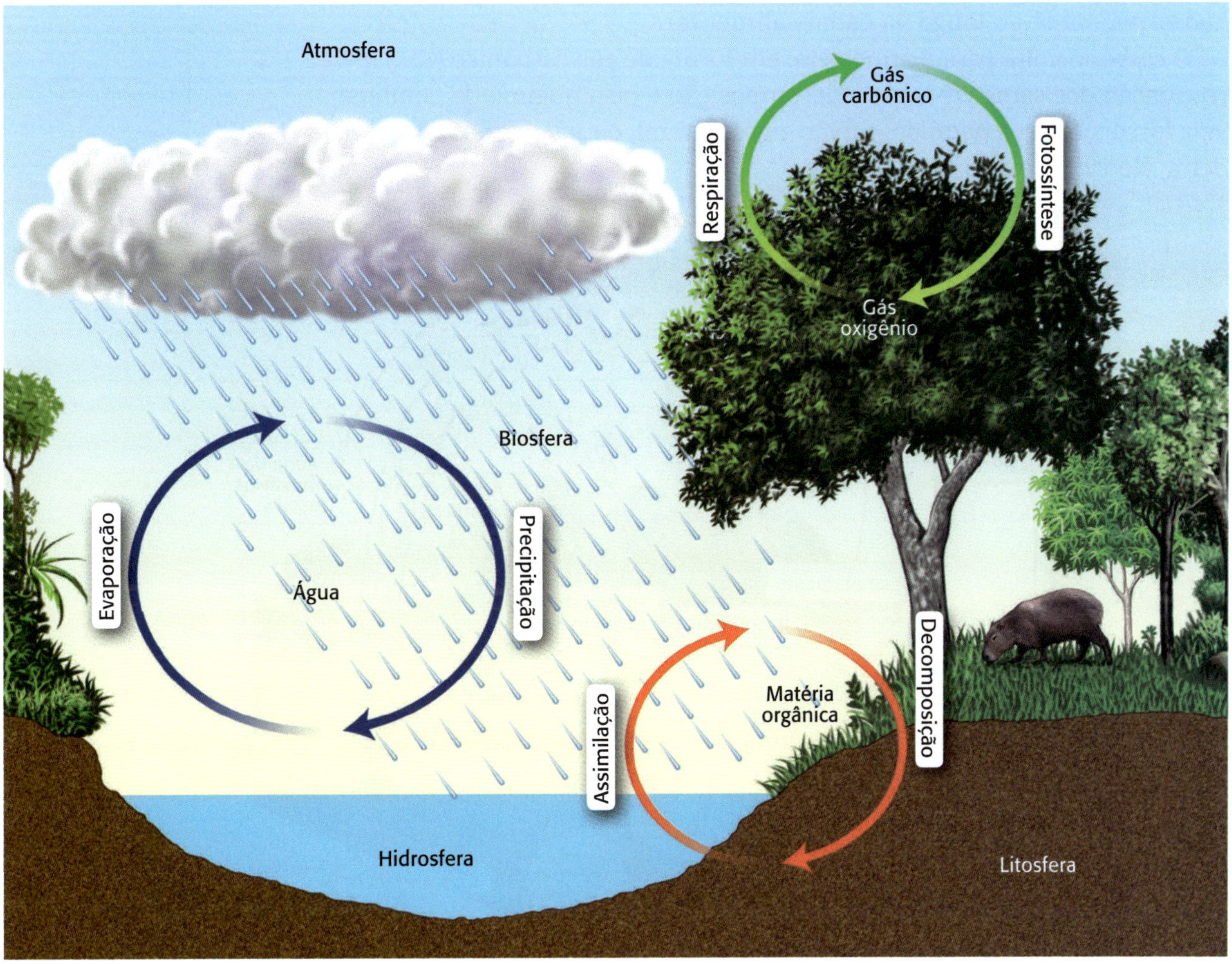

Representação esquemática de ciclos biogeoquímicos. Cores fantasia. Elementos fora de escala de tamanho e de proporção.

As bactérias e os ciclos biogeoquímicos

As bactérias são seres vivos imprescindíveis para numerosos ciclos biogeoquímicos. Agem sobre uma ou mais etapas, assimilam algumas substâncias químicas e as transformam em outras que podem ser aproveitadas pelos demais seres vivos. São essenciais também para a continuidade dos ciclos.

Ciclo do carbono

O carbono é um elemento químico abundante na natureza. Está presente nos seres vivos e no meio físico. Constitui as substâncias orgânicas e inorgânicas dos ambientes terrestres e aquáticos, os gases da atmosfera – gás carbônico (CO_2) e monóxido de carbono (CO) – e o carbonato de cálcio ($CaCO_3$), presente em rochas, conchas de moluscos ou no esqueleto de alguns animais.

A incorporação do carbono pelos seres vivos tem início com os organismos autotróficos. Na fotossíntese, o carbono presente na molécula de gás carbônico (CO_2) da atmosfera passa a fazer parte das substâncias orgânicas (carboidratos ou açúcares). Esses carboidratos e, consequentemente, o carbono são transferidos para os animais herbívoros quando estes se alimentam das plantas; depois, destes para os carnívoros e assim sucessivamente ao longo da cadeia alimentar.

Incorporação: absorção; passar a fazer parte da composição de um ser vivo.

O carbono volta para a atmosfera, em forma de gás carbônico (CO_2), pela respiração dos seres vivos, pela decomposição e pela queima de combustíveis fósseis como o petróleo, carvão e gás natural, ou não fósseis como madeira, álcool e metano.

CAMINHOS DO CARBONO NA NATUREZA

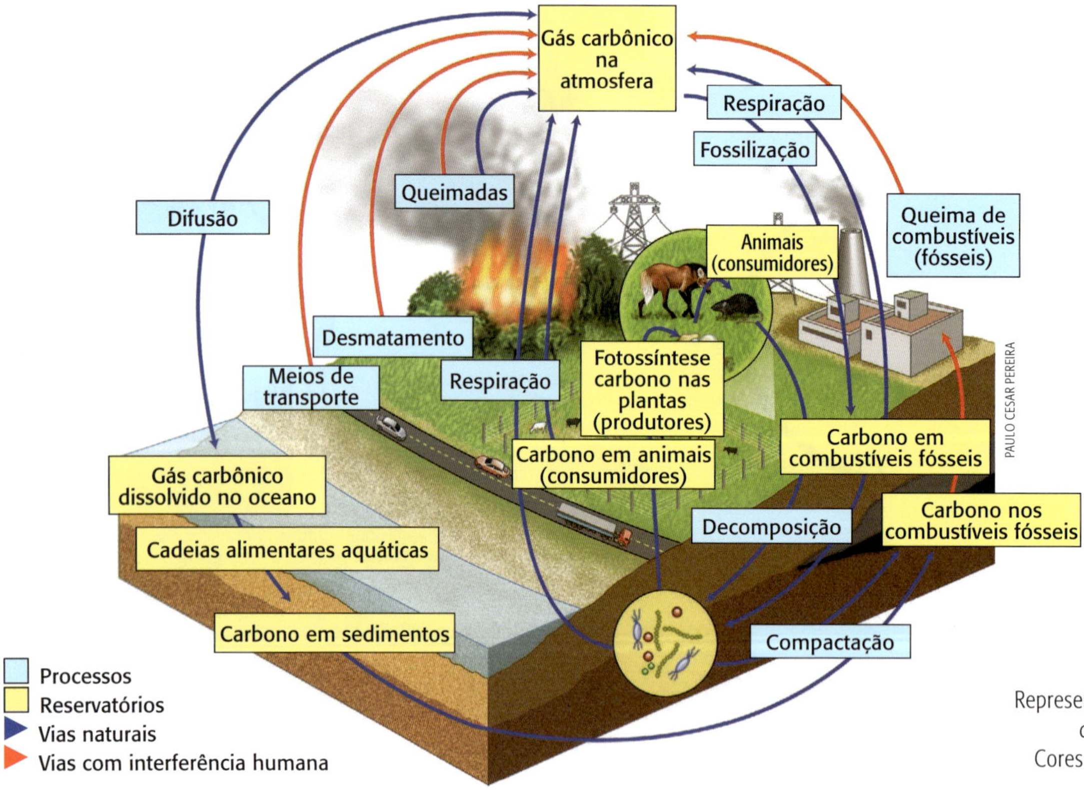

Fonte: MILLER, G. T.; SPOOLMAN, S. E. *Essentials of ecology*. Belmont: Cengage Learning, 2009.

Representação esquemática do ciclo do carbono. Cores fantasia. Elementos fora de escala de tamanho e de proporção.

FIQUE DE OLHO

Converse com os colegas e o professor, leia o esquema e escreva em seu caderno os caminhos que o carbono percorre no ambiente.

Ciclo do oxigênio

O oxigênio é o elemento químico mais abundante da crosta terrestre e o segundo da atmosfera. Participa do processo de respiração celular (que ocorre dentro das células) e da combustão (queima) de diferentes materiais, porque é um gás comburente. Constitui a camada de ozônio (O_3), responsável pela proteção da superfície terrestre contra os raios ultravioleta do Sol, que podem causar câncer de pele e provocar cegueira. Associado ao carbono, o oxigênio forma o gás carbônico e, dessa forma, é incorporado às substâncias orgânicas também pela fotossíntese.

Comburente: substância que reage com um combustível em uma reação de queima (combustão).

O gás oxigênio (O_2) retorna à atmosfera durante o processo de fotossíntese principalmente a que é realizada pelo fitoplâncton. A molécula de água, quando participa da reação fotossintética, é "quebrada" em hidrogênio e oxigênio. O hidrogênio é incorporado a moléculas orgânicas do ser vivo e o oxigênio retorna para a atmosfera.

CICLO DO OXIGÊNIO

PAULO CESAR PEREIRA

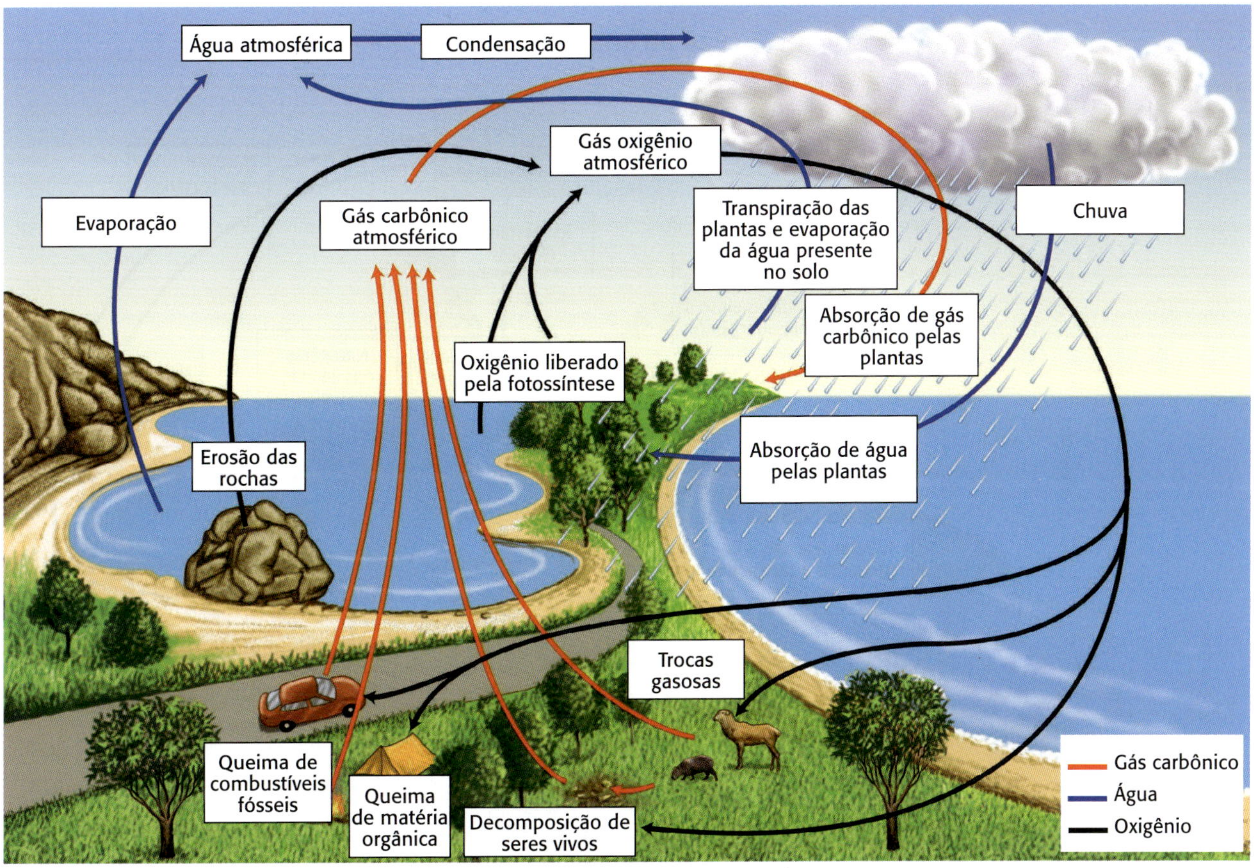

Representação esquemática do ciclo do oxigênio. Cores fantasia. Elementos fora de escala de tamanho e de proporção. Tanto o gás carbônico (CO_2) e a água (H_2O) apresentam o elemento oxigênio em sua composição fazendo parte do ciclo deste elemento.

Fonte: MILLER, G. T.; SPOOLMAN, S. E. *Essentials of ecology*. Belmont: Cengage Learning, 2009.

A água que evapora dos rios, lagos e mares se condensa. A água líquida volta à crosta terrestre na forma de chuva, que é absorvida pelas raízes das plantas e participa das reações químicas intracelulares e da fotossíntese. Daí a importância da água, que, mesmo não sendo um elemento químico, faz parte dos ciclos biogeoquímicos.

Ciclo do nitrogênio

O nitrogênio é o elemento químico presente em maior proporção na atmosfera terrestre. Ele é essencial para a formação de algumas substâncias orgânicas essenciais para os seres vivos, como as proteínas e os ácidos nucleicos.

A maior parte dos seres vivos não consegue incorporar o nitrogênio diretamente da atmosfera. Para que isso ocorra, é necessário que ele seja transformado, por meio de uma série de reações químicas, por vários microrganismos.

O nitrogênio da atmosfera é usado por microrganismos **fixadores de nitrogênio**, que são algumas bactérias que vivem no solo. Elas liberam nitrogênio em forma de amônia, que é transformada em **nitrito**, também por outras espécies de bactérias, e, posteriormente, em **nitrato**. No solo, o nitrato se mistura com a água, e é absorvido pelas raízes das plantas. Esse processo é conhecido como **nitrificação**. O nitrogênio incorporado pelas plantas é ingerido pelos animais que se alimentam delas e, na sequência, por animais carnívoros.

O nitrogênio retorna à atmosfera pela ação de outro grupo de bactérias, as **desnitrificantes**. Elas retiram o nitrogênio das substâncias orgânicas ou do nitrato e o liberam para a atmosfera, novamente como gás (N_2).

CICLO DO NITROGÊNIO

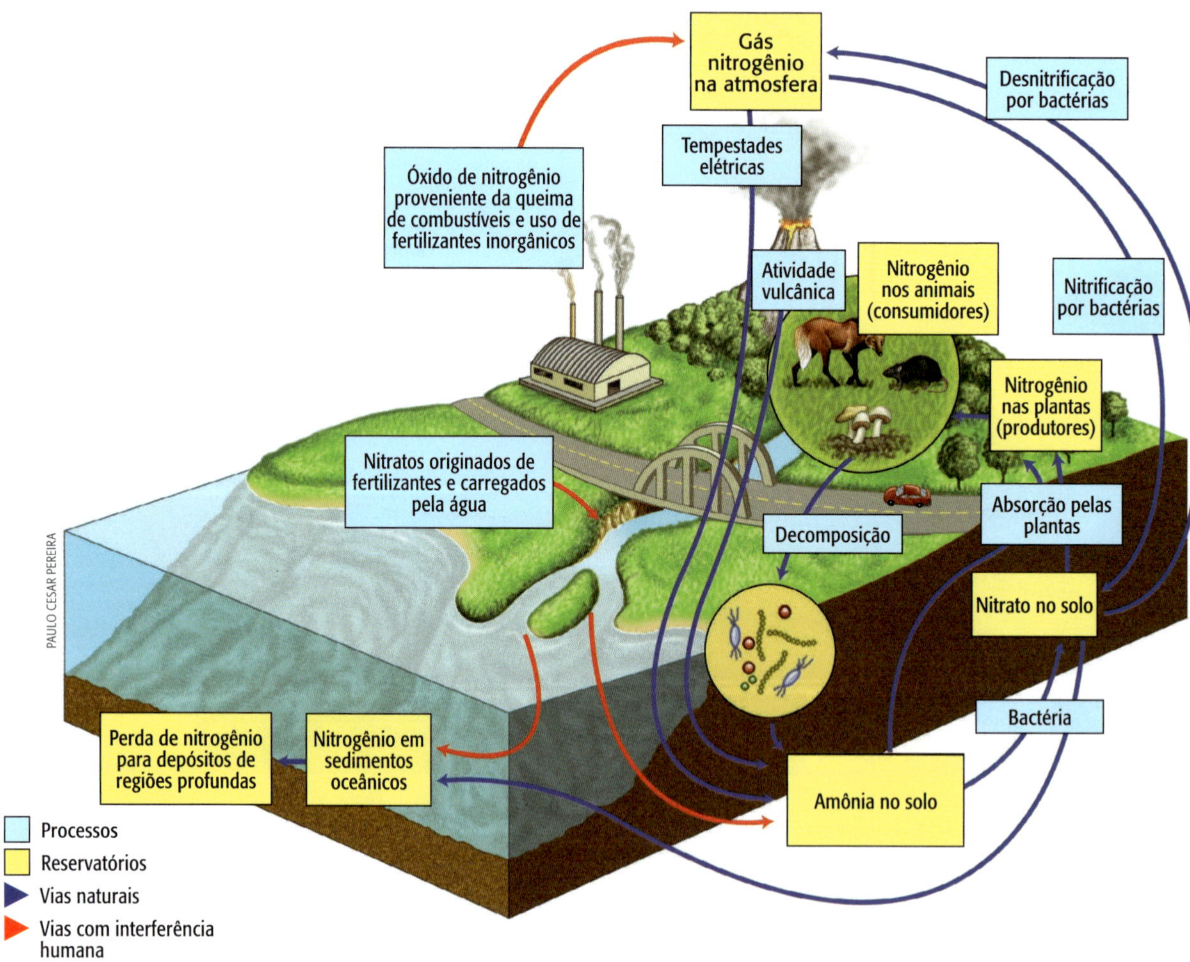

Representação esquemática do ciclo do nitrogênio. Os processos representam reações que consomem ou produzem compostos que contêm nitrogênio. Cores fantasia. Elementos fora de escala de tamanho e de proporção.

Fonte: MILLER, G. T.; SPOOLMAN, S. E. *Essentials of ecology*. Belmont: Cengage Learning, 2009.

Decomposição e o ciclo do nitrogênio

Outra etapa importante do ciclo do nitrogênio ocorre quando a matéria orgânica entra em decomposição, liberando amônia. A amônia pode sofrer nitrificação e ser novamente assimilada pelas plantas. Ou pode sofrer desnitrificação, originando N_2 gasoso, que retorna à atmosfera.

Fixação artificial do nitrogênio

A fixação artificial do nitrogênio é um processo em que esse gás é submetido a temperatura e pressão elevadas, formando amônia. É dessa maneira que as indústrias de fertilizantes produzem os adubos químicos nitrogenados.

A fixação artificial já representa cerca de 40% do total de nitrogênio gasoso fixado anualmente, constituindo-se, portanto, um importante mecanismo de interferência do ser humano nesse ciclo biogeoquímico.

A fixação artificial de nitrogênio e o uso de fertilizantes acabam gerando um excesso desse elemento no ambiente, causando poluição e chuva ácida.

GRÁFICO MOSTRANDO O AUMENTO DE INTRODUÇÃO DE NITROGÊNIO NO CICLO POR ATIVIDADES HUMANAS

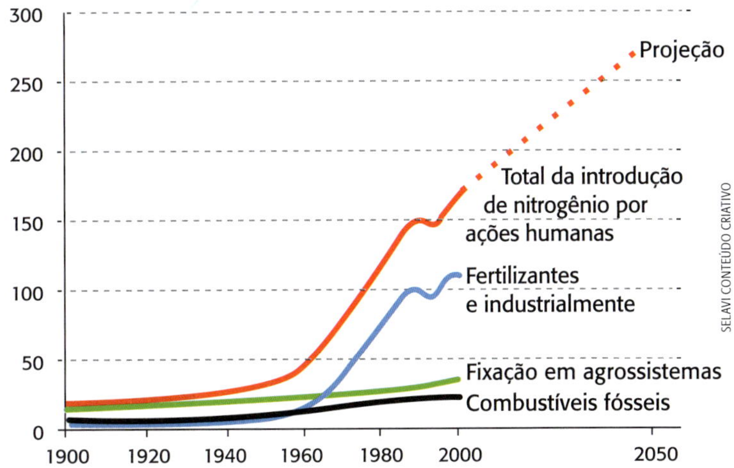

Quantidade de nitrogênio introduzido no ciclo do elemento por ação humana.

Fonte: MILLER, G. T.; SPOOLMAN, S. E. *Essentials of ecology*. Belmont: Cengage Learning, 2009.

Forma natural de fertilização do solo

Nas raízes de muitas plantas **leguminosas**, como o feijão e a soja, encontramos grande quantidade de nódulos formados por bactérias fixadoras de nitrogênio. No entanto, outras plantas não leguminosas também podem se beneficiar da atividade de outras bactérias fixadoras.

A pesquisadora brasileira Johanna Döbereiner (1924-2000) demonstrou, em suas pesquisas realizadas na Empresa Brasileira de Agropecuária (Embrapa), que na região próxima das raízes da cana-de-açúcar vivem bactérias capazes de fixar o nitrogênio atmosférico e, embora não formem nódulos, contribuem para o fornecimento de nitrogênio para as plantas.

Vários estudos como esse demonstraram que o uso de adubos nitrogenados pode ser reduzido em culturas favorecidas pela presença de bactérias fixadoras de nitrogênio.

O ciclo de outros elementos químicos

Embora não sejam detalhados aqui, há ciclos biogeoquímicos de outros elementos químicos também importantes para a manutenção do equilíbrio dinâmico da natureza. Fazem parte desse grupo o enxofre, o fósforo e o potássio, cujas concentrações nos seres vivos também são altas.

O cálcio, presente em menor quantidade nos organismos, é encontrado no solo, na composição de algumas rochas ou dissolvido na água. Nos animais, ele forma conchas, carapaças e esqueletos. No ser humano, participa também da contração muscular e do processo de coagulação sanguínea. Sua devolução ao ambiente é feita pela decomposição da matéria orgânica.

ALTERAÇÕES DOS CICLOS BIOGEOQUÍMICOS

As atividades humanas têm alterado e prejudicado a ciclagem natural dos elementos químicos na natureza.

A poluição atmosférica é causada por alterações na composição da atmosfera. Ela pode ser causada pelo excesso de partículas e gases poluentes lançados, por exemplo, pelas indústrias e pela queima de combustíveis fósseis (como o carvão mineral e o petróleo). Entre as substâncias que podem ser consideradas poluentes, citamos o monóxido de carbono (CO).

Embora o gás carbônico (CO_2) seja um dos gases que constituem a atmosfera, o aumento de sua emissão pelas atividades humanas eleva seu estoque na atmosfera e contribui para o desequilíbrio do ciclo do carbono, causando o **aquecimento global**.

Outra consequência da liberação de gás carbônico é a **destruição de ozônio** (O_3), que compõe a camada de ozônio. A diminuição na espessura dessa camada significa uma grave ameaça aos seres vivos, uma vez que ela protege contra o excesso de raios ultravioleta que chegam do Sol.

JOÃO PRUDENTE/PULSAR IMAGENS

Os veículos automotores liberam gases como o gás carbônico (CO e CO_2), o metano e óxidos de nitrogênio. Na foto, congestionamento em Ananindeua (PA), em 2013.

Buscando maior produtividade das lavouras, os agricultores vêm lançando nos solos, há décadas, uma elevada carga de adubos nitrogenados, o que provoca desequilíbrio dos níveis de nitrogênio disponíveis. Além disso, ao colhermos uma planta ou parte dela (como frutos e sementes) e levá-la do campo para a cidade, estamos interrompendo o ciclo dos elementos químicos que a constituem, pois esses elementos retornariam ao solo após a decomposição da planta. É importante, portanto, que os restos de plantas, cascas, sementes e folhas sejam mantidos sobre o solo, formando uma cobertura vegetal.

Pista 1

Atualmente, muitas espécies de seres vivos estão correndo o risco de ser extintas. Isso está ocorrendo, principalmente, pela perda de hábitats, causada pelo desmatamento de áreas naturais. Sabendo disso, que medidas governamentais poderiam ser tomadas para melhorar a conservação das espécies?

SAIBA MAIS

Faca de dois gumes

“O aquecimento global não é a única bomba-relógio ambiental armada pela ação humana no planeta. A comunidade científica internacional começa a alertar para as graves consequências da radical modificação no ciclo do nitrogênio nos últimos 40 anos, após o advento dos fertilizantes sintéticos.

Quando está presente em excesso, como nos países industrializados, o nitrogênio contamina os ecossistemas. Em falta, as consequências são a fome e a desnutrição. "O mundo precisa acordar para o problema do nitrogênio", disse Luiz Antonio Martinelli, pesquisador do Centro de Energia Nuclear na Agricultura (Cena) da Escola Superior de Agricultura Luiz de Queiroz (Esalq) da Universidade de São Paulo (USP), à Agência FAPESP. [...]

Segundo o professor, até 1960 a disponibilidade de nitrogênio na Terra era controlada exclusivamente por processos naturais, por meio da fixação do elemento pelas plantas. Hoje, a produção sintética do nitrogênio ultrapassa toda a produção natural em até 30%. "O mais grave é que, além de produzirmos muito nitrogênio, sua distribuição é tão ruim quanto a distribuição de riquezas", comparou.

O nitrogênio, explica Martinelli, é fundamental na produção de alimentos por se tratar de um nutriente limitante. Quando não está presente, não se consegue produzir alimentos nos níveis da demanda atual. [...]

Por outro lado, quando há uso excessivo de fertilizantes, o excesso de nitrogênio não é absorvido pelas plantas e se torna um poluente. "O nitrogênio tem extrema mobilidade, muda rapidamente de estado e vai da terra para o ar e dali para a água com muita facilidade, contaminando os ecossistemas agrícolas e penetrando nos lençóis freáticos", explicou.

De acordo com Martinelli, todos os países industrializados, sem exceção, têm problemas sérios de poluição com nitrogênio. O pior deles é o excesso do elemento químico em corpos d'água, que leva ao fenômeno conhecido como eutrofização. [...]

Principal componente da "revolução verde", os fertilizantes sintéticos tornaram a humanidade dependente do nitrogênio. De acordo com o professor da Esalq, em média 70% das proteínas consumidas por cada habitante do planeta são compostas pelo nitrogênio fornecido pelos fertilizantes sintéticos.[...]

Para o cientista, o desafio que o mundo tem pela frente é encontrar um meio sustentável para o uso do nitrogênio. [...]”

Fábio Castro. *Agência Fapesp*. Disponível em: <http://agencia.fapesp.br/6735>. Acesso em: 23 fev. 2015.

DELFIM MARTINS/PULSAR IMAGENS

Aplicação de fertilizante sintético em plantação, em Itiquira (MT).

Para pensar

1. De que forma os fertilizantes alteram o ciclo do nitrogênio?

2. O uso de fertilizantes pode ser benéfico?

3. Pesquise o que é eutrofização e as possíveis causas para esse fenômeno.

teia do saber

1. Como é denominado o trajeto que os elementos químicos fazem pela natureza? Que outros fatores, além dos elementos químicos, estão envolvidos nesse trajeto?

2. Qual é a importância das bactérias para a ciclagem dos elementos no ambiente?

3. Copie o quadro em seu caderno, completando-o. Indique como os elementos químicos retornam ao ambiente.

Elemento químico	Devolução ao meio físico
Carbono	
Oxigênio	
Nitrogênio	

4. Cite dois processos em que haja a participação do oxigênio na natureza.

5. Como ocorre a assimilação do nitrogênio atmosférico? E a nitrificação?

6. Como podemos explicar o aparecimento do gás oxigênio na atmosfera?

7. Como o nitrogênio gasoso presente na atmosfera se transforma em nitrato?

8. Por que é importante que o nitrogênio seja convertido em nitrato?

9. Quais as consequências da diminuição da espessura da camada de ozônio?

10. O esquema abaixo representa o ciclo do carbono. Analise-o e indique, no caderno, respectivamente, o nome correto dos processos **A**, **B** e **C**.

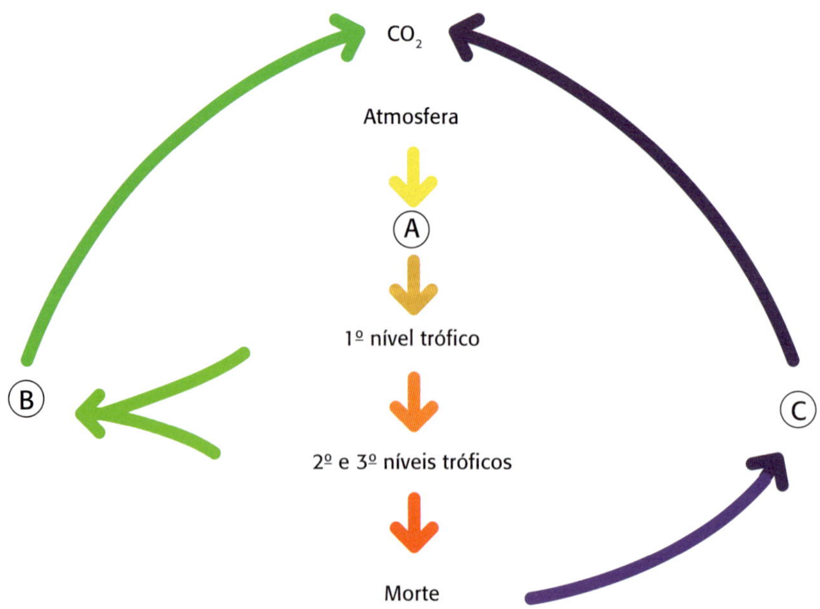

Representação esquemática do ciclo do carbono. Cores fantasia.

11. Observe o esquema a seguir. No ciclo do carbono, quais os processos metabólicos que ocorrem em **1** e **2**?

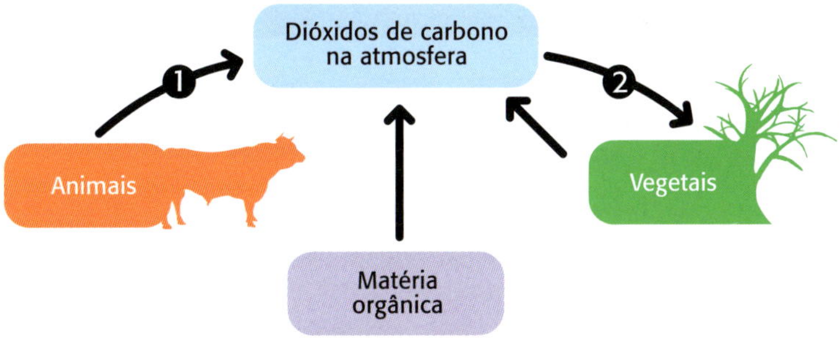

12. Explique a importância do carbono, do oxigênio e do nitrogênio para os seres vivos.

13. Cite algumas formas pelas quais o ser humano vem alterando o ciclo dos elementos químicos na natureza.

14. Quais ciclos biogeoquímicos são afetados pela poluição do ar?

15. Em agricultura, costuma-se utilizar o plano de rotação de culturas, pelo qual diferentes espécies vegetais são sucessivamente cultivadas em um mesmo terreno. Nesse processo, muitas vezes são empregadas as leguminosas. Por que esse tipo de planta é escolhido?

DELFIM MARTINS/PULSAR IMAGENS

As plantações feitas com sistema de rotação de culturas apresentam, em média, 10% de aumento de produtividade. Plantação de soja (leguminosa) em rotação com arroz. Município de Sinop, MT.

16. O ciclo do cálcio também é importante para os seres humanos. Onde o cálcio é encontrado na natureza? E no corpo? Como podemos manter uma concentração adequada de cálcio em nosso organismo?

Pista 2

Para proteger as áreas de vegetação natural, o governo brasileiro criou o **Sistema Nacional de Unidades de Conservação da Natureza (SNUC)**, que consiste em um conjunto de normas e procedimentos que regulam a criação, implantação e gestão de Unidades de Conservação (UC) no país.

Faça uma pesquisa sobre o que é uma Unidade de Conservação. Depois, responda: O SNUC agrupa as UCs em dois grupos, de acordo com seus tipos de uso: **Unidades de Proteção Integral** e **Unidades de Uso Sustentável**. Baseando-se no nome de cada uma delas, você saberia diferenciar os objetivos de cada tipo?

16 Interferências humanas no ambiente

DELFIM MARTINS/PULSAR IMAGENS

Vegetação natural de Mata Atlântica ao lado de área que foi desmatada para a plantação de soja. Foz do Iguaçu (PR), em 2014.

Tanto a comunidade científica internacional quanto governos e entidades não governamentais ambientalistas vêm alertando para a perda da diversidade biológica em todo o mundo, particularmente nas regiões tropicais. A degradação biótica que está afetando o planeta encontra raízes na condição humana contemporânea, agravada pelo crescimento explosivo da população humana e pela distribuição desigual da riqueza. A perda da diversidade biológica envolve aspectos sociais, econômicos, culturais e científicos.

Em anos recentes, a intervenção humana em hábitats que eram estáveis aumentou significativamente, gerando perdas maiores de biodiversidade. Biomas estão sendo ocupados em diferentes escalas e velocidades: extensas áreas de vegetação nativa foram devastadas no Cerrado do Brasil Central, na Caatinga e na Mata Atlântica.

É necessário que sejam conhecidos os estoques dos vários hábitats naturais e dos modificados existentes no Brasil, de forma a desenvolver uma abordagem equilibrada entre conservação e utilização sustentável da diversidade biológica, considerando o modo de vida das populações locais.

[...]

Disponível em: <http://www.mma.gov.br/biodiversidade/biodiversidade-global/impactos>. Acesso em: 24 fev. 2015.

BATE-PAPO

1. Observe a fotografia. O que ela mostra?
2. que ocorreu com os seres vivos que habitavam a área desmatada?
3. Você acha que é possível haver desenvolvimento sem alterar o meio ambiente? Converse com seus colegas e discuta essa questão.

PRESERVAÇÃO E CONSERVAÇÃO

ERNESTO REGHRAN/PULSAR IMAGENS

A araucária é um pinheiro tipicamente brasileiro. A expansão de áreas para cultivo e exploração da madeira ocasionaram drástica redução dessa espécie. Desde 2002, milhares de sementes já foram distribuídas no Rio Grande do Sul, em campanhas de reflorestamento.

Os termos conservação e preservação são usados frequentemente como sinônimos. Pelas leis brasileiras, **conservação** significa uso moderado e/ou planejado dos recursos naturais, de modo a garantir sua disponibilidade para as atuais e futuras gerações humanas e também para que os ecossistemas não sofram alterações que ameacem a vida dos demais organismos. **Preservação** refere-se à proteção integral do ambiente natural, sem que seja permitido qualquer tipo de uso humano de recursos naturais ou qualquer alteração artificial, mesmo que indireta, do ecossistema.

Os seres humanos retiram da natureza os materiais de que precisam para construir moradias e instrumentos e utilizam o solo para plantar e criar animais que usam como alimento. Essas e outras ações modificam a maioria dos ambientes naturais da Terra e consequentemente alteram os ciclos biogeoquímicos.

Os seres humanos começaram a se preocupar em preservar ou conservar os recursos naturais apenas recentemente, a partir de estudos ambientais.

O grande desafio está em conciliar as necessidades de sobrevivência das comunidades que habitam as áreas de conservação e dependem delas, incluindo ações que visem à melhoria da qualidade de vida dessas pessoas e valorizem a natureza local, ou seja, favoreçam o **desenvolvimento socioambiental**.

Desenvolvimento sustentável

O desenvolvimento econômico é uma das maneiras de buscar melhores condições de vida, mas ele geralmente provoca impactos ambientais. É necessário, então, um tipo de desenvolvimento que seja planejado, de modo a garantir também que os recursos naturais sejam preservados para as gerações futuras: é o chamado desenvolvimento sustentável.

A expressão **desenvolvimento sustentável** começou a ser usada na Conferência sobre o Meio Ambiente em Estocolmo, na Suécia, promovida pela Organização das Nações Unidas, em 1972.

ADRIANO GAMBARINI

As hortas agroecológicas são uma alternativa sustentável para as comunidades. Sistema agroflorestal na terra indígena Caititu (AM), em fevereiro de 2015.

RECURSOS NATURAIS

Recursos naturais são aqueles que o ser humano retira do ambiente para usar em seu benefício. Existem recursos naturais **renováveis** e **não renováveis**. No primeiro grupo, estão aqueles que, extraídos da natureza, e dependendo do uso humano, podem ser repostos. São exemplos a madeira, o couro, a lã, a cana-de-açúcar. Já os recursos não renováveis não podem ser repostos, e correm o risco de esgotarem-se permanentemente no ambiente.

Recursos naturais renováveis

Há recursos naturais renováveis que não se esgotam porque são repostos pela natureza, como o vento e a luz solar. Outros podem ser repostos por ações humanas, como a madeira de reflorestamento. Veja alguns exemplos de recursos naturais renováveis.

ROGÉRIO REIS/PULSAR IMAGENS

Os painéis solares absorvem a energia solar e a transformam em energia elétrica. É um tipo de energia que não polui e se renova. Miniusina fotovoltaica em comunidade ribeirinha de Novo Airão (AM), 2011.

ANDREA SEALE/LATINSTOCK

A madeira certificada é aquela cujo plantio segue normas de manejo que visam minimizar os impactos ambientais. Na foto, madeira extraída de área de manejo florestal, em Paragominas (PA), 2014.

Água potável: um caso especial

A água é um recurso natural renovável, mas a disponibilidade de água doce e potável, adequada para consumo, é pequena. Em alguns lugares, ela é insuficiente para o número de pessoas que necessitam dela. E, em outros, é poluída mais depressa do que é capaz de se renovar e se purificar.

O Brasil é um dos países de maior riqueza de água no mundo. Além da grande quantidade de rios, há muita água subterrânea que forma dois imensos aquíferos, o Guarani e o Alter do Chão. Neles, a água está armazenada nos poros das rochas. A água da chuva que se infiltra no solo renova os aquíferos ano após ano.

No entanto, apesar da grande disponibilidade de água doce brasileira, em muitos locais ela é poluída. Isso porque o Brasil tem poucas estações de tratamento de esgoto, que acaba escoando para os rios. Adubos e inseticidas usados no solo acima deles podem poluir a água dos aquíferos.

Ameaças aos recursos naturais renováveis

O uso de recursos naturais renováveis de forma inadequada pode levá-los ao esgotamento. Veja na imagem a seguir algumas causas de diminuição de recursos renováveis disponíveis.

RECURSOS NATURAIS: AMEAÇAS

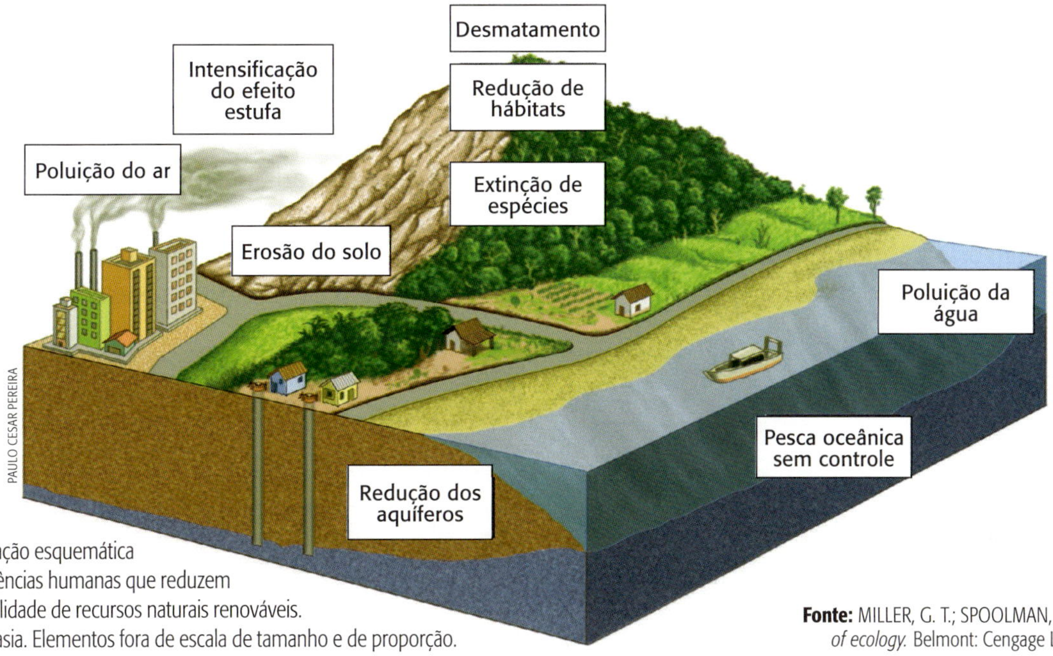

Representação esquemática de interferências humanas que reduzem a disponibilidade de recursos naturais renováveis. Cores fantasia. Elementos fora de escala de tamanho e de proporção.

Fonte: MILLER, G. T.; SPOOLMAN, S. E. *Essentials of ecology*. Belmont: Cengage Learning, 2009.

Recursos naturais não renováveis

Os recursos naturais não renováveis são finitos. Depois de coletados, raramente são repostos, e, se isso ocorre, leva milhares ou milhões de anos para acontecer. É o que acontece com o petróleo, o gás natural e o carvão mineral, que foram produzidos ao longo de muito tempo. O carvão mineral, também chamado de carvão fóssil, formou-se pela deposição de restos de árvores que viveram há milhões de anos, sob certas condições de temperatura e pressão.

Os metais também não são renováveis porque, depois de retirados das jazidas de minérios, levará muito tempo para que sejam repostos pelo ciclo das rochas.

Finito: que tem fim, um limite.

LUCIANA WHITAKER/PULSAR IMAGENS

Plataforma para extração de petróleo. Essa plataforma leva o petróleo até a superfície, onde ele é separado da água e do gás. Plataforma de petróleo próxima à Baía de Guanabara na cidade do Rio de Janeiro, em 2013.

Pista 3

Algumas Unidades de Conservação permitem visitações às áreas protegidas. Exemplos disso são os Parques Nacionais, alguns deles muito famosos no Brasil e até no exterior. Como você acha que as visitações podem contribuir para a conservação dessas áreas?

AS MUDANÇAS NO AMBIENTE

Os seres humanos precisam de recursos naturais. Quanto maior a quantidade de pessoas, mais recursos são necessários. Em 2013, a Terra chegou à marca de 7,2 bilhões de habitantes, segundo a ONU.

Como atender às necessidades de tanta gente sem que os ambientes sejam degradados?

Alterações nos biomas terrestres

De acordo com o Instituto Brasileiro de Geografia e Estatística (IBGE), entre 2002 e 2008 o desmatamento destruiu metade do Cerrado. Grande parte das áreas desmatadas desse bioma deu origem a plantações, principalmente de soja. A Caatinga e os Pampas já têm menos da metade da vegetação que cobria a região originalmente, pois foi destruída para dar lugar às plantações e aos pastos. Nos Pampas, em muitas áreas o gado comeu vegetação até o solo ficar exposto, provocando a desertificação.

RICARDO TELES/PULSAR IMAGENS

Emas, aves do Cerrado, em plantação de soja. Essa região era coberta pela vegetação desse bioma. Primavera do Leste (MT), em 2011.

GERSON GERLOFF/PULSAR IMAGENS

Processo de desertificação na área rural de Manoel Viana (RS), em 2012.

Atualmente, restam apenas 7% da Mata Atlântica original. Os principais fatores que colaboraram com a sua degradação foram, em primeiro lugar, a exploração do pau-brasil e, depois, o cultivo da cana-de-açúcar, o cultivo do café e a construção de portos e cidades.

A Floresta Amazônica ainda está em grande parte preservada por causa do difícil acesso à região. As maiores ameaças a esse bioma são a extração de madeira e a agropecuária.

MARCELO D. SANTS/FRAME/FOLHAPRESS

Vista aérea da cidade de Bertioga (SP), construída onde havia Mata Atlântica. Do outro lado do canal de Bertioga, a mata ainda está preservada. Fotografia de 2013.

RICARDO AZOURY/PULSAR IMAGENS

Vista aérea de desmatamento na Floresta Amazônica. Boa Vista (RR), em 2014.

Caça

A caça e a destruição dos ambientes extinguiu muitas espécies de animais. Desde que o levantamento de seres vivos começou a ser feito, em 1963, pela União Internacional para a Conservação da Natureza, o número de espécies extintas é de 801. Além dessas, outras 65 estão extintas na natureza e só podem ser vistas em zoológicos ou são domesticadas. Por exemplo, em 2000, o último indivíduo de ararinha-azul, *Cyanopsitta spixii*, deixou de ser visto em seu hábitat e possivelmente a espécie está extinta da natureza. Em 2012, a população em cativeiro da espécie era estimada em 80 indivíduos.

SPL/LATINSTOCK

Gravura do século XIX, de autor desconhecido, de lobo-da-tasmânia, o maior carnívoro marsupial que já existiu. Vivia na ilha da Tasmânia, Austrália, onde todos foram mortos pelos criadores de ovelha incentivados pelo governo, que oferecia recompensa pela pele dos animais. O último deles morreu no jardim zoológico da Tasmânia em 1937.

PATRICK PLEUL/ZUMAPRESS/KEYSTONE BRASIL

Ararinhas-azuis (*Cyanopsitta spixii*) em cativeiro. Medem cerca de 60 cm.

Extração de minério

A extração de minérios provoca grandes danos ambientais. Além das extensas áreas de vegetação que são devastadas, a mineração pode causar a poluição da água e do ar, e problemas decorrentes da deposição inadequada dos rejeitos.

Poucos exploradores de minérios reconstróem o local explorado depois de esgotada a jazida.

RUBENS CHAVES/PULSAR IMAGENS

Vista aérea de mineração de ferro em Congonhas (MG), em 2014.

Alterações no ambiente aquático

Animais que eram abundantes nos oceanos estão diminuindo em quantidade, principalmente junto à região costeira.

Os responsáveis por essa diminuição são principalmente a pesca industrial, com grandes barcos e equipamentos, e a poluição das águas, por petróleo derramado dos petroleiros, esgoto e lixo das cidades, que vão para o mar.

Isso afeta não apenas os peixes, mas também as cadeias alimentares marinhas. O excesso de resíduos afeta também os ciclo biogeoquímicos.

MARCELO JUSTO/FOLHAPRESS

A poluição da água prejudica os seres vivos que nela vivem ou dependem da água da região poluída para sobreviver. Lagoa da Conceição em Florianópolis (SC), em 2014.

EXPERIMENTE FAZER

Quem sobrevive?

Para pensar

Mico-leão-dourado, peixe-boi, surucucu-pico-de-jaca e onça-pintada – o que todos esses animais têm em comum? Eles estão ameaçados de extinção. As alterações nos hábitats, o desmatamento e a caça são alguns dos fatores que ameaçam essas espécies.

O acontece com os seres vivos quando os ambientes são alterados?

Objetivo

- Por meio de um jogo, compreender como o tamanho das populações pode ser alterado.

Materiais

- 1 folha A4 de papel quadriculado (quadradinhos de 0,5 x 0,5 cm)
- 3 canetas de cores diferentes
- 30 grãos de milho
- 30 grãos de feijão preto
- 30 grãos de feijão carioquinha
- 4 copinhos de 200 mL

Organização do jogo

1. Essa atividade consistirá em um jogo. A folha de papel quadriculado será o tabuleiro do jogo e os grãos representarão seres vivos:
   - **Milho**: fruto, principal alimento dos ratos, será o produtor.
   - **Feijão carioquinha**: rato que é caçado pela serpente, será o consumidor primário.
   - **Feijão preto**: serpente surucucu-pico-de-jaca (*Lachesis muta rhombeata*), será o consumidor secundário.
2. Identifique cada um dos quatro copinhos com os dizeres: "serpentes alimentadas", "ratos alimentados", "serpentes e ratos não alimentados" e "reserva".
3. Para a primeira rodada do jogo separe: 14 grãos de milho (frutos); 10 grãos de feijão carioquinha (ratos) e 6 grãos de feijão preto (serpentes). Coloque o restante dos grãos no copinho "reserva".
4. Em uma folha de papel, desenhe uma tabela como a apresentada abaixo. Faça uma tabela com 16 linhas (15 gerações).

Geração	Quantidade de frutos (milhos)	Quantidade de ratos (feijão carioquinha)	Quantidade de serpentes (feijão preto)
1ª	14	10	6
2ª			
...			
15ª			

Modelo de tabela para a atividade.

Como jogar

1. Leia atentamente as regras do jogo.

Regras do jogo

- Todas as cobras comem os ratos que estiverem até 3 quadrados de distância.
- Os ratos que escaparam, comem o fruto que estiver até 3 quadrados de distância.
- Cada serpente e rato que se alimentou se reproduz, gerando um filhote.
- Serpentes e ratos que não comeram morrem.
- O jogo terá 15 rodadas. Cada rodada representará uma geração da população de frutos, ratos e serpentes.

2. Para a primeira rodada, segure na mão 14 grãos de milho, 10 feijões carioquinha e 6 feijões pretos. Feche as mãos, sacuda e misture bem. Depois, solte todos eles de uma vez em cima do papel quadriculado. Atenção: ao lançar os grãos tenha cuidado para não arremessá-los para fora do papel.
3. As serpentes que conseguiram comer os ratos devem ser colocadas no copo "serpentes alimentadas", os ratos comidos devem ir para a "reserva".
4. Depois, veja quais ratos escaparam e conseguiram comer os frutos. Eles devem ser colocados no copo "ratos alimentados", os frutos comidos devem ir para a "reserva".
5. As serpentes e os ratos que não conseguiram comer morrem, por isso, devem ir para o copo "serpentes e ratos não alimentados".
6. Para formar a população da próxima rodada:
   - **a.** Conte quantas serpentes comeram. Como quem come se reproduz, dobre o número de serpentes alimentadas.
   - **b.** Conte quantos ratos comeram. Como quem come se reproduz, dobre o número de ratos alimentados.
   - **c.** Conte quantos ratos e serpentes não comeram, coloque-os na "reserva". Como quem não come morre e vira fruto, esse é o número de frutos que você deverá acrescentar.
7. Anote o novo número de indivíduos de cada espécie na sua tabela. Esta é a segunda geração. Agora junte "serpentes alimentadas", "ratos alimentados" e "milhos do tabuleiro" na mão, misture e jogue no tabuleiro. Repita os passos para verificar quem come e se reproduz, quem morre e vira fruto e anote o valor da terceira geração.
8. Para as próximas rodadas, repita os passos até chegar à 15ª geração.
9. Caso uma das espécies seja extinta, o jogo deve ser finalizado.

Resultados

Com os dados da tabela e a ajuda do professor, construa um gráfico de linhas no papel quadriculado que você usou de tabuleiro. No eixo das abcissas devem estar as gerações, e no eixo das ordenadas deve estar a quantidade de indivíduos em cada geração. Use cores diferentes para representar as linhas de cada espécie.

Conclusões

Após analisar os resultados, responda:

1. Por que, no jogo, os indivíduos mortos viravam fruto?
2. Observe as linhas correspondentes às serpentes e aos ratos do seu gráfico. Que relação você consegue perceber entre o tamanho das populações das duas espécies? Quando uma aumenta, a outra diminui? Ou as duas aumentam juntas? Por quê?
3. Observe as linhas dos ratos e dos frutos do gráfico. Que relação você consegue perceber entre o tamanho da população das duas espécies? Quando uma aumenta a outra diminui? As duas diminuem juntas? Por quê?
4. O que observamos no jogo acontece da mesma forma na natureza?

Para ir além

A surucucu-pico-de-jaca está em extinção porque o seu hábitat, a Mata Atlântica, está sendo desmatado. Após a sua análise dos resultados do jogo, converse com os colegas sobre a questão: Quais as possíveis consequências que você consegue prever caso as surucucus-picos-de-jaca sejam extintas?

PRESERVANDO OS RECURSOS NATURAIS

Hábitos de consumo sustentáveis

É importante refletir sobre os hábitos de consumo das sociedades modernas. Muitas vezes, são comprados objetos desnecessários e que têm pouca durabilidade. Além disso, os produtos podem ter sido produzidos de forma não sustentável.

Reduzir o consumo e reaproveitar mais os produtos, consertando-os em vez de descartá-los no lixo, são atitudes que ajudam a reduzir a degradação do ambiente e a preservar os recursos naturais. Doar objetos e roupas em bom estado é outra boa alternativa.

FLÁVIO JAPA/AGÊNCIA JCM/FOTOARENA

Doe ou troque livros ou outros objetos em bom estado. Feira de troca de livros na Biblioteca Pública do Estado de Pernambuco, em 2013.

Reciclagem e deposição adequada do lixo

Alguns resíduos sólidos, como embalagens, papéis, latas, vidros, papelões, podem ser separados e reaproveitados ou reciclados, reduzindo o uso de recursos naturais.

Os lixos domésticos que não podem ser reciclados devem ser coletados e, depois, transferidos para aterros sanitários. Nos aterros sanitários, o lixo é compactado e depositado em local impermeabilizado, com os tratamentos adequados.

Os restos de vegetais podem ir para composteiras para a produção de adubos.

FABIO COLOMBINI

Se houver coleta seletiva na sua região, separe os materiais que podem ser reciclados.

Fontes renováveis de energia e não poluentes

Muitos veículos ainda usam combustíveis derivados do petróleo (gasolina e óleo diesel), um recurso não renovável. Mas há combustíveis alternativos que poluem menos. Alguns exemplos são o etanol, o biodiesel e a energia elétrica. Esses combustíveis alternativos são renováveis.

Outra maneira de reduzir o uso de combustíveis fósseis é reduzir o seu consumo, preferindo o uso de transportes coletivos ou bicicleta.

AVENER PRADO/FOLHAPRESS

Os veículos elétricos não emitem nenhum tipo de gás e não fazem barulho. São recarregáveis em casa ou em terminais públicos. Na foto, táxi elétrico sendo abastecido na cidade de São Paulo, em 2012.

Agricultura sustentável

A **agricultura orgânica** é uma forma de produção agrícola em que não é permitido o uso de substâncias que coloquem em risco a saúde humana e que ameacem o meio ambiente, como fertilizantes industrializados, agrotóxicos (defensivos agrícolas) e substâncias que aceleram o crescimento dos organismos. As técnicas manuais também são usadas preferencialmente às máquinas. Os recursos naturais renováveis e não renováveis são usados de forma consciente e sustentável.

Os processos produtivos da agricultura orgânica devem seguir os princípios **agroecológicos** que contemplam o uso responsável do solo, da água, do ar e dos demais recursos naturais. Assim, há maior integração com a natureza e respeito às relações sociais e culturais.

A agricultura orgânica proporciona também uma maior independência dos produtores, os quais passam a ter maior conhecimento e controle dos meios de produção, produzem e reciclam seus insumos.

A **agricultura familiar**, por sua vez, é definida por apresentar uma organização da produção (agrícola, florestal, pesqueira, pastoril e aquícola) baseada na mão de obra familiar. Tanto em países desenvolvidos quanto em países em desenvolvimento, a agricultura familiar é a principal maneira de cultivar alimentos. A agricultura familiar é em geral menos impactante ao ambiente natural e, ao mesmo tempo, garante o sustento do núcleo familiar e a distribuição de alimentos aos outros setores da sociedade.

GERSON GERLOFF/PULSAR IMAGENS

Os agricultores familiares são alguns dos principais fornecedores de alimentos no Brasil. Na foto, plantação familiar de maçã na Serra Gaúcha, em Veranópolis (RS), 2013.

FABIO COLOMBINI

Feira de produtos orgânicos no Parque da Água Branca, São Paulo (SP), em 2012.

ERNESTO REGHRAN/PULSAR IMAGENS

Colheita de tomates-cereja orgânicos em São Sebastião da Amoreira (PR), 2015.

Unidades de Conservação e leis ambientais

As **Unidades de Conservação** (UC) são áreas naturais protegidas, que visam conservar os recursos naturais brasileiros.

Há diferentes tipos de Unidades de Conservação, como: estações ecológicas, parques nacionais, refúgio da vida silvestre, reserva de desenvolvimento sustentável e outras. Essa classificação é feita de acordo com o tipo de uso e manejo da área.

DELFIM MARTINS/PULSAR IMAGENS

As **estações ecológicas** têm como principais objetivos a preservação da natureza e a realização de pesquisas científicas. Nesse tipo de UC, a visitação pública só é permitida se houver objetivos educacionais. Estação Ecológica de Juréia-Itatins (SP), em 2014.

ENRICO MARONE/PULSAR IMAGENS

Os **parques nacionais** têm como objetivo conservar áreas de grande relevância ecológica e beleza cênica. São permitidos apenas o turismo ecológico e a realização de atividades educacionais. Parque Nacional Marinho dos Abrolhos (BA), em 2012.

RUBENS CHAVES/PULSAR IMAGENS

Os **refúgios da vida silvestre** são áreas destinadas à existência ou reprodução de espécies ou comunidades da flora e da fauna local. Permite diversas atividades de visitação. Refúgio de Vida Silvestre Libélulas da Serra de São José (MG), em 2014.

ANDRE DIB/PULSAR IMAGENS

As **reservas de desenvolvimento sustentável** são áreas naturais em que há comunidades humanas tradicionais. Esse tipo de UC, portanto, visa conciliar a presença humana com a preservação dos recursos naturais. Reserva de Desenvolvimento Sustentável Mamirauá (AM), em 2014.

Para que a sociedade preserve os ambientes naturais, foram criadas **leis ambientais** destinadas a orientar as ações relacionadas ao manejo da flora, da fauna e dos ambientes. Uma lei importante é a 5197/67, de proteção da fauna brasileira.

> **Art. 1º** – Os animais de quaisquer espécies, em qualquer fase do seu desenvolvimento e que vivem naturalmente fora do cativeiro, constituindo a fauna silvestre, bem como seus ninhos, abrigos e criadouros naturais são propriedades do Estado, sendo proibida a sua utilização, perseguição, destruição, caça ou apanha.
>
> **Art. 2º** – É proibido o exercício da caça profissional.
>
> **Art. 3º** – É proibido o comércio de espécimes da fauna silvestre e de produtos e objetos que impliquem na sua caça, perseguição, destruição ou apanha.

Créditos de carbono

Créditos de carbono são certificados de redução de emissão de gás carbônico. Por convenção, cada tonelada de gás carbônico corresponde a um crédito de carbono. Esse crédito pode ser vendido no mercado internacional.

Uma empresa brasileira, por exemplo, pode desenvolver um projeto para reduzir ou absorver as emissões de suas indústrias. Esse projeto passa pela avaliação de órgãos internacionais e, se for aprovado, pode gerar créditos de carbono. Nesse caso, a cada tonelada de gás carbônico que deixou de ser emitida, a empresa ganha um crédito, que pode ser negociado com empresas que precisam alcançar metas de redução desse gás.

EDSON SATO/PULSAR IMAGENS

Projeto experimental de plantio de acácias para obtenção de créditos de carbono em Boa Vista (RR), em 2012.

FIQUE DE OLHO

Atitudes que podem ajudar a conservar o meio ambiente

- Reduza o tempo no banho. Diminuindo 5 minutos de banho você pode economizar 370 litros de água. Em um ano essa economia pode chegar a 135 mil litros de água.
- Prefira as janelas abertas ao ar condicionado. Assim, você estará economizando energia elétrica.
- Substitua os sacos plásticos por sacolas ecológicas, que podem ser feitas de tecido ou plástico mais resistente. Essas sacolas são chamadas de *ecobags* (*bag* = sacola, em inglês).
- Utilize a bicicleta em pequenos trajetos. Assim, você estará diminuindo as emissões de gases que contribuem para o efeito estufa.
- Recicle o óleo de cozinha. Uma gota de óleo pode contaminar até 1 milhão de litros de água.
- Separe e recicle o lixo. A reciclagem, além de ser fonte de trabalho para muitas pessoas, ainda reduz o consumo de matéria-prima.
- Prefira eletrodomésticos que usem menos energia para o seu funcionamento.
- Feche a torneira enquanto escova os dentes ou enquanto lava a louça. Não desperdice água.
- Utilize copos de vidro ou canecas em vez de copos descartáveis.
- Evite deixar as luzes acesas durante o dia, prefira abrir portas, janelas e cortinas.
- Compartilhe com os seus colegas o que você faz em casa e na escola para preservar o meio ambiente.

1. Leia este texto e responda às questões.

Entre os grupos indígenas há muitas formas de conceber e construir as casas, pois cada grupo tem um jeito diferente de pensar e de se relacionar com o ambiente onde vive. A casa é sempre parte da cultura de um povo.

[...] Além disso, as construções variam muito de acordo com o modo de vida, o clima, o tipo de ambiente e os materiais de que os grupos dispõem para a construção.

[...]

Os Yawalapiti vivem na parte sul do Parque Indígena do Xingu, conhecida como Alto Xingu. Como todas as aldeias da região, a aldeia yawalapiti tem a forma de um círculo, com as casas dispostas ao redor de um espaço central, local de uso masculino, onde está localizada a casa dos homens.

Como é a casa dos Yawalapiti?

[...] As casas são comunais, isto é, comuns a várias famílias, aparentadas entre si. O tamanho da casa varia de acordo com o número de moradores. O espaço interno normalmente é organizado assim: há o espaço da cozinha; o depósito de alimentos que fica no centro da casa, e um outro, em frente à porta de entrada, onde os visitantes são recebidos e as danças realizadas. Os moradores dormem em redes que são amarradas nas laterais da casa. À noite, a casa é fechada com portas feitas de madeira e palha e pequenas fogueiras são acesas abaixo das redes, deixando o interior com uma temperatura agradável.

[...]

Disponível em: <http://pibmirim.socioambiental.org/como-vivem/casas>. Acesso em: 27 fev. 2015.

RENATO SOARES/PULSAR IMAGENS

Indígenas cobrindo oca com sapé. Etnia Yawalapiti, Gaúcha do Norte (MT), em 2013.

a. De onde os indígenas Yauwalapiti retiram os materiais para construir suas moradias?

b. Os recursos usados por eles são renováveis ou não renováveis?

c. Quais materiais usados na construção de uma casa de alvenaria se originam de recursos renováveis?

d. Compare esses materiais com os materiais usados nas construções indígenas tradicionais.

2. O que você compreende por desenvolvimento sustentável?

3. A produção de sistemas agroflorestais cresce no mundo a cada ano. Esses sistemas têm demonstrado que é possível produzir e garantir a natural renovação do solo, a reciclagem de nutrientes do solo, o uso racional dos recursos naturais e a manutenção da biodiversidade ao mesmo tempo. Quais são os benefícios dessa prática?

4. Os gráficos setoriais mostram dados sobre a água no planeta. Leia-os e analise as informações apresentadas por eles.

   a. O que você entende por água superficial de fácil acesso?

   b. Que fonte de água doce é a mais abundante na Terra?

   c. Escreva em seu caderno um pequeno texto resumindo o que informa cada gráfico.

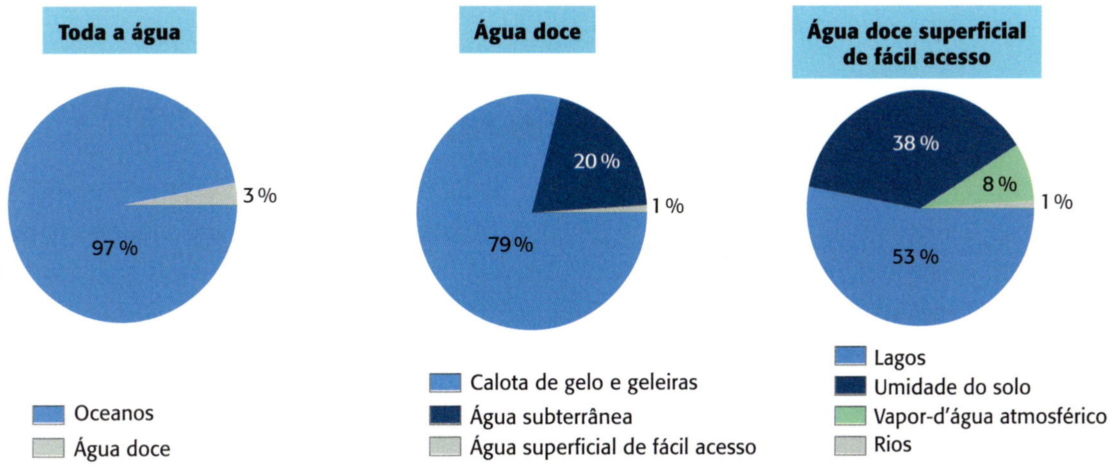

SELAVI CONTEÚDO CRIATIVO

5. Em nossa vida diária costumamos fazer uso de várias formas de energia: do gás de cozinha, pilhas e baterias elétricas, etanol, eletricidade produzida em usina hidrelétrica, gasolina, energia solar, carvão mineral e carvão vegetal. Separe as fontes renováveis das não renováveis.

6. Pesquise quais são as Unidades de Conservação que existem no estado onde você mora. Como sugestão, acesse o mapa disponível em: <http://www.mma.gov.br/areas-protegidas/cadastro-nacional-de-ucs>. Acesso em: 27 fev. 2015.

Desfecho

Agora que conhece um pouco mais sobre a atuação do governo brasileiro na proteção de nosso patrimônio ambiental, você acha que esse tipo de proteção é necessário? Em sua opinião, a biodiversidade brasileira está suficientemente protegida?

Encerrando a unidade

- **Escreva em seu caderno, trocando ideias com seus colegas, o que você aprendeu sobre estes assuntos: os ciclos biogeoquímicos, as ameaças à natureza, o que é desenvolvimento sustentável.**

EM AÇÃO

Escola sustentável

A Unesco (Organização das Nações Unidas para a Educação, a Ciência e a Cultura) sugeriu a elaboração de propostas para compor uma *Agenda para Desenvolvimento Pós-2015*. Vamos conhecer essas propostas?

Como vimos, precisamos repensar a maneira como nos relacionamos com o meio ambiente. Um bom começo pode ser mudar os nossos próprios hábitos, colocando em prática atitudes sustentáveis, seja em casa ou na escola.

Você já parou para pensar quais são as práticas sustentáveis adotadas na sua escola? Nesta atividade, vamos começar fazendo um **diagnóstico atual** do ambiente escolar. Para isso, siga as etapas sugeridas a seguir.

O mundo que nós queremos além de 2015

“[...] O desenvolvimento sustentável estará no centro da Agenda de Desenvolvimento Pós-2015. Na Conferência Rio+20, os Estados-membros concordaram em iniciar um processo para elaborar um conjunto de Objetivos de Desenvolvimento Sustentável (ODS), "universais e aplicáveis a todos os países". A Assembleia Geral da ONU formou um grupo de trabalho intergovernamental e aberto, composto por 30 membros e com a função de elaborar os ODS. Um dos encargos a serem desempenhados consiste na apresentação de um relatório que inclua uma proposta sobre os ODS. O resultado será incorporado na definição da Agenda de Desenvolvimento Pós-2015.

[...] A ONU [conduziu] Consultas Temáticas Mundiais com a comunidade acadêmica, meios de comunicação, setor privado, empresários, sindicatos, sociedade civil e outros atores, para discutir questões-chave relativas à Agenda de Desenvolvimento Pós-2015. As Consultas Temáticas Mundiais abrangem 11 áreas:

- Educação
- Água
- Sustentabilidade ambiental
- Desigualdades
- Conflito, violência e desastres
- Saúde
- Governança
- Crescimento e emprego
- Dinâmica populacional
- Segurança alimentar e nutrição
- Energia”

Disponível em:<http://www.unesco.org/new/pt/brasilia/post-2015-development-agenda>. Acesso em : 26 fev. 2015.

THINKSTOCK/GETTY IMAGES

Para explorar

1. Orientados pelo professor, organizem-se em grupos de seis estudantes. Cada grupo será responsável por fazer um diagnóstico de um desses itens na escola:

- uso da água;
- uso de energia;
- desperdício, deposição de resíduos e reciclagem;
- presença e conservação das áreas verdes da escola.

2. Antes de iniciar o diagnóstico, cada grupo deve fazer uma pesquisa sobre o próprio item e elaborar uma lista de possíveis aspectos a serem observados. Por exemplo, a equipe de "uso da água" poderá solicitar as contas da escola, fazer um levantamento de possíveis vazamentos e verificar se as pessoas costumam fechar a torneira enquanto ensaboam a mão. Já a equipe "presença e conservação das áreas verdes da escola" poderá identificar a existência de áreas verdes, hortas etc. e analisar como está a conservação dessas áreas.

3. Após o diagnóstico, elaborem relatórios e, com a orientação do professor, compartilhem com toda a comunidade escolar.

4. Cada equipe vai propor ações que visem colocar em prática atitudes sustentáveis em relação a cada observação do grupo. Por exemplo, papéis reciclados podem ser usados para confecção de cartazes de conscientização para serem colados ao lado de torneiras com os dizeres: "Economize água ao lavar a mão" ou "Se você encontrar um vazamento de água, avise um adulto". Podem ser propostas ações como a criação de uma horta ou a implantação de coleta seletiva na escola. Há diversas possibilidades de ações.

Resultados e avaliação

Após as proposições, as equipes devem acompanhar as atitudes sustentáveis que foram de fato incorporadas no ambiente escolar. Registrem as impressões sobre as ações coletivas e individuais.

O professor vai marcar uma data para a avaliação dos resultados, preferencialmente, mês a mês.

FERNANDO FAVORETTO/CRIAR IMAGEM

Os estudantes podem incentivar hábitos sustentáveis em toda a comunidade escolar.

BIBLIOGRAFIA

BEGON, M. et al. *Ecologia*: de indivíduos a ecossistemas. Porto Alegre: Artmed, 2007.

BELK, C.; BORDEN, V. *Biology*: science for life. Upper Saddle River: Pearson-Prentice Hall, 2007.

BIZZO, N. *Ciências*: fácil ou difícil? São Paulo: Biruta, 2010.

BORUCHOVITCH, E.; BZUNECK, A. J. (Orgs.). *A motivação do estudante*. Petrópolis: Vozes, 2009.

BRUSCA, R. C.; BRUSCA, G. J. *Invertebrados*. Rio de Janeiro: Guanabara Koogan, 2007.

CAMPBELL, N. A., et al. *Biologia*. Porto Alegre: Artmed, 2010.

CAVINATTO, V. M.; RODRIGUES, F. L. *Lixo, de onde vem? Para onde vai?* São Paulo: Moderna, 1997.

CHASSOT, A. *A Ciência através dos tempos*. São Paulo: Moderna, 2011.

COLL, C. et al. *Aprendizagem escolar e construção do conhecimento*. Porto Alegre: Artmed, 1994.

COLL, C.; TEBEROSKY, A. *Aprendendo Ciências*. São Paulo: Ática, 2001.

CUNHA CAMPOS, M. C.; NIGRO, R. G. *Didática de Ciências*: o ensino-aprendizagem como investigação. São Paulo: FTD, 1999.

DELIXOICOV, D. et al. *Ensino de Ciências*: fundamentos e métodos. São Paulo: Cortez, 2002.

EL-HANI, C. N. et al. *O que é vida*: para entender a biologia do século XXI. Rio de Janeiro: Reluma Dumará, 2001.

FISCHER, L. *A ciência no cotidiano*: como aproveitar a ciência nas atividades do dia a dia. Rio de Janeiro: Jorge Zahar, 2004.

FRANCO, J. M. V.; UZUNIAN, A. *Cerrado Brasileiro*. São Paulo: Harbra, 2010.

HICKMAN, C. P. et al. *Integrated Principles of Zoology*. New York: McGraw-Hill, 2008.

IBGE. *Atlas geográfico escolar*. Rio de Janeiro: IBGE, 2012.

KARDONG, K. V. *Vertebrates*: comparative anatomy, function, evolution. Nova York: McGraw-Hill, 2012.

MACHADO, N. J. *Cidadania e educação*. São Paulo: Escrituras, 1997.

MARGULIS, L.; SCHWARTZ, K. *Cinco reinos*: um guia ilustrado dos filos da vida na Terra. Rio de Janeiro: Guanabara Koogan, 2001.

OSBORNE, J. F. Beyond constructivism. *International Journal of Science Education*. Londres: 1996. v. 80, n. 1, p. 53-82.

PERRENOUD, P. *10 novas competências para ensinar*. Porto Alegre: Artmed, 2000.

POUGH, F. H. et al. *A vida dos vertebrados*. São Paulo: Atheneu Editora, 2008.

PURVES, W. K. et al. *Life*: the science of Biology. Sunderland: Sianuer, 2008.

RAVEN, P. H. et al. *Biologia Vegetal*. Rio de Janeiro: Guanabara Koogan, 2007.

REECE, J. B. et. al. *Campbell Biology*. Glenview: Pearson Education, 2014.

RODRIGUES, S. A. *Destruição e equilíbrio*: o homem e o ambiente no espaço e no tempo. São Paulo: Atual, 1989.

RUPPERT, E. et al. *Zoologia dos invertebrados*. São Paulo: Roca, 2005.

SALOMON, E. P.; BERG, L. R. *The world of biology*. Orlando: Saunders College Publishing, 1995.

SCARLATO, F. C.; PONTIN, J. A. *Do nicho ao lixo*: ambiente, sociedade e educação. São Paulo: Atual, 2011.

SCHIMIDT-NIELSEN, K. *Fisiologia Animal*: adaptação e meio ambiente. São Paulo: Santos, 2002.

STORER, T. et al. *Zoologia Geral*. São Paulo: Companhia Editora Nacional, 2000.

TEIXEIRA, W. et al. *Decifrando a Terra*. São Paulo: Oficina de Textos, 2001.

VON IHERING, R. *Dicionário dos animais do Brasil*. Rio de Janeiro: Difel, 2002.

WEISSMANN, H. (Org.). *Didática das Ciências Naturais*: contribuições e reflexões. Porto Alegre: Artmed, 1998.